大学基础物理教学
疑难问题解析

金仲辉　申兵辉　刘玉颖　何志巍　编著

科学出版社
北　京

内 容 简 介

本书是中国农业大学的老师在长年讲授“大学基础物理”课程中，作出的一些教学内容和方法的研究成果. 这些成果指出了国内外著名教材或有影响的教材中对一些物理概念、物理定律的叙述不够严谨、插图错误、不适当的物理公式推导以及给出的数据不合理等问题，还给出了(其他教材未给出的)一些公式的推导过程. 教学方法研究的成果包括双语教学、学生撰写小论文等的实践经验. 本书还包含数篇学生在教师指导下所写的并发表在《大学物理》等期刊上的文章.

本书可供讲授“大学基础物理”的教师参考使用，也可作为大学生和自学“大学基础物理”人员以及中学物理教师提高教学水平的参考资料.

图书在版编目(CIP)数据

大学基础物理教学疑难问题解析/金仲辉等编著. —北京：科学出版社，2020.1

ISBN 978-7-03-062055-2

Ⅰ.①大… Ⅱ.①金… Ⅲ.①物理学-教学研究-高等学校 Ⅳ.①O4-42

中国版本图书馆 CIP 数据核字(2019)第 163529 号

责任编辑：昌 盛 龙嫚嫚 / 责任校对：杨聪敏

责任印制：张 伟 / 封面设计：迷底书装

科学出版社 出版

北京东黄城根北街 16 号

邮政编码：100717

http://www.sciencep.com

北京盛通商印快线网络科技有限公司 印刷

科学出版社发行 各地新华书店经销

*

2020 年 1 月第 一 版 开本：720×1000 B5

2021 年 4 月第二次印刷 印张：22

字数：441 000

定价：69.00 元

(如有印装质量问题，我社负责调换)

前　言

要求一位教师在课堂上讲授内容不出错误，看似要求不高，实则很难，其原因之一，是在一些著名的或有影响的教材中或多或少存在着一些错误，或对一些物理规律的叙述不够严谨．一些著名的教材尚且如此，那些少有影响的教材里存在的问题可能就更多了．对于刚走上教学岗位的青年教师来说，在备课中不太可能参阅许多教材，进行比较，去伪存真，所以，稍有不慎就有可能在课堂讲授中出错．笔者在数十年从事大学基础物理教学工作中，对此深有体会．大学基础物理教学内容虽说相对成熟且并不深奥，但它所涉及的内容却十分广泛．一位勤奋工作的教师，要在数年内比较全面掌握它，也不是一件很容易的事，或许说，一位教师的成长过程，就是不断积累教学经验和克服错误的过程，笔者就经历了这样的过程．

大学基础物理教材中总有许多插图，帮助读者了解正确的物理过程．但是对同一个物理问题的插图，在不同的教材中有不同的绘法．例如对于科纽棱镜插图，在南开大学、北京大学和华东师范大学的教材中就有不同的绘法，那么我们自然要问：哪个插图是正确的呢？如果教师在备课中仅参考一本教材来讲授科纽棱镜，就有可能讲错．再如，对于薄膜等厚干涉插图，在美国哈里德著的《物理学基础（第6版）》中的绘法也是不正确的，其原因可能是作者不了解薄膜等厚干涉定域所致．还有，在教材中列出的一些数据也是值得注意的．例如，对用于计算机记忆元件的矩磁材料圆环，清华大学和北京大学的教材中列出的 H_C 值竟相差 80 倍，哪本教材给出的数据是合适的呢？这就需要教师在备课中予以判别，以免在课堂讲授中出错．笔者在北京大学求学时曾听过叶企孙教授讲授“铁磁学”，他在讲授中常指出教材中哪些数据是可信的，哪些数据是有问题的，给人很深的印象．还有，对同一个物理问题有不同的说法，例如对于日光灯的放电究竟是辉光放电还是弧光放电．北京大学和北京师范大学的教材有不同的说法，也需要我们教师去判断．

教材中给出的一些物理公式是否一定合适呢？这也值得商榷．例如对于杨氏干涉的阐述，许多教材在推导干涉条纹宽度时，给出的光程差公式为 $\Delta L = d\sin\theta$．我们要说，在实验室观察干涉条纹的条件下，它是不正确的，其原因是在推导过程中作了不恰当的近似（需知光的波长是一个很小的长度量）．此外，对薄膜等倾干涉中给出的光程差为 $\Delta L = 2nh\cos\gamma$，几乎所有的教材都作了推导，但是据笔者阅读过的众多国内外教材都在未加详细的推导情况下，直接将上述的 $\Delta L = 2nh\cos\gamma$ 公式用于等厚干涉的情况．如果教师在课堂讲授中也是这样做法，有学生问“为什么”，教师将如何应答？

中学物理已有牛顿运动三定律、万有引力定律、库仑定律、欧姆定律、霍尔效应等教学内容，那么在大学基础物理讲授中如何在中学物理基础上深入介绍这些内容就显得十分重要，这是教师在备课中需要认真思考的问题. 还有，在讲授中适当地增加一些基础物理的新内容也是必要的. 例如，可在讲授一般旋光性(线偏振光通过一般旋光介质后，它的偏振面发生偏转)后，介绍圆二色性(线偏振光通过旋光介质后，出射光是椭圆偏振光)，利用圆二色性可确定物质的化学结构和蛋白质的二级结构，所以圆二色性在化学和生物学有着广泛的应用. 值得指出的是，在全国的教材中，中国农业大学的教材首先介绍了圆二色性.

虽说笔者从事大学基础物理教学工作数十年，但对有些教学内容至今还不是十分清楚. 例如，1809 年法国的马吕斯根据光的微粒说推导出马吕斯定律，我们知道用光的微粒说可推导出光的反射定律和折射定律(后来证明后者是错误的)，但不知道用光的微粒说是如何推导出马吕斯定律的，如果知道它，不失是一件很有趣的事，也可以丰富教学内容. 总之，对基础课教师来说，从事教学内容的研究是必不可少的，它花费了教师许多的精力，甚至是一生的精力. 教学内容的研究成果，不仅使教师在课堂讲授中不出错误，也为提高我国大学基础物理教学水平做出贡献；同时在此过程中，也对学生起着一种潜移默化的教育作用，对知识的探索要孜孜以求，去伪存真.

本书的大部分内容是我校应用物理系教师发表在《大学物理》《物理通报》《现代物理知识》《物理与工程》等期刊上的文章，其中还有三篇文章由我校本科生在刘玉颖副教授指导下写成的，分别发表在《大学物理》和《物理与工程》上. 本书的最后一篇文章“物理学在促进农业发展中的作用”，供广大物理教师在课堂讲授时作为参考. 如今物理学在农学上的应用也越来越广泛，近年来也有“农业物理”一类图书的出版，可以期待终究会出现一门新的学科，即农业物理学.

本书在编写的过程中，得到我校领导和教务处领导的关心和支持，在此表示衷心的感谢.

由于编者水平有限，书中难免有不妥之处，希望读者不吝指正.

金仲辉

2019 年 8 月

目　　录

如何讲授牛顿第一定律和牛顿第二定律

金仲辉

在初中和高中的物理学课程中都讲授了牛顿第一定律和牛顿第二定律，那么在大学基础物理课程中如何进一步讲授这两个定律就值得商讨了. 如果简单地重复中学教材讲授的内容就显得不足. 为了解决这些问题，先来看看国内外教材是如何叙述它们的.

一、牛顿第一定律

福里斯著的《普通物理学》是这样表述牛顿第一定律的："任何物体都保持静止的或匀速直线运动的状态，直到其他物体的作用迫使它改变这种运动状态为止." 在这个定律里，是把物体看作是质点，也就是不考虑物体的转动，因为一个物体不受其他物体作用时，它也可以处于匀速的转动状态中.

《伯克利物理学教程(第 1 卷　力学)》是这样表述的：当无外力作用于物体上时，物体保持静止或保持恒定速度(加速度为零)不变，即

$$当\ \boldsymbol{F}=0\ 时，\quad \boldsymbol{a}=0$$

哈里德著的《物理学基础(第 6 版)》是这样表述的：如果没有外力作用在一物体上，则该物体的运动速度就不能改变，即物体不可能加速.

在国内的众多教材里，对牛顿第一定律的表述基本上和上述三种教材里的表述是类似的. 例如，较早期的教材(严济慈著的《普通物理学》)中，对牛顿第一定律表述和哈里德的表述是类似的，马文蔚等编的《物理学》中对牛顿第一定律的表述和《伯克利物理学教程》中的表述是类似的.

在上述的三种表述中，哪一种更妥当呢? 笔者认为福里斯的表述更可取些，因为在建立牛顿第一定律之前，人们并没有对力作出严格的定义，什么是"力"并不清楚，如果不知道什么是"力"的话，在定律中提到"力"似乎就没有什么意义了. 为了避免提前使用"力"这个应加以严格定义的概念，将不受外力的物理条件说成是不受外界影响要妥当些. 爱因斯坦对牛顿第一定律曾多次这样表述过："物体在远离其他物体都足够远时，一直保持静止状态或匀速直线运动状态." 这样的表述具有更普遍的意义，它的有效性超出了经典力学的范畴，不论是质点、刚体、电磁场还是基本粒子，当它们不受外界干扰时，都不改变其运动状态. 在赵凯华著的《力学》里写道："'力'这个词是牛顿力学最基本的概念之一，也是日常生活和物理学史中用得很滥的词儿，可是本书到现在还没有给它下过严格的定义. 有鉴于此，不妨改用

下列较为现代化的说法来表述惯性定律:'自由粒子永远保持静止或匀速直线运动的状态'. 所谓'自由粒子'是不受任何相互作用的粒子(质点). "由此可看出,赵凯华对牛顿第一定律(即惯性定律)的表述最为简明.

值得指出的是,《伯克利物理学教程》中对牛顿第一定律的数学表述最为不可取,即 $\boldsymbol{F}=0$ 时,$\boldsymbol{a}=0$,它会使人认为牛顿第一定律是牛顿第二定律的一个特例,从而有牛顿第二定律可推导出牛顿第一定律的错误理解. 我们要知道,牛顿第一定律是牛顿第二定律的基础,因为牛顿第一定律确立了两个很重要的概念,即惯性和力的概念,一个物体在没有其他物体的干扰下,它保持静止或做匀速直线运动,那么这个物体运动所依据的参考系就是惯性系. 如果这个物体受到另一物体的干扰(作用),它的运动状态发生变化,即获得加速度,我们就说这个物体受到另一物体力的作用. 由此可看出,如果没有牛顿第一定律就根本谈不上有牛顿第二定律了.

牛顿第一定律又称惯性定律,它先由伽利略通过斜面实验得出. 从实验中他得出一个普遍的结论:力不是维持物体作机械运动的原因,力是与物体运动状态的改变相联系的. 在伽利略之前的两千余年,人们都信奉亚里士多德的主张,在他的《物理学》著作中有一条原理:"凡运动着的事物必然都有推动者在推动着它运动. "总之,伽利略的惯性定律的确立,成为旧物理学(亚里士多德物理学)的终点,同时也成为新的力学起点.

牛顿第一定律,即惯性定律无法直接用实验证实,也不可能通过物理学的其他定义或定律得出,它是理想化抽象思维的产物. 所以,惯性定律具有公理性的性质,就像数学上的公理一样,只能依靠以它为出发点得出的大量推论而得到验证.

二、牛顿第二定律

在国内外的众多教材中,对牛顿第二定律的表述都比较简单,若以数学表述来说,多半是直接给出以下两个式子:

$$\boldsymbol{f}=\frac{\mathrm{d}(m\boldsymbol{v})}{\mathrm{d}t} \tag{1-1}$$

或

$$\boldsymbol{f}=m\boldsymbol{a} \tag{1-2}$$

在质点的速度远小于光速时,上述两个表示式实际上是相同的. 式(1-2)确立了力 $\boldsymbol{f}$、质量 m 和加速度 $\boldsymbol{a}$ 之间的关系. 但是,牛顿第一定律仅引入物体惯性和力的定性定义,并不涉及它们的定量量度. 所以,我们在学习牛顿等二定律之前,首先要解决物体惯性和力的定量量度. 我们知道力的重要特征是使物体获得加速度,力的量度也正是以这一基本事实为基础的.

选一个标准物体,实验说明施于它的力 f 大,它获得的加速度 a 也大;f 小,a

也小. 我们规定:标准物体所受作用力的方向与所产生的加速度方向相同,标准物体所受作用力的大小与所产生的加速度的大小成正比. 于是,对于标准物体有

$$\boldsymbol{f} \propto \boldsymbol{a} \quad (\text{标准物体}) \tag{1-3}$$

我们再规定:当标准物体的加速度大小为 a_0 时,所受作用力为一个单位力.

根据上述规定,就可以通过标准物体的加速度,定量地确定作用到标准物体上的任何作用力. 例如,当标准物体获得加速度为 a 时,所受作用力为

$$f = \frac{a}{a_0}(\text{单位力}) \tag{1-4}$$

上述规定仅可量度作用在标准物体上的力,为了可以量度作用在其他物体上的力,可利用弹簧作为一个测力器,这个测力器须经校正,使其所示力的大小与前述规定一致. 校正的方法是:把弹簧与标准物体相连,拉长弹簧便有弹性力作用在标准物体上,使之产生加速度 a,由 a 的大小和 $f = a/a_0$ 得出 f 的大小,作为弹簧的一个刻度,以此类推. 这样就得到了一个经过校正的弹簧测力计,利用它就可以量度作用在其他物体上的力了. 解决了力的量度后,就可以进行实验来确定加速度与力的关系. 实验表明,对于任何一个物体,其加速度 a 与所受的力 f 成正比,即

$$f \propto a \tag{1-5}$$

要强调的是,上述普遍性的结论必须由实验来验证.

实验还证明:几个力同时作用在一物体上时,物体所获得的加速度与相当于这些力矢量和的单个力作用在物体上时,获得的加速度相同,即

$$\sum \boldsymbol{f}_i \propto \boldsymbol{a} \tag{1-6}$$

为了定量地描述物体的惯性,引入质量. 质量是物体运动时惯性的量度. 质量大小的量度规定如下:各物体的质量和它们在大小相等的外力作用所获得的加速度大小成反比. 如以 m 表示物体的质量,根据上述的规定,有

$$m \propto \frac{1}{a} \tag{1-7}$$

这样,只要选定一个标准物体,规定它的质量为 1 单位,然后用相等的力作用在标准物体和另一物体上,测定它们的加速度比值,就可确定另一物体的质量.

实验证明,当外力的大小改变时,尽管两物体的加速度大小随之改变,但二者的比值却是恒量. 这一方面说明质量是物体本身性质决定的,与外力无关. 另一方面还说明,加速度与质量成反比的关系是具有普遍性的宏观规律.

综上所述,得出 $\boldsymbol{a} \propto \dfrac{\boldsymbol{f}}{m}$,将它写成等式,有 $\boldsymbol{f} = km\boldsymbol{a}$,式中比例系数 k 取决于质量、加速度和力的单位. 如果选用适当的单位,可令 $k=1$,于是就有了牛顿第二定律的数字表示式

$$\boldsymbol{f} = m\boldsymbol{a} \tag{1-8}$$

顺便说一句，牛顿在他所著的《自然哲学的数学原理》书中从未出现过 $\boldsymbol{f}=m\boldsymbol{a}$ 形式的方程，牛顿在书中以"运动"（意指动量）的改变且把它同力乘以时间的值联系起来，换句话说，牛顿关于第二定律的表述为

$$\sum \boldsymbol{f}_i \Delta t = \Delta(m\boldsymbol{v}) \tag{1-9}$$

或写成

$$\sum \boldsymbol{f}_i = \frac{\mathrm{d}}{\mathrm{d}t}(m\boldsymbol{v}) \tag{1-10}$$

地球两极、赤道和内部的重力加速度*

金仲辉

地球赤道处的重力场强度 g 值约为 $g_e=978.0\text{cm/s}^2$，两极处的 g 值约为 $g_p=983.2\text{cm/s}^2$. 两者数值上相差约为 $\Delta g=g_p-g_e=5.2\text{cm/s}^2$. 对这个差值在一些基础物理教科书(例如C. 基特尔等著的《伯克利物理学教程(第1卷　力学)》和福里斯等著的《普通物理学(第一卷)》)作了解释，归之于下述两个原因：第一，由于地球自转，赤道处存在着一个较大的离心力，而地极两处位于地球的自转轴上，不存在离心力；第二，地球不是真正的球形，而呈椭球形，在两极处略为扁平. 本文主要说明，在这两个原因中前者是正确的，后者值得商榷，并且介绍地球内部重力加速度分布的特点.

我们知道，地球上某点的重力加速度 $\boldsymbol{g}$ 定义为该点的引力场强度 $\boldsymbol{f}$ 和离心力场强度 $\boldsymbol{p}$ 的矢量和，如图 2-1 所示. 在两极处，$\boldsymbol{p}=0$；在赤道处，$\boldsymbol{p}$ 的方向恰好和 $\boldsymbol{f}$ 的方向相反，其值为

$$p=\omega^2 R_{赤}=\left(\frac{2\pi}{86164\text{s}}\right)^2\times 6.378\times 10^8\text{cm}\approx 3.4\text{cm/s}^2 \tag{2-1}$$

其中赤道半径 $R_{赤}=6.378\times10^8\text{cm}$，地球绕轴每一恒星日(86164s)旋转一周，其角速度为 $\omega=2\pi/86164\text{s}$. 上述计算说明，由于地球自转的缘故，两极处的重力加速度值要比赤道大 3.4cm/s^2.

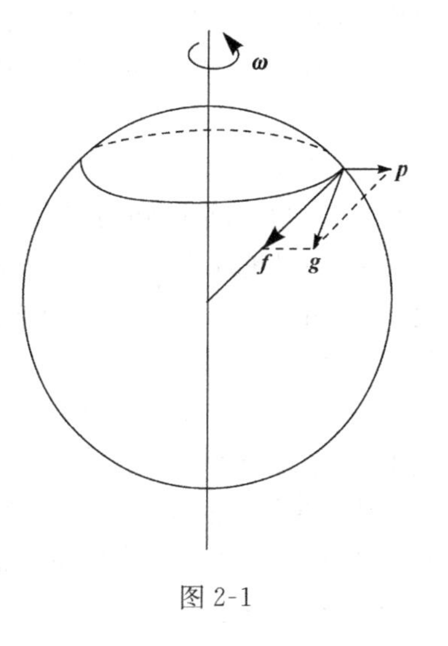

图 2-1

如前所述，两极处和赤道处重力加速度的差值为 5.2cm/s^2，5.2cm/s^2 与 3.4cm/s^2 之间尚有 1.8cm/s^2 的差值，这个差值是否像这些基础物理教科书上所说是由于地球呈椭球状，两极处略为扁平引起的呢？这种解释无疑给人这样一种印象，两极处比赤道处有更强的引力场强度，从而有更大的重力加速度值是由于两极比赤道更接近地球质心(地心)的缘故. 我们现在要指出这种看法是不正确的，其理由如下：第一，我们知道牛

---

* 本文刊自《大学物理》1986 年第 5 期，收录本书时略加修订.

顿万有引力定律在应用于球形对称(形状和密度均为球对称)的物体时,质心的概念是可取的,而在研究非球状的扩展物体(即使它的密度是均匀的)的万有引力问题时,一般说来讨论质心是没有意义的,对于这类物体必须考虑它的质量分布;第二,反过来看,如果我们对地球这样一个扁平的旋转椭球体,在应用万有引力定律时,使用质心的概念来计算两极和赤道处的重力加速度,将会得到怎样的结果呢?我们在此引用目前国际上公认的一些地球物理学常数如下:

赤道半径　$a=6.378\ 139\times10^{6}\text{m}$

极半径　$c=6.356\ 75\times10^{8}\text{m}$

万有引力常数和地球质量的乘积 $GM=3.986\ 005\times10^{14}\text{m}^{3}/\text{s}^{2}$.

由这些常数可计算出

$g_{赤}=GM/a^{2}=979.828\text{cm/s}^{2}$

$g_{极}=GM/c^{2}=986.433\text{cm/s}^{2}$

两者之差约为 $\Delta g=g_{极}-g_{赤}=6.6\text{cm/s}^{2}$. 显见,此结果远大于 1.8cm/s^{2},说明了在讨论两极和赤道处的重力加速度时,地球质心的概念是完全不可取的.

我们是否可以认为地球是一个内部密度均匀的扁平椭球体,由普遍的万有引力定律出发来计算两极和赤道处的重力加速度值呢?对此也曾有人作了计算,其结果是在不计地球自转效应时,两者的差值远小于 1.8cm/s^{2}. 这个计算结果清楚说明了若将地球视为一个内部等密度的旋转椭球体时,虽然两极比赤道更接近地心些,但两者(重力加速度值)之差却远小于 1.8cm/s^{2}. 又由于地球可视为一个扁率很小的旋转椭球体是大地、海洋和卫星等测量结果所确认的,所以我们由此可以推断出地球内部的密度一定是非均匀的,它是造成差值 1.8cm/s^{2} 的真正原因.

地球内部密度非均匀分布还可以从所谓"重力异常"得到证实,我们知道地球离心力场的分布是已知的和有规则的,在地球自转速度不变情况下,它仅和地理纬度有关,但是地球表面上的重力加速度却无此规律可循,出现所谓重力异常的情况. 1971 年国际大地测量及地球物理协会决议采用如下的重力加速度公式,作为某一地理纬度下参考值

$$g_{0}=978.031\ 8(1+0.005\ 302\ 4\ \sin^{2}\phi_{1}-0.000\ 005\ 9\ \sin^{2}\phi_{1})\text{cm/s}^{2}$$

其中 g_{0} 是海拔为零时的重力加速度,ϕ_{1} 是地理纬度,将地面实测的重力加速度值 g 经过高度及其他校正后减去同一地点的 g_{0} 值称为重力异常值,测量表明,即使同一纬度地区,重力异常值也有很大差别,这种差别正是由于不同地点地表以下物质密度分布的差异引起的.

地球浅表层有陆地、山脉、海洋、湖泊等,它们的密度各不相同,地球内部的密度分布我们无法直接测量,但我们可以根据地震波在地下各深度的速度变化和在某些特定的假设下推导出来. 由于所作的特定的假设各不相同,所以产生了形式繁

多的地球内部模型，据说地球内部模型竟有百种以上，国际上还专门设有地球模型委员会. 总之，由于直接观测的困难，至今无统一的模式. 我们在此介绍国际上公认较好的 Haddon-Bullen 模式(K. E. Bullen，1970)，此模式将地球内部大致分成地壳、上地幔、下地幔、外地核、过渡层和内地核几个层次，如图 2-2 所示，其中除了外地核是流体(地震横波不能通过外地核区域)外，其余部分均为固体. 随着地球表层以下深度的增加，地球的密度也逐渐增大，由地球表层岩石的密度不超过 $3\mathrm{g/cm^3}$，直到内地核处密度为 $13\mathrm{g/cm^3}$. 国际上现在确认地球的平均密度约为 $\rho_m = 5.517\mathrm{g/cm^3}$. 表 2-1 列出布伦模式下地球内部的密度分布.

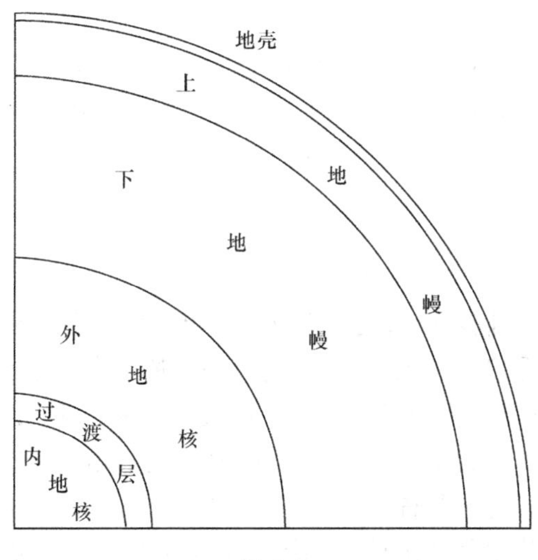

图 2-2

表 2-1 地球内部的密度分布

深度/km	密度/(g/cm³)
0～15 (地 壳)	2.84
15～350 (地 幔)	3.31～3.52
350～850 (地 幔)	3.56～4.44
850～2 878 (地 幔)	4.44～5.63
2 878～4 711(外地核)	9.89～12.26
4 711～5 161(过渡层)	12.26～12.70
5 161～6 371(内地核)	12.70～13.00

由地球内部的密度分布可以推导出地球内部的重力分布. 表 2-2 列出了三个不同地球模型 (将地球看作为球体)在不同深度下的重力加速度值分布，同时还列出了均匀密度球模型下的数据作比较.

表 2-2 不同深度下的重力加速度值

深度/km	Haddon-Bullen模型/(m/s^2)	Derr模型/(m/s^2)	Landisman模型/(m/s^2)	均匀密度球模型/(m/s^2)
0	9.822	9.824	9.826	9.820
500	9.975	9.985	9.990	9.049
1 000	9.958	9.948	9.989	8.278
1 500	9.941	9.921	9.896	7.508
2 000	10.021	9.997	9.905	6.737
2 400	10.223	10.195	10.125	6.120
2 878	10.736	10.735	10.788	5.384
3 400	4.495	9.655	9.64	4.579
4 000	7 839	8.094	8.11	3.654
5 000	4.699	5.312	5.38	2.113
6 731	0.000	0.000	0.000	0.000

由表 2-2 的数据我们可以看出两点:(a)如果把地球看作是一个均匀的等密度球体,随着地表以下深度的增加,重力加速度值不断下降,此结论不难由高斯定理得出;(b)三个地球非等密度模型都得出从地表至地表以下二千余公里范围内,重力加速度值的变化是平缓的,基本上随着地表深度的增加,重力加速度值略有增加,但深度在约 2 900 公里左右处 g 值有急剧的下降,这说明了地球内部的 g 值有一个极大值. 这个结果显然和地球内部均匀密度球模型有很大的差别.

近代地球内部模型已属地球物理学科内专门的研究课题,非本文所能叙述清楚. 但是我们可以介绍一种极为简化的模型,由此模型也可得到上述的结论. 这个简化的模型是假设地球是一个球体,地球内部的密度 $\rho(r)$ 仅仅是距离的函数(坐标原点选择在球心上). 由于密度 $\rho(r)$ 具有球对称性,所以由引力场强度引起的重力加速度 $g(r)$(即不计地球自转效应)也具有球对称性,由高斯定理不难得出

$$g(r)=GM(r)/r^2 \tag{2-2}$$

其中 G 为万有引力常数,$M(r)$ 为半经 r 球内所包含的质量,它为

$$M(r)=\int_0^r \rho(r')4\pi(r')^2\mathrm{d}r' \tag{2-3}$$

对式(2-2)取 r 的导数,得

$$\frac{\mathrm{d}g(r)}{\mathrm{d}r}=\frac{G}{r^2}\frac{\mathrm{d}M(r)}{\mathrm{d}r}-2\frac{GM(r)}{r^3}$$

而 $\mathrm{d}M(r)/\mathrm{d}r=4\pi r^2\rho(r)$,并且定义 $\overline{\rho(r)}$ 为半径 r 内球体的平均密度,即

$$\overline{\rho(r)}=\frac{M(r)}{\frac{4}{3}\pi r^3}$$

于是有

$$\frac{\mathrm{d}g(r)}{\mathrm{d}r}=4\pi G\left[\rho(r)-\frac{2}{3}\overline{\rho(r)}\right] \tag{2-4}$$

由式(2-4)可看出,在以下两个方面,这个简化模型的结论和表 2-2 中三个近代地球内部模型的结论是一致的,那就是:(a)若有条件 $\rho(r)>\frac{2}{3}\overline{\rho(r)}$,则 $\mathrm{d}g(r)/\mathrm{d}r>0$,说明随着 r 的增加重力加速度 g 也随之增加,但是对于地壳及地壳以下较深的范围里并不满足此条件,因为在地壳处的 $\rho(r)$ 不可能超过 $3\mathrm{g/cm^3}$,而 $\rho(r)$ 值,如前所述为 $5.517\mathrm{g/cm^3}$,即在地壳及地壳以下较深范围里实际条件为 $\rho(r)<\frac{2}{3}\overline{\rho(r)}$,于是有 $\frac{\mathrm{d}g(r)}{\mathrm{d}r}<0$,说明在此范围里随着 r 增加,g 值减少,即随着地表以下深度增加,g 值随之增加;(b)在 $\rho(r)=\frac{2}{3}\overline{\rho(r)}$ 处,有 $\frac{\mathrm{d}g(r)}{\mathrm{d}r}=0$,说明地球内部 g 值有一个极大值,这和表 2-2 中三个近代地球模型所得 g 的数据是一致的.

若我们认为地球内部密度是均匀的,即有 $\rho(r)=\overline{\rho(r)}=\rho_0$,则由式(2-4)可得 $\frac{\mathrm{d}g(r)}{\mathrm{d}r}=\frac{4\pi}{3}G\rho_0$,对此式积分可得

$$g(r)=\frac{4\pi}{3}G\rho_0 r \tag{2-5}$$

上式告诉我们,随着地表以下深度的增加,g 值不断连续地下降,此结果和表 2-1 中均匀密度球模型的结论完全一致.

上述的地球模型都是建立在地球内部为非等密度分布的球体基础上,大致说明了地球内部重力加速度分布的特点,但尚不能说明地球两极和赤道处 g 值的差异,要完满说明这个差值已属地球重力学专门的课题,本文难于详述.这个问题大致是按如下的步骤来解决的:将地球视作为一个旋转椭球体,引入引力势、离心力势和重力势的概念,重力势为引力势和离心力势之和(若重力场与静电场作类比的话,重力场强度 g 犹如电场强度,重力势犹如电势).地面上某点重力势可表示成地球总质量、自转速度、地面至地心距离、纬度及地球绕 Ox 轴和 Oz 轴(图 2-3)旋转的转动惯量的函数,再根据一些实测的地球物理学参数(赤道半径、地球总质量、自

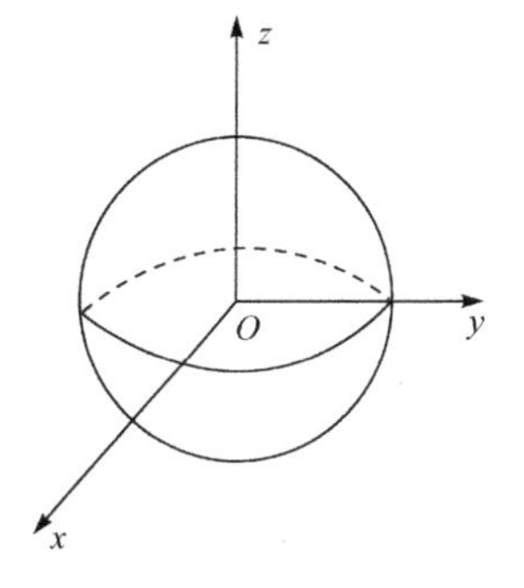

图 2-3

转速度、转动惯量)即可推算出 $g_e = 978.032 cm/s^2$ 和 $g_p = 983.218 cm/s^2$,两者约相差 $5.2 cm/s^2$. 值得指出的是这种步骤最大的优点是不需要涉及地球内部的结构,但这并不是说地球内部的结构和 g_e、g_p 值无关,事实上有很大的关系,这已反映在地球绕 Ox 轴和 Oz 轴的转动惯量上,我们在此无妨重复强调一遍,即 g_p 值大于 g_e 值,除了地球自转效应,产生不同离心力场强度外,主要根源不在于地球呈扁平椭球体的外形,而在于地球内部密度呈非等密度分布.

参考文献

北京大学地球物理系,1983. 重力与固体潮教程. 北京:地震出版社.

K. E. 布伦,1982. 地球的密度. 曹可珍等译. 北京:地震出版社.

Mario Jona,1978. Am. J. Phys,(46):790.

Ramesh Chander,1977. Am. J. Phys,(45):399.

质点相对于地球的运动方程*

金仲辉

我们通常认为太阳是一个极好的惯性参考系，由于地球既自转又绕太阳公转，所以在一般情况下，地球是一个非惯性参考系.

质点相对于惯性系(太阳)的绝对加速度 $\boldsymbol{a}$ 为[1]

$$\boldsymbol{a}=\boldsymbol{a}_r+\left[\boldsymbol{a}_0+\frac{\mathrm{d}\boldsymbol{\omega}}{\mathrm{d}t}\times\boldsymbol{r}+\boldsymbol{\omega}\times(\boldsymbol{\omega}\times\boldsymbol{r})+2\boldsymbol{\omega}\times\boldsymbol{v}_r\right] \tag{3-1}$$

其中 $\boldsymbol{v}_r$ 和 $\boldsymbol{a}_r$ 各为质点相对于地球的速度和加速度，$\boldsymbol{r}$ 为质点相对于地心的位移矢量，$\boldsymbol{\omega}$ 为地球自转角速度，$\boldsymbol{a}_0$ 为地球相对于太阳的公转加速度.

现将质点相对于地球的运动也写成牛顿第二定律的形式如下：

$$m\boldsymbol{a}_r=m\boldsymbol{a}-m\boldsymbol{a}_0-m\frac{\mathrm{d}\boldsymbol{\omega}}{\mathrm{d}t}\times\boldsymbol{r}-m\boldsymbol{\omega}\times(\boldsymbol{\omega}\times\boldsymbol{r})-2m\boldsymbol{\omega}\times\boldsymbol{v}_r \tag{3-2}$$

上式中的 $m\boldsymbol{a}$ 项即为质点 m 受到所有物体对它的作用力的合力 $\boldsymbol{F}$，又由于地球自转角速度 $\boldsymbol{\omega}$ 随时间变化极小，可视为常数，也就是说有 $\frac{\mathrm{d}\boldsymbol{\omega}}{\mathrm{d}t}=0$，于是式(3-2)可化成

$$m\boldsymbol{a}_r=\boldsymbol{F}-m\boldsymbol{a}_0-m\boldsymbol{\omega}\times(\boldsymbol{\omega}\times\boldsymbol{r})-2m\boldsymbol{\omega}\times\boldsymbol{v}_r \tag{3-3}$$

上式中的 $m\boldsymbol{\omega}\times(\boldsymbol{\omega}\times\boldsymbol{r})$ 和 $2m\boldsymbol{\omega}\times\boldsymbol{v}_r$ 即为我们所称的惯性离心力和科里奥利力.

一些教科书在写出质点相对于地球的运动方程时常未加说明地略去了 $m\boldsymbol{a}_0$ 项，有些教科书[2]认为地球公转角速度 Ω 为地球自转角速度 ω 的 1/365，而$a_0\propto\Omega^2$，故式(3-3)中的 ma_0 项比之于惯性离心力和科里奥利力可予以忽略，这是不正确的. 因为 a_0 值不仅和 Ω^2 成正比，而且和地球至太阳的距离 R 成正比，R 约为 1.5×10^{11}m，这个数值远远大于地球半径，同时我们所讨论的质点一般在地表附近，它的速度为日常生活常见的数值，所以 a_0 值并不见得比 $|\boldsymbol{\omega}\times(\boldsymbol{\omega}\times\boldsymbol{r})|$ 值和 $|\boldsymbol{\omega}\times\boldsymbol{v}_r|$ 值小很多，我们可以作一个数量的估算，就可明了这个问题，若取 $R=1.5\times10^{11}$m，$v_r=50$m/s，$r=6.3\times10^6$m，$\omega=\frac{2\pi}{86400}$rad/s，$\Omega=\frac{\omega}{365}$，则有

$$a_0=\Omega^2R\approx5.94\times10^{-5}\,\mathrm{m/s^2}$$

$$|\boldsymbol{\omega}\times(\boldsymbol{\omega}\times\boldsymbol{r})|\sim\omega^2r\approx31.7\times10^{-5}\,\mathrm{m/s^2}$$

$$|\boldsymbol{\omega}\times\boldsymbol{v}_r|\sim\omega v_r\approx3.63\times10^{-5}\,\mathrm{m/s^2}$$

---

* 本文刊自《大学物理》1984 年第 6 期，收录本书时略加修订.

由上述数量估算可清楚地看出，上述三项实际上是同数量级的，我们绝不能轻易地忽略 ma_0 项，但是我们可以证明式(3-3)中的 ma_0 项是可以消去的. 上面已提到式(3-3)中的 $\boldsymbol{F}$ 是质点 m 受到所有物体对它的合力，现将式(3-3)改写成

$$m\boldsymbol{a}_r=(\boldsymbol{F}_{日}-m\boldsymbol{a}_0)+[\boldsymbol{F}_{地}-m\boldsymbol{\omega}\times(\boldsymbol{\omega}\times\boldsymbol{r})]+\boldsymbol{F}_{其他}-2m\boldsymbol{\omega}\times\boldsymbol{v}_r \tag{3-4}$$

其中 $\boldsymbol{F}_{日}$ 和 $\boldsymbol{F}_{地}$ 各为太阳和地球对质点的引力，$\boldsymbol{F}_{其他}$ 为除太阳和地球外其他物体对质点的作用力，$[\boldsymbol{F}_{地}-m\boldsymbol{\omega}\times(\boldsymbol{\omega}\times\boldsymbol{r})]$项就是表观重力，即

$$\boldsymbol{F}_{地}-m\boldsymbol{\omega}\times(\boldsymbol{\omega}\times\boldsymbol{r})=m\boldsymbol{g} \tag{3-5}$$

现在来证明 $\boldsymbol{F}_{日}-m\boldsymbol{a}_0=0$.

太阳对地球的引力大小为

$$F_{日地}=G\frac{Mm_{地}}{R^2} \tag{3-6}$$

其中 G 为万有引力常数，M 为太阳质量，R 为地球至太阳距离，$m_{地}$ 为地球质量. 由于质点在地表附近，故质点至太阳距离也可用 R 表示，于是太阳对质点的引力大小可写为

$$F_{日}=G\frac{Mm}{R^2} \tag{3-7}$$

由式(3-6)、式(3-7)得

$$F_{日}=\frac{F_{日地}}{m_{地}}m \tag{3-8}$$

又有

$$m_{地}\,a_0=F_{日地} \tag{3-9}$$

由式(3-8)、式(3-9)得

$$\boldsymbol{F}_{日}-m\boldsymbol{a}_0=0 \tag{3-10}$$

将式(3-5)、式(3-10)代入式(3-4)得

$$m\boldsymbol{a}_r=m\boldsymbol{g}+\boldsymbol{F}_{其他}-2m\boldsymbol{\omega}\times\boldsymbol{v}_r \tag{3-11}$$

上式即为在$\frac{\mathrm{d}\boldsymbol{\omega}}{\mathrm{d}t}=0$ 条件下，质点相对于地球这个非惯性系的运动方程. 一般的教科书均有此方程.

参考文献

[1] 肖士珣. 理论力学简明教程. 北京：人民教育出版社，1979.
[2] 周衍柏. 理论力学教程. 北京：人民教育出版社，1979.

均匀物质热力学关系记忆法*

金仲辉　陈秉乾

均匀物质的热力学关系是研究其热力学性质的基本方程，但是这些用全微分和偏微商表示的关系形式相近，极易错乱. 为了准确记忆，曾提出过不少办法[1]，现经加工提炼，介绍如下.

一、热力学函数和“魔句”

“Good Physicists Have Studied Under Very Fine Teachers.”(杰出的物理学家都受到过极为优秀的教师的教诲.)按照精心设计的这一句英语的词首字母，把八个热力学函数排列成 G(吉布斯函数)，p(压强)，H(焓)，S(熵)，U(内能)，V(体积)，F(自由能)，T(温度)，并用方框从顶角开始顺时针安置如图 4-1. 这是记忆法的基础.

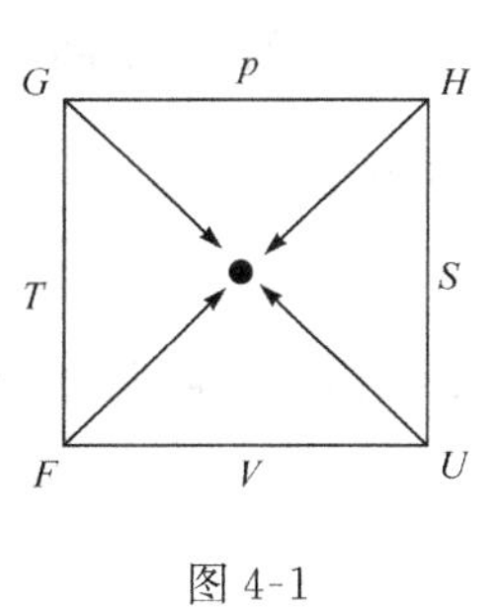

图 4-1

二、全微分公式记忆法

图 4-1 顶角四个热力学函数 G,H,U,F 的全微分(例如 $\mathrm{d}G$)，以各自相邻的两个函数(p,T)为独立变量，相应的系数是独立变量对边的函数(V,S)，各顶的符号可将 G,H,U,F 移至方框中心，按独立变量在上或右取正、在下或左取负来确定. 于是有

$$\mathrm{d}G=V\mathrm{d}p-S\mathrm{d}T;\quad \mathrm{d}H=V\mathrm{d}p+T\mathrm{d}S$$
$$\mathrm{d}U=T\mathrm{d}S-p\mathrm{d}V;\quad \mathrm{d}F=-p\mathrm{d}V-S\mathrm{d}T \tag{4-1}$$

三、偏微商公式记忆法

偏微商公式的基本形式是

$$\left(\frac{\partial A}{\partial x}\right)_V=\frac{A-B}{x}$$

如图 4-1，A 取顶角四个函数之一，x 和 y 与 A 相邻，A 和 B 与 y 相邻，由此，得

---

* 本文刊自《大学物理》1984 年第 1 期，收录本书时略加修订.

$$\left(\frac{\partial G}{\partial T}\right)_p=\frac{G-H}{T};\quad \left(\frac{\partial G}{\partial p}\right)_T=\frac{G-F}{p}$$
$$\left(\frac{\partial H}{\partial p}\right)_S=\frac{H-U}{p};\quad \left(\frac{\partial H}{\partial S}\right)_p=\frac{H-G}{S}$$
$$\left(\frac{\partial U}{\partial V}\right)_S=\frac{U-H}{V};\quad \left(\frac{\partial U}{\partial S}\right)_V=\frac{U-F}{S} \tag{4-2}$$
$$\left(\frac{\partial E}{\partial T}\right)_V=\frac{F-U}{T};\quad \left(\frac{\partial F}{\partial V}\right)_T=\frac{F-G}{V}$$

四、Maxwell 关系记忆法

麦氏关系只涉及图 4.1 方框四边的 p,S,V,T. 如图 4-2(a)，虚线内的 T,V 是作偏微商的热力学函数，剩下的 p,S 是独立变量；由 T，循箭头方向的 p 可变，另一 S 恒定，给出 $\left(\frac{\partial T}{\partial p}\right)_S$；同样给出 $\left(\frac{\partial V}{\partial S}\right)_p$. 两者相等，即为麦氏关系之一. 余类似，需要注意的是，应按图 4-2(b)的标记取正负号(类似于解析几何中第Ⅰ，Ⅲ象限取正，第Ⅱ，Ⅳ象限取负)，在图 4-2(b)中四圈虚线从略. 由此得

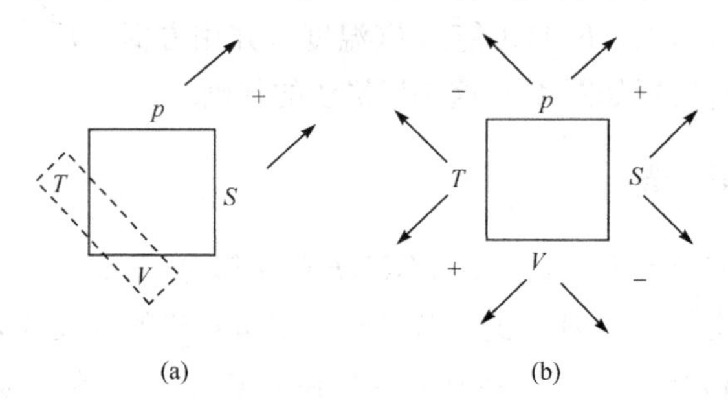

图 4-2

$$\left(\frac{\partial T}{\partial p}\right)_S=\left(\frac{\partial V}{\partial S}\right)_p;\quad \left(\frac{\partial T}{\partial V}\right)_S=-\left(\frac{\partial p}{\partial S}\right)_V$$
$$\left(\frac{\partial p}{\partial T}\right)_V=\left(\frac{\partial S}{\partial V}\right)_T;\quad \left(\frac{\partial V}{\partial T}\right)_p=-\left(\frac{\partial S}{\partial p}\right)_T \tag{4-3}$$

记忆法的特点，是依靠“魔句”和图 4-1，找到了表现同类各个公式间联系的方法，只要熟悉公式的基本形式，记住其一，便不难确定记忆法的细节，运用数次，即可掌握.

参 考 文 献

[1] D. E. Christie. Am. J Phys，1957(25)：487.

惯性质量和引力质量

金仲辉

惯性质量 $m_{惯}$ 和引力质量 $m_{引}$ 是在完全不同的物理现象中独立引入的两个概念，它们反映了物体的不同属性.

牛顿第一定律指出，任何物体在远离其他物体情况下，都具有一种保持其原有状态的特性，物体的这种固有属性称为物体的惯性. 因此，牛顿第一定律又称为惯性定律. 惯性定律表明了物体维持自身运动不变的原因不在外部，而在于物体自身具有惯性. 牛顿第一定律揭示了物体具有惯性，要改变物体的运动状态，必须有外界的作用，即定义了力的概念，并说明存在着惯性系. 这就为建立牛顿第二定律奠定了基础. 于是，把牛顿第一定律看作是牛顿第二定律的特殊情况显然是不合适的. 牛顿第二定律是一个实验规律，它指出，以相同的力作用在不同物体上，所产生的加速度不相同，这表明物体的加速度不仅与作用力有关，且与物体的固有属性，即物体惯性有关. 物体惯性越大，改变其运动状态越不容易，即产生的加速度越小；反之，物体惯性越小，改变其运动状态越容易，即产生的加速度越大，所以引入惯性质量 $m_{惯}$ 概念，它是物体惯性的量度.

在万有引力定律中，又引入质量 $m_{引}$ 的概念，它是物体受到引力大小的量度，质量越大，感受到外物的引力越大，所以称为引力质量 $m_{引}$.

惯性质量 $m_{惯}$ 和引力质量 $m_{引}$ 是两个不同的物理概念，但我们在教学中较少谈及这两个质量在数值上相同的原因，以及有什么实验可以证实它们确是相等的. 最简明的实验就是自由落体的实验. 该实验证明了不同物体的自由下落所获得的加速度是完全相同的，与物体的质量和成分完全无关. 若以 $m_{1惯}$、$m_{1引}$ 和 $m_{2惯}$、$m_{2引}$ 分别表示两物体的惯性质量和引力质量，以及 $m_{地}$ 为地球质量，r 为物体至地心的距离，则两个物体在同一高度自由下落时，显然有

$$G\frac{m_{地}\ m_{1引}}{r^2}=m_{1惯}\alpha \tag{5-1}$$

$$G\frac{m_{地}\ m_{2引}}{r^2}=m_{2惯}\alpha \tag{5-2}$$

由式(5-1)和式(5-2)可得

$$\frac{m_{1惯}}{m_{1引}}=\frac{m_{2惯}}{m_{2引}}=普适常数$$

牛顿也曾利用单摆实验，验证了惯性质量与引力质量的比值为普适常数. 我们

很容易推导出单摆运动的周期 T 为

$$T=2\pi\sqrt{\frac{m_{惯}l}{m_{引}g}} \tag{5-3}$$

牛顿用不同的材料作摆锤，得出在所有情况下单摆的周期都是相同的，由此也证明了式(5-3)中的比值$\frac{m_{惯}}{m_{引}}$确是一个普适常数，既然$\frac{m_{惯}}{m_{引}}$是一个普适常数，我们可以选择合适的单位，使这个普适常数等于1，即 $m_{惯}=m_{引}$.

在物理学发展史中，曾有人不断用实验来验证$\frac{m_{惯}}{m_{引}}$是否为一个普适常数，1971年有人将实验精度提高至 10^{-11}.

我们再来谈谈万有引力场的一个奇特性质，即它的几何性. 假设引力场强度为 $\boldsymbol{g}$，一个质量为 $m_{引}$ 的质点在引力场中受力为引 $\boldsymbol{f}=m_{引}\boldsymbol{g}$，而根据牛顿第二定律又有 $\boldsymbol{f}=m_{惯}\boldsymbol{a}$. 由以上两个式子得出 $\boldsymbol{a}=\frac{m_{引}}{m_{惯}}\boldsymbol{g}$. 由于 $m_{惯}=m_{引}$，于是有 $\boldsymbol{a}=\boldsymbol{g}$，也即空间某处的引力场强度 $\boldsymbol{g}$ 代表任一质点在引力场中该处的加速度，而与质点的质量和成分均无关系. 如果再给这些质点相同的初始位置和初始速度，则它们在引力场中的时空轨迹完全一样. 这原本是一个动力学问题，而其结果却与物体的动力学性质(如它的质量)无关，变成了一个纯粹的时空中的几何问题. 引力场的这种“几何性”是所有其他场(如电磁场)所没有的. 万有引力的几何性是广义相对论的基础.

万有引力定律是如何被发现的

金仲辉

在大学基础物理教材中，对万有引力定律都有所描述，但这种描述均和中学物理教材内容相仿. 如果在大学课堂上简单重复中学的教学内容，学生会感到乏味的. 以下所写的内容可供课堂讲授中选择使用.

公元 150 年前后，托勒密根据当时已观测到的天文数据提出了宇宙的地心体系，即以地球为中心来观察天体的运动，他将每个行星的运动描绘成沿一个称为本轮的小圆回转，而本轮的中心又以地球为中心，称为均轮的大圆运行，如图 6-1 所示. 为了使其理论体系与观测的天文数据符合，托勒密在本轮上再加一层又一层的本轮. 此理论可给出一些行星以前的轨迹，并能预言它们未来的位置，这种情况一直维持至 15 世纪.

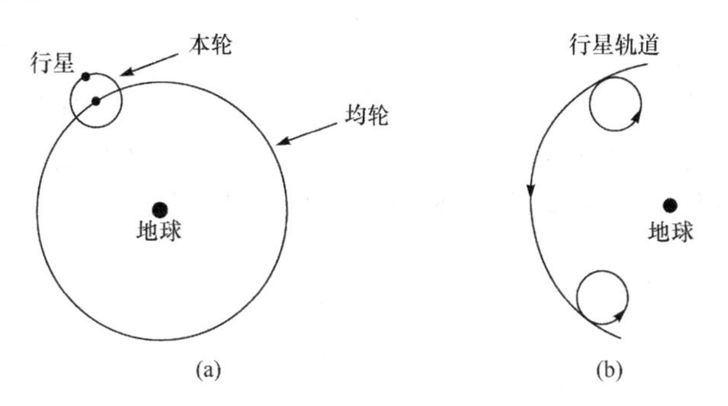

图 6-1 地心说对行星运行的解释

哥白尼对托勒密用大小本轮的繁杂体系来描述天体运动是很不满意的，他发现随着观测精度的提高，托勒密体系越来越复杂，即使这样也不能使理论与观测吻合. 在 1510～1514 年间哥白尼提出了日心说：太阳是宇宙中心，地球绕自转轴自转，并同五大行星一起绕太阳公转，只有月亮绕地球运转. 哥白尼的日心说不但以简单完美的形式描绘了行星的运动，更由于他冲破了中世纪的神学教条，彻底改变了人类的宇宙观念，为此受到了当时教会的迫害. 布鲁诺被活活烧死，伽利略受到迫害.

丹麦天文学家第谷认为地球太笨重了，是动不起来的. 所以他并不认同哥白尼的日心说. 然后他二十年如一日，测量和记录了行星的位置. 由于第谷的数据有较高的精度，人们发现哥白尼的行星圆形轨道模型只是粗略的近似.

德国天文学家开普勒是第谷的助手和事业继承人. 他既认同哥白尼的日心说，又确信第谷的观测数据是精确和可靠的，在经过大量的计算基础上，于17世纪初总结出行星运动的三个定律，即开普勒三定律.

(1) 行星沿椭圆轨道绕太阳运行，太阳位于椭圆的一个焦点上；

(2) 对任一个行星来说，它的径矢在相等时间内扫过相等的面积；

(3) 行星绕太阳运动轨道半长轴 a 的立方与周期 T 的平方成正比，即

$$\frac{a^3}{T^2}=k \tag{6-1}$$

常量 k 与行星的任何性质无关，是太阳系的常量.

开普勒三定律为后来牛顿发现万有引力定律奠定了基础. 开普勒晚年的生活极其贫困，1630年病逝于雷根斯堡.

开普勒三定律描述了行星运动的规律，那么，现在要问空间何种力使行星绕太阳运转？开普勒认为太阳发出磁力流，这些磁力流沿切线方向推动着行星公转，其强度随太阳的距离增加而减弱. 1645年法国天文学家布里阿德提出“开普勒力的减少和离太阳距离的平方成反比”. 这可以说是人类第一次提出平方反比关系的思想.

从开普勒的看法可知，行星受太阳的作用力是一种切向力，而不是有心力！同时，伽利略已发现了惯性定律，即不受任何作用的物体将按一定速度沿直线前进. 那么物体怎样才会不沿直线运动呢？牛顿认为行星受力不应沿切线方向，而应在它的侧向，即物体作圆周运动，需要有一个向心力. 我们知道，对于匀速圆周运动，有

$$f=m\frac{v^2}{r} \tag{6-2}$$

$$v=\frac{2\pi r}{T} \tag{6-3}$$

又有开普勒第三定律

$$\frac{r^3}{T^2}=k \tag{6-4}$$

由式(6-2)、式(6-3)和式(6-4)可得

$$f=\frac{4\pi^2 mk}{r^2} \tag{6-5}$$

以上说明，开普勒第三定律含有这样的内容，即行星受的向心力 $f\propto m$，$f\propto\frac{1}{r^2}$. 前述已指出，$f\propto\frac{1}{r^2}$ 的思想在牛顿之前就有，不过在牛顿创立的力和质量的确切概念之前，这种思想是含糊不清的.

牛顿充分意识到 $f \propto m$ 的重要性，牛顿认为，引力作用的倒易性意味着 $f \propto M$，M 为施加引力作用的物体的质量，于是可将式(6-5)写成

$$f = G\frac{mM}{r^2} \tag{6-6}$$

上式就是万有引力定律的数学表达式，式中的 G 称为万有引力常数，它和 k 的关系为 $k = \frac{GM_{日}}{4\pi^2}$，其中 $M_{日}$ 为太阳质量. 从以上推导可以看出，如果没有力、质量、加速度及其相互关系的确切概念，万有引力定律是很难被揭示出来的.

不同的物理教材对万有引力定律的描述是稍有不同的. 例如，赵凯华所编的《新概念物理学》中是这样叙述的："任何两物体 1，2 之间都存在相互作用的引力，力的方向沿两物体的连线，力的大小 f 与物体质量 m_1，m_2 的乘积成正比，与两者之间的距离 r_{12} 的平方成反比，即 $f = G\frac{m_1 m_2}{r_{12}^2}$."而张三慧所编的《力学》中的叙述为："任何两质点都互相吸引，这引力的大小与它们的质量的乘积成正比，和它们的距离的平方成反比，即 $f = G\frac{m_1 m_2}{r^2}$."上述两种叙述哪种较为妥当呢？笔者认为后者较好. 因为前者所叙述的两个物体的线度与它们间的距离相比不是很小时，那么如何确定两物体间的距离呢？前者未加说明，这样就难于直接利用 $f = G\frac{m_1 m_2}{r_{12}^2}$ 来计算 m_1，m_2 之间的引力了.

关于万有引力定律的推导，还需说明下列两个问题：

(1) 地球对地面上物体引力的距离为什么要从地心算起？即如果将地球视作一个圆球，且它的质量是均匀分布的(或具有径向对称分布)，那么地球对地面上物体的引力好似地球的质量都集中在地心一样.

(2) 在推导过程中用了圆形轨道，而行星的实际轨道是椭圆.

牛顿通过证明一个所谓"壳定理"解决了上述的第一个问题. 这个定理为："一个均匀的物质球壳吸引一个壳外的质点和球壳的质量都集中在其中心是一样的."

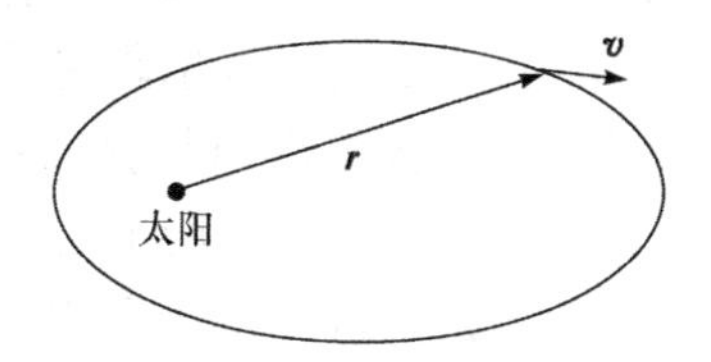

图 6-2 行星沿椭圆轨道绕太阳运动

上述第二个问题可通过角动量守恒定律来说明，如图 6-2 所示.

$$\boldsymbol{L} = \boldsymbol{r} \times m\boldsymbol{v} = 2m \cdot \frac{1}{2}\boldsymbol{r} \times \boldsymbol{v} \tag{6-7}$$

上式中的 $\frac{1}{2}\boldsymbol{r} \times \boldsymbol{v}$ 为行星在单位时间内所扫过的面积，由开普勒第二定律知，它是一个恒量，如图 6-2 所示.

任何物理学理论的真伪都需要经过实验的论证. 要证实万有引力定律必须要测定万有引力常数 G. 但是天文学观测数据以及地表附近的重力实验都无法确定 G,因为我们无法知道太阳、地球的质量. 牛顿和 18 世纪的一些科学家都曾精心设计了一些实验,试图在地面上测量两个物体之间的引力,但由于两物体间引力太小,无法在实验中显示出来,均以失败告终. 牛顿在失望之余,竟当众宣布:在地面上想利用测量引力来得知地球质量的努力,将是徒劳的.

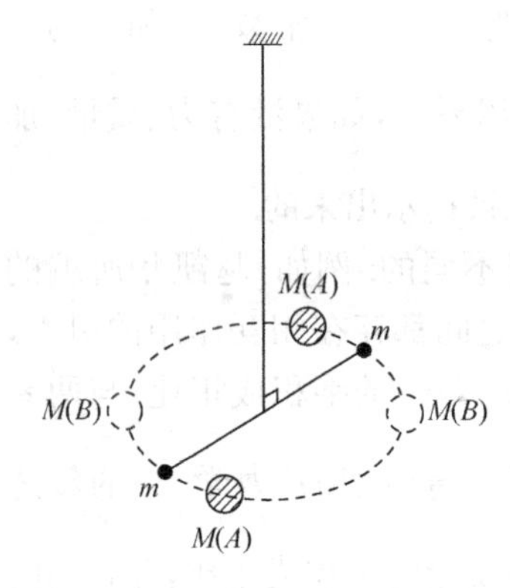

图 6-3 卡文迪什扭秤装置

测定万有引力常数 G 的问题被英国的卡文迪什解决. 1798 年他做了一个精确的实验,图 6-3 中的 M,m 均为铅制的大、小球,两个 m 小球用轻质杆连在一起,并用金属悬丝(后来有人用石英丝代替金属丝)悬挂起来,金属丝上附有镜尺系统. m 所受到的引力力矩被金属悬丝的弹性力矩所平衡. 悬丝扭转的角度 θ 可用镜尺系统来测定. 为了提高测量的灵敏度还可将大球 M 放在 B,B 位置,向相反方向吸引小球. 这样,平衡位置之间的夹角就增大 1 倍. 卡文迪什用此法测得

$$G=6.754\times10^{-11}\mathrm{m}^3\cdot\mathrm{kg}^{-1}\cdot\mathrm{s}^{-2} \tag{6-8}$$

现在 G 的精确值为 $G=6.672\,59\times10^{-11}\mathrm{m}^3\cdot\mathrm{kg}^{-1}\cdot\mathrm{s}^{-2}$,二者相差 0.012 8%. 可见卡文迪什测得的 G 值是相当精确的.

利用 G 值就可以测出地球质量. 由 $G\dfrac{mM_{地}}{R_{地}^2}=mg$,可求出地球质量 $M_{地}$. 卡文迪什在得出 G 值后,公布了地球质量为 5.977×10^{24} kg. 卡文迪什的工作破除了牛顿认为在地面上不能测得 $M_{地}$ 值的预言!

值得指出的是,卡文迪什测得 G 值经过了漫长的岁月. 在他 19 岁时(1750 年),就对“称地球”有着强烈的兴趣,在他获悉剑桥大学的米歇尔研究磁力时,用一根细绳将细长的磁针从中间悬挂起来,利用细绳的扭转程度表示力的大小. 卡文迪什就利用图 6-4 所示的米歇尔装置测量大、小铅球 M 和 m 之间的引力,但由于引力太小,肉眼无法观测出来,卡文迪什陷入了长期苦闷之中,他深信悬丝发生了扭转,但是如何放大这种微小的扭转?有一天他去皇家学会的路上,看见几个小孩用手中的小镜互相照着阳光玩,小镜只要转动一个很小的角度,远处的光点位置就发生很大的变化. 这给卡文迪什很大的启发,他在米歇尔装置附加上“镜尺系统”,大大提高了仪器的灵敏度. 从 1750 年卡文迪什有兴趣“称地球”,一直到 1798 年测得

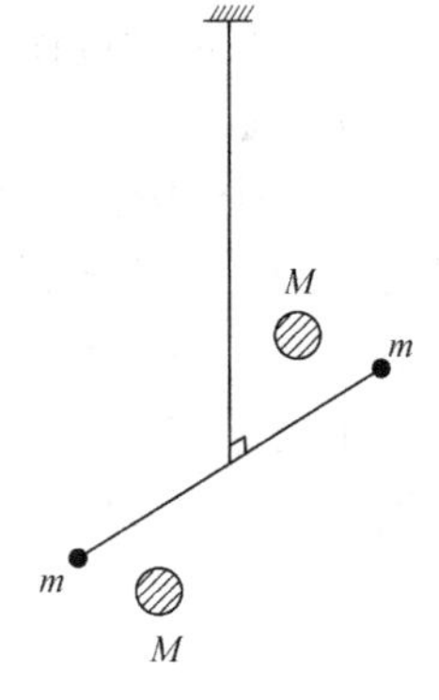

图 6-4 米歇尔装置

G 值，然后“称了地球”，期间相隔 48 年！

从以上讨论中可以看出，牛顿发现万有引力定律是在前人(哥白尼、开普勒等)工作的基础上，再加上自己的一些创新思维得出的. 这些新思想是行星的运动是由于受到太阳施加有心力的缘故，且这个向心力和太阳与行星间的距离平方成反比.

顺便提一下，有些教材和文章中说，牛顿大学毕业(1665 年)后，在家乡躲避瘟疫时，偶然看到树上的苹果落地，启发他思考重力问题，并由此很快发现了万有引力定律. 但是，一些科学史专家并不认同这种说法，因为牛顿从未在自己写的文章和与别人交谈过程中提及苹果落地的故事. 有证据说明，这个故事是在牛顿去世不久，由他的亲属编造出来的，目的是提早牛顿发现万有引力定律的时间，以此保护牛顿对万有引力定律的发现权. 现在我们知道，胡克、哈雷、惠更斯等物理学家虽对万有引力定律的发现也有一定的贡献，但牛顿是万有引力定律的主要发现者是毫无疑问的. 总之，如果我们在课堂上说，牛顿受到苹果落地的启发，从而发现了万有引力定律，是极为不妥的，因为这种说法不符合史实.

大学物理机械波教学方法探讨*

刘玉颖　吕洪凤　张葳葳

波存在于我们生活的世界中，地震也许是世界上最危险的振动和波动了.没有波我们不能听见声音；没有波我们不能看见物体；没有波我们甚至不能生存.无论是水波不兴还是大浪滔天，它们均属于波.电视、手机、收音机均使用电磁波，光如同无线电波一样属于电磁波，见图 7-1.普通物理学可分为力学、热学、电学、光学和原子物理学等子学科，而振动和波横跨所有这些学科[1].根据波的性质，可分为机械波、电磁波、物质波；根据波的传播方向与质点振动方向之间的关系，可分为横波和纵波；根据波是否传播，可分为行波和驻波[2].机械波的许多特性对于电磁波及物质波均适用，在大学物理教学中，机械波是一个非常重要的内容，对其有深刻的理解，对后续学习非常重要，本文以其独特的视角对如何进行机械波教学作一介绍，以飨读者.

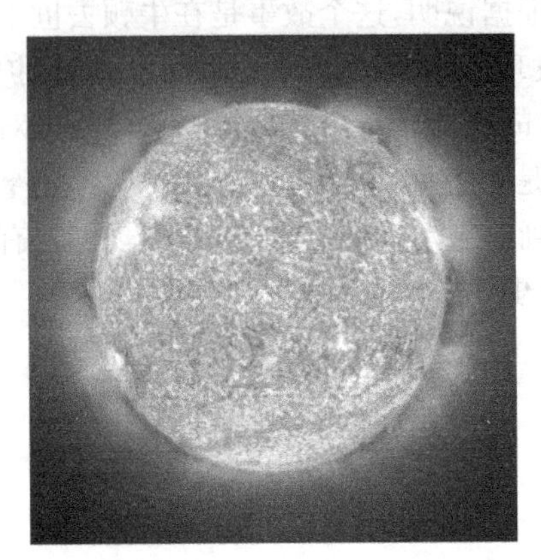

图 7-1　波存在于我们生活的世界中，其中光是一种波[3]

一、波的特征

什么是机械波？机械波是机械振动在弹性介质中的传播.波源和弹性介质是产生机械波的两个必要条件[4].波动这种运动向前传播的是某种扰动(振动)，同时也伴随着能量的传播，但介质本身并不随着波向前迁移.不同于实物粒子的运动(例如小球等)，波动有三大特点.

1. 波的叠加

波和实物粒子最重要的区别是波并不表现出相互排斥，两列波或多列波在同一时刻传播到同一位置，能共同存在于该位置，见图 7-2.但是对于子弹、小球等物体，若两个物体相遇，它们之间发生碰撞，要么排斥开，要么连接在一起，不会同时

---

* 本文发表于《物理通报》2014 年第 2 期，收录本书时略加修订.

处于同一位置.波的叠加是波的重要特征,也是波特有的性质,满足一定特殊条件即可发生波的干涉,例如驻波、拍等现象.

图 7-2 水波的叠加[3]

2. 介质并不随着波向前迁移

我们必须区分介质的运动和介质中传播的波的运动形式.介质由大量质点组成,这些质点均在其平衡位置附近做往复的运动,并不随着波向前迁移,随着波向前传播的是振动(扰动)的运动形式,同时能量也随着波向前传播,见图 7-3.

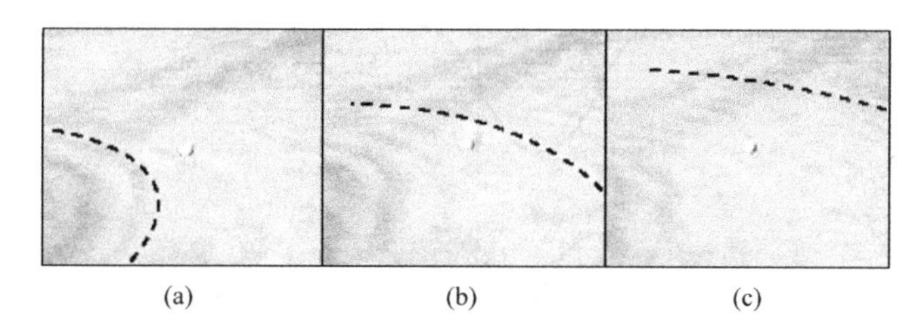

(a) (b) (c)

图 7-3 介质并不随着波向前迁移[3]

3. 波速由介质本身性质决定

我们可以施加外力改变质点、小球的运动速度,通过外力对其做功改变它们的动能,其速度可以在很大范围内变化,而波却无此特征.波速由介质的性质决定.例如,固体中横波、纵波与该物质的切变模量、弹性模量以及密度有关,弦线中波速与张力及密度有关.介质性质一旦确定,波速也随之确定.在温度为 20℃,1 个标准大气压下,空气中声速为 343m/s,然而在氦气中,声速为 1 005m/s[5].

二、平面简谐波的描述

1. 图像法

波动的最大特点是其在空间和时间上周期性的变化[6]. 如果所传播的振动是谐振动，介质中各质点均做同频率、同振幅的谐振动，这样的波为简谐波. 如果简谐波的波面为平面，则为平面简谐波[4]. 我们主要讨论如何描述平面简谐波. 通常用周期、频率、振幅、波长、波速等物理量描述它.

描述平面简谐波的方法之一是图像法，让我们用波的图像法描述弦线上横波的行为，波随着时间在振荡，在某个时刻波是位置 x 的周期函数，见图 7-4. 振动的质点具有相同的周期、频率、振幅，两个质点间的唯一区别在于开始振动的时间不同. 质点在某一时刻振动方向与波的传播方向有着密切的关系，当已知某时刻波形图及波的传播方向时，如何判断质点振动方向？能准确、熟练掌握某时刻波形图、波的传播方向、质点振动方向三者关系，在机械波这一部分是非常重要的. 有的学生由于不理解波动与质点振动的内在关系，不能正确地应用图像法解题，感到机械

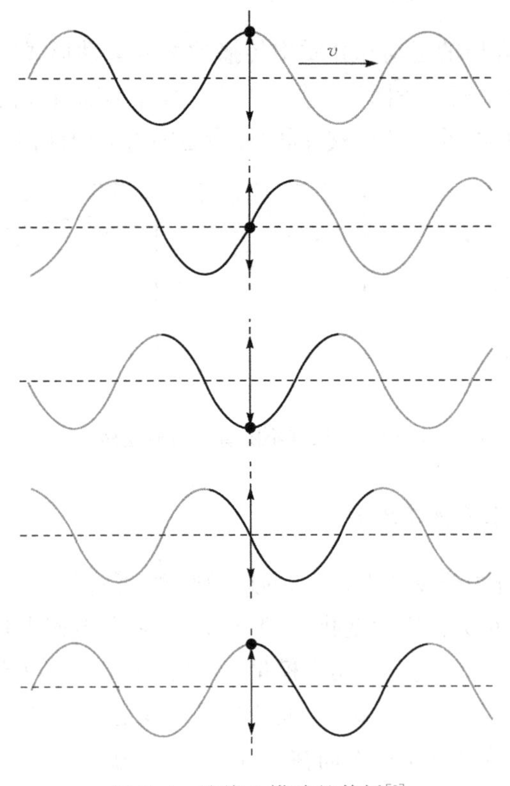

图 7-4 弦线上横波的传播[3]

波很抽象，若不能真正理解，该部分内容则成为学生解题的一个瓶颈. 笔者经过多年的教学实践深有体会，给学生总结了一些简单有效的判断方法，其中方法之一可形象地表示为“沿着波速朝前看，波峰波谷紧相连. 上坡质点往下走，下坡质点往上钻”. 应用此方法可准确地判断质点振动与波的传播方向之间的关系. 教学中发现，学生一旦掌握此方法，再用平面简谐波图像相关内容解题时基本准确无误，学生普遍反映机械波变得简单有趣了.

2. 平面简谐波波动方程

形成平面简谐波时，质点的振动均为简谐振动，两个质点间的唯一区别在于开始振动的时间不同，再结合对平面简谐波的图像有深刻的理解. 基于以上基础，平面简谐波行波波动方程很容易推导(推导过程省略)，同时学生对该方程有了初步的理解. 波动方程是描述平面简谐波行为的一种重要方法.

例如，有一平面简谐波，具有特定的波长和频率. 波函数描述了在任意位置 x 处的质点相对其平衡位置的位移随时间的变化情况. 位移随时间、空间变化为正余弦函数，假设波以速率 v 沿 x 正方向传播，且位于 $x=0$ 处质点的初相位 φ 为零，波函数有以下表述方式[7]：

$$y(x,t)=A\cos(\omega t-kx) \tag{7-1}$$

$$y(x,t)=A\cos\left(t-\frac{x}{v}\right) \tag{7-2}$$

$$y(x,t)=A\cos\left(\omega t-\frac{2\pi}{\lambda}x\right) \tag{7-3}$$

对于波动方程，学生感觉抽象难懂，在教学中，强调波方程所蕴含的物理意义是非常重要的，笔者在教学中以掌握波动特点为基础，让学生重点理解方程(7-1)的物理意义，真正理解该方程包含的所有信息，以下是笔者在教学中的一些体会，和大家分享. 以方程(7-1)为例，以下结论同样适用于方程(7-2)、(7-3)，它包含着波动的所有信息. k 是波数，k 简单地被定义为$\frac{2\pi}{\lambda}$，如果已知波数，可以知道波长的值；k 反映了波的空间信息. 位于某一位置的质点随着时间振荡，ω 为角频率，质点振动周期 T 为$\frac{2\pi}{\omega}$，它包含着波的时间信息. 行波的特点是时间和空间相互联系的，$\frac{\omega}{k}$即为波速的大小；方程中正负号也非常重要，波沿着 x 正方向传播，方程中为负号，若波沿着 x 负方向传播，则方程中为正号. 所以，方程(7-1)蕴含着关于波的振幅、波长、周期、频率、波速、波的传播方向等信息. 若 $x=0$ 处质点的初相位不为零，方程还要补充一项，即初相位 φ. 方程变为

$$y(x,t)=A\cos(\omega t-kx+\varphi)$$

有此基础，再扩展到其他方程. 学生觉得波动内容变得简单有趣，很容易接受，兴趣盎然，在愉悦中接受了此部分知识，取得了很好的教学效果.

参考文献

[1] 赵凯华，罗蔚茵. 力学. 2 版. 北京：高等教育出版社，2004：249.
[2] David Halliday，Robert Resnick，Jearl Walker. Fundamentals of Physics（Seventh Edition）. Higher Education Press，2004：252-254.
[3] http://www. lightandmatter. com.
[4] 吴百诗. 大学物理. 西安：西安交通大学出版社，2010：88.
[5] Douglas C. Giancoli. Physics for Scientists and Engineers with Modern Physics. 3rd Edition. Beijing：Higher Education Press，2004：354-355.
[6] Paul G. Hewitt. Conceptual Physics. 10th Edition. United States of America. Pearson International Edition，2006：362.
[7] 马文蔚，周雨青. 物理学教程. 2 版. 北京：高等教育出版社，2006：149-151.

推导伯努利方程中的一个问题

金仲辉

我们知道，静止流体内的一点，通过不同方位的压强是相等的. 但在许多教材里，推导流体的伯努利方程过程中，不加任何说明，使用了上述的结论. 我们要问，当流体作着加速运动时，流体内一点通过不同方位的压强是否还相同呢？以下我们来回答这个问题.

在作恒定流动的理想流体中，某时刻围着某一点隔离出一个微小的三棱直角柱体，如图 8-1 所示，柱体横截面沿 x 轴边长为 Δx，沿 y 轴边长为 Δy，斜边长为 Δn，另一边沿 z 轴，长为 Δz. 并假设该流体元加速度方向在 xOy 平面内.

现在来分析 xOy 平面内柱体受力情况，由于讨论的是理想流体，柱体外其他流体通过侧面 $\Delta y\Delta z$、$\Delta x\Delta z$、$\Delta n\Delta z$ 作用在柱体内流体上的力垂直于各个侧面，并指向柱内流体，如图 8-2 所示. 图中 p_x、p_y、p_n 分别表示通过三个侧面的压强，于是通过三个侧面作用在流体元上的力分别为 $p_x\Delta y\Delta z$、$p_y\Delta x\Delta z$、$p_n\Delta n\Delta z$. 柱体流体元所受重力 Δmg，$\Delta m=\frac{1}{2}\rho\Delta x\Delta y\Delta z$，式中 ρ 为流体的密度. 根据牛顿第二定律，有

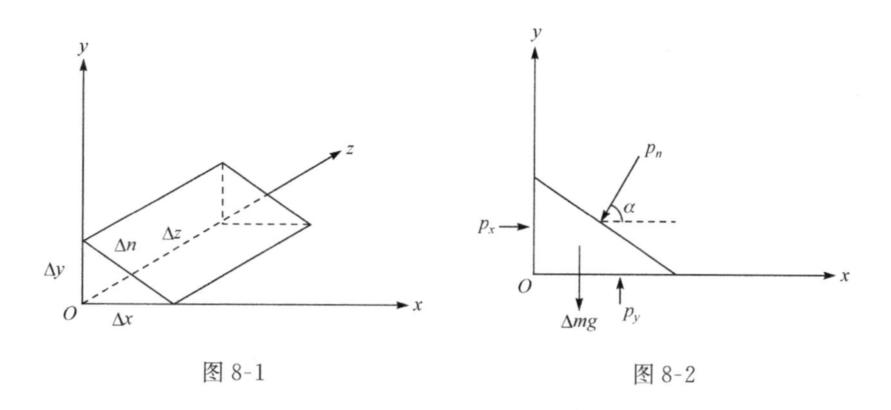

图 8-1　　　　图 8-2

$$\left.\begin{aligned}&p_x\Delta y\Delta z-p_n\Delta n\Delta z\cos\alpha=\Delta m a_x\\&p_y\Delta x\Delta z-p_n\Delta n\Delta z\sin\alpha-\Delta mg=\Delta m a_y\end{aligned}\right\}\tag{8-1}$$

将 $\Delta m=\frac{1}{2}\rho\Delta x\Delta y\Delta z$ 代入上式，得

$$\left.\begin{aligned}p_x\Delta y\Delta z-p_n\Delta n\Delta z\cos\alpha&=\frac{1}{2}\rho\Delta x\Delta y\Delta z a_x\\p_y\Delta x\Delta z-p_n\Delta n\Delta z\sin\alpha-\frac{1}{2}\rho\Delta x\Delta y\Delta z g&=\frac{1}{2}\rho\Delta x\Delta y\Delta z a_y\end{aligned}\right\}\tag{8-2}$$

将 $\Delta n\cos\alpha=\Delta y$，$\Delta n\sin\alpha=\Delta x$ 代入上式，可得

$$\left.\begin{aligned}p_x-p_n&=\frac{1}{2}\rho\Delta x\alpha_x\\p_y-p_n-\frac{1}{2}\rho g\Delta y&=\frac{1}{2}\rho\Delta y\alpha_y\end{aligned}\right\}\tag{8-3}$$

令 $\Delta x\to0$，$\Delta y\to0$，有

$$p_x=p_y=p_n\tag{8-4}$$

若使隔离出来的柱体流体元的截面位于 yOz 平面，用同样的方法可以证明

$$p_y=p_z=p_n\tag{8-5}$$

由式(8-4)和式(8-5)，得

$$p_x=p_y=p_z=p_n\tag{8-6}$$

上式说明，即使流体作加速流动时，通过流体内某一点，无论截面取什么方位，它们的压强总是相等的.

气体分子平均相对速率与平均速率*

王家慧 申兵辉 王 卫 韩 萍

一、引言

气体分子以各种大小的速度沿各个方向运动着，由于相互碰撞，每个分子的速度都在不断地变化着，就大量分子整体而言，在一定的条件下，它们的速度遵从着一定的统计规律. 麦克斯韦已从理论上确定了平衡态下理想气体分子按速度分布的统计规律，即麦克斯韦速度分布律. 它指出：在平衡状态下，气体分子的速度分量在 $v_x \sim v_x + \mathrm{d}v_x$，$v_y \sim v_y + \mathrm{d}v_y$，$v_z \sim v_z + \mathrm{d}v_z$ 区间内的概率为

$$\begin{aligned} f(\boldsymbol{v})\mathrm{d}\boldsymbol{v} &= f(v_x, v_y, v_z)\mathrm{d}v_x\mathrm{d}v_y\mathrm{d}v_z \\ &= \left(\frac{m}{2\pi kT}\right)^{3/2} \mathrm{e}^{-m\left(v_x^2+v_y^2+v_z^2\right)/2kT}\mathrm{d}v_x\mathrm{d}v_y\mathrm{d}v_z \\ &= \left(\frac{m}{2\pi kT}\right)^{3/2} \mathrm{e}^{-mv^2/2kT}\mathrm{d}v_x\mathrm{d}v_y\mathrm{d}v_z \end{aligned} \tag{9-1}$$

这里 $f(\boldsymbol{v}) = f(v_x, v_y, v_z)$ 为麦克斯韦速度分布函数. 利用这一速度分布律可以证明，气体分子的平均相对速率 $\bar{u}$ 与平均速率 $\bar{v}$ 之间存在下列关系：

$$\bar{u} = \sqrt{2}\bar{v} \tag{9-2}$$

这一关系式在现有的热学教材[1~3]中几乎都有阐述，但都没有给出详细的证明. 另有教材[4]则通过证明 $\sqrt{\overline{u^2}} = \sqrt{2}\sqrt{\overline{v^2}}$ 式，给出式(9-2). 这只能算是一种定性的解释，因为 $\sqrt{\overline{u^2}}$ 与 $\bar{u}$ 及 $\sqrt{\overline{v^2}}$ 与 $\bar{v}$ 是不同的概念. 本文将给出式(9-2)的一种简单推导过程.

二、气体分子的平均相对速率与平均速率关系式的推导过程

气体分子的平均相对速率 $\bar{u}$ 的定义为

$$\bar{u} = \int |\boldsymbol{v}_1 - \boldsymbol{v}_2| f(\boldsymbol{v}_1) f(\boldsymbol{v}_2)\mathrm{d}\boldsymbol{v}_1\mathrm{d}\boldsymbol{v}_2 \tag{9-3}$$

这里 $f(\boldsymbol{v}_i) = \left(\frac{m}{2\pi kT}\right)^{3/2} \mathrm{e}^{-m\left(v_{ix}^2+v_{iy}^2+v_{iz}^2\right)/2kT} = \left(\frac{m}{2\pi kT}\right)^{3/2} \mathrm{e}^{-mv_i^2/2kT}$，$\mathrm{d}\boldsymbol{v}_i = \mathrm{d}v_{ix}\mathrm{d}v_{iy}\mathrm{d}v_{iz}$ $(i=1,2)$.

---

* 本刊发表于《广西物理》2013 年第 3 期，收录本书时略加修订.

本文省略了所有积分式的积分限,积分的下限为$-\infty$,上限为∞.

气体分子的平均速率$\bar{v}$的定义为

$$\bar{v}=\int vf(\boldsymbol{v})\mathrm{d}\boldsymbol{v} \tag{9-4}$$

式(9-3)是一个两个变量($\bar{v}_1$ 和 $\bar{v}_2$)的交缠积分,可通过变量变换化简. 令

$$\boldsymbol{v}_1-\boldsymbol{v}_2=\boldsymbol{u}$$
$$\boldsymbol{v}_1+\boldsymbol{v}_2=\boldsymbol{u}'$$

则

$$\begin{cases}\boldsymbol{v}_1=\dfrac{1}{2}(\boldsymbol{u}+\boldsymbol{u}')\\ \boldsymbol{v}_2=\dfrac{1}{2}(\boldsymbol{u}'-\boldsymbol{u})\end{cases} \tag{9-5}$$

即

$$\begin{cases}v_{1x}=\dfrac{1}{2}(u_x+u_x')\\ v_{2x}=\dfrac{1}{2}(u_x'-u_x)\end{cases}\quad \begin{cases}v_{1y}=\dfrac{1}{2}(u_y+u_y')\\ v_{2y}=\dfrac{1}{2}(u_y'-u_y)\end{cases}\quad \begin{cases}v_{1z}=\dfrac{1}{2}(u_z+u_z')\\ v_{2z}=\dfrac{1}{2}(u_z'-u_z)\end{cases}$$

于是

$$\mathrm{d}v_{1x}\mathrm{d}v_{2x}=|J|\mathrm{d}u_x\mathrm{d}u_x'$$

这里J为雅可比式,其值为

$$J=\begin{vmatrix}\dfrac{\partial v_{1x}}{\partial u_x} & \dfrac{\partial v_{2x}}{\partial u_x}\\ \dfrac{\partial v_{1x}}{\partial u_x'} & \dfrac{\partial v_{2x}}{\partial u_x'}\end{vmatrix}=\begin{vmatrix}\dfrac{1}{2} & -\dfrac{1}{2}\\ \dfrac{1}{2} & \dfrac{1}{2}\end{vmatrix}=\frac{1}{2}$$

所以

$$\mathrm{d}v_{1x}\mathrm{d}v_{2x}=\frac{1}{2}\mathrm{d}u_x\mathrm{d}u_x' \tag{9-6}$$

同理

$$\mathrm{d}v_{1y}\mathrm{d}v_{2y}=\frac{1}{2}\mathrm{d}u_y\mathrm{d}u_y' \tag{9-7}$$

$$\mathrm{d}v_{1z}\mathrm{d}v_{2z}=\frac{1}{2}\mathrm{d}u_z\mathrm{d}u_z' \tag{9-8}$$

将式(9-5)、式(9-6)、式(9-7)及式(9-8)代入式(9-3),得

$$\begin{aligned}\bar{u}&=\int|\boldsymbol{u}|\left(\frac{m}{2\pi kT}\right)^{3/2}\mathrm{e}^{-mv_1^2/2kT}\left(\frac{m}{2\pi kT}\right)^{3/2}\mathrm{e}^{-mv_2^2/2kT}\mathrm{d}v_{1x}\mathrm{d}v_{1y}\mathrm{d}v_{1z}\mathrm{d}v_{2x}\mathrm{d}v_{2y}\mathrm{d}v_{2z}\\&=\int u\left(\frac{m}{2\pi kT}\right)^{3/2}\mathrm{e}^{-m\frac{1}{4}(u^2+u'^2+2u\cdot u')/2kT}\left(\frac{m}{2\pi kT}\right)^{3/2}\mathrm{e}^{-m\frac{1}{4}(u'^2+u^2-2u'\cdot u)/2kT}\ \frac{1}{8}\mathrm{d}u_x\mathrm{d}u_y\mathrm{d}u_z\mathrm{d}u_x'\mathrm{d}u_y'\mathrm{d}u_z'\end{aligned}$$

$$=\int u\left(\frac{m}{2\pi kT}\right)^{3/2}\mathrm{e}^{-m\frac{u^2}{2}/2kT}\left(\frac{m}{2\pi kT}\right)^{3/2}\mathrm{e}^{-m\frac{u'^2}{2}/2kT}\mathrm{d}\left(\frac{u_x}{\sqrt{2}}\right)\mathrm{d}\left(\frac{u_y}{\sqrt{2}}\right)\mathrm{d}\left(\frac{u_z}{\sqrt{2}}\right)\mathrm{d}\left(\frac{u'_x}{\sqrt{2}}\right)\mathrm{d}\left(\frac{u'_y}{\sqrt{2}}\right)\mathrm{d}\left(\frac{u'_z}{\sqrt{2}}\right)$$

$$=\int uf\left(\frac{\boldsymbol{u}}{\sqrt{2}}\right)f\left(\frac{\boldsymbol{u}'}{\sqrt{2}}\right)\mathrm{d}\left(\frac{\boldsymbol{u}}{\sqrt{2}}\right)\mathrm{d}\left(\frac{\boldsymbol{u}'}{\sqrt{2}}\right)$$

令

$$\boldsymbol{p}=\frac{\boldsymbol{u}}{\sqrt{2}},\quad \boldsymbol{q}=\frac{\boldsymbol{u}'}{\sqrt{2}}$$

则上式化为

$$\bar{u}=\sqrt{2}\int pf(\boldsymbol{p})f(\boldsymbol{q})\mathrm{d}\boldsymbol{p}\mathrm{d}\boldsymbol{q}$$

可对上式中的 p 和 q 进行单独积分,其中

$$\int f(\boldsymbol{q})\mathrm{d}\boldsymbol{q}=1$$

所以

$$\bar{u}=\sqrt{2}\int pf(\boldsymbol{p})\mathrm{d}\boldsymbol{p}$$

由于定积分与积分变量无关,所以

$$\int pf(\boldsymbol{p})\mathrm{d}\boldsymbol{p}=\int vf(\boldsymbol{v})\mathrm{d}\boldsymbol{v}=v$$

因此

$$\bar{u}=\sqrt{2}\bar{v}$$

三、结论

从以上推导可以看出,虽然式(9-3)是一个两变量的交缠积分,但通过变量变换,可化成两变量各自的独立积分,而独立积分是大家所熟悉的.

参 考 文 献

[1] 李椿,章立源,钱尚武. 热学. 北京:人民教育出版社,1978.
[2] 张三慧. 大学物理学(第二册). 北京:清华大学出版社,1999.
[3] 程守洙,江之永. 普通物理学. 北京:高等教育出版社,1998.
[4] 赵凯华,罗蔚茵. 新概念物理教程(热学). 北京:高等教育出版社,1998.

卡诺定理的物理意义

金仲辉

1782 年英国的瓦特发明蒸汽机以后，英国进入了工业革命，社会生产力获得空前的提高. 但是，当时的蒸汽机的效率极低，仅为 3%左右，后经多次改进，蒸汽机的效率提高至 8%. 如何进一步提高热机的效率为许多科学家的研究课题，其中最具有代表性的研究可归纳为两个方面.

一方面提出和研制第二类永动机. 是否可能制造出这样的热机，它只需要从高温热源吸热而对外做功，但并不需要向低温热源放热，也就是说，热机的效率可以达到 $\eta=\frac{A}{Q}=100\%$. 这样的热机设想，无疑是非常诱人的，曾吸引着很多人去研究. 例如，美国的一位发明家设计出所谓的“零发动机”. 按他的设计，若选用易液化的氨为工作物质，可在 0℃时产生 4 个大气压的推力来驱动活塞做功. 当时的美国海军部非常支持这个设计，他们以为美国海军从此无须靠岸补充燃料，只要直接从海水中吸热就行了. 当然，所有第二类永动机的设计方案命运都是一样的，均以失败告终.

另一方面，法国工程师卡诺对各种热机进行分析研究，他发现它们都有两个共同的特点：(1)都有高温热源和低温热源；(2)工作物质都是从高温热源吸热，向低温热源放热，对外做功. 卡诺抓住这两个特点，设想出工作物质只和两个恒温热源接触，循环由两个绝热过程和两个等温过程构成，并且在循环过程中无任何漏气和散热等存在的一种理想热机(卡诺热机). 利用热力学第一定律和热机效率的定义，卡诺得到理想热机的效率为

$$\eta=1-\frac{Q_2}{Q_1}=1-\frac{T_2}{T_1}$$

1842 年卡诺提出了如今以他的名字命名的卡诺定理：

(1) 在相同的高温热源和相同的低温热源间工作的一切可逆热机的效率相等，与工作物质无关.

(2) 在相同的高温热源和相同的低温热源间工作的一切不可逆热机，其效率都小于可逆热机的效率.

卡诺定理可用下式表示：

$$\eta=1-\frac{Q_2}{Q_1}\leqslant 1-\frac{T_2}{T_1}$$

式中的等号对应可逆循环，不等号对应不可逆循环.

卡诺对热学的贡献是提出了卡诺循环和证明了卡诺定理，一方面指出了提高热机效率的方向是提高高温热源的温度和降低低温热源的温度. 另一方面揭示了功、热转换过程的不可逆性，为热力学第二定律的建立奠定了实践基础. 所以说，卡诺定理是人类历史上能够同时对物理学理论和技术作出伟大贡献的少数几个成就之一.

顺便提一句，卡诺是从“热质说”推导出卡诺定理的，他认为热机中高温热源与低温热源之间的温度差与水轮机上下的水位差相似. 当水从高处流向低处时，所做的功与水位差成正比. 与此类似，当“热质”从高温热源流向低温热源时所做的功也应与温度差成正比，最后推导出 $\eta \leqslant 1-\frac{T_2}{T_1}$. “热质说”当然是不对的，但是经克劳修斯研究，认为卡诺的结论是正确的. 在物理学史中，在错误的前提下，却又得到了正确结论的事并不少见. 例如，麦克斯韦在“以太”假设基础上，用力学模型说明位移电流的形成和解释电磁感应等现象，最终得到正确的电磁场规律——麦克斯韦方程组.

卡诺的父亲是位数学家，曾任拿破仑政府的陆军部长，拿破仑失败后，卡诺的父亲被流放，卡诺本人也受到牵连，被迫退出军工部门，后患霍乱身亡，时年仅36岁.

谈谈熵的概念

何志巍　王家慧　金仲辉

一、"熵"字的来源

熵这个物理学名词是由克劳修斯创造出来的，熵的英文名为 entropy. 这个词由字头 en 和字尾 tropy 构成. en 表示与 energy 具有类似的形式，tropy 表示转变的意思. 1925 年 5 月 25 日普朗克在我国东南大学作学术报告，我国物理学家老前辈胡刚复教授首次将 entropy 翻译成"熵". 熵表示两个量(热量 Q 和温度 T)相除称为商，加"火"字旁表示它为热学量.

胡刚复教授(1892—1966)于 1909 年入哈佛大学，1913 年毕业，1918 年获得博士学位，先后在东南大学、浙江大学、交通大学等校任教. 1952 年任南开大学教授. 我国著名物理学家吴有训、严济慈、钱临照等都是他的学生.

二、熵用来定量表述热力学第二定律

熵的概念比较抽象，初次接触它，很难透彻了解. 但熵的概念很重要，随着科技的发展，很多学科都引入熵的概念，所以熵的意义越来越重要，有人说，熵的概念重要性不亚于能量.

我们知道，为了定量表述热力学第零定律(即热平衡规律)建立了温度的概念；为了定量表述热力学第一定律，建立了内能等概念；与此类似，为了定量表述热力学第二定律，建立了熵的概念.

1854 年克劳修斯在研究卡诺热机时，提出了熵的概念，根据卡诺定理，对于任意可逆循环，有

$$\oint \frac{\mathrm{d}Q}{T} = 0 \tag{11-1}$$

上式称为克劳修斯等式，这个等式表明存在着一个状态函数，称此状态函数为熵(S).

在可逆过程中，有

$$\mathrm{d}S = \frac{\mathrm{d}Q}{T} \tag{11-2}$$

或

$$S_B - S_A = \int_A^B \frac{\mathrm{d}Q}{T} \tag{11-3}$$

上式定义了两个状态间的熵差. 为了完全确定某状态熵的数值,需要确定一个参考态,并规定其熵值,犹如我们在重力场中确定一个物体的势能值,必须选择一个参考点的势能值.

熵和能量不同,它并不遵守守恒定律.

三、熵增加原理

系统经过一个绝热过程后,熵永不减少,即

$$\mathrm{d}S \geqslant \frac{\mathrm{d}Q}{T} \tag{11-4}$$

上式表明,如果绝热过程是可逆的,则 $\mathrm{d}S=\frac{\mathrm{d}Q}{T}=0$;如果绝热过程是不可逆的,则 $\mathrm{d}S>0$. 由于孤立系必然是绝热的,因此熵增加原理也适用于孤立系.

举两个例子. (1)一滴墨水滴到一杯静水中,墨水分子靠着扩散慢慢达到墨水分子在水中均匀分布. (2)一个鸡蛋在一定高度下落在碗中被摔破. 这两个例子都是讨论孤立系内发生的不可逆过程,因为无论我们等待多长时间,不可能出现在杯中均匀分布的墨水分子重新聚集成一滴墨水和碗中破碎的鸡蛋重新恢复成完整如初的鸡蛋. 上述两个例子都是熵值由小变大的过程,也是状态由有序变成无序的过程. 原来一滴墨水分子都是聚集在杯水中某处,墨水分子排列非常有序,待最后扩散至杯水中均匀分布就成为最无序的分布了. 原来未破的鸡蛋组成很有序,蛋黄、蛋清和蛋壳依次序由内至外排序,而鸡蛋一经摔破,蛋黄、蛋清和蛋壳的有序排列被破坏成无序的排列. 所以,我们可以说,孤立系内的不可逆过程是熵由小变大的过程,也就是系统状态由有序变成无序的过程.

再举一个例子. 讨论一个绝热盒子内的六个全同分子(a,b,c,d,e,f)在盒内等体积的左、右室内分布问题,如图 11-1 所示. 如果 a 分子在左室,其他五个分子在右室的状态与 c 分子在左室,其他五个分子在右室. 我们认为这两种状态是相同的. 根据概率论,左室有 n_1 个分子,右室有 n_2 个分子的相同分部的状态数 W 由下式决定:

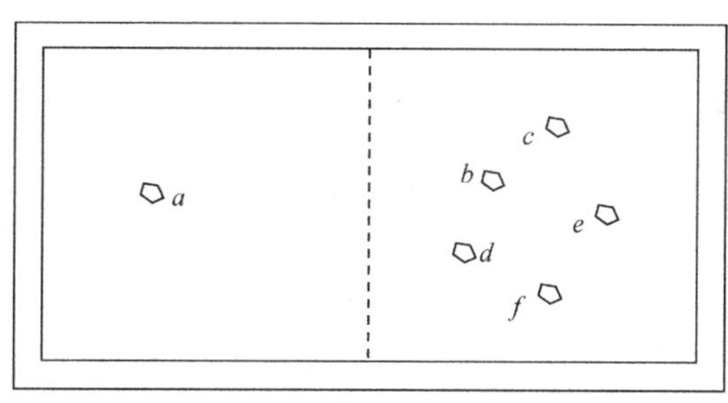

图 11-1

$$W=\frac{N!}{n_1!n_2!} \tag{11-5}$$

其中 $N=n_1+n_2$，由讨论条件 $N=6$，下表列出了计算结果.

左室(n_1)	右室(n_2)	微观状态数
6	0	1
5	1	6
4	2	15
3	3	20
2	4	15
1	5	6
0	6	1

一个实际的宏观系统，N 是极大的，具有 $\sim10^{23}$ 的数量级. 如果 N 很大，则左室内分子所占总分子数的百分比如图 11-2 所示. 图 11-2 说明，对于一个宏观系统，在平衡态下，盒内的分子实际上是均匀分布的，处于最无序的状态，即熵值最大的状态.

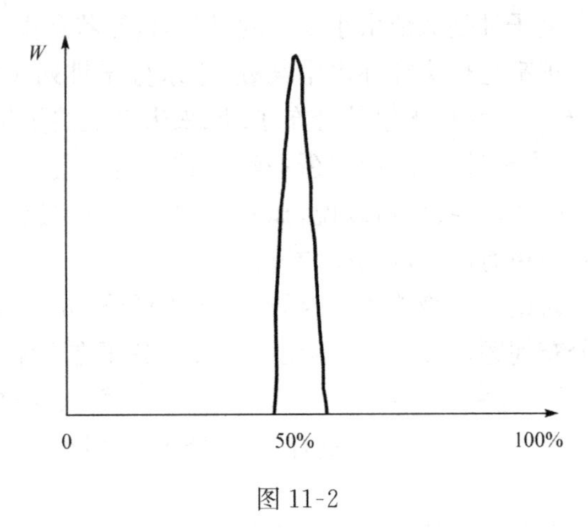

图 11-2

四、玻尔兹曼关系式

1877 年玻尔兹曼得出熵 S 和微观状态数 W 的关系为 $S\propto\ln W$. 1900 年经过普朗克的研究得出下列关系式：

$$S=k\ln W \tag{11-6}$$

式中 k 为玻尔兹曼常量，上式称为玻尔兹曼关系式. 现对这个关系式做下列说明.

(1) S 是一个宏观量，W 是一个微观状态数. 玻尔兹曼将这两个量联系起来.

我们上面曾说 S 的大小可粗略看作系统无序度的一个量度，就是根据玻尔兹曼关系式.

(2) 我们在讨论一些问题时，有时对系统的熵值并不知道，但是仍然可用熵的变化来讨论过程的进行方向. 例如，我们可用熵的增加来判断孤立系自发变化的方向，而平衡态就是任何对此状态的小偏离都不会引起熵进一步改变的状态.

(3) 在 $S=k\ln W$ 关系式中采用 $\ln W$ 形式，而不直接用 W 形式有以下两个原因：①对于一个实际的宏观系统来说，W 数太大，而用 $\ln W$ 就小多了，例如可将 10^{23} 减小到 $\ln 10^{23}=53$；②热力学系统中有二类物理量即广延量和强度量. 广延量的数值与系统的边界有关，而强度量的数值与系统的边界无关. 例如，两个相同的系统 A 和 B. 如今将它们联合起来，形成一个两倍大的系统 $A+B$，则有内能 $E_{A+B}=E_A+E_B$，体积 $V_{A+B}=V_A+V_B$，温度 $T_{A+B}=T_A=T_B$，压强 $p_{A+B}=p_A=p_B$.

上述说明，系统的内能和体积都是广延量，而系统的温度和压强都是强度量. 对于微观状态数 W，有

$$W_{A+B}=W_A\cdot W_B \tag{11-7}$$

上式说明，微观状态数 W 既不是强度量，也不是广延量. 为了使 W 与热力学量相对应，所以采用 $\ln W$，使它成为一个广延量. 因为

$$\ln W_{A+B}=\ln W_A+\ln W_B \tag{11-8}$$

五、热力学第二定律

热力学第二定律实质上是讨论过程方向性问题. 所以，热力学第二定律可以有多种表述方式，在大学基础物理学教材中，基本上有两种表述方法，即开尔文表述和克劳修斯表述.

(1) 开尔文表述：不可能从单一热源吸热使之完全转化成有用功而不产生其他影响.

开尔文表述实际上说明了功热转化的不可逆性. 例如我们用一块木头贴着桌面往返运动，克服木块与桌面间摩擦力所做的功，可以 100% 转换成热量. 这是一个有序的机械运动成更无序的分子运动结果，也是熵值由小变大的增加过程. 那么，我们是否可以期待它的逆过程产生呢？即期待木块和桌面恢复到原状态，木块自发作往返运动？这显然是不可能发生的过程. 因为熵值大的无序度高的分子热运动不可能自发转换成一个熵值小的有序的机械运动.

还如，若从单一热源吸热使之完全转换成有用功，而不产生其他影响成为可能的话，那么海洋中的船只仅仅吸取海水（假定温度单一）的热量就可航行了. 显然，这也是不可能的.

(2) 克劳修斯表述:不可能把热量从低温物体传向高温物体而不引起其他影响.

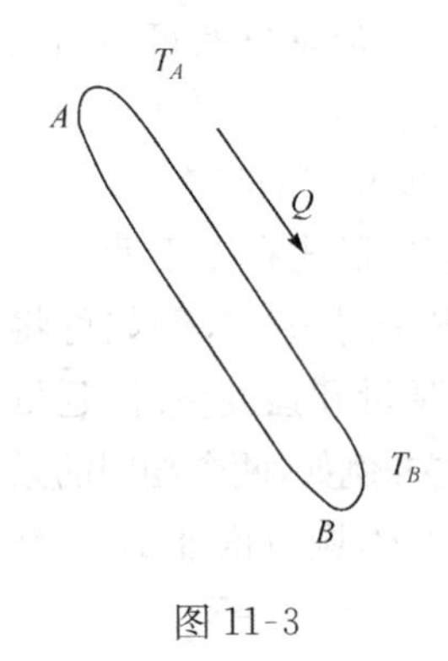

图 11-3

可以举一个例子来说明克劳修斯表述. 图 11-3 为一个内含空气的玻璃棒,它的初始状态是 A 端温度 T_A 高,B 端温度 T_B 低. 随着时间的推移,有热量从 A 端传至 B 端,最后达到整根玻璃棒处于同一温度. 这是玻璃棒内空气分子从一个有序状态(能量大的分子位于 A 端,能量小的分子为与 B 端)自发转向一个无序状态(棒内分子能量均匀分布)的过程,也就是熵值从小至大的过程,它的逆过程是不可能自发产生的. 如果逆过程存在,则毋须对冰箱做功,冰箱内物体就可自发冷冻起来. 当然,这是不可能有的现象.

六、熵的应用

熵的应用不限于热力学和统计物理,也可应用于信息论. 信息论中将熵作为某事件不确定度的量度. 信息量越大,体系的结构越有规则,功能越完善,熵就越小;反之,信息量越小,体系的不确定度越大,熵就越大. 利用熵的概念,可以从理论上研究信息的计量、传递、变换、存储.

还如,细胞核中的 DNA 是一长串由四种核苷酸组成的碱基排列. 这种排列是高度有序的,内有大量的信息,它的熵值非常低. 1944 年薛定谔在他著名的小册子《生命是什么》里说"生命的物质载体是非周期性晶体,遗传基因分子正式这种由大量原子秩序井然地结合起来的非周期性晶体". 薛定谔所说的非周期性晶体实际上就是 DNA 分子.

实际上,人类每天在应用着熵,因为薛定谔说:"生命体以负熵为食."

熵在控制论、概率论、数论、天体物理、生命科学和经济学等学科也都有应用.

谈谈混沌

金仲辉

大学基础物理教学不包括混沌的内容，但是，如今混沌的研究已完全超出数学和物理的范围，它在自然科学的应用越来越广泛，甚至应用于许多社会学科. 所以作为自然界三种基本运动之一的混沌，在大学基础物理教学中，对它的内容作简要的介绍也十分必要. 混沌一词在中外文化中有着渊源悠久的历史. 在古希腊，它的原意是事物生成前宇宙的原始空虚状态，即首先是混沌，然后才有大地和欲念；在我国，古人想像中的世界生成前的状态，“夫太极之初，混沌未分”. 如今，混沌(chaos)有了科学的定义，混沌是确定论系统所表现的随机行为的总称，它的根源在于系统内非线性相互作用.

1903 年法国数学家庞加莱从动力学系统和拓扑学出发，指出可能存在混沌特性，从而成为世界上最先了解存在混沌可能性的人. 随后有不少数学家开始研究混沌理论. 混沌所以成为大众知晓的名词，这和美国气象学家洛伦茨(E. N. Lorenz)的工作有很大的关系，上世纪 60 年代他研究的两无限平面间流体的运动，提出一个简化到只有 3 个变量的描述大气对流的非线性微分方程组

$$\begin{cases}\dot{x}=-\sigma x+\sigma y\\ \dot{y}=-xz+\gamma x-y\\ \dot{z}=xy-bz\end{cases}\tag{12-1}$$

上述方程组中不含任何外加的随机变量，其中 x 变量与对流强弱有关，y 变量与水平方向温差有关，z 变量与垂直方向温差有关，σ,γ,b 为三个参数. 上述方程组没有解析解，洛仑茨利用计算机计算气候的演变情况. 他用两组差别极小的初始值(第二组采用的初值仅比第一组少最后一位有效数字)，进行两次重复计算，发现随着计算的时间进程的推进，两次计算结果的差别越来越大，最后导致完全没有相似之处，这样的结果大大出乎人们的预料，这种对初始条件的灵敏现象后来被形象地称为“蝴蝶效应”，它来自洛伦茨的一次演讲，文中提到：“在巴西热带雨林中的一只蝴蝶扇动了一下翅膀，可能会在得克萨斯引起一场龙卷风.”反过来理解这句话，就是蝴蝶不扇动翅膀就不会引起龙卷风. 蝴蝶扇不扇翅膀对大气对流来说显然是一个差别极小的初始条件，但导致的结果却有着巨大的差别，正所谓差之毫厘，失之千里. “蝴蝶效应”，这个名词的起源可能和下面的故事不无关系. 在洛伦茨即将成为一名气象专业的学生那年圣诞节，他的姐姐送给他一本名为“风暴”的书，书中叙述了一位在中国的老人打了一个喷嚏，在美国纽约就引发了一场大雪.

自然界有三种基本运动状态，混沌是其中之一，其余两种是大家熟悉的，那就是确定性运动状态和随机性运动状态. 自从牛顿以来，科学界形成一种任何复杂的自然现象都可以用一组确定的方程来描述，物体的运动完全包含在这组方程和初始条件中，只要知道初始条件，就可确定地预言物体的未来和追溯它的过去. 法国数学家拉普拉斯是牛顿的崇拜者，是"决定论"思想的代表者，他曾宣称：只要给我初始条件我就可以决定未来的一切，确定性运动状态的特点就是对初始条件不是很敏感的. 自然界也存在着各种各样的随机性运动状态，例如骰子的滚动、气体分子的运动、山溪的奔流等. 这种不可预测的性质表明不存在确定的因果关系，即具有随机性的因素，19 世纪玻尔兹曼奠定了气体动理论基础，阐明了大量分子组成的体系行为的随机性质，显然个别分子的行为难以预测，但大量分子组成的气体行为在统计上是可以预测的. 由以上叙述可知，混沌打破了确定论和随机论这两套描述体系之间的鸿沟，在这两套描述体系之间架起了一座桥梁. 混沌研究表明，现实世界更多的是一个有序与无序相伴、确定性与随机性统一、简单与复杂一致的世界.

混沌现象的随机性不是来源于系统中包含大量分子的那种随机性，而是来源于非线性系统中微小差异的增长量是按指数增加的方式进行的，从而具有对初始值敏感的行为. 混沌现象的存在，意味着精确预测能力受到一种新的根本性限制，它彻底破除了拉普拉斯式的决定论观念. 新的观念正在把科学家的热情引导到探索复杂的非线性领域，大大丰富了人们对于事物演化的认识. 混沌现象研究建立起来的新概念正在进入物理学、天文学、生物、地学、医学等自然科学和一些社会科学的领域.

混沌现象和许多物理现象一样，既存在有害的一面又存在有益的一面. 所以如何避免混沌的弊端而利用它有益的一面，需要进一步研究混沌理论，从而达到控制混沌的目的. 总之，混沌为我们展示了广阔的应用前景.

如何讲授库仑定律*

何志巍　李春燕　金仲辉

库仑定律是静电学的基础，静电场的两个重要定理，即高斯定理和静电场的环路定理，都是由库仑定律引申出来的. 这两个定理说明静电场是一个有源无旋场. 但当我们讲授库仑定律时，需要格外谨慎小心，因为学生们已经在中学接触过它. 如果按一般教材里的内容来讲授，就会显得重复和枯燥无味. 那么如何讲授好库仑定律呢？下面的一些内容可供参考.

一、库仑定律成立的条件

法国物理学家库仑于 1785 年通过自制的扭秤以及一个假设，得出了以他名字命名的库仑定律：真空中两个静止点电荷之间的相互作用力与它们间距离的平方成反比，与它们的电荷量的乘积成正比，作用力的方向在两点电荷的连线上，同号电荷相斥，异号电荷相吸. 库仑定律的数学表示式为

$$\boldsymbol{f}=\frac{1}{4\pi\varepsilon_0}\frac{q_1q_2}{r^2}\boldsymbol{r}_0$$

首先要说明的是，在库仑定律表述中，真空的条件其实不是必须的. 如果两个静止点电荷都处于介质中，仅考虑这两个点电荷之间的相互作用力（即不考虑由于介质极化而形成束缚电荷的作用），上述的库仑定律依然可用. 此外，当一个点电荷 q_1 静止，而另一个点电荷 q_2 运动，如图 13-1 所示，那么运动电荷受力依然可用库仑定律. 反之，不能推广，因为有推迟效应.

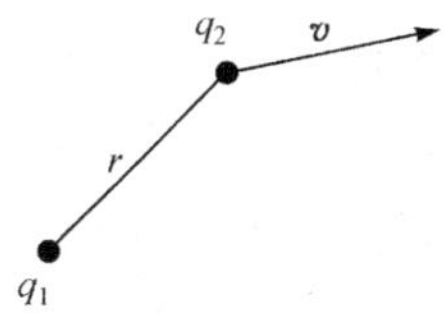

图 13-1

总之，上述讨论告诉我们，库仑定律中哪些条件是必须满足的，哪些条件是可以“放松”的.

二、库仑扭秤实验

库仑用自制的扭秤，利用同号电荷来测量两个点电荷之间的相互作用力. 实验得出，作用力大小与两个点电荷之间距离的平方成反比，即 $f\propto\frac{1}{r^2}$. 同号电荷之间

* 本文发表于《物理通报》2011 年第 7 期，收录本书时略加修订.

的相互作用力有上述的结果，那么异号电荷之间的相互作用力是否也有和距离平方成反比的结论呢？库仑利用异号电荷在扭秤上做实验很困难，主要是异号电荷间有吸引力，使实验很不稳定. 为了绕开这个困难，库仑用如图 13-2 所示的"电引力单摆". 图 13-2 中悬挂着一轻质杆的一端有一负电荷 $-q'$，与负电荷相距 r 处有一正电荷 $+q$. 使轻质杆稍稍偏离平衡位置，由于 $-q'$ 与 $+q$ 之间的吸引力，使轻质杆振动起来，可测出它的振动周期. 实验中可以改变"单摆"长度，实验发现振动周期与"单摆"长度间关系和通常的单摆（或可称为"重力单摆"）有类似的规律. 由于"重力单摆"的振动是万有引力形成的，于是库仑得出，异号电荷之间的吸引力和同号电荷间斥力一样，也有 $f\propto\frac{1}{r^2}$ 的结论.

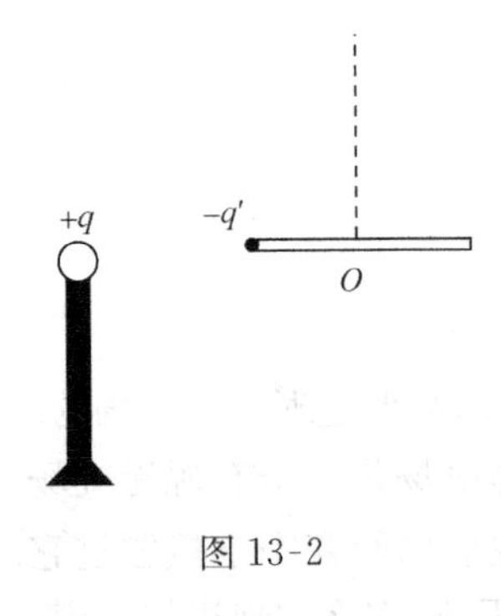

图 13-2

扭秤实验可测量小至 10^{-8}N 的力，这个力相当于质量为 1μg 的物体受到的重力. 实验总是有误差的：$f\propto\frac{1}{r^{2\pm\delta}}$，$\delta<4\times10^{-2}$.

值得指出的是，当年库仑并未在实验中直接得出点电荷之间相互作用 f 与它们的电荷量乘积 q_1q_2 成正比，即 $f\propto q_1q_2$. 这个结论是库仑作为推论作出的. 他想到了万有引力定律. 既然两点电荷之间相互作用力和两物体之间的引力均遵从 $f\propto\frac{1}{r^2}$，两物体之间的引力与它们的质量乘积成正比，那么两点电荷之间作用力也应类似，和它们的电荷量的乘积成正比，即 $f\propto q_1q_2$，所以，如果我们在课堂中这样叙述："库仑用实验证实了真空中两点电荷之间相互作用力大小与它们间距离平方成反比，与它们的电荷量乘积成正比"，这种说法与历史事实不符，显然是不妥当的.

总之，库仑通过自制的扭秤实验只确定两点电荷间作用力与它们间距离平方成反比，两点电荷间作用力与它们的电荷量乘积成正比关系是一个假设. 实际上这也成为电荷量的定义.

利用库仑定律可以估计原子核中二质子间的库仑力大小. 设质子间距为 $r=2\times10^{-15}$m，则力的大小为

$$f=\frac{1}{4\pi\varepsilon_0}\frac{q_1q_2}{r^2}$$

$$=\frac{1}{4\pi\times8.85\times10^{-12}}\times\frac{(1.6\times10^{-19})^2}{(2\times10^{-15})^2}\text{N}=57.6\text{N}$$

这个力相当于 5.9kg 质量的物体所受的重力，这个力对于质子来说，显然是一个不小的力. 但是质子为什么会束缚在原子核里呢？这当然要用自然界四种相互作

用之一的强相互作用来解释.

三、在库仑前后其他学者研究静电力平方反比关系

富兰克林发现在一金属杯内的带电软木小球,并不受杯外带电体的作用力,如图 13-3 所示. 富兰克林将实验告诉了普利斯特列. 1766 年普利斯特列重做此实验,得到相同的结果. 这时他想到这一事实与万有引力定律很相似. 因为当时也知道,在一均匀物质球壳内的物体 m,并不受到球壳的作用力,如图 13-4 所示. 于是普利斯特列采用类比法,揣测两点电荷之间作用力应与它们间的距离的平方成反比,即

$$f \propto \frac{1}{r^2}$$

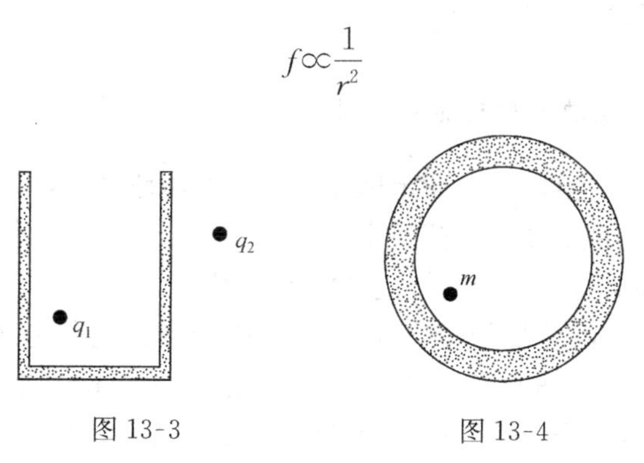

图 13-3　　图 13-4

1772 年卡文迪什在普利斯特列猜测启发下,用不同于库仑的实验方法精确验证了 $f \propto \frac{1}{r^{2\pm\delta}}$,其中误差 $\delta < 2 \times 10^{-2}$. 此误差与库仑所得的实验误差为同一数量级. 卡文迪什虽然先于库仑得到了 $f \propto \frac{1}{r^2}$ 的结论,但由于他是个专心致志于科学研究而不计名利,且性情十分孤僻的人,他的许多研究成果当时都没有发表,直到麦克斯韦被委任为卡文迪什实验室的第一任主任,并承担整理卡文迪什遗稿的工作. 这样,卡文迪什精确验证静电力平方反比律的工作在沉睡百余年后,于 1879 年发表. 虽然库仑定律早已建立,但麦克斯韦从卡文迪什的实验中认识到静电力平方反比律的重要性,他仍然采用卡文迪什的方法,不仅严格地导出了检验静电力平方反比律的理论公式,而且还自己做实验确定静电力平方反比律的精度,得出误差 $\delta < 5 \times 10^{-5}$,把实验精度提高了 3 个数量级.

在麦克斯韦之后,仍然有人研究静电力平方反比律,他们将实验精度不断提高,表 13-1 列出这些结果. 可以看出,它已经成为物理学中最精确的实验定律之一.

表 13-1 实验确定静电力平方反比律的精度

年份	实验者	误差值 δ 不大于
1772	卡文迪什	2×10^{-2}
1872	麦克斯韦	5×10^{-5}
1936	普林普顿、洛顿	2×10^{-9}
1968	柯克朗、富兰肯	9.2×10^{-12}
1970	巴尔特勒特	1.3×10^{-13}
1971	威廉斯	$(2.7\pm3.1)\times10^{-16}$

四、库仑定律的理论意义

1. 库仑定律是经典电磁理论的基础

静电场两个重要定理，即高斯定理和环路定理都是由库仑定律得出的. 需要指出的是，高斯定理的证明要求电荷间相互作用力严格遵守与距离平方成反比，不能稍有偏差. 所以，库仑定律与静电场定理的实质都是静电力与距离平方成反比，两者是完全等价的. 正如《费曼物理学讲义》卷 2 中指出："高斯定理只不过是用一种不同形式来表述两电荷间的库仑定律而已. 事实上，如果倒过来，你将会从高斯定理导出库仑定律，这两个定律完全等价."然而，证明静电场环路定理的要求没有像高斯定理那样高，只要静电力是距离的函数即可. 下面的数学运算可证明这一点. 若 $\boldsymbol{E}=f(r)\hat{\boldsymbol{r}}$，则有

$$\nabla\times\boldsymbol{E}=\nabla\times[f(r)\hat{\boldsymbol{r}}]=f(r)[(\nabla r)\times\hat{\boldsymbol{r}}]+f(r)\nabla\times\hat{\boldsymbol{r}}=f(r)\left(\frac{\boldsymbol{r}}{r}\times\hat{\boldsymbol{r}}\right)+0=0$$

2. 库仑定律的重要性

库仑定律的重要性还在于，它与光子静止质量 m_{p} 是否为零有密切的关系. 如果 m_{p} 是一个(哪怕很小)有限的非零值，将给当今物理学带来一系列重大问题. 因为现有的物理理论均建立在光子静止质量为零的基础上. 如果 $m_{\mathrm{p}}\neq0$，则电动力学的规范将被破坏，使电动力学的一些基本性质失去了依据，电荷将不守恒. 光子偏振态不再是二而是三，这将影响光学. 黑体辐射公式要修改，会出现真空色散，即不同频率的光波在真空中的传播速度不同，从而破坏光速不变等等.

从以上叙述中，我们可以明了为什么近 200 年来不断有人研究库仑定律. 同时，在教学中对学生已比较熟悉的一些重要的物理学基本定律，如何从不同的角度、从各种联系和类比方法进行课堂讲授，这不仅有助于正确地、深入地理解这些基本定律，同时使课堂教学丰富多彩、生动有趣，更能帮助学生逐步懂得应该如何学习和思考. "授之以鱼，不如授之以渔"是每位教师的追求.

静电屏蔽的物理意义*

金仲辉

静电屏蔽这个问题为所有学物理的人们所熟悉，但要问究竟何谓静电屏蔽？答案就可能不见得完全相同．众多的电磁学教科书对此有不同的说法就是一个很好的例证．

众所周知，处于静电场中的导体，在静电平衡下导体内部的电场处处为零，导体是一个等势体．进而不难证明，一个空腔导体位于静电场中，空腔区域内的电场也处处为零（空腔内无电荷存在）．这都说明了无论空腔导体外有怎样的电荷分布，都不可能影响到空腔区域内的电场分布，如图 14-1 所示．不少教科书把这种现象称为静电屏蔽．在《费曼物理学讲义》（第二卷）里，还据此推断出“在一导体闭合面内部的任何静电分布都不会在其外部产生任何场，屏蔽对双方都有效．在静电学中一个闭合导体壳两边的场都完全互相独立”的结论，则是错误的．我们知道在一般情况下，在空腔导体 B 的腔内带电导体 A 的位置或带电量（或位置和带电量同时）发生变化时，空腔导体 B 外表面的感应电荷分布也随之变化，从而使导体 B 外部空间的电场分布也随之变化．但是有一种特殊情况是例外，那都是当导体 B 是一个球形空腔和带电导体 A 的电量不变，仅在腔内位置发生变化时，由于球形空腔导体 B 外表面的感应电荷始终均匀分布在球面上，空间电场分布始终不变，具有球状对称性，如图 14-2 所示．如果导体 A 的带电量发生改变，由高斯定理不难证明，即使导体 B 是球形空腔，腔外空间各点的场强数值也随之发生变化．总之，从场强这个角度来看，空腔导体内部的电场分布不受腔外电荷分布的影响，而空腔导体外部的电场分布在一般情况下会受到空腔内电荷分布的影响．所以，屏蔽并不是对双方都有效，并不是完全相互独立的．

我们要着重说明的是，空腔导体内部的电场分布虽不受其外部电荷分布的影响，但空腔导体的电势，从而也是腔内区域的电势（若腔内不存在电荷）是受到外部电荷分布的影响．例如，空间若仅有导体 C 和空腔导体 B，两者均不带电，它们的电势显然为零（规定无穷远处电势为零），若令导体 C 带电量 Q，则在空腔导体 B 外表面的两端感应出等量的异号电荷（如图 14-1 所示）；带正电感应电荷处的电场线伸展到无穷远，显见此时空腔导体 B 的电势（包括腔内区域）大于零；若导体 C 带电量 Q 发生变化，则空腔导体 B 的电势也随之变化．由此观之，空腔导体 B 外的电

* 本文刊自《物理通报》1983 年第 6 期，收录本书时略加修订．

荷分布发生变化时，虽则空腔导体 B 本身和腔内区域（无电荷存在）保持等势体，但其电势值是发生变化的. 从电势的角度来看，空腔导体根本起不到屏蔽的作用.

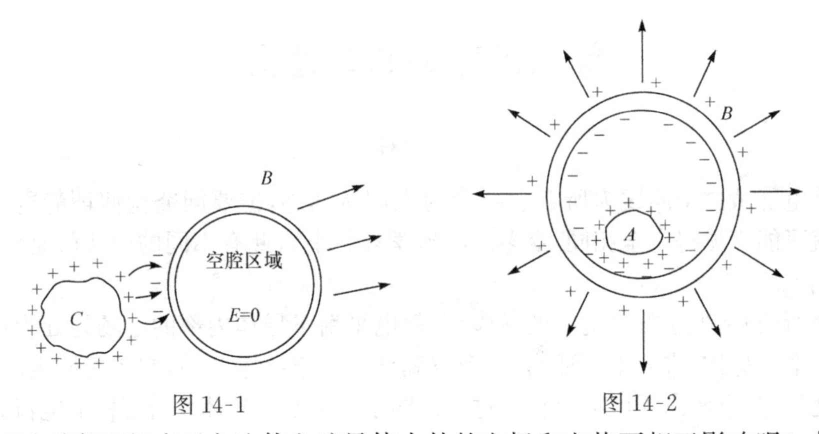

图 14-1　　　　图 14-2

现在我们要问有无办法使空腔导体内外的电场和电势不相互影响呢？办法是有的. 那就是空腔导体 B 必须接地. 这样做，从电场角度来看，不仅空腔导体 B 外的电荷分布依然不会影响腔内区域的电场分布，而且由于腔内区域无论有怎样的电荷分布，在空腔导体 B 外表面所产生的感应电荷均流入地下，从而使腔外电场始终为零（假设腔外无电荷存在），达到腔内区域的电荷分布也不影响腔外区域电场分布的目的，如图 14-3 所示. 最后我们来说明空腔导体 B 接地，同时可达到使空腔导体 B 腔内外的电势分布互不影响的目的. 见图 14-4，带电导体 A 被接地的空腔导体 B 所包围，带电导体 C 位于腔外区域. 现我们以空腔导体 B 本身为边界将空间分成腔内区域Ⅰ和腔外区域Ⅱ两部分. 根据静电场唯一性定理可知，区域Ⅰ的电势分布完全由腔内导体上的电荷值（或电势值）及区域Ⅰ的边值条件（空腔导体 B 接地，边值条件为零电势值）唯一确定. 与腔外情况无关. 同理，区域Ⅱ的电势分布完全由腔外导体的电荷值（或电势值）和区域Ⅰ的边值条件（即空腔导体 B 和无穷远处为零电势值）唯一确定，与腔内情况无关. 所以，由于作为两个区域Ⅰ和Ⅱ之间边界的空腔导体 B 接了地，它具有恒定的电势值（当然这里隐含着一个重要的前提，不论流入地球的感应电荷有多少，地球的电势始终是稳定的），故达到了腔内外电势不相互影响的目的.

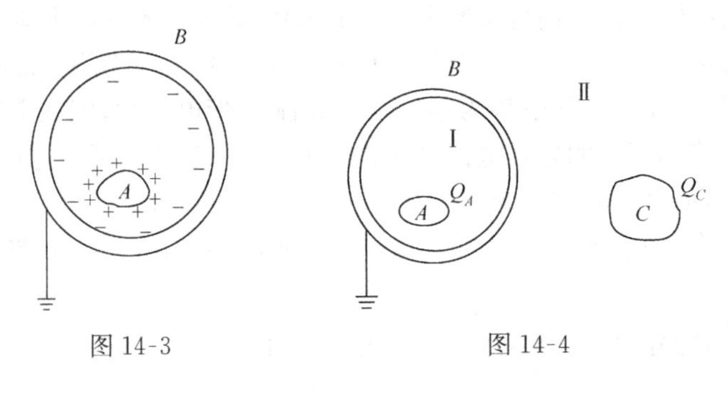

图 14-3　　　　图 14-4

综合以上所述,不接地的空腔导体仅可起到空腔导体外的电荷分布不影响腔内的电场分布,而接了地的空腔导体具有电场和电势的屏蔽作用,笔者认为只有在这样的物理意义下的静电屏蔽方是完善的.这在实用上有很大的价值,例如收音机的音频输入线路中的输入线,常套在用镀锡的细铜丝编织的屏蔽线的里边,这个屏蔽线就起着空腔导体的作用.对收音机稍有实际经验的人都知道,如果屏蔽线不接地,它就不能有效地屏蔽外界的电干扰,其原因就在于不接地的屏蔽线,其内外的电势分布有着相互影响的缘故,而屏蔽线一接地就消除了这种相互的影响,有效地屏蔽了外界对输入线路的干扰,使收音机正常的工作.

参考文献

曹昌祺,1979.电动力学.北京:人民教育出版社.

程守洙,江之永,1979.普通物理学(第二册).3版.北京:人民教育出版社.

费曼,1981.费曼物理学讲义(第二卷).王子辅译.上海:上海科学技术出版社.

赵凯华,陈熙谋,1978.电磁学(上册).北京:人民教育出版社.

E. M. 珀塞尔,1979.电磁学.南开大学物理系译.北京:科学出版社.

静电场电势零点的选择*

金仲辉　陈秉乾

静电场作为保守场或势场，可以引进电势来描述，定义电势差后，为了确定静电场中任一点的电势，需要选定参考点，从原则上说，参考点的位置及其电势值可以任选，一经选定，静电场各点的电势值就唯一确定了，通常，选取无穷远点或选取地球或同时选取无穷远点和地球两者为电势零点. 本文说明这些选择的理由和条件，有无矛盾，是否方便.

一、为什么选择 $U_\infty=0$

不难想像，在几乎一切实际静电场问题中，尽管带电体系的电量不同，分布各异，但电量和分布范围均有限. 因此，根据问题所要求的精度，在离带电体系足够远而(在物理上)可称为无穷远点的广大空间是具有零场强和恒定电势的位置，尽管实际静电场问题的具体条件不同，但都存在着具有上述性质的“无穷远点”，这是共同的普遍特点. 把它选作参考点，取 $U_\infty=0$，即普遍适用又方便自然，这就是通常选取 $U_\infty=0$ 的原因.

唯一的例外出现在某些理想化问题中. 例如，考虑一个均匀带正电的无穷大平面，用高斯定理不难求出它周围的场强分布，为了讨论它周围的电势分布，可在带电平面外附近任取一点. 如果把单位正电荷从该点沿平面的法线方向，即沿电场方向移到无穷远时，电场对单位正电荷做功为无穷大，因此该点的电势(绝对值)为无穷大，但如果把单位正电荷沿平面的切线方向，即沿垂直于电场的方向移到无穷远时，电场对单位正电荷作功为零，于是该点的电势又为零，出现了矛盾. 又如一无穷大带电平板电容器，若选择无穷远处电势为零，当由 A 至 B 沿不同路经积分时(如图 15-1 所示的路经Ⅰ和Ⅱ)也会出现 A、B 两点电势差有不同数值的矛盾. 这种矛盾(或佯谬)是否表明在上述问题中静电场做功与路经有关，从而得出静电场不是势场的结论呢？当然不能！它只表明在线度与带电平面可相比拟的空间范围的边缘，不存在统一的场强为零，电势恒定的区域. 因此，把整个边缘都作为无穷远点一

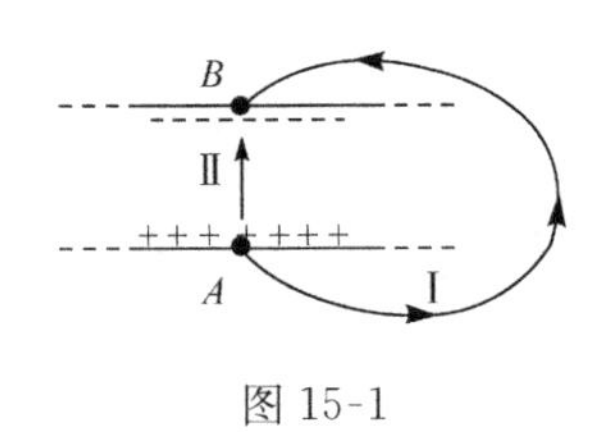

图 15-1

* 本文刊自《大学物理》1984 年第 8 期，收录本书时略加修订.

律取成 $U_{\infty}=0$ 是不恰当的，而必须加以区别. 换言之，应该取比平面线度远得多的空间范围为无穷远点，否则就无法正确计算边缘的电势分布，如果坚持带电体是无限远分布的，通常只讨论场强和电势差，或根据需要选取电势零点（例如可任选图 15-1 所示的平板电容器的一个极板的电势为零），讨论其附近的电势分布.

二、为什么选择 $U_{地}=0$，它和 $U_{\infty}=0$ 是否相容?

在实际工作中常常把电器外壳接地，并选取 $U_{地}=0$，接地的目的何在，选取 $U_{地}=0$ 的根据是什么，它和 $U_{\infty}=0$ 是否相容呢？为了简单起见，下面的讨论假设地球是一个导体球，表面不带电，不存在电场.

我们从静电屏蔽说起. 首先，如果空腔导体（不接地）内没有带电体. 则不论导体壳是否带电或是否处于外电场中，静电平衡时导体壳内没有电场，壳表面保护了它所包围的区域，使之不受壳外表面电荷或外电场的影响，起了对内屏蔽的作用. 其次，为了使带电体不影响外界，可把它放在接地的金属壳内，由于地球是导体，接地使壳外表面的感应电荷流入地下，消除了内部带电体对外的影响，接地导体壳起了对外屏蔽的作用. 实际上，接地不仅使壳内外场强互不影响，而且使壳内外电势互不影响，维持稳定的平衡分布，这就是接地的目的，当然，这里隐含着一个重要的前提，不论流入地球的电荷有多少，地球的电势稳定，可取为零，且 $U_{地}=0$ 与 $U_{\infty}=0$ 应该相容.

为了论证这个前提，考虑如图 15-2 的情形，以便于说明. A 是带电体，B 是接地导体，原先不带电. 把 B 和地球联成一个大导体，把 B 和它附近的地面称为近端，地球的另一侧称为远端. 由于静电感应，平衡时 B 靠近 A 的一端有感应电荷，同时地球远离 A、B 的彼端即远端有等量的异号电荷. 由于地球的线度及曲率半径远比 A、B 大（A、B 上也可以有部分平面，曲率半径很大，但总有另一部分曲率半径很小），地球远端相对 A、B 而言可看成极大的平面，分布在地球远端的感应电荷的面密度与 A、B 上相比是极小的，所以地球远端表面外附近的场强远小于 A、B 表面外附近的场强，从地球远端表面外一直伸展到无穷远的场强分布与 A、B 表面外伸展到无穷远的场强分布相比也是极小的. 因而尽管地球与无穷远间有电势差或地球有电势（取 $U_{\infty}=0$），但这个电势差或地球的电势与 A、B 附近的电势值相比是极小的（此处场强或电势均指绝对值，下同）. 因此，在研究 A、B 附近静电场的电势分布时，忽略 $U_{地}$ 与 $U_{\infty}=0$ 的差别，近似取 $U_{地}\approx 0$ 是允许的合理的. 如果带电体 A 的电量增加，则 B 的感应电荷增多，流入地球远端的感应电荷相应地增多，地球电势（与 $U_{\infty}=0$ 相比）增大，但同时 A、B 附近的电场也增强了，电势的空间变化随之增大，所以上述分析仍适用. 如果 B 是空腔导体，其中有带电体 C（A 仍在 B 附近，A 仍带电），则 B 内表面

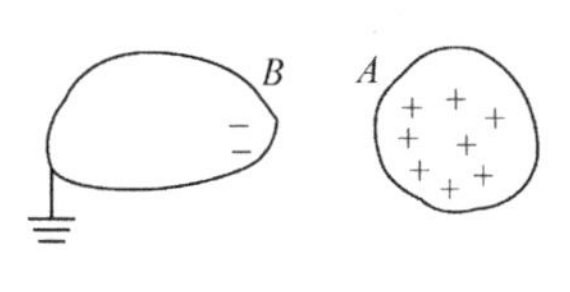

图 15-2

带电，进入地球的感应电荷会有变化，但并不影响上述讨论，总之，当接地导体内外都有带电体，在讨论接地导体与带电体附近静电场的电势分布时，完全可以忽略地球与无穷远间的电势差，认为地球电势十分稳定. 这正是电器接地的目的，也是近似取 $U_{地}\approx U_{\infty}=0$ 的根据.

当然，如果问题是比较地球带电或不带电，多带电或少带电，受到静电感应或不受到静电感应时的电势，或者研究与地球线度可相比拟的尺度范围内的电势分布，显然破坏了上述近似的条件，$U_{地}\approx U_{\infty}=0$ 不再适用. 实际上地球物理的研究表明，大致说来地球带负电，地球上空的电离层带正电，电量相等，可把地球和电离层看成一个带电的球形电容器，其间在通常的情况下存在着稳定的电场分布，地球表面的电场基本上是法向的(垂直地球表面，切向分量要小得多)，它使得由地球表面垂直向上每米约有百伏特量级的电势差，在地球表面和电离层之间约有数十万伏特的电势差. 因此考虑到地球电场，在取 $U_{\infty}=0$ 时不能同时再取 $U_{地}=0$，但是这个修正并不影响上述电器接地的讨论，关于地球带电，地球表面电场，它们是否稳定以及地球是否良导体等问题和这些问题对静电场问题的影响是一个涉及面很广的地球物理问题，不是我们这篇短文所能详细讨论的.

还应指出，地球作为孤立导体，虽则半径很大，但电容只有 $C_{地}=7.08\times10^{-4}\,\text{F}$，并不如想像的那么大，要使地球达到 1V 的电势(与 $U_{\infty}=0$ 相比)，只需给予 $Q=7.08\times10^{-4}\,\text{C}$ 的电量. 因此，地球电势是否稳定，不在于它的电容的大小，而在于研究的问题.

地球是一个等势体吗?*

金仲辉

在讨论静电的一些问题时,通常电磁学教科书中均把地球作为一个等势的导体看待,但是地球究竟是不是一个等势体呢?

答:由于一般教科书未讨论,或者只作为习题和思考题[1-2]的形式提出这个问题,而要详细讨论已属于地球物理学科里的一个专门课题(地电学),所以在此只简要地回答一下,以获得对地球电状态有一个概貌的了解,供教学上参考.

地球的电状态,不仅和地球本身的结构有关,也和大气层、电离层有密切的关系,根据大气电现象的研究表明,在电的关系上,地球、大气层与电离层好像形成一个球状的电容器,如图 16-1 所示,其中导电良好的电离层带正电荷,地球表面带负电荷,大气层并非是绝缘体而是导电的介质,它在电性上也是不均匀的.由此可看出,在大气中地球及表层存在着电场,而且不是一个均匀场,同时还存在着大气电流.根据在海洋和陆地上面进行的大量电测量表明,除了短期存在的电磁干扰区外,在地球表层附近的大气电场随时随地都垂直指向于地球表层,不同的地区和时间,电场强度值是不同的,在 $-1\,000\text{V/m}<E_{大气}<0$ 范围内变化,它的平均值为 $E_{大气}=-130\text{V/m}$;这个数值表明,若令地球表层电势为零,则距地面 1.6m 高处的电势可达 208V,然而人们生活在这样的电场中并无危险,若无仪器的检测还觉察不到它的存在.

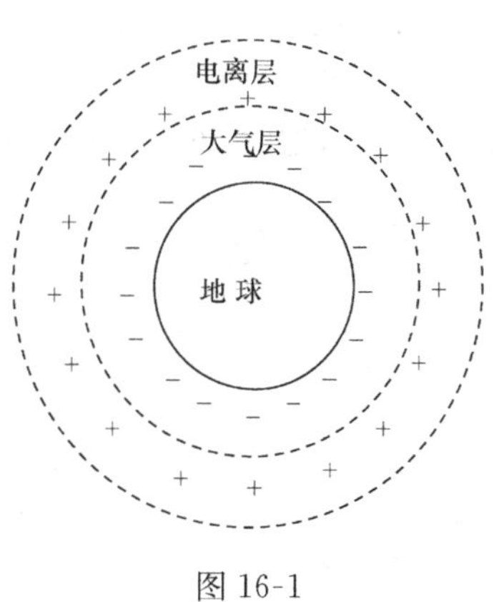

图 16-1

根据大量的地电测量表明,在地球的表层到处存在着经常发生变化的循环电流,有的学者认为地电场构造的特征是几个大的闭合系统,其中四个位于北极地带,四个位于北半球的温带和赤道地区,同样的另外八个闭合电流系统位于南半球,所以地球表层内电场强度方向没有大气电场来得简单,平均地来说,地层表面各地区的电流密度是大致相同的,约为 $\bar{j}=2\text{A/km}^2$,而大陆上地壳表层电阻率的平均值 $\bar{\rho}=1\times10^{-4}\Omega\cdot\text{km}$,海洋中的电阻率平均值 $\bar{\rho}=2\times10^{-2}\Omega\cdot\text{km}$,由此得出

---

* 本文刊自《物理教师》1984 年第 1 期,收录本书时略加修订.

相应的电场强度平均值为 $\bar{E}_{大陆}=2\times10^{-5}\mathrm{V/m}$ 和 $\bar{E}_{海洋}=4\times10^{-7}\mathrm{V/m}$.

由以上可看出,由于地球表层存在着电流,所以严格说来地球不是一个等势体是很显然的,但由于地球表层处法向方向上的电场强度值要远远大于切向方向上的值.于是从静电学观点来看,在处理日常一些静电问题时,由于带电体的线度远比地球来得小,在很大程度上完全可以将地球视为等势体.

如果我们忽略地球表层内切向方向上的电场强度,将地球看作一个理想导体,我们可由地球表层附近的平均大气电场强度值(−130V/m)估算出地球带的总电量为 $-5.8\times10^{5}\mathrm{C}$,若将地球看作是一个孤立的带电导体球,可计算出地球的电势为 $-8.0\times10^{8}\mathrm{V}$.这里计算出的地球所带的总电量和电势无疑只具有数量级的意义,因为实际问题是非常复杂的,所以精确的值也难于求得.

根据观测表明,大气电场随高度增加指数地衰减,即有 $\bar{E}\propto\mathrm{e}^{-kh}$,其中 k 值是高度 h 的函数.若将大气中电势相同的点连接起来,就可得到等电势面,等位面密集的地方表示大气电场强,稀疏的地方表示电场弱,在地面隆起的地方(如山丘、高大建筑等)等电势面发生畸变,这时突出物上端的等电势面变得密集起来,大气电场强度增大,如图 16-2 所示,同时,由于大气中存在着垂直向下的电场,大气层又是导电的,所以必定存在着大气电流、观测表明,流向每平方厘米地面的晴天大气电流约为 $3.0\times10^{-16}\mathrm{A}$,这个电流密度虽说很小,但流向全球的电流却是一个不小的数字,约为 1 500A.这个数字说明了每秒钟将有 1 500C 的正电荷由大气流入地下,如果没有其他补偿电流存在,在不到 7 分钟的时间就能中和地球表层的全部负电荷,于是大气电场也不再存在,但观测表明大气电场的存在是十分稳定的,即相当于地球始终维持着 $5.8\times10^{5}\mathrm{C}$ 的负电荷,这就意味着,大气中还存在另一些与大气电流相平衡的电过程,从而使地球负电荷得以维持,有关地球电状态的成因及其机制等近一步的知识可参阅文献[3].

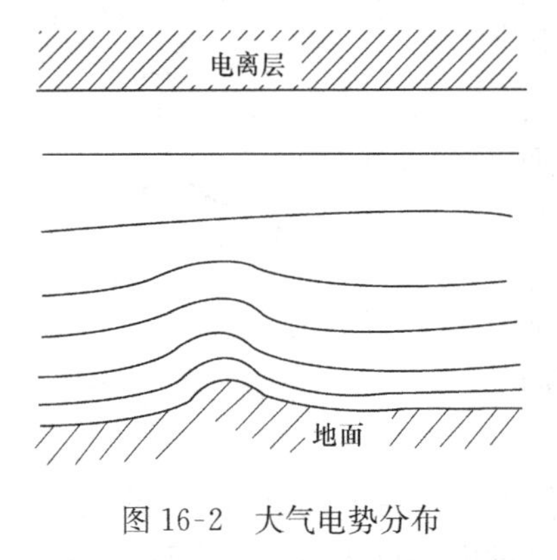

图 16-2　大气电势分布

参 考 文 献

[1] 赵凯华,陈熙谋.电磁学(上册).北京:高等教育出版社,1985.
[2] E. M. 珀塞尔.电磁学.南开大学物理系译.北京:科学出版社,1979.
[3] 克拉耶夫.地电原理.北京:地质出版社,1954.

地球和大气的静电状态*

金仲辉

一般的电磁学教科书，在讨论静电问题时，都把地球看作为一个导体，有些教科书还以习题和思考题的形式更进一步告诉我们，在接近地球表面存在着一个相当大的和比较稳定的大气电场，其数值约为 100V/m，方向垂直指向地球表面. 但是这些教科书对大气和地球的静电状态未作进一步的讨论，所以在电磁学的课程里虽然经常遇到地球的静电状态问题，但对它的了解却是很不够的. 本文准备就这方面的问题作一些简短的讨论，以求对地球和大气的静电状态有一个概貌的了解.

根据大气电现象的研究表明，从静电角度来看，地球和大气近似形成一个漏电的球状电容器，如图 17-1 所示，其中地球表面带负电，大气带正电，距地表 50km 高度以上的大气由于电离程度很高，可认为是一个理想导体. 由大气电测量表明：接近地球表面的电场是垂直指向地球表面，在晴天情况下，其数值约为

图 17-1

$$E(r_0)=100\text{V/m} \tag{17-1}$$

大气电导率近似为

$$\sigma(r)=[3\times10^{-14}+0.5\times10^{-20}(r-r_0)^2]\Omega/\text{m} \tag{17-2}$$

其中 r 是以地球中心为原点的球坐标系里的径向坐标，r_0 为地球半径，其值为 $r_0=6.37\times10^6$ m，式(17-2)中的 r 和 r_0 均以 m 为单位.

大气电场的存在和大气具有有限的、非均匀的电导率 σ，说明了大气中存在着非零的电流密度 $\boldsymbol{j}$、电荷密度 ρ 和地球表面上的电荷密度 ρ_s. 我们利用上述的实验数据 $E(r_0)$ 值和 $\sigma(r)$ 的实验规律，并根据下列的电磁学方程可推导出地球和大气静电体系的一些性质：

$$\nabla\cdot\boldsymbol{D}=\rho \tag{17-3}$$

$$\nabla\times\boldsymbol{H}=\boldsymbol{j}+\frac{\partial\boldsymbol{D}}{\partial t} \tag{17-4}$$

$$\boldsymbol{j}=\sigma\boldsymbol{E} \tag{17-5}$$

$$\boldsymbol{D}=\varepsilon_0\boldsymbol{E} \tag{17-6}$$

---

* 本文刊自《物理通报》1987 年第 4 期，收录本书时略加修订.

其中 ε_0 为大气的介电常数,我们可以用真空介电常数代替,即 ε_0 取值为 $8.85\times 10^{12}\mathrm{C^2/N\cdot m^2}$.

由于我们讨论的是地球和大气体系的静电性质,所讨论的物理量均不随时间变化,所以在对式(17-4)的两边取散度后得

$$\nabla\cdot\boldsymbol{j}=0 \tag{17-7}$$

我们认为地球和大气组成一个球形电容器,$\boldsymbol{j}$、ρ 等量均具有球对称性,故式(17-7)可化成

$$\frac{1}{r^2}\frac{(\partial r^2 j_r)}{\partial r}=0 \tag{17-8}$$

$$j_r=k/r^2 \tag{17-9}$$

其中常数 k 可根据式(17-5),由地球表面处的电导率 $\sigma(r_0)$ 和电场强度 $E_r(r_0)$ 定出,即 $k=\sigma(r_0)E(r_0)r_0^2$ 于是式(17-9)可写成

$$j_r=\sigma(r_0)E_r(r_0)r_0^2/r^2 \tag{17-10}$$

在条件 $r=r_0$ 和 $E_r(r_0)=-100\mathrm{V/m}$ 下,由式(17-2)和式(17-10),我们可得到接近地球表面处的大气电流密度为

$$j_s(r_0)=3\times 14^{-14}\times(-100)=-3\times 10^{-12}(\mathrm{A/m^2})$$

式(17-7)至式(17-10)说明了在静电情况下电流是守恒的,也就是说,在地球-大气这个球形电容器内,通过任意的球面积 $4\pi r^2$、指向球心的总径向电流为

$$\begin{aligned}I&=j_r(r_0)4\pi r_0^2\\&=-3\times 10^{-12}\times 4\pi\times(6.37\times 10^6)^2\approx 1\,530(\mathrm{A})\end{aligned}$$

由式(17-5)和式(17-10)可得到大气中的电场强度为

$$\begin{aligned}E_r(r)&=\frac{j_r(r)}{\sigma(r)}\\&=\frac{\sigma(r_0)E_r(r_0)r_0^2}{\sigma(r)r^2}\end{aligned} \tag{17-11}$$

此电场和电流密度 j_r 方向相同,即沿着径向指向地心.

地球表面上的电荷密度可由式(17-8)的边界条件(将地球看作是理想导体,在静电情况下导体内部的场强为零)和式(17-6)得到,它为

$$\rho_\varepsilon=\varepsilon_0 E_\varepsilon(r_0)=8.85\times 10^{-12}\times(-100)=-8.85\times 10^{-10}(\mathrm{C/m^2})$$

由此可计算出地球表面上携带总负电荷量为

$$\begin{aligned}Q_\varepsilon&=4\pi r_0^2\rho_s\\&=4\pi\times(6.37\times 10^6)^2\times(-8.85\times 10^{-10})\\&=4.51\times 10^5(\mathrm{C})\end{aligned} \tag{17-12}$$

我们对式(17-11)进行线积分,由 r_0 积到地面以上 $h=50\mathrm{km}$ 的高空,可得地面和 50km 高空之间的电势差为

$$U=\int_{r_0}^{r_0+h}E_r(r)\mathrm{d}r$$
$$=\sigma(r_0)E_r(r_0)r_0^2\int_{r_0}^{r_0+h}\frac{\mathrm{d}r}{\sigma(r)r^2}$$
$$=\sigma(r_0)E_r(r_0)r_0^2\int_{r_0}^{r_0+h}\frac{\mathrm{d}r}{[3\times10^{-14}+0.5\times10^{-20}(r-r_0)^2]r^2}$$

对上式进行计算. 可得 $U\approx3.0\times10^5$(V).

若此电势差除以总大气电流(约为 1 530A)定义为大气电阻,则其值为

$$R=\frac{U}{I}=\frac{3\times10^5}{1\ 530}=196(\Omega)$$

由式(17-3)、式(17-6)和式(17-11)可求得大气的电荷密度

$$\rho(r)=\frac{\varepsilon_0\sigma(r_0)E_r(r_0)r_0^2}{r^2}\frac{\partial}{\partial r}\left[\frac{1}{\sigma(r)}\right](\mathrm{C/m^3})\tag{17-13}$$

将式(17-2)代入上式得

$$\rho(r)=-\frac{\varepsilon_0\sigma(r_0)E_r(r_0)r_0^2}{[\sigma(r)]^2}(r-r_0)\times10^{-20}(\mathrm{C/m^3})\tag{17-14}$$

由于 $E_r(r_0)$为负值,所以 $\rho(r)$为正值,即大气电荷为正电荷. 由式(17-13)及假设 50km 高空处的 $\sigma(r)$值为无穷大,可求出大气中的总电荷为

$$Q=\int_{r_0}^{r_0+50000\text{米}}\rho(r)4\pi r^2\mathrm{d}r$$
$$=-4\pi\varepsilon_0r_0^2E_r(r_0)$$
$$=-4\pi r_0^2\rho_s\tag{17-15}$$

由式(17-12)和式(17-15)可知,有 $Q=-Q_s$,即大气中电荷的数量等于地球表面上的总电荷,但符号相反.

我们将上述所求得的一些结果列于表 17-1,作为本文的结束.

表 17-1 地球-大气体系的静电参数

静电参数	数值
地表处场强 $E_\varepsilon(r_0)$	-100V/m(观测值)
地表附近大气电导率 $\sigma(r_0)$	$3\times10^{-14}\Omega$/m(观测值)
地表处电流密度 $j(r_0)$	$-3\times10^{-12}\mathrm{A/m^2}$
地表总电荷量 Q_s	-4.51×10^5C
大气中总电荷量 Q	4.51×10^5C
总大气电流	1 530A
地球和高层大气间电势差	3×10^3V
大气总电阻	196Ω

参考文献

赵凯华,陈熙谋,1978.电磁学(上册).北京:人民教育出版社.
梅森,1978.云物理学(中译本).北京:科学出版社.
珀塞尔,1978.电磁学(中译本).北京:人民教育出版社.
J. A. Chalmeis. Atmospheric Electrcity.
Martin A,Uman. Am,J phys. 42,974,1033.

微波遥感的物理基础及其在农业上的应用*

金仲辉

文章阐述了被动微波遥感和主动微波遥感的物理基础，着重介绍了亮温和散射系数与天线接收到的微波功率之间的线性关系，以及亮温和散射系数在测量土壤湿度和监测农作物生长情况方面的应用.

在微波波段范围内，大气对电磁波的传输几乎没有影响，所以微波遥感具有全天候、全天时的探测能力，而且微波对某些介质具有一定的穿透能力. 正是由于这些在光学波段所不具备的优点，近十余年来微波遥感得到了更为广泛的应用. 约从20世纪70年代开始，一些国家开始重视星载微波遥感的开发应用，并先后发射了可对地面进行雷达探测的卫星. 1978年美国发射的海洋卫星1号便装有合成孔径成像系统(SAR)，使雷达图像开始得到了应用，接着1981年哥伦比亚号航天飞机上载有成像雷达(SIR-A)，用L波段微波成功地探测到埃及西北部沙漠地区的地下古河床. 1984年10月挑战者号航天飞机又换上了SIR-B成像雷达. 1983年前苏联发射的金星15号，用合成孔径侧视雷达探测金星取得了成功，1987年又发射钻石系列卫星用微波探测地球. 1992年2月日本发射了地球资源卫星1号(JERS-1)，可定期提供地面分辨率为$18\times18\mathrm{m}^2$的雷达图像.

我国有些单位从20世纪80年代中期开始从事微波遥感应用的研究，微波遥感在农业上的应用正有待开发.

一、微波遥感的物理基础

微波遥感分为主动微波遥感(或有源微波遥感)和被动微波遥感(或无源微波遥感)，前者是天线发射微波信号至目标，再接收它的散射信号；后者是天线接收目标自身发射的微波信号.

1. 被动遥感

自然界一切物体都辐射电磁波. 在微波波段，黑体辐射的亮度可用瑞利-金斯公式代替普朗克公式，有

$$L_{\mathrm{b}}=\frac{2kT}{\lambda^2}\quad(\mathrm{Wm^{-2}Hz^{-1}\Omega^{-1}})\tag{18-1}$$

* 本文刊自《物理》1993年第3期，收录本书时略加修订.

上式表示黑体单位表面积、单位立体角、单位频率范围内所辐射的微波功率.

一个微波辐射计所接收到的功率可写成

$$P = \frac{1}{2}\int_{\Delta f} \mathrm{d}f \iint_{\Omega_a} \frac{2kT}{\lambda^2} A(\theta,\varphi)\mathrm{d}\Omega \tag{18-2}$$

式中 A 表示天线有效面积，Ω_a 为天线波束立体角，它等于 λ^2/A，1/2 表示以线极化方式工作的天线只能接收到从目标发出的无规极化辐射功率的一半. 因为

$$\iint_{\Omega_a} A(\theta,\varphi)\mathrm{d}\Omega = \iint_{\Omega_a} \frac{\lambda^2}{\Omega_a}\mathrm{d}\Omega = \lambda^2$$

为天线响应函数，而

$$\int_{\Delta f} \mathrm{d}f = \Delta f$$

为微波辐射计的带宽，于是式(18-2)可写为

$$P = k\Delta f T \tag{18-3}$$

上式说明，微波辐射计接收到的功率和黑体的温度成线性的关系，于是我们可用温度的高低来表示微波辐射功率的大小.

一般物体并不是黑体，它的辐射亮度 L_s 与同温度的黑体亮度 L_b 间的关系为

$$L_s = \varepsilon L_b = \varepsilon \frac{2kT}{\lambda^2} \tag{18-4}$$

其中 ε 称为物体的比辐射率(或发射率)，它的数值范围是 $0<\varepsilon\leqslant 1$. 定义物体的亮度温度(简称亮温) T_B 为

$$T_B = \varepsilon T \tag{18-5}$$

微波辐射计接收到一般物体所辐射的微波功率为

$$P = k\Delta f T_B = \varepsilon k \Delta f T \tag{18-6}$$

地物的亮温(或 ε)是多种因素的复杂函数，它与地物的表面粗糙度、复介电常数及温度有关，也与测量时采用的频率、极化方式、测量方向等因素有关.

2. 主动遥感

图 18-1 形象地表示雷达系统的发射天线向一个孤立目标发射微波信号，然后接收机接收这个目标散射的信号.

如果雷达系统发射功率为 P_t，天线增益为 G_t，则入射到目标处的单位面积功率为

$$S_s = P_t G_t \frac{1}{4\pi R_t^2} \tag{18-7}$$

其中 R_t 为发射天线至目标的距离. 目标截取到的功率为

$$P_{rs} = S_t \cdot A_{rs} \tag{18-8}$$

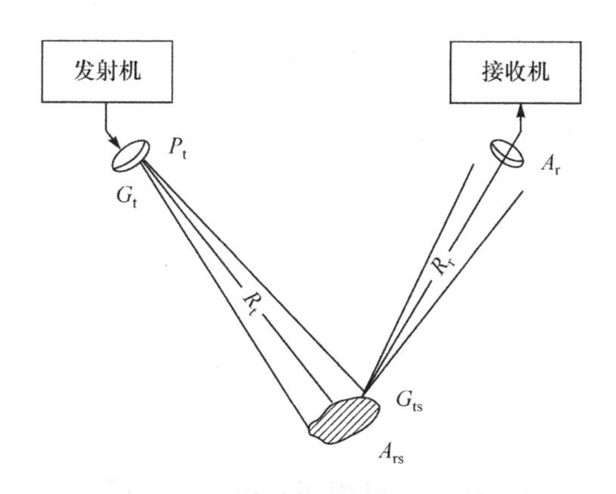

图 18-1 雷达方程所包含的各景及其几何关系

其中 A_{rs} 为目标截取入射波束的有效面积. 由于存在目标对微波的吸收耗损,用 f_a 表示,则目标再辐射的功率为

$$P_{ts}=P_{rs}(1-f_a) \tag{18-9}$$

在接收天线处单位面积的功率为

$$S_t=P_{ts}G_{ts}\frac{1}{4\pi R_r^2} \tag{18-10}$$

其中 G_{ts} 是接收方向上目标的增益,R_r 是目标至接收天线的距离. 如果接收天线的有效孔径为 A_r,则接收机输入端功率为

$$P_r=S_rA_r$$

将式(18-7)至式(18-10)代入上式,得

$$\begin{aligned}P_r&=P_tG_t\frac{1}{4\pi R_t^2}A_{rs}(1-f_a)G_{ts}\frac{1}{4\pi R_r^2}A_r\\&=\left(\frac{P_tG_tA_r}{(4\pi)^2R_t^2R_r^2}\right)[A_{rs}(1-f_a)G_{ts}]\end{aligned} \tag{18-11}$$

上式方括号内的因子仅与目标有关,它的量纲为面积,通常把它作为一个因子来处理,称为散射截面

$$\sigma=A_{rs}(1-f_a)G_{ts} \tag{18-12}$$

散射截面 σ 不仅是入射波的方向和接收机方向的函数,而且还决定于散射体的形状及其介电特性,将式(18-12)代入式(18-11),得

$$P_r=\frac{P_tG_tA_r}{(4\pi)^2R_t^2R_r^2}\sigma \tag{18-13}$$

上式称为双基地雷达方程,通常雷达系统是将发射与接收设在同一位置,或同一天线兼作发射与接收用,于是有

$$R_t=R_r=R, \quad G_t=G_r=G$$
$$A_t=A_r=A \tag{18-14}$$

又由于天线有效面积与它的增益有如下关系：

$$A=\frac{\lambda^2 G}{4\pi} \tag{18-15}$$

于是式(18-13)成为

$$P_r=\frac{P_t G^2 \lambda^2}{(4\pi)^3 R^4}\sigma \tag{18-16}$$

上式称为单基地雷达方程.

如果目标是扩展的,式(18-16)可用积分形式来代替,即

$$P_r=\frac{\lambda^2}{(4\pi)^3}\int_{\text{受照面积}}\frac{P_t G^2 \sigma^0}{R^4}\mathrm{d}A \tag{18-17}$$

其中

$$\sigma^0=\frac{\sigma}{\Delta A}$$

称为微分散射系数或简称散射系数,对于面扩展目标来说它是一个量纲一的量. 式(18-17)称为面扩展目标的雷达方程. 如果目标是一个体分布(例如云、雨、植被层等),则式(18-17)中的积分应用体积分来取代面积分,式中散射系数 σ^0 的单位应是 m^2/m^3.

在一般情况下,可假定 P_t 和 σ^0 在照射区内为常数,于是式(18-17)成为

$$P_r=\frac{P_t \lambda^2 \sigma^0}{(4\pi)^3}\int\frac{G^2}{R^4}\mathrm{d}A$$

由上式得

$$\sigma^0=\frac{P_r}{P_t}\frac{(4\pi)^3}{\lambda^2}\frac{1}{\int\frac{G^2}{R^4}\mathrm{d}A} \tag{18-18}$$

现在考虑一种最简单的近似情况,即假设在照射区域内,G 和 R 均为常数,则式(18-18)简化为

$$\sigma^0=\frac{P_r}{P_t}\frac{(4\pi)^3 R^4}{G^2\lambda^2 A} \tag{18-19}$$

由上式可以看出,在 P_t,G,λ,A,R 确定情况下,散射系数 σ^0 和接收天线接收型的目标散射的功率成正比,即 $\sigma^0 \propto P_r$. 这说明 σ^0 和 P_r 具有等价的地位,这也就是在主动微波遥感(指散射测量)中,采用 σ^0 这个物理量的原因. 式(18-19)中的 σ^0 也常称为后向散射系数.

散射系数与许多因素有关,它与微波散射计的参数(例如波长、极化方式)、测

量参数(例如入射角、方位角)、目标参数(例如复介电常数、表面粗糙度等)和环境条件有关,于是我们可以利用它来识别物体和监测农作物生长情况.

在实际测量中,由于不同条件下测得的 σ^0 值相差很大,可达几个数量级,为了压缩比例尺,习惯用分贝来做 σ^0 的单位,这时有

$$\sigma^0_{\mathrm{dB}}=10\log\sigma^0$$

3. 极化方式

由于天线发射或接收的微波信号一般是以线极化态方式进行的,所以在微波遥感中分为水平分量(H)和垂直分量(V)两种极化方式.它们是这样定义的:若信号中的电矢量平行于界面表面(电矢量垂直于入射面,即图 18-2 的纸面),则为水平分量(H);若信号中的电矢量位于入射面内,则为垂直分量(V).

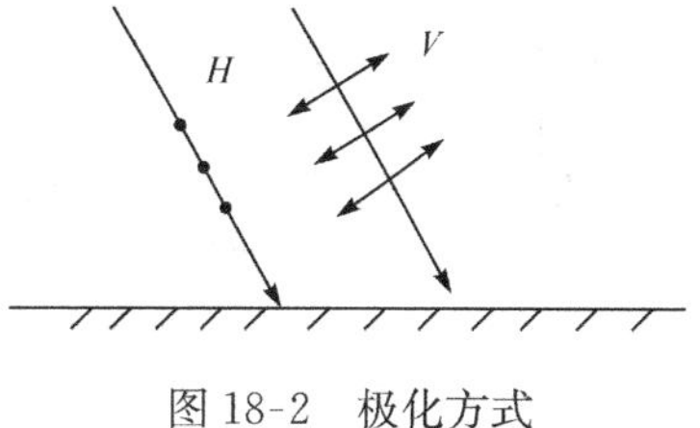

图 18-2 极化方式

由以上可看出,在亮温测量中有 H 和 V 两种极化方式,而在散射系数测量中有 HH,VV,HV,VH 四种极化方式.

二、亮温在农业中的应用

1. 测定土壤的湿度

R. W. Newton 等[1]测定了在表层 5cm 深度内裸土壤湿度和归一化亮温(亮温除以土壤的实际温度)之间的关系,如图 18-3 所示,采用的波长为 $\lambda=21.4$cm,极化方式为 H,入射角为 0°. 裸土壤表面高度起伏的标准离差 $h=0.88$cm. 根据 Peake-Oliver 判据,若

$$h<\frac{\lambda}{25\cos\theta}$$

则视比表面为光滑的(若 $h>\frac{\lambda}{44\cos\theta}$,则视为粗糙的)其中 θ 为入射角. 显然,在 $\lambda=21.4$cm 和 $\theta=0$ 情况下,$h=0.88$cm 的土壤表面接近是光滑的,由图 18-3 可以看出,随着土壤含水量的增加,土壤的亮温是以近似线性的规律下降. R. W. Newton 等[1]还测量了三种不同表面粗糙条件下,裸土壤湿度和归一化亮温之间的关系,如图 18-4 所示. 由图 18-4 可以看出,在测量条件下,随着土壤表面粗糙度的增大,曲率的斜率将减小,这表明,在土壤表面粗糙情况下,降低了湿度对亮温的灵敏度.

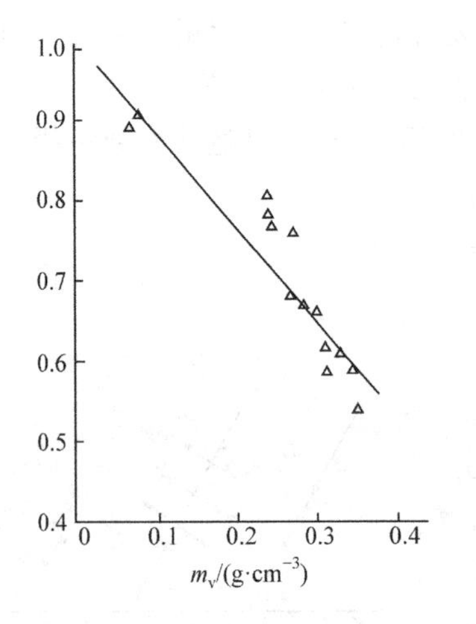

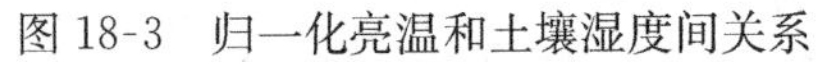
图 18-3 归一化亮温和土壤湿度间关系

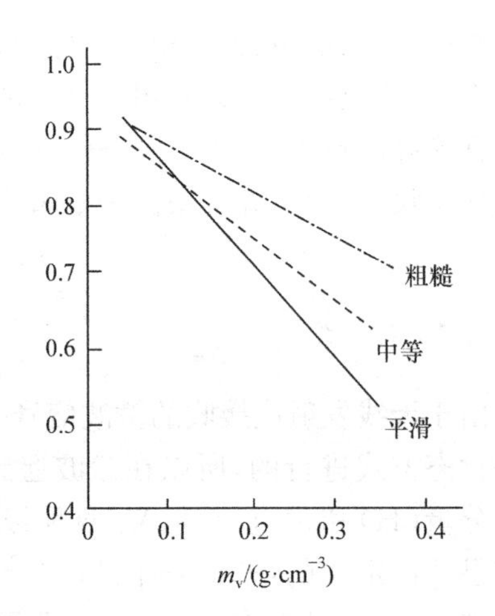

图 18-4 三种不同粗糙度下裸土壤归一化亮温和温度间关系

土壤表面在植被覆盖情况下能否用亮温来测量土壤的湿度呢？北京农业大学遥感研究所微波课题组于 1991 年 8 月测量两块生长情况类同，但土壤湿度相差较大的玉米田的亮温，测量结果如表 18-1 所示. 由表 18-1 可看出：在两种波长和两种极化方式下，土壤湿度大，亮温就小，这与前述的结果是一致的；由于植被层（玉米）要衰减土壤发射的微波信号，所以测得的亮温要比实际裸土壤的亮温要小，但长波长微波衰减比短波长微波要小，所以在测量土壤湿度时，一般宜用分米波段的微波.

表 18-1 入射角为 20°时两种不同土壤湿度玉米田的亮温

地块	土壤湿度	土壤表面温度	λ=21cm		λ=8mm	
			H	V	H	V
1 号	8.9%	299K	287.6K	279.8K	198.3K	200.3K
2 号	18.3%	301K	272.1K	265.2K	157.7K	161.6K

2. 亮温与生物量的关系

北京农业大学微波课题组还测量了土壤湿度几乎相同但长势有明显差异的两块玉米田的亮温值，测量时采用的入射角为 20°，四种波长和两种极化方式，测量结果如表 18-2 所示. 由表 18-2 可看出：在各波长下，无论采用何种极化（H 或 V）方式，长势好（每亩植株的总鲜重量大和叶面指数高）的玉米亮温高，反之长势差的玉米亮温低；选用的四种波长中，波长最短的 8mm（H 或 V）测得的两块玉米田亮温差最大，可达 50～60K，所以对于监测植被（玉米）生长情况来说，宜选用波长较短的微波，因为它在更大程度上消除了植被下土壤对测量的影响.

表 18-2 入射角为 20°,两种不同长势玉米田的亮温

玉米长势情况				不同波长和极化方式下的亮温/K							
地块	每亩植株总鲜重/kg	叶面指数	土壤湿度	H				V			
				8mm	3mm	5mm	21mm	8mm	3mm	5mm	21mm
1 号	1741	2.0	8.9%	198.3	269.1	279.6	287.6	200.3	269.1	279.6	279.8
3 号	3240	4.4	9.0%	249.6	275.2	282.5	302.2	265.0	275.7	282.5	297.0

三、散射系数在农业中的应用

1. 测量土壤的湿度

裸土壤的散射系数受土壤参数(例如土壤表面粗糙度、土壤含水量、土壤质地等)和雷达测量参数(雷达波长、极化方式和方向)的影响. 图 18-5[2] 中的两个图分别表示在频率 1.1GHz 和 7.25GHz 下测得的散射系数 σ^0 对入射角 θ 的响应曲线. 图中说明的土壤表面高度起伏的标准离差值 h 代表了土壤表面粗糙度情况,其中 1.1cm 代表土壤表面最光滑,4.1cm 代表土壤表面最粗糙. 由图 18-5(a)可看出,土壤表面粗糙度对散射系数 σ^0 的影响是显而易见的:最光滑的第一号农田的 σ^0 随入射角 θ 增大而急剧下降,从天顶角时的 18dB 下降到 $\theta=30°$时的-27dB;相反,在最粗糙的第 5 号农田,从天顶角到$\theta=30°$的σ^0 变化落差仅为 3dB. 由图 18-5(b)可看出,在频率为 7.25GHz 下,五种不同土壤表面粗糙度的 σ^0 对 θ 变化都比较缓慢,说明在较高频率下这五种土壤表面显示出比在低频下要粗糙些. 由图 5 还可看出一个很重要的特点,那就是五条曲线在 $\theta=7°$附近几乎相交在一起(即具有相同

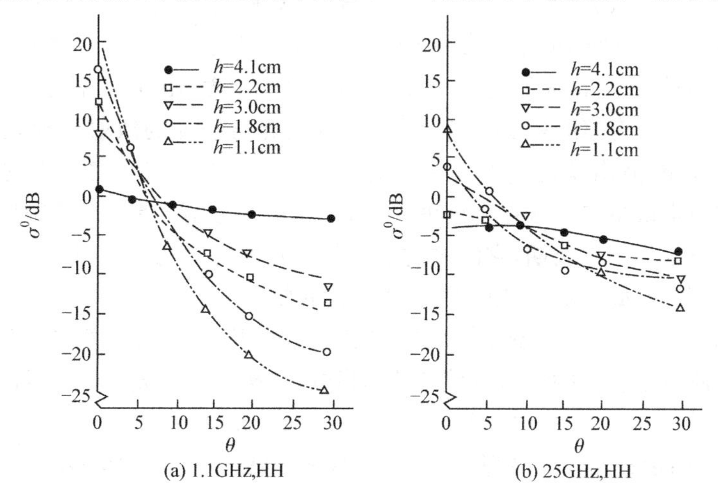

图 18-5 五种裸土壤表面粗糙度下 σ^0-θ 曲线

的 σ^0 值)，这说明在入射角为 7°的附近，测得的 σ^0 几乎与土壤表面粗糙度无关，于是利用雷达测量土壤的含水量时应尽量选择在此范围. Ulaby 等[3]通过分析，得出测定土壤含水量的最佳雷达测量参数是：频率为 4～5GHz 范围，入射角为 7°～17°范围和 HH 极化方式.

Ulaby 等[4]用车载雷达在 11 种不同的土壤类型和表面粗糙度的裸土壤上测量了 5cm 厚的土壤表面层的农田持水百分比 m_f 下的散射系数 σ_s^0，采用的测量参数是入射角 $\theta=10°$，频率 $f=4.5\text{GHz}$，HH 极化方式. 对 181 个实验数据进行线性回归，得到

$$\sigma_s^0(\text{dB})=0.148m_f-15.96$$

其线性相关系数为 $\rho=0.85$.

Ulaby 等还在种植高粱、玉米、大豆和小麦的农田里进行了上述类似的散射测量，采用的测量参数不变($\theta=10°$，$f=4.5\text{GHz}$ 和 HH 极化方式). 对 143 个实验数据进行线性回归分析，得出散射系数 σ_{can}^0 和 m_f 的关系式为

$$\sigma_{can}^0(\text{dB})=0.133m_f-13.84$$

其线性相关系数为 $\rho=0.92$.

由以上二式可知，在一定的雷达测量参数下测定农田的散射系数 σ^0(dB)，就可推知农田含水量的情况.

2. 监测和鉴别农作物

测量农作物的散射系数时，要尽量缩小农作物下土壤的影响，为此雷达测量参数选用较高的频率和较大的入射角，图 18-6[5]表示小麦在不同生长期下的散射系数，采用的测量参数为 $\theta=50°$，$f=17.0\text{GHz}$，VV 极化方式. 由图 18-6 可看出，小麦的散射系数 σ^0 有两个峰值. 第一个峰值大约出现在小麦种植后的第 130 天，此时小麦的叶面指数有最大值. 我们知道，农作物(如小麦)由叶片、枝条、茎杆和果实(当作物成熟时才有)组成，第一个 σ^0 峰值说明此时小麦的散射主要是叶片的贡献. 第二个 σ^0 峰值出现在小麦收割的前夕，相应地，此时有小麦最大的干物质重量，而干物质重量主要包含在麦穗里，说明此时小麦散射主要是麦穗的贡献. 由此可见，在小麦的不同生长期，它的散射系数的变化明显地与小麦叶面指数、小麦干物质积累相关. 据此，我们可以监测小麦的生长情况.

Ulaby 等[6]在玉米、高粱、小麦的生长期内，采用 $\lambda=2.3\text{cm}$，$\theta=30°$和 VV 极化方式，分别测量了它们的散射系数和叶面指数，并按下列函数形式进行回归分析：

$$\sigma^0=aL^n[1-\exp(-bL)]+c\exp(-bL)$$

其中 L 为叶面指数，a,b,c 为常数. 对于玉米和高粱，$n=0$，对于小麦，$n=1$，具体结果如表 18-3 所示.

表 18-3　玉米、高粱和小麦的 σ^0 和 L 的回归分析结果

品种	回归方程系数			相关系数	标准偏差/dB	样品数
	a	b	c			
玉米	0.17	1.1	0.14	0.62	0.8	60
高粱	0.15	1.4	0.018	0.74	0.6	64
小麦	0.037	0.20	0.013	0.90	1.2	13

由以上结果可以清楚地看出，散射系数和三种作物的叶面指数存在着明显的相关性. 总之，采用不同测量参数（频率、入射角和极化方式）和进行多时相的测量就可以监测作物生长情况和达到鉴别它们的目的.

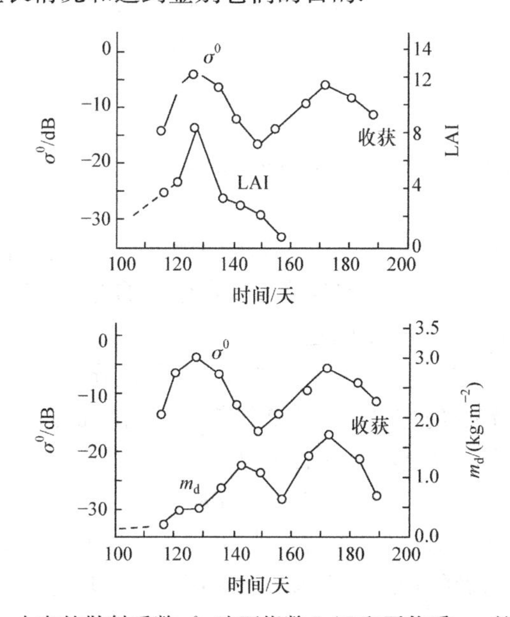

图 18-6　小麦的散射系数 σ^0、叶面指数 LAI 和干物质 m_d 的时序变化

农业地物微波辐射特性和散射特性都比较复杂，它们受多种因素的影响. 目前在我国仅有少数单位在这方面做了一些工作，因此，要获得农业地物微波遥感的正确解译和判读，还需要做大量的地面测量和深入的研究.

参 考 文 献

[1] R. W. Newton, et al. IEEF Trans. Ant. Prop. , AP-28(1980):680.

[2] R. G. Reeves. Manual of Remote Sensing. Chapter American Society of Phatogrammetry, 1975:144.

[3] F. T. Ulaby, et al. IEEE. Trans. Geosci. Eleoir: 1978(16):286.

[4] F. T. 乌拉比. 微波遥感. 黄培康等译. 北京：科学出版社，1987:258.

[5] F. T. Ulaby. Adv. Space Res. , 1980(1):55.

[6] F. T. Ulaby, et al. Remore Sensing of Environmens, 1984(14):113.

均匀带电球面上的电场强度如何计算*

金仲辉

对于电量 q 均匀分布在半径为 R 的球面上的空间场强分布问题，许多大学基础物理教材(例如北京大学赵凯华、陈熙谋编的《电磁学》，陆果编的《基础物理学》和清华大学张三慧主编的《电磁学》等)中，利用高斯定理求出了如下的结果：

$$\begin{cases} 0, & r<R \\ \dfrac{q}{4\pi\varepsilon_0 r^2}, & r>R \end{cases}$$

教学中常有学生提问，当 $r=R$ 时，即在带电球面上的电场强度应为何值？现在来求解这个问题.

首先要明确，我们不能采用高斯定理求解此问题. 因为将高斯面取在球面上时，由于带电模型已经失效，无法确定高斯面所包围的电量，结果将是不确定的. 我们可以采用功能原理来求解这个问题.

设带电球面在球面上的电场强度为 E_R，由对称性分析，其方向沿矢径方向，当 $q>0$ 时，E_R 的方向沿矢径指向球外. 现在设想把带电球面从半径为 R 缓慢地收缩到半径为$(R-\mathrm{d}R)$，则克服电场力做的功为

$$\mathrm{d}A=qE_R\mathrm{d}R \tag{19-1}$$

式中 E_R 是球面上的电场强度. 球半径减小 $\mathrm{d}R$ 后，距球心 R 外的电场及场的能量不变，上述克服电场力做的功应转变为被收缩区域的电场能，即有

$$\mathrm{d}A=\mathrm{d}W=\frac{1}{2}\varepsilon_0 E^2\mathrm{d}V=\frac{1}{2}\varepsilon_0 E^2 4\pi R^2\mathrm{d}R \tag{19-2}$$

式中 E 是已经收缩的带电球面之外，距球心 R 处的电场强度，由高斯定理不难求得

$$E=\frac{q}{4\pi\varepsilon_0 R^2} \tag{19-3}$$

由式(19-1)、式(19-2)和式(19-3)，可得带电球面上一点的电场强度值为

$$E_R=\frac{q}{8\pi\varepsilon_0 R^2}$$

---

* 本文刊自《现代物理知识》2002 年第 4 期，收录本书时略加修订.

均匀带电球壳球面电场强度计算方法的讨论*

何志巍　李　纯　崔文宏

对于一个均匀带电的非导体球壳，根据高斯定理很容易得出球壳内外的电场强度，但是球壳表面电场强度分布是什么样的呢？显然，知不知道这一点的场强对于很多实际工作并不会有太大影响，但基于物理知识体系的完整性，我们有必要探讨一下这类问题，因为很多理论都是源于某些奇点、临界问题的解决而得以发现或发展的.

一、方法与结论

1. 方法一

文献[1～4]都提到了这样一种最为普遍的解法，如图 20-1 所示，P 为球面上任意一点，以球心 O 为极点，射线 OP 为极轴，在过球心 O 和点 P 的空间任意一个平面里建立极坐标系，其中点 $A(R,\theta)$ 为截面圆上除点 P 以外的任意一点，A 点对应的球面圆弧带电量记为 $\mathrm{d}q$，易知圆弧中心点 M 与 P 点距离为 $R(1-\cos\theta)$.

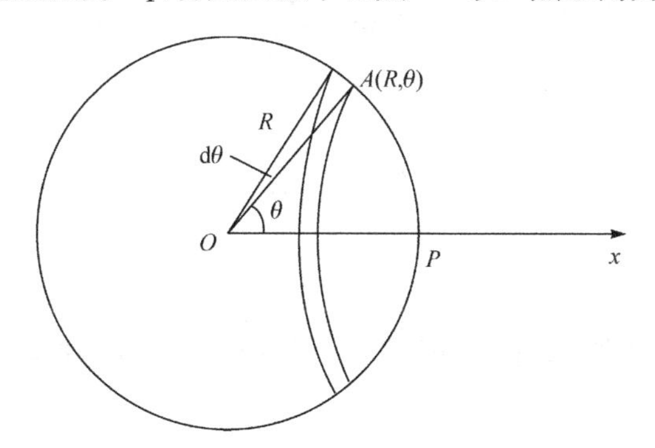

图 20-1　点电场中 P 点的电场强度

已知一个带电量 q、半径 r 的均匀带电圆环，其在垂直于环面的轴线上距圆环中心为 x 处的点 P 电场强度为如图 20-2 所示，则

$$E=\frac{xq}{4\pi\varepsilon(r^2+x^2)^{\frac{3}{2}}} \tag{20-1}$$

---

* 本文刊自《物理通报》2016 年第 4 期，收录本书时略加修订.

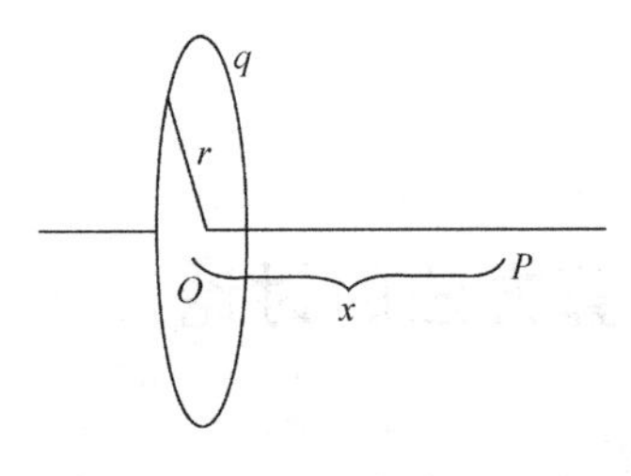

图 20-2　环形电场中 P 点的电场强度

那么,图 20-1 中圆弧在 P 点产生的电场强度

$$dE=\frac{dq}{8\sqrt{2}\pi\varepsilon_0 R^2\sqrt{1-\cos\theta}} \tag{20-2}$$

$$\frac{dq}{2\pi R\sin\theta R d\theta}=\frac{q}{4\pi R^2} \tag{20-3}$$

所以,P 点电场强度

$$E=\int_0^{\pi}dE=\frac{q}{8\pi\varepsilon_0 R^2} \tag{20-4}$$

2. *方法二*

文献[5]通过功能原理求解该问题也得到了同样的结论:

图 20-1 中,设想把带电球面从半径为 R 缓慢地收缩到半径为 $R-dR$ 这一状态,则克服电场力做的功为 $dW=qEdR$,E 为球面上的电场强度.球面半径减小 dR 后,距球心大于 R 处的电场强度及场的能量不发生变化,则该过程中克服电场力做的功转变为收缩区域的电场能,即有(E_R 为收缩之后,距离球心为 R 处的电场强度)

$$dA=dW=\frac{\varepsilon_0 E_R^2 dV}{2}=\frac{\varepsilon_0 E_R^2\pi R^2 dR}{2} \tag{20-5}$$

由高斯定理可知

$$E_R=\frac{q}{4\pi\varepsilon_0 R^2} \tag{20-6}$$

所以

$$E=\frac{q}{8\pi\varepsilon_0 R^2} \tag{20-7}$$

3. *方法三*

除了前两种方法外,文献[2]还提及另外一种解决问题的思路.图 20-1 中由高斯定理得出

$$E(x)=\frac{q}{4\pi\varepsilon_0 x^2}(x>R) \tag{20-8}$$

显然函数 $E(x)$ 在 $x=R$ 处连续.所以,由极限思想,x 趋于 R,$E=\frac{q}{4\pi\varepsilon_0 R^2}$.于是得出结论:球壳表面电场强度为 $\frac{q}{8\pi\varepsilon_0 R^2}$,结果是前两种方法所得值的一半!

文献[2]和文献[6]还先后提到一种较为真实的球层模型,得出电场强度在球壳表面发生突变这一结论.如图 20-3 所示,横轴表示 A 点距离球心 O 距离 x,纵轴表示相应空间电场强度大小 E,E 在 $x=R$ 处发生跃变.

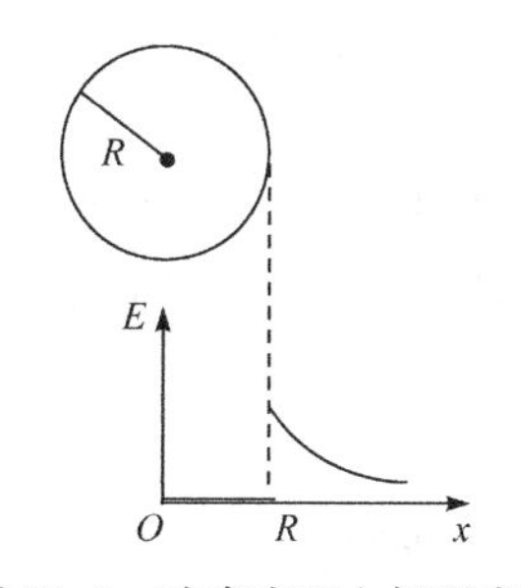

图 20-3 球壳表面电场强度与球心距离的关系

二、分析与讨论

首先值得关注的是,文献[2]提出另外一种合乎情理的解法,所得结果与其他两种方法不同.笔者开始也是用这种类似的极限,求解出了相同的结果.那么,到底哪一种结论是对的呢?

文献[6]认为讨论球壳表面电场强度没有意义,原因在于球壳模型是假想的而非现实存在的,一个均匀带电球层(厚度为 r)只有当其电场力作用点离它很远,即 $d\gg r$ 时(图 20-3),球层厚度才可以忽略不计,此时变为球壳模型.而当 A 无限靠近球层表面时,球层将不能看做球壳.此时球层内外表面及内部电场强度分布均可以通过高斯定理求出,球层电场强度在整个空间连续分布(图 20-4,图 20-5).因而实践中根本不存在所谓的球壳表面电场强度分布的问题,文献[2]也得出了同样的结论.

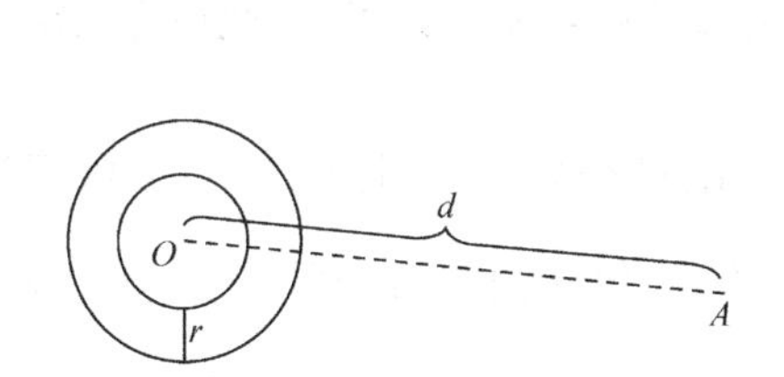

图 20-4 均匀带电球壳无限远处的电场强度

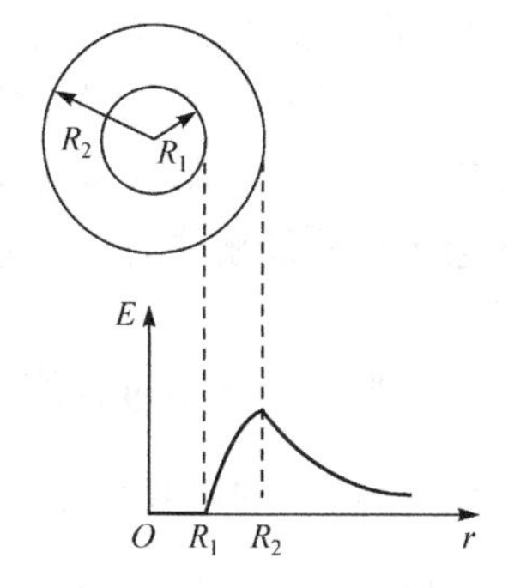

图 20-5 球层在整个空间的电场强度的分布

不过倘若在核聚变或裂变中需要知道一个质子的空间场强分布,那么这个质子在其表面的场强是多少?这就涉及到均匀带电球壳表面电场强度的问题了.到底是多少呢?是$\dfrac{q}{8\pi\varepsilon_0 R^2}$还是$\dfrac{q}{4\pi\varepsilon_0 R^2}$,或者像文献[6]所说的存在一个场强跃迁,没有明确的结论?

方法一和方法三都基于库仑定律,该定律的应用局限决定了两种解法略有不妥.众所周知,扭秤实验是库仑定律的实验基础,这就必然使得两个相互作用电荷之间的距离不可能为零.点电荷 q 在空间任意一点的电场强度都可以用 $E(R)=\dfrac{kq}{R^2}$求解,但在其所处位置的电场强度则不得而知,这也是问题的关键所在!由极限可知，无限靠近该处的场强很大，但无论多大，都不是该处的场强，况且函数 $E(R)$ 在 $R=0$ 的解无法知道，库仑定律局限于此.

方法一中，当带电圆环无限靠近 P 点以致到达 P 点时，该圆环在 P 点电场强度 $\mathrm{d}E$ 将不再是基于库仑定律和叠加原理推出来的

$$\mathrm{d}E=\frac{\mathrm{d}q}{8\sqrt{2}\pi\varepsilon_0 R^2\sqrt{1-\cos\theta}} \tag{20-9}$$

其实当我们将 P 点挖去时(图 20-6)，余下部分在原先 P 点所在处就可以按照方法一逐步求解了. 但余下部分的电荷是多少？如果忽略 P 点所带的电荷，则余下部分的电荷量仍是 q. 那么由叠加原理可知 P 点的总场强由余下部分在 P 产生的场强加上 P 点所带电荷在 P 处产生的场强. 可是，P 点仅仅是一个点，在数学上没有长度、面积和体积，它所带的电荷是多少？《几何原本》[7] 对点的基本定义：点，不可再分割的部分. 至于点的长度、面积和体积是多少它没有提及，相关文献及论述笔者也未看到. 是 0 吗？如果真是 0，那么球面由无数个电荷量为 0 的点组成，$0\times(+\infty)$ 求解球面总电荷量是一个什么样的运算？当然数学上可以用极限这一概念说明这一运算，但未免又过于抽象. 退一步讲，假设知道 P 点电荷为 q，那么正如上面所说，该处的电场强度也非库仑定律所能解决，高斯定理等衍生的规律就更不用谈了. 因此该方法求场强有点不妥.

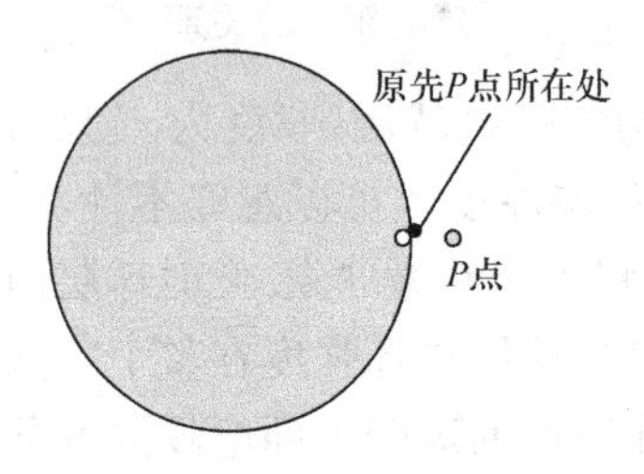

图 20-6　P 点所在处

方法三中那一个极限过程值得商讨. 该极限过程只能说明当一个点无限靠近球面的时候，该点处的电场强度无限靠近 $\frac{q}{4\pi\varepsilon_0 R^2}$. 但无限靠近与等于完全是两回事. 只有函数在该点连续的时候，该点的极限值才等于函数值[8]. 而讨论到此，电场强度空间分布函数在此处是否连续还是不知道的.

事实上，求均匀带电球壳 q 外面的电场强度时，将均匀带电球壳看做一个位于球心，带电量为 q 的点电荷，所得电场强度结果完全相同. 这说明在一定程度上，均匀带电球壳模型可以看做点电荷模型. 用空间广阔的尺度去看，求球壳表面电场强度，无疑和求点电荷所处位置电场强度位置相同.

当然以上从数学角度将点电荷与球壳联系起来可能会觉得有点牵强，那么不妨回归球壳模型本身. 将球壳看成无数个点电荷的集合，此时求球壳表面电场强度与求点电荷在空间所处位置电场强度将没有什么本质的区别.

莫非该问题真的无解？

方法二中文献[5]通过功能原理，绕过库仑定律成功地求解了该问题. 它的思路一定程度上是经得起推敲的. 思路中所提及的几个物理量：电场强度 E，电场力

做功 W,都不是在库仑定律基础上提出来的概念,只是通过库仑定律,能进一步揭示这些物理量之间的关系.再者,在电场能量表达式推导的过程中,每一个物理量定义及规律的基础也都与库仑定律没有必然的联系[9].以严格的物理定义和公认的数学逻辑为基础,该思路的完备性便体现于此!从而也可以得出方法三中的电场强度空间分布在球壳模型中是不连续的.

那么进一步讲,均匀带电球层在空间的电场强度是如何分布的呢?是连续还是间断?其实结果是不得而知的.球层内外电场强度的计算固然没有问题,但球层内部与球层内外表面电场强度分布的计算缺乏数学基础.我们知道球层电荷体密度值,但一个曲面是没有体积的,我们无法得出球层内外表面及球层内部高斯面上的电荷量.结果自然无法应用文献[5]推出的结论,这是数学几何基础上的缺陷或局限.假设我们定义一个点是有长度,有面积的;一个面是有体积的,那么以上问题表面上看就可以得到解决,但是又会遇到其他问题,毕竟我们的数学几何基础变了,很多规律将换上新的面孔.

由球壳表面电场强度问题延伸到无限长均匀带电圆柱表面电场强度问题,其解法颇为类似,同样可以推出利用功能原理求解是比较科学合理的.使用功能原理时不一定要假设圆柱面收缩,假设圆柱面膨胀也是可行的,在此不多赘述.

三、结论

经过以上对三种常见解法的分析讨论,均匀带电球壳表面电场强度大小为 $\frac{q}{8\pi\varepsilon_0 R^2}$.常见的积分方法是不完善的,功能原理的运用使得这一问题得以顺利解决.球壳模型表面电场强度的求解还有其他几种较为新颖的解法,不过也是或多或少存在问题.

参考文献

[1] 施传柱.面电荷存在处电场强度的计算.曲靖师专学报,1993,2(12):42-44.
[2] 史守华.电荷面分布模型和电场强度跃变的讨论.安徽大学学报,2001,4(25):62-66.
[3] 彭海鹰.均匀带电球面的电场强度分布再讨论.物理与工程,2003,1(13):60-61.
[4] 白俊彪.均匀带电球面上电场强度的计算.思茅师范高等专科学校学报,2005,3(21):79-80.
[5] 金仲辉.均匀带电球面上的电场强度如何计算.现代物理知识,2002(4):42.
[6] 李配军.均匀带电球面的电场场强分布再讨论.物理与工程,2003,6(13):49-50.
[7] 欧几里得.几何原本.燕晓东译,北京:人民日报出版社,2005:26-27.
[8] 同济大学应用数学系.高等数学(上册).5版.北京:高等教育出版社,2001:59-62.
[9] 金仲辉,柴丽娜.大学基础物理学.3版.北京:科学出版社,2010:128-157.

均匀带电球体的场强分布

金仲辉

在电磁学教材或在课堂讲授中，常应用高斯定理求出均匀带电球体的场强分布如图 21-1 所示.

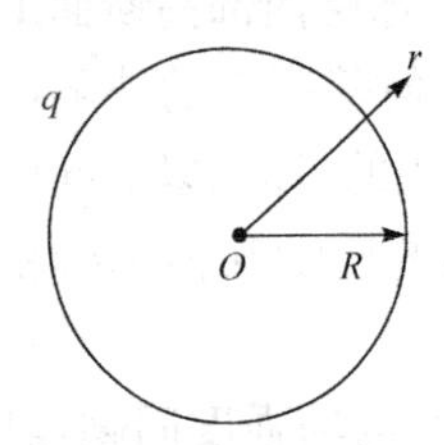

图 21-1　均匀带电球体的场强分布

$$E=\frac{q}{4\pi\varepsilon_0 r^2},\quad r\geqslant R$$

$$E=\frac{qr}{4\pi\varepsilon_0 R^3},\quad r\leqslant R$$

从上述结果可看出，当 $r>R$ 时，有 $E\propto\frac{1}{r^2}$；当 $r<R$ 时，有 $E\propto r$. 在课堂教授中，可将上述结果与原子有核模型的建立联系起来.

我们知道，1897 年汤姆孙发现了携带负电荷的电子，颠覆了原子是构成物质的最小单元的看法，呈电中性的原子应具有复杂的结构. 那么带负电的电子和带正电的部分在原子中是如何分布的呢？1904 年汤姆孙提出一个原子模型，即“西瓜模型”. 原子好似一个圆西瓜，西瓜瓤带正电，瓤中的瓜子犹如电子. 这个模型可以解释元素周期律. 但是，这个模型在相隔几年后，就被汤姆孙的学生卢瑟福的 α 粒子的散射实验所否定. 他用 α 粒子轰击厚度为 10^{-6} m 的金箔. 图 21-2 为实验装置示意图，实验发现，绝大部分 α 粒子都穿过金箔，射线的偏转角 θ 在 1°以内，但大约有 1/8000 的 α 粒子的偏转角 θ 大于 90°，甚至有接近 180°的情况，称为大角散射.

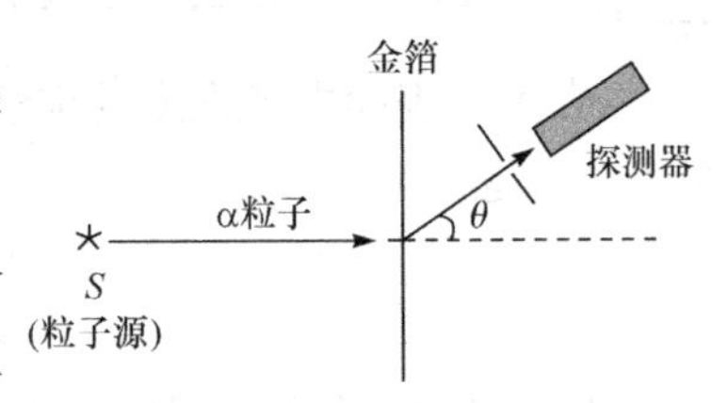

图 21-2　α 粒子散射装置示意图

按照汤姆孙的“西瓜模型”是无法解释 α 粒子散射的实验结果，当带正电的 α 粒子进入原子，它将只受到部分电荷的库仑斥力，(由于 $E\propto r$)离原子中心越近，所受的库仑斥力越小，θ 角只能很小，根本不可能出现大角散射. 于是卢瑟福判定，要解释产生大角散射的实验结果，必须假设原子正电荷集中于远小于原子直径的范围内. 1911 年卢瑟福提出了原子的有核模型，即原子的正电荷和大部分质量集中于一个直径很小的核心，电子绕核运动，并在此基础上导出了 α 粒子散射公式. 根据大角散射的实验数据，可得出原子核直径小于 10^{-14} m，仅为原子直径的万分之一量级. 可以打一个比方来描绘原子核和原子大小的关系. 如果将一粒黄豆大小比作原子核，那么原子就如同是具有 400m 跑道这样的大圆（大圆包含球心）的球体.

从上述讨论中可以看出，对于求解均匀带电球体的场强分布不仅仅作为应用静电场高斯定理的一个习题，同时它可用来分析 α 粒子散射实验结果，为确立原子的有核模型提供了理论依据. 这就使一个普通的习题变得“有血有肉”起来，而不是一个单纯的计算练习.

载有稳恒电流圆柱形导体内外的电场分布*

金仲辉

当一根又长又直半径为 R 的圆柱形导体通以稳恒电流 I 时(图 22-1),一般的电磁学教科书都讨论了导体内外的磁场分布和导体内轴向电场分量(导体内电流方向和这个轴向电场分量的方向是一致的). 但是,它们往往没有讨论在导体的径向方向是否存在着电场? 本文将对这个问题以及导体外的电场分布作简要的讨论,供教学上参考.

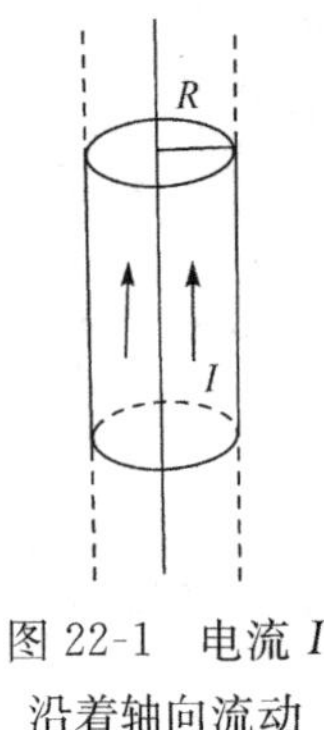

图 22-1 电流 I 沿着轴向流动

首先要指出的是,在导体内部存在着径向方向的电场分量. 由安培环路定理可知,导体内部的环向磁感应强度为

$$B(r) = \frac{\mu_0}{2\pi r}\int_0^r J(r)2\pi r\mathrm{d}r$$

$$= \frac{\mu_0}{r}\int_0^r J(r)r\mathrm{d}r \tag{22-1}$$

其中 r 为导体内某点至导体轴的垂直距离,$J(r)$为导体内电流密度矢量. 导体内电子在这个磁场作用下受到一个洛伦兹力的作用(图 22-2).

$$\boldsymbol{f}=e\boldsymbol{v}\times\boldsymbol{B} \tag{22-2}$$

其中 e 为电子电荷,$\boldsymbol{v}$ 为电子的漂移速度. 电子在这个洛伦兹力作用下,向着导体轴移动和聚集,同时导体表面处产生过剩的净正电荷(金属格点电荷),从而在导体内部产生了一个附加的径向电场分量 $E(r)$,这个电场与洛伦兹力的作用相抗衡,抵消了洛伦兹力的作用,电子不再向轴移动,达到了稳恒状态,此时有

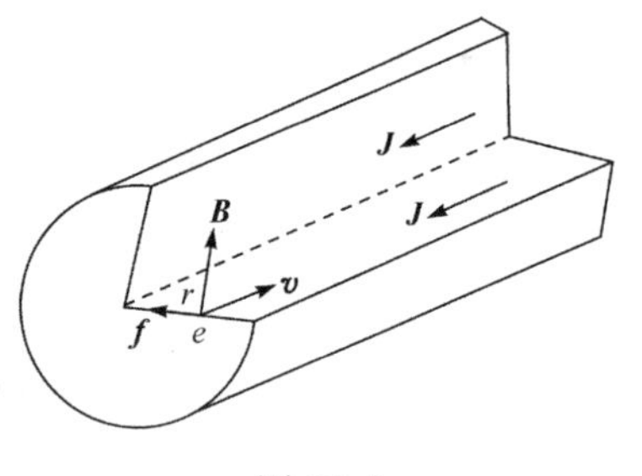

图 22-2

$$E(r) - vB(r) = E(r) - \frac{v\mu_0}{r}\int_0^r J(r)r\mathrm{d}r = 0$$

$$E(r) = \frac{v\mu_0}{r}\int_0^r J(r)r\mathrm{d}r \tag{22-3}$$

我们再应用高斯定理,可以求得 $E(r)$和导体内部的净电荷密度 $\rho(r)$(由于是圆柱形导体,电荷分布仅仅是 r 的函数)之间的关系为

---

* 本文刊自《大学物理》1984 年第 7 期,收录本书时略加修订.

$$E(r) = \frac{1}{2\pi\varepsilon_0 r}\int_0^r \rho(r)2\pi r\mathrm{d}r$$
$$= \frac{1}{\varepsilon_0 r}\int_0^r \rho(r)r\mathrm{d}r \tag{22-4}$$

由式(22-3)和式(22-4)得

$$\int_0^r \rho(r)r\mathrm{d}r = v\mu_0\varepsilon_0\int_0^r J(r)r\mathrm{d}r$$
$$= \frac{v}{c^2}\int_0^r J(r)r\mathrm{d}r \tag{22-5}$$

式中 c 为真空中光速，$c^2=\dfrac{1}{\mu_0\varepsilon_0}$，将式(22-5)代入式(22-4)得

$$E(r) = \frac{v}{c^2\varepsilon_0 r}\int_0^r J(r)r\mathrm{d}r \tag{22-6}$$

由于电子的漂移速度 v 远远小于光速 c，所以 $E(r)$ 值比起通常所说的纵向分量值 $E=J/\sigma$(σ 为导电率)要小得多. 它们各自的数量级估计如下：

$$E(r)=\frac{v}{c^2\varepsilon_0 R}J\cdot\frac{1}{2}R^2=\frac{vRJ}{2c^2\varepsilon_0}$$

若取 $J=6\times10^6\,\mathrm{A/m^2}$，$v=4.4\times10^{-4}\,\mathrm{m/s}$，$R=-5\times10^{-3}\,\mathrm{m}$，$c=3\times10^8\,\mathrm{m/s}$，$\varepsilon_0=8.85\times10^{-12}\,\mathrm{C^2/N\cdot m^2}$，$\sigma_{铜}=5.7\times10^7\,\mathrm{S/m}$，则有

$$E(r)=8.28\times10^{-6}\,\mathrm{V/m},\quad E=1.05\times10^{-1}\,\mathrm{V/m}$$

由以上估计可知，导体内纵向电场分量 E 要比它的径向分量 $E(r)$ 大四个数量级. $E(r)$ 所以这样小，实质是由于净电荷密度 $\rho(r)$ 很小的缘故. 本刊 1983 年第六期舒幼生同志的文章中曾对这个分布均匀的净电荷密度作过数量级的估计，其值确很小，完全可忽略不计，在这儿我们尚需指出的是正因为电子漂移速度比之于光速要小得很多，所以在导体表面处电子完全被“扫除”的区域是非常小的，对于典型金属(例如铜)在通常的条件下，我们可由 $E(r)$ 值不难估算出这个被扫除的区域厚度远小于一个原子间距，要检测这样小的间距，对于已有技术来说是难于达到的. 由上述讨论可知，除了导体表面处极薄一层“扫除”层(在这个区域里由于不存在电子，故电流为零)以外，导体内的载流子(即电子)密度为常数，于是电流密度也是均匀的. 这个结论和通常的导体内部横截面内的电流密度是均匀分布的实验事实是一致的.

在导体的外部不存在电场的径向分量，这是因为导体内部即使载有稳恒电流情况下，导体单位长度内的正、负电荷之和依然保持为零的缘故.

上述结论也可由狭义相对论考虑得出，这时参考系选择在相对于金属格点作漂移运动的电子上最为方便，在这个参考系里，金属格点电荷看上去是运动的，而电子是静止的，虽然运动的格点电荷在空间产生一个磁场分布，但由于电子是静止

的，所以电子并不受到磁力的作用. 若电子受到一个力并向着导体轴移动，必定是由金属格点的运动产生了一个电场引起的，由于格点的运动，导体线度在运动方向上有个收缩（导体横截面无变化），而电荷在惯性系间变换中是一个不变量，于是在电子参考系中格点电荷密度 ρ_i；要大于电子的密度 ρ_e，于是在导体径向方向引起一个附加的电场，有关它的详细计算可参阅《费曼物理学讲义》第二卷有关章节.

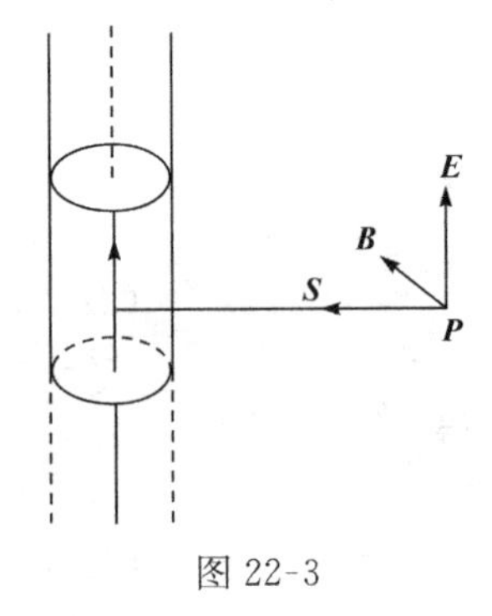

图 22-3

最后我们讨论导体外电场的纵向分量. 它不难由坡印亭矢量的概念求得. 我们知道导体内焦耳热的损耗是由电磁能量供给的，它通过场由导体的侧面输入导体内. 在导体外任一点 P 的坡印亭矢量为 $\boldsymbol{S}=\frac{1}{c}\boldsymbol{E}\times\boldsymbol{B}$，如图 22-3 所示.

现作一个单位长度闭合柱状表面围绕着导体且与导体共轴，由安培环路定理可知，任一点磁感应强度以 r^{-1} 下降，而柱状侧面积却随 r 增大，而导体每单位长度中的焦耳热和柱状表面大小无关，所以导体外电场的纵向分量必定是常数，且有导体内部的电场值.

参 考 文 献

舒幼生. 大学物理. 1983(6).

赵凯华，陈熙谋. 1978. 电磁学(下册). 北京：人民教育出版社.

M. A Matzek，B. R. Rusbeii. Am J Phys. 1968：36-905.

P. Feynman. The Feynman Lectures Physics. Vol2：13-16.

欧姆定律是如何发现的

金仲辉

在中学物理教学中，欧姆定律占了很大的份量，它的内容常常被叙述为：一段导体流过的电流 I 与该导体两端的电势差 U 成正比，即

$$U=RI$$

其中 R 为导体的电阻，对于确定的导体和一定温度下，R 为常量. 在大学物理教材中，除了引入欧姆定律的微分形式外，其他的一些内容和中学教材的内容几乎是相同的，并没有太大的差别. 在这种情况下，往往使学生误认为当年(1826 年)欧姆发现欧姆定律实在太容易了，无非使用电流表、电压表和一个简单电路就能实现，如图 23-1 所示. 甚至我们一些教师在课堂讲授中也是这样认为的.

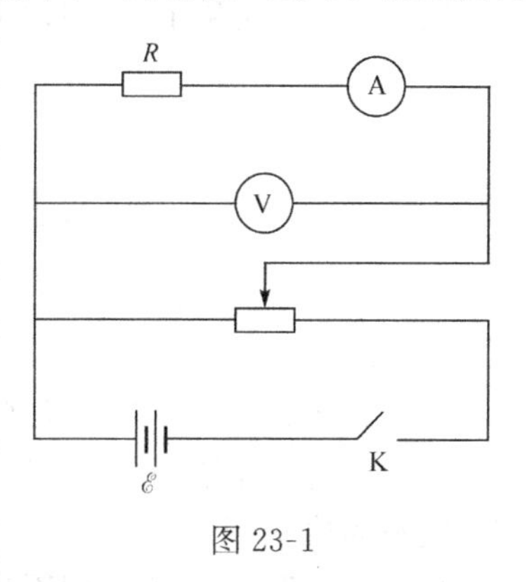

图 23-1

上述看法显然是不妥的，因为这种看法不符合史实，在 1826 年尚未制造出如今的电流表和电压表. 今日看似简单的事物，而在以往发现它，都有一个创新和艰辛的过程. 现在我们要问，欧姆是怎样发现欧姆定律以及是如何解决电流和电压测量的呢？当年的欧姆是在傅里叶热传导理论的启发下进行电学研究的. 傅里叶认为，一根导热棒两端的温度不一样，那么温度高(T_1)的一端向温度低(T_2)的一端传递的热量 Q 与导热棒两端的温度差(T_1-T_2)成正比，最终建立了热传导定律. 欧姆认为电流现象与此类似，猜想流过导线的电流也许正比于导线两端的某种电推动力之差，欧姆称这种电推动力为电张力，实际上就是今日的电动势的概念.

欧姆有了这种想法和在建立欧姆定律之前，首先要解决两个难题，即如何获得电动势稳定的电源和如何测量电流的大小. 欧姆开始做实验时采用伏打电堆作电源，由于这种电源的电动势很不稳定，所以实验效果很不理想，后来经他人建议，欧姆采用 1821 年才发明的温差电池，这才获得了电压稳定的电源.

至于电流的测量，欧姆一开始利用电流的热效应，由热胀冷缩方法来测量电流强度，但这样做很难取得预想的效果. 后来他巧妙地利用 1820 年奥斯特发现的电流磁效应，设计了一个电流扭秤，他用一根扭丝悬一磁针，让导线与该磁针平行放置，再用温差电池与导线相连接，如图 23-2 所示. 当电流通过导线时，它产生的磁

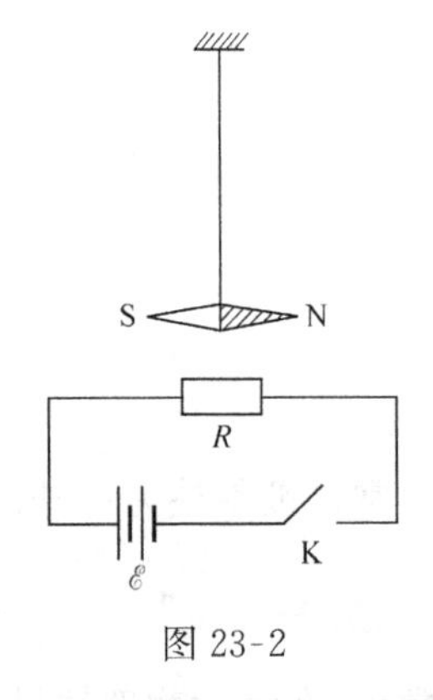

图 23-2

场对磁针有力的作用，使磁针发生偏转，而磁场大小和电流强度大小成正比，于是磁针偏转角度与电流强度成正比．这样就把电流强度这一电学量换成一个力学量来测量．

欧姆取 8 根粗细相同、长度不同的铜丝分别接入电路，测量出磁针偏转角，对实验数据进行分析，最后得出

$$X=\frac{a}{b+x}$$

式中 x 表示导线长度，X 表示磁作用强度，a 和 b 是依赖于电路的两个常数．今日可以判断，a 相当于电源的电动势，b 相当于除待测导线之外的电路电阻，X 相当于电流强度．

欧姆在实验基础上，依照傅里叶的热传导理论，经理论分析最后得到公式

$$X=\frac{a}{L}$$

式中 $L=\frac{l}{\sigma S}$，其中 L 实际上就是待测导线的电阻，l,S,σ 分别为导线的长度、横截面积和电导率．上式就是今日的欧姆定律．1827 年欧姆还用数学方法严格推导了欧姆定律．

欧姆定律的建立在电学发展史上有重要意义．但是，当时欧姆的研究成果并没有引起德国科学界的重视，直到 1841 年英国皇家学会向欧姆颁发科普利奖，才肯定了欧姆的功绩．

从上述过程中，我们可以看出，欧姆所以能发现欧姆定律，首先受了傅里叶热传导理论的影响，并将电流现象与热现象联系起来．欧姆的此灵感就是他的创新思维．除此以外，还需解决电流测量、电源的选择等一系列问题，这是一个艰辛的过程，最终获得正果．

独立回路的选择方法比较*

李春燕　徐艳月　周　梅　金仲辉

基尔霍夫定律是处理复杂电路问题的重要方法，也是电学部分教学的重点知识. 根据恒定电场的环路定理

$$\oint \boldsymbol{E} \cdot \mathrm{d}\boldsymbol{l} = 0$$

可以得出基尔霍夫第二方程组(又称为回路电压方程组)，即

$$\sum \varepsilon_i + \sum I_i R_i = 0$$

在应用基尔霍夫定律解决复杂电路的计算问题时，关键在于根据基尔霍夫第一、第二定律，列出与未知数个数相等并包含所有未知数的一组独立方程. 根据基尔霍夫第一方程组 $\sum I_i = 0$，可选出 $(n-1)$ 个独立方程，其中 n 为回路的节点数. 再根据基尔霍夫第二方程组列出剩下的 $(m-n)$ 个独立闭合回路方程，其中 m 为未知数的个数.

一个较复杂的电路有许多回路，例如，较简单的惠斯通电桥(图 24-1) 就有 $ABDA$，$BCDB$，$AFECDA$，$ABCEFA$，$ABDCEFA$，$ADBCEFA$，$ABCDA$ 共 7 个回路. 如何选择其中的独立回路呢?根据基尔霍夫第一方程组 $\sum I_i = 0$，可选出 $(n-1)$ 个独立方程，其中 n 为回路的节点数. 惠斯通电路有 4 个节点，即 A，B，C，D 节点，所以，可选出 3 个独立方程. 图 24-1 的惠斯通电桥电路中，如果 R_1，R_2，R_3，R_4，R_g 和 E 为已知，那么，电路各支路中的 6 个电流 I_0，I_1，I_2，I_3，I_4，I_g 是未知的. 求解 6 个未知数就需要有 6 个独立方程. 根据基尔霍夫第一方程组可列出 3 个独立方程. 另 3 个独立方程就由基尔霍夫第二方程组给出. 那么，如何从惠斯通电路中的 7 个回路选出 3 个独立回路呢?这在不同教材中有不同的选择方法. 以下列出一些教材中的方法.

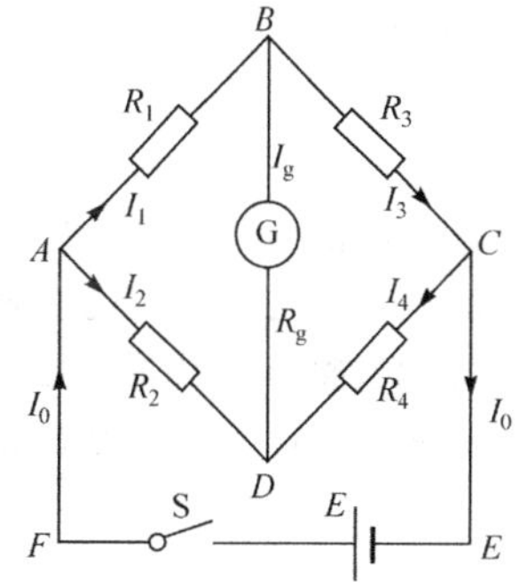

图 24-1

文献[1]是这样叙述的，“将平面电路看成一张网络，其中网孔的数目就是独立回路的数目”. 根据这种方法，图 24-1 的惠斯通电桥有 3 个网孔，即 $ABDA$，$BCDB$，$ADCEFA$ 3 个回路构成的 3 个网孔. 由这种方法可列出 3 个独立方程.

---

* 本文刊自《物理通报》2013 年第 8 期，收录本书时略加修订.

文献[2]认为,新选定的回路中,至少应有一段电路是在已选过的回路中未曾出现的.

文献[3]是这样叙述的,如果一复杂电路有 n 个节点和 p 条支路,可列出 $(p-n+1)$ 个独立的回路电压方程.

文献[4]论述,可先任意选择一个闭合回路,写出回路电压方程式,然后任意拆去该闭合回路的一条支路,再选择一个闭合回路写出一个方程式,再拆去该闭合回路的任一条支路,如此重复,直到不含闭合回路为止.

还有的教材中认为,"如一复杂回路有 x 个回路,则只有 $(x-1)$ 个回路方程是独立的."前述图 24-1 的惠斯通电桥,有 7 个回路,根据这种方法,岂不有 6 个独立回路? 因而这种方法显然是不妥的.

由以上讨论可看出,文献[1]和[4]叙述的独立回路选择方法实则是相同的,比较简明,但后者更便于记忆.对于像惠斯通电桥一类简单的电路,文献[2]和[3]所叙述的方法还不失为简明,但遇到一些有几十条支路的复杂电路,该方法就没有另外两种方法来得方便了.

我们在教学备课过程中,需要阅读多种教材,了解它们对同一物理问题的不同叙述方法,对其进行比较和分析,从中选择一种既简单明了,又便于记忆的叙述方法.这对于提高学生学习的兴趣和学习的能力都有莫大的好处.尤其是向学生讲授基尔霍夫第一、二方程组后,使学生得到如下一个很深的印象,即面对即使有几十条以上支路的复杂电路,也很容易列出独立回路方程,再依靠如今的计算机技术可以求出它们的解.

当然,在讲授中还需向学生说明一点,对于交流电路,基尔霍夫第一、二方程组依然成立.

参考文献

[1] 赵凯华,陈熙谋.新概念物理教程·电磁学.北京:高等教育出版社,2006:318.
[2] 程守洙,江之永.普通物理学(第二册).4 版.北京:人民教育出版社,1979:102.
[3] 马文蔚.物理学(中册).北京:高等教育出版社,1999:114-116.
[4] 金仲辉,梁德余.大学基础物理学.2 版.北京:科学出版社,2005:177.

对“独立回路的选择方法比较”一文的改进意见*

何坤娜　李春燕　金仲辉

《物理通报》2013年第8期第26～27页刊登了“独立回路的选择方法比较”一文[1]. 文中，作者罗列了4种“正确的”选择独立回路的方法和一种经过分析是明显错误的方法后，给出了第27页第三段中的结论，但该结论中有几处值得商榷.

首先，第27页第三段第一句中提到，“由以上讨论可看出”，而文中并未对罗列出的前4种方法进行任何讨论，所以文中如此叙述不太妥当.

其次，第27页第三段的第三、四行提到“对于像惠斯通电桥一类简单的回路，文献[2]和[3]所叙述的方法还不失为简明”，该句的表述也欠妥. 因为“简明”意味着简单明白，容易理解. 从上下文的意思看，作者想表达的应该是文献[2]和[3]中的两种选择独立回路的方法均正确且容易理解，但文献[2]和[3]中提到的方法均存在问题.

先来看文献[2]中所叙述的方法：新选定的回路中，至少应有一段电路是在已选过的回路中未曾出现的. 诚然，根据该方法，按选取回路的先后次序列与回路对应的回路方程，由于新选回路中的有些物理量（如电动势或电阻）在已选过的回路方程中未出现过，所以后一个回路方程必定具有已选回路方程中所没有的物理量，即后面的方程不可能由前面的方程导出，因此这样选出的一组回路，其回路方程一定是独立的. 该方法中“独立”的概念貌似清晰，学生也容易接受，但严格上来说该方法是不完备的，因为根据该方法，虽然得到的回路肯定都是独立回路，但却只能选择出一部分或全部独立回路，即它仅是选择独立回路的充分条件，而非必要条件. 该方法在具体应用过程中，可能出现对于同一电路，由于选择顺序不同，而得到独立回路个数不同的矛盾结果. 例如：文献[1]中的惠斯通电桥（见本文图25-1）有3个独立回路. 如依次选取 $ABDA$，$BCDB$ 和 $ADBCEFA$ 回路，根据文献[2]中的方法，由于后选的回路中均包含前一回路中未有的支路，所以这3个回路相互独立（结论正确）. 但如果依次选择

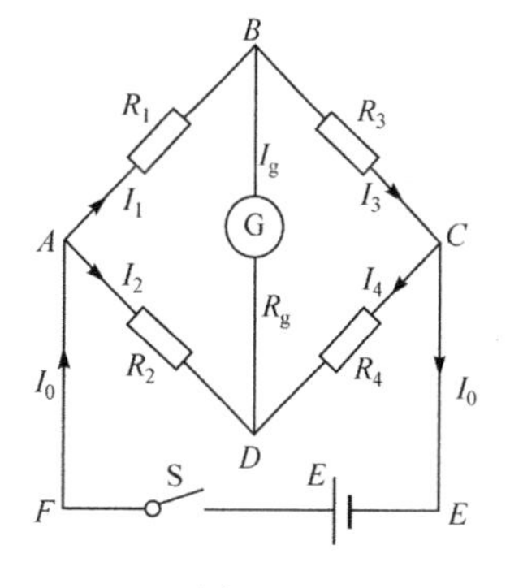

图25-1

* 本文刊自《物理通报》2016年第6期，收录本书时略加修订.

$ABDCEFA$ 和 $ABCDA$ 回路，由于这两条回路已经包含了惠斯通电桥电路中的所有支路，选完这两条回路后，再找不到其他新回路满足“含这两个已选回路中所未含有的支路”的条件，因此，根据文献[2]中的方法，会得出惠斯通电桥仅有两条独立回路的错误结论. 由于选择回路前我们通常不会设定选择回路的顺序，所以，文献[2]中的方法并不是一种完善的方法，文献[1]认为该方法简明也欠妥.

再看文献[3]中提到的方法：如果一复杂电路中有 n 个节点和 p 条支路，可列出 $p-n+1$ 个独立的回路电压方程. 实际上，该表述只是给出了一个有 n 个节点和 p 条支路的复杂电路应该具有的独立回路的个数，并没有给出选择独立回路的具体方法，因此，说文献[3]中提到的方法简明也欠妥.

另外，第 27 页第三段中还提到：文献[2]和[5]叙述的独立回路选择方法实则是相同的，事实上，文献[2]和[5]中叙述的方法也并非完全相同. 文献[2]中的方法（网孔法）只适用于平面网络或可化为平面网络的立体网络（网孔对非平面网络没有意义），而文献[5]中的方法（断路法）对平面或立体网络均成立. 仍以文献[1]中的惠斯通电桥（图 25-1）为例，根据网孔法，只能选出一组独立回路（包含 $ABDA$，$BCDB$ 和 $ADCEFA$ 三个回路），但根据断路法，由于起始回路选择的不同，可以选择出多组独立回路.

参考文献

[1] 李春燕，徐艳月，周梅，等. 独立回路的选择方法比较. 物理通报，2013(8)：26-27.
[2] 赵凯华，陈熙谋. 新概念物理教材 · 电磁学. 北京：高等教育出版社，2006：318.
[3] 程守洙，江之永. 普通物理学(第二册). 4 版. 北京：人民教育出版社，1979：102.
[4] 马文蔚. 物理学(中册). 北京：高等教育出版社，1999：114-116.
[5] 金仲辉，梁德余. 大学基础物理学. 2 版. 北京：科学出版社，2005：177.

磁感应强度的多种定义

金仲辉

人类很早就发现磁现象并应用了它，我国古代发明的指南针就是很好的一个例子. 磁场是普遍存在的. 地球、太阳、各种天体、星际空间都存在着强度悬殊的磁场. 甚至在人体内的一些组织和器官也会产生微弱的磁场. 磁场在现代生产技术和人类生活中更有着极为广泛的应用，于是测量磁场的强弱就是一个很重要的问题.

我们利用磁场的基本特性来测量磁场的强弱. 磁场的基本特性是对其中的运动电荷或电流施加作用力. 描述磁场的基本物理量是磁感应强度矢量 $\boldsymbol{B}$. 在不同的大学基础物理教材里，对磁感应强度矢量 $\boldsymbol{B}$ 的定义有不同的方法.

一、采用运动电荷在磁场中受力情况来定义

设电量为 q 的试探电荷在磁场中某点的速度为 $\boldsymbol{v}$，它受到的力，即洛伦兹力为

$$\boldsymbol{f}=q\boldsymbol{v}\times\boldsymbol{B} \tag{26-1}$$

$\boldsymbol{B}$ 的大小为 $B=\dfrac{f}{qv_\perp}$，其中 $v_\perp$ 为 $\boldsymbol{v}$ 在 $\boldsymbol{B}$ 方向上的垂直分量，如图 26-1 所示. $\boldsymbol{B}$ 的方向由式(26-1)的矢量积方向（即按右手螺旋法则）决定.

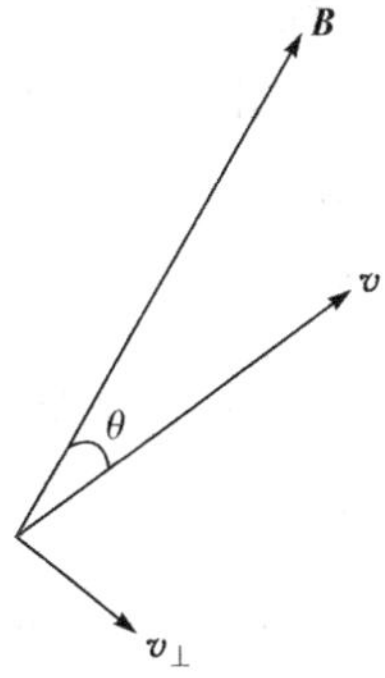

B
v
θ
$v_\perp$

图 26-1

二、用电流元在磁场中受力情况来定义

设某恒定电流 $I\mathrm{d}\boldsymbol{l}$ 处在磁场中某点，则它受到的力，即安培力为

$$\mathrm{d}\boldsymbol{f}=I\mathrm{d}\boldsymbol{l}\times\boldsymbol{B} \tag{26-2}$$

它的大小为 $B=\dfrac{(\mathrm{d}f)_{\max}}{I\mathrm{d}l}$，$\boldsymbol{B}$ 的方向由式(26-2)的矢量积方向决定.

三、用恒定电流元在空间产生的磁场来定义

由于磁场都是由电流产生的，所以也可以用电流在空间的场来定义磁感应强

度矢量 $\boldsymbol{B}$. 根据毕奥-萨伐尔定律，一恒定电流元在空间某点产生的磁感应强度为

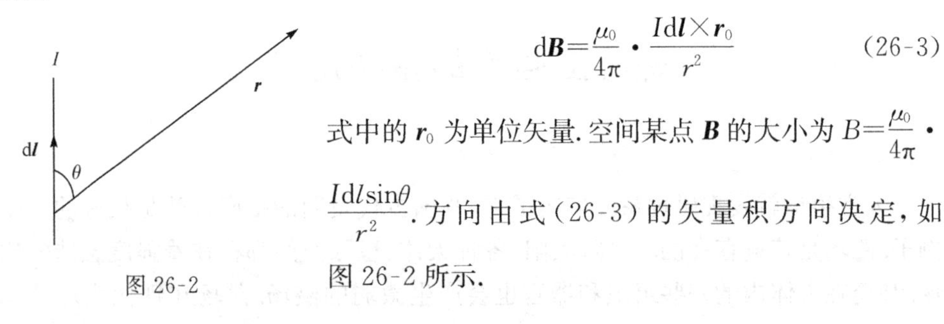

$$\mathrm{d}\boldsymbol{B}=\frac{\mu_0}{4\pi}\cdot\frac{I\mathrm{d}\boldsymbol{l}\times\boldsymbol{r}_0}{r^2} \tag{26-3}$$

式中的 $\boldsymbol{r}_0$ 为单位矢量. 空间某点 $\boldsymbol{B}$ 的大小为 $B=\frac{\mu_0}{4\pi}\cdot\frac{I\mathrm{d}l\sin\theta}{r^2}$. 方向由式(26-3)的矢量积方向决定，如图 26-2 所示.

图 26-2

四、用载流线圈在磁场中受到的力矩来定义

设通过试探线圈的电流为 I_0，面积为 ΔS，则定义试探线圈的磁矩为 $\boldsymbol{P}_\mathrm{m}=I_0\Delta\boldsymbol{S}$. 磁矩是一个矢量，它的方向垂直于线圈的平面，并和电流方向构成右手螺旋系统. 如图 26-3 所示. 现将试探线圈悬挂在磁场中某一位置，由于试探线圈载有电流而受到力矩作用发生转动，试探线圈只有在某一方位磁力矩才为零. 这一位置称为平衡位置. 此时试探线圈磁矩的方向为该点的磁场方向. 试探线圈在磁场中所受磁力矩大小和它的磁矩取向有关. 当试探线圈从平衡位置转过 $\pi/2$ 时，试探线圈所受磁力矩最大，以 M_0 表示. 实验指出，在磁场中任一点上，M_0 和试探线圈磁矩 P_m 成正比，即有 $M_0\propto P_\mathrm{m}$. 因此，比值 M_0/P_m 仅与试探线圈所在的位置有关，不同位置可有不同的值，而与试探线圈本身的性质无关. 所以这个比值 M_0/P_m 可用来描述磁场的性质. 于是规定磁感应强度 $\boldsymbol{B}$ 的大小为 $B=\frac{M_0}{P_\mathrm{m}}$，方向为试探线圈磁矩的方向.

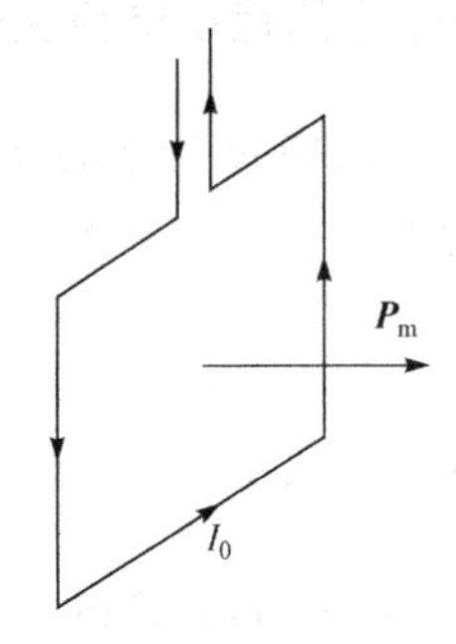

图 26-3

上述四种定义磁感应强度 $\boldsymbol{B}$ 的方法都是利用了磁场的基本特性，所以，它们都是可以的. 但是，大多数教材里都采用第一种方法，即采用运动电荷在磁场中受力情况来定义 $\boldsymbol{B}$. 好处是它与电场强度矢量 $\boldsymbol{E}$ 的定义相仿，$\boldsymbol{E}$ 的定义采用静止的试探电荷，而 $\boldsymbol{B}$ 的定义采用运动的试探电荷. 从教学观点来看，便于学生记忆. 英美的一些教材以及张三慧和马文蔚的教材都采用第一种方法定义 $\boldsymbol{B}$. 第二种和第三种方法定义 $\boldsymbol{B}$，均采用恒定电流元. 由于实用中无法获得单独的恒定电流元，所以在实验中只能采取间接方法证明它的可靠性. 比较少的教材采用这两种方法. 赵凯华和吴百诗编写的教材采用了第二种方法，而北京大学非物理专业教材则采用了第三种方法. 苏联福里斯等编的教材中采用了第四种方法定义 $\boldsymbol{B}$，如今这种方法在

我国众多的教材中似已不见. 但是,这种方法与通常实验中测量磁感应强度的方法最为紧密.

顺便提一句,历史上也曾用磁极在磁场中受力情况来定义磁感应强度矢量的,但现在很少见到有教材使用这种方法. 还有,磁感应强度矢量 $\boldsymbol{B}$ 与描述电场的基本物理学量 $\boldsymbol{E}$ 对应,由于历史原因,$\boldsymbol{B}$ 没有被称为“磁场强度矢量”.

奥斯特实验的历史意义

金仲辉

18世纪末、19世纪初德国哲学家康德提出了基本力及其向其他各种力转化的哲学思想，以及以谢林为首的德国自然哲学学派关于自然力是统一的思想，对物理学界有很大的影响. 当时许多的学者认为电学和磁学是两门独立的学科，二者没有什么联系. 但是丹麦物理学家信奉康德的哲学思想，并开始从事电和磁的统一性研究. 富兰克林发现的莱顿瓶在放电过程中将钢针磁化的现象，对奥斯特的启发很大. 他认识到电产生磁是完全可能的. 关键的问题在于电向磁转化的条件是什么?

奥斯特曾根据电流流过直径小的导线，导线会发热的现象推想，如果通电流的导线直径再缩小，那么导线就会发光，再使导线直径进一步缩小，缩小到一定程度，电流就会产生磁效应. 奥斯特沿着这条路探索，当然没有什么结果. 1819年冬天，奥斯特在为一个讲座的备课过程中，分析了为什么许多人在电流方向上寻找电流的磁效应都失败了的原因，他想到莫非电流对磁体的作用根本不是纵向的(当时知道引力、电荷之间或磁极之间的相互作用力是一种有心力，不是吸引力就是排斥力)，而是一种横向的力！1820年4月的某天晚上，奥斯特在讲课快要结束时，突然来了灵感，他说："让我把导线与磁针平放放置来看看."实验中他发现在通电导线附近的小磁针微微跳动了一下. 这现象对听讲的人来说并没有什么，但奥斯特完全惊呆了. 这个现象对他太重要了，这是几年来他苦苦求索所期望的结果. 奥斯特紧紧抓住这个发现，进行了为时三个月的实验研究，终于在1820年7月21日发表了题为"关于磁针上电流碰撞的实验"的论文. 他总结出所谓的"电流碰撞"有两个特点:(1)电流碰撞存在于载流导线的周围;(2)"电流碰撞"沿着其螺纹方向垂直于导线的螺纹线传播. 奥斯特证明了电流所产生的磁力作用是一种新的作用力——横向力. 它与当时已知的非接触物体之间的引力、电力等有心力不同. 因此，奥斯特实验突破了只存在有心力的概念，拓宽了作用力的类型.

奥斯特终于以多年来不懈的努力，用实验证实了自己关于电和磁有联系的信念，并不像有些文章和教材中所说，那是纯粹偶然的发现.

奥斯特的发现激发起许多人对电磁学的研究. 三个月后，毕奥和萨伐尔通过实验揭示了电流磁效应的定量规律，建立了毕奥-萨伐尔定律. 原是数学家的安培也以极大热情加入到研究的队伍中来，在他得知奥斯特实验的第二天就重复了该实验，并加以发展. 安培将精巧的实验和高超的数学技巧结合起来，提出了著名的安培定律，而后又提出了著名的分子电流假设，认为每个分子的圆电流形成一个小磁体，并以此作为物体宏观磁性形成的内在根据. 奥斯特实验也大大影响了法拉第，他想到既然“电能转化成磁”，那么“磁能转化成电”也是可能的. 经过 10 年的探索，他终于发现了电磁感应现象. 总之，奥斯特实验将电学和磁学联系起来，促进了电磁学的迅猛发展，奥斯特对电磁学的贡献将永远载入史册.

电荷　电荷守恒定律

金仲辉

古希腊人很早就发现了用毛皮摩擦过的琥珀能够吸引羽毛、头发等轻小物体. 后来发现,许多物体(如玻璃棒、硬橡胶棒、水晶块等)经摩擦后,都能吸引轻小的物体. 物体有了这种吸引轻小物体的性质,就说它带了电,或有了电荷,带电的物体称为带电体.

1752 年美国的富兰克林做了著名的风筝实验,证实了天上的雷电和地面上的电是相同的. 大量的实验说明,无论电荷是用什么方法形成的,电荷只存在两种形式,而且同种电荷互相排斥,异种电荷互相吸引. 富兰克林首先用正、负电荷的名称来区分两种电荷. 这种名称一直沿用到今天. 从物质微观结构来看,任何物质由原子构成,而原子由带负电的电子和带正电的原子核构成,原子核又由带正电的质子和不带电的中子组成. 近代物理实验表明,电子和质子所带电量的绝对值是相等的. 原子对外界不显示电性是由于原子内的电子数等于质子数.

从大量的实验中总结出电荷守恒定律,即电荷既不能被创造,也不能被消灭,它们只能从一个物体转移到另一个物体,或者从物体的一部分转移到另一部分. 也就是说,在任何物理过程中,电荷的代数和是守恒的. 例如,两个物体相互摩擦前都不带电,但摩擦后的两个物体总是同时带等量的异号电荷. 现代物理学发现,微观过程(如粒子相互转化过程)也是遵从电荷守恒定律的. 例如,负电子 e^- 和正电子 e^+ 的湮灭,产生两个光子;或者相反,高能光子可以转化成正、负电子对,即

$$e^- + e^+ \rightarrow \gamma + \gamma, \quad \gamma \rightarrow e^- + e^+$$

又如中子 n 衰变成质子 p、电子 e^- 和反中微子 $\bar{\nu}$.

$$n \rightarrow p + e^- + \bar{\nu}.$$

由于电荷是守恒的,体积 V 内的电量 q 如果在单位时间内减少 $\frac{\mathrm{d}q}{\mathrm{d}t}$,则通过包围体积 V 的闭合曲面 S 必有相应的电量流出. 设 $\boldsymbol{j}$ 为电流密度矢量,在单位时间内,从闭合面 S 流出的电量为 $\oint_{(S)} \boldsymbol{j} \cdot \mathrm{d}\boldsymbol{S}$,于是有

$$\oint_{(S)} \boldsymbol{j} \cdot \mathrm{d}\boldsymbol{S} = -\frac{\mathrm{d}q}{\mathrm{d}t} \tag{28-1}$$

上式是电荷守恒定律积分形式的数学表达式,又称为电流的连续性方程. 它表明,单位时间从任一闭合曲面 S 流出的电量等于 S 所包围的体积 V 内电量的减少. 如果以 ρ 表示电荷的体密度,则

$$q=\int_{(V)}\rho\mathrm{d}V,\quad \frac{\mathrm{d}q}{\mathrm{d}t}=\int_{(V)}\frac{\partial\rho}{\partial t}\mathrm{d}V \tag{28-2}$$

利用矢量场论的高斯定理，式(28-1)可写成

$$\oint_{(S)}\boldsymbol{j}\cdot\mathrm{d}\boldsymbol{S}=\int_{(V)}\nabla\cdot\boldsymbol{j}\mathrm{d}V=-\frac{\mathrm{d}q}{\mathrm{d}t} \tag{28-3}$$

由式(28-1)、式(28-2)、式(28-3)可得

$$\nabla\cdot\boldsymbol{j}=-\frac{\partial\rho}{\partial t} \tag{28-4}$$

上式就是电荷守恒定律的微分形式. 它表明，电流密度矢量的散度等于电荷体密度变化率的负值.

在恒定的条件下，有$\frac{\partial\rho}{\partial t}=0$，于是

$$\nabla\cdot\boldsymbol{j}=0 \tag{28-5}$$

这就是电荷守恒定律在恒定电流条件下的形式. 电流密度矢量的散度为零，说明恒定电流是没有源头的，必定构成闭合回路. 换句话说，对于恒定电流的任一部分，流入的电量必等于流出的电量，不会有电荷的积累.

电荷的另一重要特征是量子性. 实验表明，任何电荷都是电子电量 e 的整数倍. e 的精确值为 $e=1.602176462(63)\times10^{-19}\mathrm{C}$(1998 年的测量值). 实验还表明，质子和电子电量之差小于 $10^{-20}\mathrm{C}$，通常认为完全相等. 电荷守恒定律很可能与电荷的量子性有关，如果 e 是电荷不可分割的最小单元，它只能从一个粒子完整地转移到另一粒子，则电荷守恒是很自然的.

1964 年盖尔曼提出质子、中子一类的强子由夸克组成的理论，预言夸克可以携带$\pm\frac{e}{3}$、$\pm\frac{2e}{3}$的分数电荷，但至今在实验中未发现自由夸克.

电荷守恒定律还与电子的稳定性有关，电子是质量最小的带电粒子，如果发生衰变，必将违反电荷守恒定律. 1965 年有人从实验估计出电子的寿命将超过 10^{21} 年，比当今推测的宇宙年龄还要长得多. 可见电子是十分稳定的.

还需要指出的是，物体所携带的电量不因为它的运动速度大小而改变，所以电荷量是一个相对论性不变量. 例如，任何物体在加热或冷却时，由于电子的质量远比原子核的质量要小，所以电子的速度比带正电荷的原子核的速度更容易受到影响. 虽然每个电子的速度可能变化不大，但是物体中电子数量极大，如果运动速度确实对电量有影响的话，就可以在物体上获得可观察的电量. 然而事实上，中性物体在任何温度下总保持宏观上的电中性，实验中从未观察到仅仅通过加热或冷却的方式在物体上获得电量的事实. 物体所带的电量不受运动影响的事实表明，对于不同参考系的观察者来说，物体所带的电量是不变的，也就是说，电量对于不同参考系的变换来说是个不变量.

关于电磁学基本定律和方程的一些问题*

陈秉乾　金仲辉

毫无疑问，讲授电磁学的同志，都关心电磁学基本定律和方程建立的历史过程、成立条件和适用范围、表述、精确程度、地位和重要性、相互关系、以及容易混淆的问题等. 这些，在有关书籍中都有不同程度的介绍，近年来又有一些文章从不同方面详加阐发. 本文试图作一综述，提供一幅有联系的图画，但不求全，侧重于容易忽视的方面. 又限于篇幅，不作过多的解释和论证.

一、库仑定律

库仑定律（加上叠加原理）揭示了静止带电体相互作用的规律，电力与距离平方成反比决定了静电场是有源无旋场，因此，库仑定律是静电学的基础. 运动是相对的，按狭义相对论，运动电荷的电磁场应可从静止电荷的电场经洛伦兹变换得出. 由静止电荷的库仑定律和洛伦兹变换得出麦克斯韦方程表明狭义相对论真正确立了电磁现象的统一，同时也表明库仑定律是整个经典电磁理论的基础，它确保了麦克斯韦方程的精度和适用范围. 实际上，如果电力平方反比律有偏差，麦克斯韦方程就要作重大修正，光子应有静止质量，由此真空中不同频率电磁波的传播速度会稍有不同，动摇了光速不变原理，从而将会改变世界的面貌. 这些正是近 200 年来人们对电力平方反比律的精度始终感兴趣的原因.

1785 年库仑以扭秤实验直接测量同号电荷的斥力，得出与平方反比律的偏差 δ 小于 4×10^{-2}，但直接测量力和距离难于准确. 平方反比律的精确实验验证有赖于均匀带电球壳对腔内电荷（不位于球心）无作用力的事实，在库仑之前，卡文迪什曾在 1772 年做过这样的实验，1873 年麦克斯韦改进了卡文迪什的同心球电荷分布实验，并作了理论分析. 麦克斯韦指出，当内外球连通，外球充电到电势 V，若 $\delta\neq0$，内球应有一定电势分布，去掉连线，外球接地，内球的电势值为 $U=-\frac{1}{2}V\delta\left[\ln\left(\frac{4a^2}{a^2-b^2}\right)-\frac{a}{b}\ln\left(\frac{a+b}{a-b}\right)\right]$（$a$、$b$ 为外、内球半径），由此确定 δ 不超过 5×10^{-6}. 近代，采用更精密的实验仪器和实验技术多次重复卡文迪什-麦克斯韦实验，1971 年得出 δ 不超过 3×10^{-18}，库仑定律已经成为近代最精确的实验定律之一.

---

* 本文刊自《物理通报》1983 年第 4 期，收录本书时略加修订.

库仑定律的成立条件是静止点电荷，可推广到静止源电荷对运动电荷的作用，但不适用于运动源电荷对静止电荷(或两者都运动)的作用，换言之，其间的相互作用不服从牛顿第三定律(尽管在速度不大时，两个力的差别很小)，这是毋庸置疑的，因为运动电荷激发的变化场以有限速度传播，使牛顿第三定律赖以成立的前提("超距"作用)失去了依据. 当然，如果考虑到运动电荷和电磁场之间的动量交换，那么由电荷和场构成的封闭系统是符合动量守恒定律即牛顿第三定律的.

库仑定律的适用范围很广，包括著名的卢瑟福 α 粒子散射实验在内的大量实验表明，库仑定律在 $10^{-13}\sim10^{9}$cm(或更大)的范围内是可靠的.

二、安培定律和洛伦兹力

安培定律是关于稳恒电流元之间相互作用的基本定律. 它的表达式

$$\mathrm{d}\boldsymbol{F}_{12}=kI_1\frac{I_2\mathrm{d}\boldsymbol{l}_2\times(\mathrm{d}\boldsymbol{l}_1\times\boldsymbol{r}_{12})}{r_{12}^3} \tag{29-1}$$

(式中 $\mathrm{d}\boldsymbol{F}_{12}$是电流元 1 给电流元 2 的力，$\boldsymbol{r}_{12}$是 1 指向 2 的矢径)可以分为两部分：磁感应强度的定义式

$$\mathrm{d}\boldsymbol{F}_{12}=I_2\mathrm{d}\boldsymbol{l}_2\times\mathrm{d}\boldsymbol{B} \tag{29-2}$$

及毕奥-萨伐尔公式

$$\mathrm{d}\boldsymbol{B}=k\frac{I_1\mathrm{d}\boldsymbol{l}_1\times\boldsymbol{r}_{12}}{r_{12}^3} \tag{29-3}$$

由式(29-3)得出稳恒磁场的高斯定理和安培环路定理，表明稳恒磁场是无源有旋场. 由于式(29-1)在非稳恒条件下也适用(暂撇开位移电流不论)，以上结果可以推广到非稳恒状态成为构成麦克斯韦方程的重要环节. 在 MKSA 单位制中，电流强度是除长度、质量、时间外的第四个基本量，它的单位安培的定义和绝对测量，都是以式(29-1)为依据的.

由于稳恒条件下不存在孤立的电流元，安培定律无法直接验证，它是根据安培的四个精心设计的实验(都是闭合的载流线圈)从理论上推导出来的. 由普遍的表达式可以选择不同形式的安培公式，式(29-1)是一种形式，它给出的 $\mathrm{d}F_{12}$既不沿电流元的连线，又使 $\mathrm{d}F_{12}\neq-\mathrm{d}F_{21}$(不满足牛顿第三定律). 式(29-1)的好处是没有附加的限制，适用于非稳恒条件，并与洛伦兹力公式的形式相似便于说明两者的关系. $\mathrm{d}F_{12}\neq-\mathrm{d}F_{21}$只表明电流元之间的相互作用不满足牛顿第三定律，在稳恒条件下孤立电流元本不存在，由式(29-1)可以证明整个闭合载流回路之间的相互作用仍满足牛顿第三定律. 在非稳恒条件下可以存在孤立的电流元(如单个运动电荷)，实验表明其间的作用与式(29-1)相符. 不符合牛顿第三定律表明，运动电荷的动量不守恒，但这时电磁场的动量也在变，即运动电荷与电磁场有动量交换，电荷与

场构成的封闭系统的动量是守恒的.

总之安培定律揭示了电流(经过磁场)相互作用的规律,决定了磁场的性质,是麦克斯韦方程赖以确定的基础之一,又是定义基本量安培的依据.

洛伦兹力是磁场对运动电荷的作用力,即

$$\boldsymbol{F}=q\boldsymbol{v}\times\boldsymbol{B} \tag{29-4}$$

库仑力和洛伦兹力($\boldsymbol{F}=q\boldsymbol{E}+q\boldsymbol{v}\times\boldsymbol{B}$)揭示了电磁相互作用的规律. 电磁相互作用和引力相互作用,以及强、弱相互作用构成了物理学四种基本的相互作用. 洛伦兹力已在很宽的范围内为实验证实. 式(29-4)中忽略了辐射所产生的附加项,辐射是电荷 q 的加速度引起的,因此,式(29-4)的成立条件是 q 的加速度很小.

比较一下洛伦兹力式(29-4)与安培力式(29-2),可以看出两者很相似($q\boldsymbol{v}$ 与 $I\mathrm{d}\boldsymbol{l}$ 相当),这并不是偶然的,因为运动电荷就是一个瞬时的电流元. 由于载流导线中包含了大量自由电子,实际上导线所受的安培力就是作用在各自由电子上的洛伦兹力的宏观表现,换言之,安培力是洛伦兹力的结果,而不是独立的新规律. 具体的说,若载流导线置磁场中不动,洛伦兹力使沿导线运动的自由电子(忽略热运动)侧向漂移,在导线边缘引起电荷积累,形成了阻止电子侧向漂移的电场(霍尔电场),当霍尔电场与洛伦兹力平衡时,侧向漂移中止. 稳恒时,导线内沿导线运动的自由电子所受的洛伦兹力之和就是导线所受的安培力,洛伦兹力是通过霍尔电场由自由电子转移给正离子晶格骨架的,或者说正离子骨架受到的安培力就是与洛伦兹力平衡的霍尔电场的作用力. 当导线在磁场中运动时,唯一的区别在于安培力只是洛伦兹力在安培力方向上的分力的叠加,因而安培力可以做功,但洛伦兹力并不做功(因 $\boldsymbol{F}\perp\boldsymbol{v}$,洛伦兹力总是不做功的). 有些书不考虑霍尔电场,简单的把安培力归结为自由电子因洛伦兹力侧向漂移不断与晶格碰撞所致,这是不恰当的,有矛盾的.

三、法拉第电磁感应定律

1820 年奥斯特发现载流线圈附近的磁针受力偏转,接着阿拉果指出电流能使非磁性铁片磁化,安培提出分子电流假设解释物质的磁性. 从此,原来截然分开的电学和磁学的研究出现了密切的联系. 问题很自然的提了出来,既然电能产生磁,是否磁也能产生电呢? 在 1820 年后的十年间;安培做了大量实验,但由于只着眼于稳态现象,没有成功. 1831 年法拉第从前人的工作和自己的实验中领悟到磁变电是一种暂态效应,迅速地把握住和揭示了电磁感应现象的实质. 电磁感应对工业和人类生活影响之巨大,已使之成为基础研究推动生产发展的最生动例证之一.

法拉第电磁感应定律表明,导体回路中感应电动势 ε 的大小与穿过回路的磁通量 φ 的变化率成正比. 按照磁通量变化原因的不同,分为动生和感生电动势两种,前者是在稳恒磁场中运动的导体回路中产生的,后者是回路不动因磁场变化产生的. 动生电动势的实质是洛伦兹力. 感生电动势则表明变化磁场在其周围激发了涡旋(左旋)电场,这是与带电体产生的电场性质不同的另一种电场(无源有旋场),涡旋电场以及位移电流揭示了电磁场的内在联系,成为构成麦克斯韦方程的不可缺少的重要环节. 应该指出,坐标变换只能在一些特殊情形里消除动生和感生电动势的界限,在普遍情况下感生电动势是不可能通过坐标变换归结为动生电动势的,这再次说明两者的物理实质是不同的.

法拉第电磁感应定律通常表为

$$\varepsilon = -\frac{\mathrm{d}\phi}{\mathrm{d}t} = -\frac{\mathrm{d}}{\mathrm{d}t}\iint_s \boldsymbol{B} \cdot \mathrm{d}\boldsymbol{S} \tag{29-5}$$

或者

$$\varepsilon = \varepsilon_{感生} + \varepsilon_{动生} = -\iint_s \frac{\partial \boldsymbol{B}}{\partial t} \cdot \mathrm{d}\boldsymbol{S} + \oint^{L} (\boldsymbol{v} \times \boldsymbol{B}) \cdot \mathrm{d}\boldsymbol{l} \tag{29-6}$$

这两种表述是等效的. 式(29-6)的好处是把性质上不同的两种电动势明确的分开了,便于应用,也与麦克斯韦方程相吻合,因为麦克斯韦方程实际上只涉及感生电动势这一部分,动生电动势则是洛伦兹力的效应.

四、麦克斯韦方程组

前已指出,库仑定律表明带电体产生的静电场是有源无旋场,安培-毕奥-萨伐尔定律表明电流产生的稳恒磁场是无源有旋场,麦克斯韦加以推广,认为它们在非稳恒情况下也适用. 麦克斯韦分析了法拉第感应定律,指出变化的磁场在其周围产生一种无源有旋的电场——涡旋电场,总电场应是带电体和变化磁场产生的这两种电场之和. 麦克斯韦提出位移电流假设,认为变化电场在其周围产生一种无源有旋的磁场——涡旋磁场,总磁场应是电流和变化电场产生的这两种磁场之和. 这样,麦克斯韦就在库仑定律、安培定律、法拉第定律和涡旋电场、位移电流假设的基础上,深入的揭示了电磁场之间的内在联系,得出了电磁场运动变化所遵从的基本规律——麦克斯韦方程. 麦克斯韦方程和洛伦兹力公式以及电荷守恒定律一起,构成了整个经典电磁现象的完整的理论基础.

由麦克斯韦方程推出了电磁场波动方程,表明变化的电磁场以横波形式在空间传播,形成电磁波. 麦克斯韦导出了电磁场的能量密度,定义了电磁波传播的能流密度,指出电磁场具有能量,说明了电磁场和电磁波的物质性. 麦克斯韦指出电磁波的传播速度即为真空中的光速 c,由此预言光是电磁波,把光和电磁现象统一了起来. 麦克斯韦这一系列的科学论断和预言,为此后各种实验(包括 1888 年著名的赫兹电磁波实验)所证实,并很快成为推动科学技术和生产实践发展的巨大力量.

麦克斯韦方程及其推论被实验证实,巩固和确立了法拉第提出的场概念和近距作用观念,结束了物理学历史上以质点运动和超距作用为基础的机械论观点的统治,这是物理学在概念上的一次重大突破和革命,也正是法拉第和麦克斯韦各种贡献的核心,具有深远的历史意义.(实际上,根据能量原理和近距作用原理,利用关于能流的坡印亭定律和电荷守恒定律即可建立麦克斯韦方程,场和近距作用的观念是这种方法的基本要求).当然,麦克斯韦受到时代的影响,还是以“电磁以太”的弹性形变来说明电磁场的运动的,正是在摒弃“以太”的过程中,爱因斯坦建立了狭义相对论,真正完成了电磁现象的统一.

五、介质方程

麦克斯韦方程为

$$\begin{cases}\nabla\cdot\boldsymbol{E}=\dfrac{1}{\varepsilon_0}\rho, & \nabla\times\boldsymbol{E}=-\dfrac{\partial\boldsymbol{B}}{\partial t}\\ \nabla\cdot\boldsymbol{B}=0, & \nabla\times\boldsymbol{B}=\mu_0\boldsymbol{j}+\varepsilon_0\mu_0\dfrac{\partial\boldsymbol{E}}{\partial t}\end{cases}\tag{29-7}$$

式(29-7)是完备的,因为只要场源 ρ、J 和边界条件已知,原则上即可确定 $\boldsymbol{E}$、$\boldsymbol{B}$,解决任何电磁场问题;式(29-7)又是普遍的,因为它不依赖于介质的任何具体性质.通常把电荷密度 ρ 分为两部分:自由电荷密度 ρ_0 和束缚电荷密质 ρ',而 $\rho=\rho_0+\rho'$.同样,$\boldsymbol{j}=\boldsymbol{j}_a+\boldsymbol{j}_p$,$\boldsymbol{j}=\boldsymbol{j}_e+\boldsymbol{j}_m$,$\boldsymbol{j}_a$ 是传导电流密度,$\boldsymbol{j}_m$ 是分子电流或磁化电流密度,$\boldsymbol{j}_p$ 是极化电流密度.由于 ρ' 和 $\boldsymbol{j}_p$、$\boldsymbol{j}_m$ 无法测量和控制,式(29-7)难以运用,需要引入辅助的 $\boldsymbol{P}$、$\boldsymbol{M}$、$\boldsymbol{D}$、$\boldsymbol{H}$,将场源的一部分(ρ'、j')纳入其中,并从方程中消去,把麦克斯韦方程写成

$$\begin{cases}\nabla\cdot\boldsymbol{D}=\rho_0, & \nabla\times\boldsymbol{E}=-\dfrac{\partial\boldsymbol{B}}{\partial t}\\ \nabla\cdot\boldsymbol{B}=0, & \nabla\times\boldsymbol{H}=\boldsymbol{j}_0+\dfrac{\partial\boldsymbol{D}}{\partial t}\end{cases}\tag{29-8}$$

显然,式(29-8)不完备,需要补充三个涉及介质具体性质的方程——介质方程.由于各种介质的性质千变万化,介质方程的形式将会是复杂多样的.例如,比较简单的各向同性,线性介质的介质方程为 $\boldsymbol{D}=\varepsilon_0\varepsilon_r\boldsymbol{E}$,$B=\mu_0\mu_r\boldsymbol{H}$,$\boldsymbol{j}_a=\sigma\boldsymbol{E}$,各系数分别是介质的介电系数,磁化率和电导率.

这里,有两个问题需要说明.

首先是 ρ,$\boldsymbol{j}$ 的分解.把自由电荷 ρ_0 及其形成的传导电流 $\boldsymbol{j}$.从总的场源中分离出来,并给予特殊地位,是基于它们可以测量和控制.但是,例如电感线圈中的磁芯既有磁滞损失又有涡流损耗,它在交变磁场作用下显示的磁滞回线中将包含传导电流(涡流)和分子电流共同的贡献,两者混杂难以区分,且均不可测量.这表明按自由电荷和传导电流来区分有时并不能解决问题.恰当的办法是把 ρ_0、j_0 理解为

"外场的场源",把介质中因响应外场而感生的电荷电流,不论是否自由电荷和传导电流,统统归并到ρ'和$\boldsymbol{j}'$之中,通过引入矢量$\boldsymbol{P}$、$\boldsymbol{M}$、$\boldsymbol{D}$、$\boldsymbol{H}$消去它们. 由此可见,ρ、$\boldsymbol{j}$的分解以及$\boldsymbol{D}$、$\boldsymbol{H}$的定义不是唯一的,视问题的需要可以有相当的变通余地. 这也使我们更看清了$\boldsymbol{D}$、$\boldsymbol{H}$的辅助性本质. 在普通物理书中,由于着重讨论稳恒场情形,容易造成ρ、$\boldsymbol{j}$的分解似乎是唯一的印象,这是要注意的.

其次是关于介质方程的得出. 既然以$\boldsymbol{E}$、$\boldsymbol{B}$、ρ、$\boldsymbol{j}$表示的麦克斯韦方程式(29-7)是完备的,那么,在将ρ、$\boldsymbol{j}$分解引入$\boldsymbol{D}$、$\boldsymbol{H}$并得出用$\boldsymbol{E}$、$\boldsymbol{B}$、$\boldsymbol{D}$、$\boldsymbol{H}$、ρ_0、$\boldsymbol{j}_0$表示的不完备的麦克斯韦方程式(29-8)之后,还应该可以从理论上得出介质方程,与式(29-8)构成完备的联立方程组. 并且,从理论上在一定条件下导出介质方程的同时,还可以给出从不同方面反映介质电磁响应的各个系数之间的关系. 通常的做法是,普遍定义$\boldsymbol{P}$、$\boldsymbol{M}$、$\boldsymbol{D}$、$\boldsymbol{H}$如下:

$$\begin{cases}\nabla\cdot\boldsymbol{P}=-\rho' \\ \nabla\times\boldsymbol{M}=\boldsymbol{j}'-\dfrac{\partial\boldsymbol{P}}{\partial t},\nabla\cdot\boldsymbol{M}=0 \\ \boldsymbol{D}=\varepsilon_0\boldsymbol{E}+\boldsymbol{P} \\ \boldsymbol{H}=\dfrac{\boldsymbol{B}}{\mu_0}-\boldsymbol{M}\end{cases}\tag{29-9}$$

由于$\nabla\cdot\boldsymbol{P}=-\rho'$只定义了$\boldsymbol{P}$的无旋场部分,使$\boldsymbol{P}$并因而使$\boldsymbol{M}$、$\boldsymbol{D}$、$\boldsymbol{H}$都具有一定的不确定性,这可以用一个待定标量因子$\lambda$表示. 对于各向异性线性介质,即有$\boldsymbol{j}=\overleftrightarrow{\sigma}\cdot\boldsymbol{E}$的介质(各向同性线性介质为$\boldsymbol{j}=\sigma\boldsymbol{E}$),可以得出介质方程为

$$\begin{cases}\boldsymbol{j}=\overleftrightarrow{\sigma}\cdot\boldsymbol{E} \\ \boldsymbol{D}=\varepsilon_0\overleftrightarrow{\varepsilon_r}\cdot\boldsymbol{E} \\ \boldsymbol{B}=\mu_0\overleftrightarrow{\mu_r}\cdot\boldsymbol{H}\end{cases}\tag{29-10}$$

选定λ后,可确定各张量系数$\overleftrightarrow{\sigma}$、$\overleftrightarrow{\varepsilon}$、$\overleftrightarrow{\mu}$的关系. 如果是非线性介质如铁磁体、驻极体,由于$\boldsymbol{D}$和$\boldsymbol{E}$,$\boldsymbol{B}$和$\boldsymbol{H}$之间没有简单的线性关系,消去$\rho'$、$\boldsymbol{j}'$引入$\boldsymbol{D}$、$\boldsymbol{H}$并不能使问题简化,还应指出,按式(29-9)定义的$\boldsymbol{P}$、$\boldsymbol{M}$只在一定条件下才具有单位体积电偶极矩和单位体积磁矩的物理意义.

浅谈地球磁场*

金仲辉

一些大学基础物理教材恒定磁场章节中，在提及地球磁场(简称地磁场)地表处的值约为 0.5×10^{-4}T 外，未作更多的介绍. 本文将从物理教学观点出发，对地磁场作简明的介绍，以供教学参考.

一、地磁场强度、磁荷和磁偶极子场

地磁场满足麦克斯韦方程

$$\nabla\cdot\boldsymbol{B}=0 \tag{30-1}$$

$$\nabla\times\boldsymbol{H}=\boldsymbol{j}_0+\frac{\partial\boldsymbol{D}}{\partial t} \tag{30-2}$$

在地表附近，大气的电导率 $\sigma\approx0$，即大气可视为绝缘体，于是传导电流密度 $\boldsymbol{j}_0=\sigma\boldsymbol{E}=0$，又由于地磁场随时间变化比较缓慢，可视为似稳场，所以位移电流密度为 0，于是有

$$\nabla\times\boldsymbol{H}=0 \tag{30-3}$$

上式说明在上述近似条件下，地磁场是一个无旋场，可引入一个标量磁势 U，使得

$$\boldsymbol{H}=-\nabla U \tag{30-4}$$

因为 $\boldsymbol{B}=\mu\boldsymbol{H}$，且设空气磁导率 $\mu=\mu_0$，所以上式变为

$$\boldsymbol{B}=-\mu_0\nabla U=-\mu_0\left(\frac{\partial U}{\partial x}\boldsymbol{i}+\frac{\partial U}{\partial y}\boldsymbol{j}+\frac{\partial U}{\partial z}\boldsymbol{k}\right) \tag{30-5}$$

将上式代入式(30-1)，可得拉普拉斯方程

$$\nabla^2U=0 \tag{30-6}$$

由此可见，只要电导率和位移电流密度约等于 0，上式就成立，即在上述条件下，可引入磁荷的概念.

类似于静止点电荷在空间产生的电场强度分布，点磁荷 q_{m} 在空间产生的磁场强度为

$$H=\frac{1}{4\pi\mu_0}\frac{q_{\mathrm{m}}}{r^2}$$

由 $\boldsymbol{B}=\mu_0\boldsymbol{H}$，得点磁荷 q_{m} 在空间产生的磁感应强度为

---

* 本文刊自《现代物理知识》2004 年第 4 期，收录本书时略加修订.

$$B=\frac{1}{4\pi}\frac{q_m}{r^2}$$

同理，与点磁荷 q_m 相距 r 处的磁势为

$$U=\frac{1}{4\pi\mu_0}\frac{q_m}{r} \tag{30-7}$$

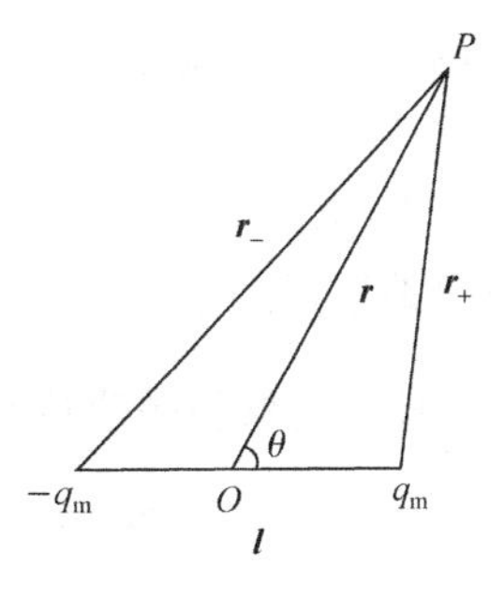

图 30-1 磁偶极子

磁偶极子是由一对等量异号点磁荷 $\pm q_m$ 组成的体系，如图 30-1 所示. 它们之间的距离 l 远比到场点 P 的距离小. 令 $\boldsymbol{l}$ 代表 $-q_m$ 至 q_m 的位移矢量，则磁偶极矩定义为

$$\boldsymbol{P}_m=q_m\boldsymbol{l}$$

在距磁偶极子中心点 O 相当远的场点 P 的磁势为

$$U=\frac{1}{4\pi\mu_0}\frac{\boldsymbol{P}_m\cdot\boldsymbol{r}}{r^3} \tag{30-8}$$

顺便提一句，磁偶极矩 $\boldsymbol{P}_m$ 和磁矩 $\boldsymbol{m}$ 之间的关系为

$$\boldsymbol{P}_m=\mu_0\boldsymbol{m} \tag{30-9}$$

二、地磁场的组成

从前面讨论可知，在较短一段时间内地磁场可视为是一个恒定场，或者说地磁场主要成分是由恒定场构成的. 从一级近似来看，地磁场近似于一个置于地心的磁偶极子的磁场. 这个磁偶极子 ns 的延长线 N_mS_m 称为磁轴，它和地轴 NS 斜交一个角度 θ_0，$\theta_0\approx11.5°$，地心磁偶极子磁场的磁场线分布情况如图 30-2 所示. 磁轴 N_mS_m 在地面上的两个交点 N_m 和 S_m 分别称为地磁北极和地磁南极. 地磁北极 N_m 与地理北极 N 相邻，地磁南极 S_m 与地理南极 S 相邻，如图 30-2 所示.

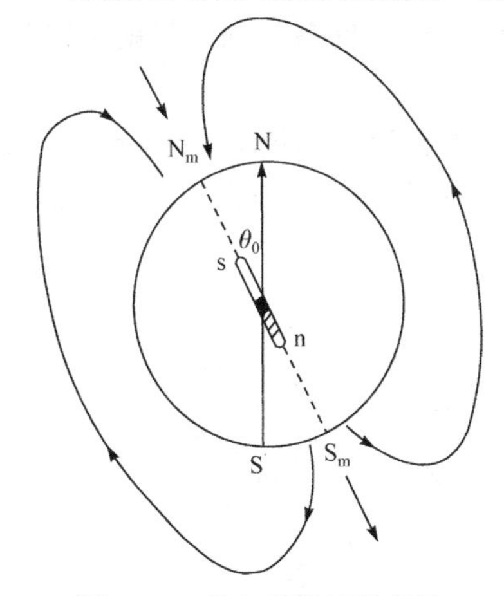

图 30-2 地心磁偶极子磁场

实际上地磁场是由多种不同来源的磁场叠加而成的. 按它们的稳定性来区分，地磁场可分为两大部分，即主要来源于地球内部的恒定磁场 B_t^0 和地球外部的变化磁场 δB_t，$B_t=B_t^0+\delta B_t$.

变化磁场 δB_t 起源于多种因素. 一种是电离层中比较稳定的电流体系的周期性变化引起的各种周期性的平缓变化；另一种是太阳活动区喷射出的高速等离子体流，这些带电粒子射向地球的运动过程中，被地磁场阻止在几个地球半径的距离以外，并且笼罩着地球，这时粒子流表面的带电粒子在地磁场的作用下将产生一个

环形电流以及地球表面以上 1000km 磁层内或磁层边界等离子体不稳定性等引起的.

要指出的是 $\delta B_{\mathrm{t}} \ll B_{\mathrm{t}}^{0}$,最大的 δB_{t} 也只占地磁场强度的 2%～4%. 因此恒定磁场是地磁场的主要部分,而这个恒定磁场可视为由地心磁偶极子产生的.

三、地心磁偶极子磁场和地球磁矩

由式(30-8)和式(30-9),得地表附近一点 P 的磁势为

$$U=\frac{1}{4\pi}\frac{\boldsymbol{m}\cdot\boldsymbol{r}}{r^{3}}$$

式中 $\boldsymbol{m}$ 为地球的磁矩. 在球坐标系可写成

$$U=\frac{1}{4\pi}\frac{m_{x}\sin\theta\cos\lambda+m_{y}\sin\theta\sin\lambda+m_{z}\cos\theta}{r^{2}}$$

从上式可以看出,若地球磁矩 $\boldsymbol{m}$ 的 3 个分量 m_{x}、m_{y}、m_{z} 为已知的话,则地球上任一点的磁势即可求出

$$U=\frac{R^{3}}{\mu_{0}}\frac{g_{1}^{0}\cos\theta+(g_{1}^{1}\cos\lambda+h_{1}^{1}\sin\lambda)\sin\theta}{r^{2}} \tag{30-10}$$

式中 R 为地球半径,g_{1}^{1}、h_{1}^{1}、g_{1}^{0} 称为高斯系数,实际上它们对应着地球磁矩 $\boldsymbol{m}$ 的三个分量(见图 30-3),在国际单位制中,高斯系数的单位为 $\mathrm{N\cdot A^{-1}\cdot m^{-1}}$,即 T(特斯拉). 由上式可看出,只要知道 g_{1}^{1}、h_{1}^{1}、g_{1}^{0} 这 3 个系数,空间各点的磁势就可以唯一确定.

由式(30-5)、式(30-10)和如果选择地表上 P 点为直角坐标系的原点(见图 30-4),x 方向为指北方向,y 方向为指东方向,z 方向为向下方向,可得 P 点地磁场的 3 个分量为

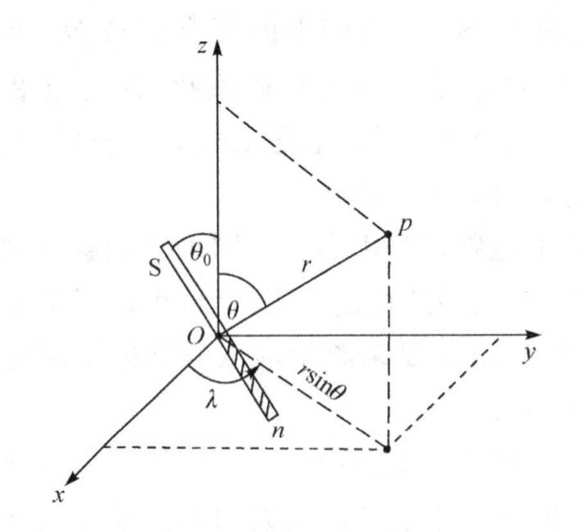

图 30-3 磁偶极子和场点位置

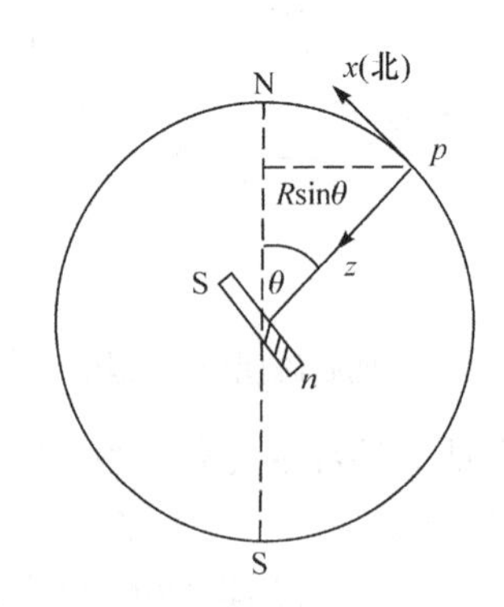

图 30-4 地表 P 点地磁场三分量计算

$$\left.\begin{aligned}B_x&=-g_1^0\sin\theta+(g_1^1\cos\lambda+h_1^1\sin\lambda)\cos\theta\\B_y&=g_1^1\sin\lambda-h_1^1\cos\lambda\\B_z&=-2[g_1^0\cos\theta+(g_1^1\cos\lambda+h_1^1\sin\lambda)\sin\theta]\end{aligned}\right\}\tag{30-11}$$

由上式可看出，只要 3 个系数 g_1^0、g_1^1 和 h_1^1 已知，地表上各点的地磁场磁感应强度就可确定；实际情况与此相反，是根据一定数量的地面观测值 B_x、B_y、B_z，由数据处理的方法来确定 g_1^0、g_1^1 和 h_1^1 这 3 个系数. 另外，可由这 3 个系数来确定地心磁偶极子 $\boldsymbol{m}$ 的极角 θ_0 和方位角 λ_0.

$$\tan\theta_0=\frac{\sqrt{(g_1^1)^2+(h_1^1)^2}}{|g_1^0|}$$

$$\tan\lambda_0=\frac{h_1^1}{g_1^1}$$

由高斯系数 g_1^0、g_1^1 和 h_1^1 可计算出地球的磁矩，即

$$m=\frac{4\pi}{\mu_0}R^3\sqrt{(g_1^1)^2+(h_1^1)^2+(g_1^0)^2}\tag{30-12}$$

物理学中已证明，一个均匀磁化球体外部的磁场是和一个位于球心的磁偶极子的磁场等同的. 因此，在考虑地心磁偶极子磁场时，也可将地球看成是一个均匀磁化的球体. 这样一来，由磁化强度的定义(即单位体积的磁矩)，可求出地球的平均磁化强度 M 值为

$$M=\frac{m}{V}=\frac{3}{\mu_0}\sqrt{(g_1^1)^2+(h_1^1)^2+(g_1^0)^2}\tag{30-13}$$

将地球半径 $R=6370\text{km}$ 和 1980 年测得的 3 个系数 $g_1^1=-1957\times10^{-9}\,\text{T}$，$h_1^1=5606\times10^{-9}\,\text{T}$ 和 $g_1^0=-29988\times10^{-9}\,\text{T}$ 代入式(30-12)和式(30-13)可求出 $m=7.91\times10^{22}\,\text{A}\cdot\text{m}^2$，$M=7.30\times10\,\text{A}\cdot\text{m}$.

四、地磁场成因

人们对地磁场的成因作过各种各样的探讨，但由于它与地球演化、地球内部的能量和运动以及天体磁场来源密切关系而成为地球物理学重大理论难题之一，至今尚未有满意的结果. 在众多的假设中，上世纪 40～50 年代发展起来的“发电机理论”，目前被认为是地磁场起源理论中最为合理的和有希望的一个.

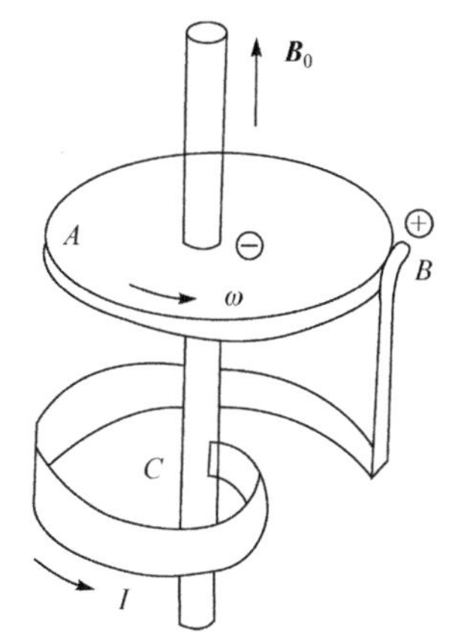

图 30-5　单圆盘发电机模型

地球由地壳、地幔和地核组成，而地核又由液态的外核和固态的内核构成. 液态外核里的铁镍成分可能具有高导电性能，提供了由物质运动和磁场相互作用维持地磁场的有利因素. 图 30-5 表示一单圆盘发电

机，导电圆盘 A 在轴向外磁场 $\boldsymbol{B}_0$ 中以角速度 ω 绕轴旋转，电刷 B 与圆盘 A 的边缘相接触，并与环形回路相连接，回路的另一端由电刷 C 与轴相连接. 导电圆盘在磁场中运动，将产生径向的动生电动势，于是有电流 I 在环形回路中流动. 若环形回路方向选择适当，电流产生的磁场与外磁场 $\boldsymbol{B}_0$ 同方向，若圆盘旋转速度足够大，则磁场将不断增强，若旋转速度过小，则磁场将不断衰减. 在稳定状态中，得到的场强维持一常量值.

现在要问，原始外磁场 $\boldsymbol{B}_0$ 来自何方？现在人们认为地球内部存在铁磁体，而铁磁体绕轴旋转可以产生一个弱磁场. 根据理论计算，若铁磁体绕轴旋转频率为 n，铁磁体沿其旋转轴方向磁化的磁化强度 M 为

$$M=1.5\times10^{-3}n(\mathrm{A\cdot m^{-1}})$$

对于地球，$n=\dfrac{1}{8.64}\times10^{-4}(\mathrm{s^{-1}})$，则有

$$M=1.78\times10^{-8}(\mathrm{A\cdot m^{-1}})$$

虽说这个数值比前述地球的平均磁化强度 $7.3\times10\mathrm{A\cdot m^{-1}}$ 小很多，但它毕竟提供了在“发电机理论”中必不可少的原始外磁场.

后来又有学者提出双圆盘发电机模型来代替单圆盘发电机模型，它不仅说明有一个相对恒定的地磁场，且很好解释了地磁场的长期变化和地磁场方向反转的事实，增强了人们对发电机模型的信念，当然这种理论与地核内部可能的真实过程相差很远.

日光灯气体放电是辉光放电还是弧光放电*

常清英　林一青

日光灯气体放电的机理是辉光放电还是弧光放电，不同的教材有不同的说法，有的教材[1]认为是辉光放电，有的教材[2]认为是弧光放电.本文将对这一问题作简要讨论.

一、弧光放电与辉光放电的主要特点

在通常情况下，气体是不导电的，但是，在适当的条件下，加热或正离子轰击阴极等，组成气体的分子可能发生电离，产生可自由移动的带电粒子，并在电场作用下形成电流，这种电流通过气体的现象称为气体放电[3].

气体放电有几个区域[4]，主要的区域是正柱区.在放电的正柱区，电子和正离子浓度相等，由于正离子质量大，速度慢，对电流的贡献可以忽略，因此正柱区的电流主要是电子流.要维持放电电流，阴极须源源不断地提供电子，阴极提供电子的过程称之为电子发射.阴极表面有很多自由电子，通常这些电子并不能从表面逸出跑到气体中去，如果电子获得足够的能量，足以克服表面阻力做功(即逸出功)，电子就会从阴极逸出，因此，电子在飞出表面层时，它在表面层内的动能就必须大于材料的逸出功.有许多方法使电子从阴极逸出，主要的方法有加热、正离子轰击等.

热电子发射是弧光放电阴极最主要的一种发射形式，为了使阴极能发射足够多的电子，必须将它加热到一定的温度，单位面积上发射的电子数由阴极材料表面的特性和温度决定，阴极加热时，电子的运动速度增加，当电子热运动的动能超过逸出功时，它就可以逸出阴极体外，形成热电子发射.逸出功和温度对发射电流密度有很大的影响.随着阴极温度的升高，有越来越多的电子从阴极中逸出，使发射增加.因此阴极材料必须有较高的熔点，弧光放电阴极具有阴极势降，约为几十伏，因此弧光放电主要特点是工作在低电压、大电流状态.

正离子轰击发射是辉光放电阴极的主要发射形式.正离子在空间电场中加速，然后撞击到阴极上，把能量传给阴极中的自由电子，使自由电子获得速度，从而逸出阴极，形成电子发射，这就是正离子轰击发射.在这种电子发射的方式中，阴极材料不需要加热，称冷阴极，其发射的电流密度非常低，同样的工作电流下，作为冷阴

---

* 本文刊自《大学物理》2005年第6期，收录本书时略加修订.

极的材料，由于阴极温度低，并不像热电子发射那样要求有很高的熔点．但这些材料必须能耐受正离子的轰击，否则，在工作中，电极材料要大量溅射，不仅降低使用寿命，而且还会造成灯管发黑．由于冷阴极辉光放电灯的电极材料对熔点要求不高，因此可用电解铜，纯度较高的镍、铁及铝或镀镍铁皮等材料来做．在阴极前面必须有高的电势降，以使到达阴极的正离子的速度足够高．这个电势降称阴极势降．具有高的阴极势降是因为阴极前有大量的正空间电荷，使阴极前电势梯度骤然增加造成的．辉光放电冷阴极依靠二次电子发射，即靠正离子轰击阴极而发射电子，不是靠外界加热阴极，也不是靠放电本身加热阴极，因此辉光放电主要特点是工作在于高电压、小电流的状态．

二、弧光放电与辉光放电的伏安特性

气体放电时，放电管两端的管压降与放电电流的关系称为气体放电的伏安特性[5]．图 31-1 是典型的气体放电的伏安特性曲线．在曲线的起始段，放电电流很小，为 $1\times10^{-20}\sim1\times10^{-16}$ A．当电流逐渐增大时，放电进入汤森放电阶段(C 区)．在这一阶段中，放电的进行和维持仍依赖于外致电离源的存在，因此是非自持放电．再继续升高极间电压，电流将以指数形式急剧增大．放电电流的增加完全是由放电自身所引起的．击穿时放电就由原来的非自持放电过渡到了自持放电区域，击穿电压叫点火电压或启动电压，此时的放电电流仍然很小．

放电电流增加，逐渐过渡到辉光放电，放电就经过亚正常辉光放电(F 区)过渡到正常辉光放电(G 区)．此时电流迅速增大，而管压降则突然下降至一个相对低的水平．在正常辉光放电时，管压降几乎保持不变．如果再继续增大放电电流，极间电压又随放电电流增加，放电进入反常辉光放电阶段(H 区)．在气体反常辉光放电时，整个阴极表面被辉光覆盖，会有电流流过，辉光放电的电流在 $1\times10^{-14}\sim1\times10^{-1}$ A 之间．放电显示出正的伏安特性，即电压随电流增加而增加．

放电电流进一步增大到 P 点，放电由辉光放电转变为弧光放电，极间电压将由原来的增加而突然降得很低，但电流却猛增，进入弧光放电．放电时，放电管内出现明亮的弧光，阴极温度迅速升高．阴极开始产生热电子发射，由电子-原子碰撞的累积效应而产生大量电离，弧光放电是一种自持放电，弧光放电的电流强度一般在 0.1A 以上，放电呈现负的伏安特性，即电压随电流增加而减小，以下讨论的可见荧光灯(日光灯)正是工作在弧光放电区域 A 点的附近．

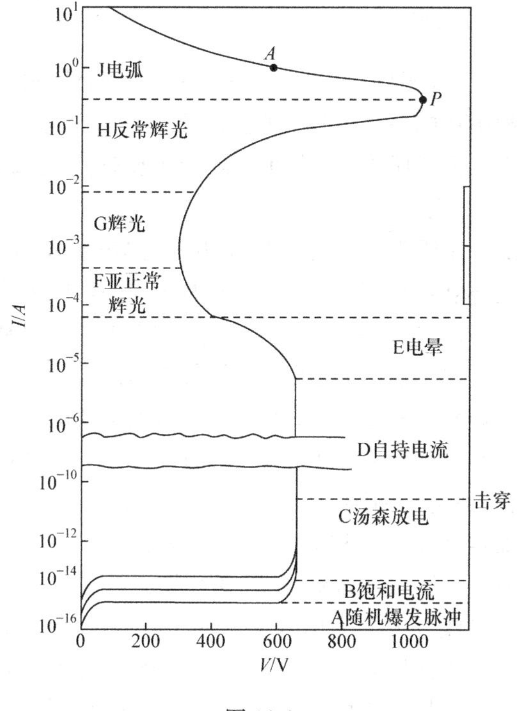

图 31-1

三、荧光灯(日光灯)的结构、工作原理及气体放电的特点

荧光灯是低气压汞弧光放电灯,是一种适合多用途的电光源,也是目前家用照明的主要电光源.

1. 荧光粉的荧光发光原理

在荧光灯管的内表面涂有一层荧光粉.荧光粉受到紫外光照射后,能发射出可见光,这是一种固体的光致发光现象.绝大多数荧光粉有一个共同特点,就是在组成它们的主要物质(基质)中都掺杂有少量称为"激活剂"的其他元素,这些掺杂元素对荧光材料的发光有着十分重要的作用.不同的荧光粉由于其基质或激活剂的不同,具有不同的能带结构及杂质能级,从而也就有不同的吸收光谱和发射光谱.采用不同的荧光粉,就可以获得所需的各种光色.在普通的白色日光色荧光灯中采用卤磷酸钙荧光物质,当大电流汞电弧通过灯管内时,能产生紫外线.在最佳的辐射条件下,能将输入功率的 2%转变为可见光,60%以上转变为 253.7nm 的紫外光.紫外线再激发涂在荧光灯管内表面的一层卤磷酸钙荧光粉,荧光粉将发出人们所期望的可见光,可见光近似日光的颜色,所以这种灯称为日光灯.

2. 荧光灯核心部件的特点

常见的普通荧光灯(日光灯)主要有直管形和环形两种.将灯管内空气抽出后,充入少量的汞蒸气和少量的惰性气体,例如氩、氪、氖等.当汞被加热并被氩气或氪气分子电离后将产生电弧激励发光.惰性气体的主要作用是减小阴极的蒸发并帮助灯管启动,降低灯管点火电压.

荧光灯的核心部件是管形玻璃壳和灯丝电极.热电子发射是弧光放电阴极最主要的一种发射形式,热电子发射必须使阴极加热到一定的温度,才能有足够多的电子发射.采用热阴极弧光放电的荧光灯绝大多数阴极并不是从外部加热的,而是依靠放电自身加热,所以日光灯的电极采用很细的、熔点很高的钨丝绕制而成,一般绕法以双螺旋与三螺旋两种最常见.由于一些碱土金属的氧化物(如氧化钡和氧化锶)有更低的逸出功,故在实际制作过程中,通常通过电泳、浸渍或喷涂的方法在灯丝上涂敷以电子粉,而电子粉则由钡(Ba)、锶(Sr)、钙(Ca)的三元碳酸盐和少量耐高温的氧化锆再加定量黏结剂和溶剂组成.这种涂有电子粉的灯丝即为阴极.电子粉涂敷在阴极上或嵌在阴极的螺旋层中,可以降低阴极的逸出功.

目前广为流行的节能灯大多为单端荧光灯.所谓单端荧光灯,是指一种具有单灯头的装有内启动装置或使用外启动装置并连接在外电路上工作的荧光灯.节能型单端荧光灯的特点是在灯管内壁涂有掺杂稀土金属材料的三基色(红、绿、蓝)荧光粉,这种三基色荧光灯也被称作稀土节能灯.单端节能灯灯管内壁的荧光粉一般涂有两层:第一层是卤磷酸盐普通荧光粉,与管壁接触,用于确定色温;在普通荧光粉上面,则是三基色荧光粉涂层,主要用于确定灯的显色指数.与普通荧光灯比较,三基色荧光灯具有更高的显色指数和光效[5].

3. 荧光灯的工作原理及气体放电的特点

荧光灯的品种规格很多,如图 31-2 所示.按启动线路方式分类可分为以下几种.

(1) 启辉器预热式线路.

在一般情况下,多采用启辉器预热阴极,并施加感应电压使灯管点燃,灯管工作后,再由启辉器来中止灯丝预热,如图 31-2(a)、(b).

(2) 无启辉器快速启动式.

放电灯管在管壁电阻非常低或非常高的情况下,能使启动变得容易,故可采用适当的工艺,来提高灯管极间的电场.快速启动型荧光灯在工作时是先加热灯管内的灯丝,使其产生大量的自由电子,故在镇流器内设有灯丝加热回路.它在施加电源电压 1s 内就可启动,但在灯管启动后,仍需灯丝电流来维持灯管的正常工作.图 31-2(c)所示为快速启动型荧光灯镇流器电路.

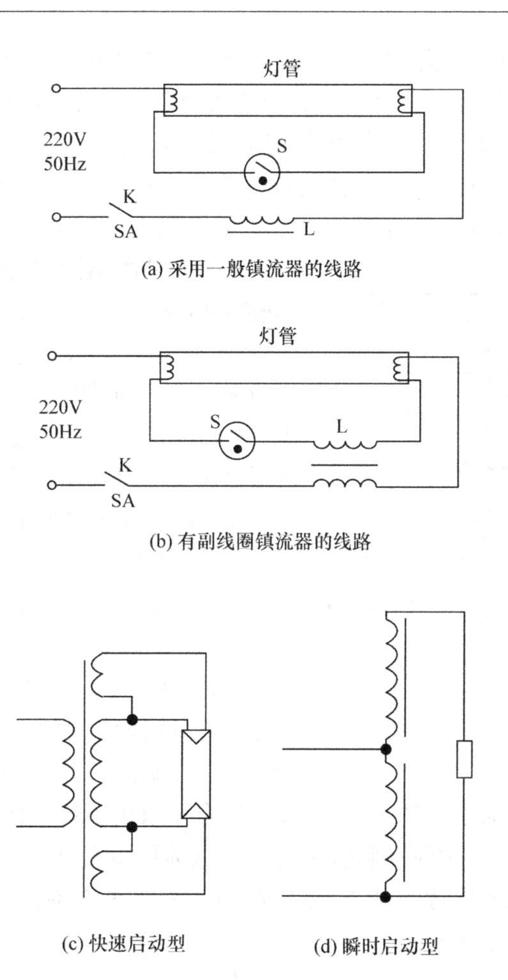

图 31-2

(3) 瞬时启动型.

在这种启动方式中,电极不需要预热.它利用较高的电极间电压产生的场致发射来提供灯管启动所需的电子,如可采用漏磁变压器或电子镇流器产生的高压瞬时启动灯管.由于此类灯管较细,故又称为细管式.如图 31-2(d)所示.

下面以家用荧光灯常采用的启辉器预热式线路为例,来讨论其工作原理及气体放电的特点.如图 31-3 所示,在荧光灯灯丝加热之前,灯管内的载流电子电流很小,几乎没有空气分子被电离;图中启辉器 S 实际上是一个充有氖气或氩气或氩氖混合气的辉光放电管,管内装有一个双金属片活动极和一个固定极.日光灯两端电压为 220V 时,灯不能直接启动,但能使辉光放电管发生放电,辉光放电时产生的热使双金属片变形向外弯曲与固定极接触闭合，这时电流便通过启辉器、镇流器和灯丝，使灯丝预热，如图 31-3(a)．当启辉器两个电极闭合后，放电会停止进行，这时双金属片温度迅速降低，经过极短的时间又会恢复原状，两极又断开(见图 31-3(b))，这段时间约为 0.5～2.0s，就是灯丝的预热时间．经过预热的灯丝，使阴极电子的运动速度增大，具有了良好的电子发射性能．电子热运动的动能超过逸出功时，它就可以逸出阴极，发射出大量电子．被加速的电子和中性的气体分子碰撞，引起空气分子电离，产生大量电子和带正电的离子，电子被加速飞向阳极，正离子被加速飞向阴极．电子和正离子在加速运动过程中，会产生更多的电离，而每次电离又产生更多的带电离子，从而引起更多的电离碰撞，最终导致雪崩电流．这些电子在电源电压和由于启辉器两电极断开的瞬间加热电流的突然中断，而在镇流器上产生的很大自感电动势(约 800～1500V)的共同作用下，加速运动，使汞原子激发、电离，这样使灯的弧光放电机制建立起来，于是灯就被点燃启动了．一旦灯管导通，灯管电压便下降至通态时的工作电压．工作电压取决于灯管特性，荧光灯通态工作电压的典型值为 40～110V．因此，荧光灯的气体放电工作在低电压、大电流状态，其主要特点与弧光放电特点是一致的．表 31-1 列出了美国国家标准 ANSI 快速启动荧光灯的一些技术指标．

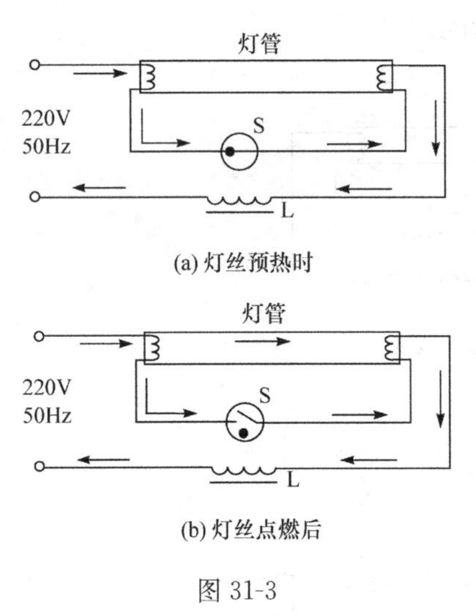

图 31-3

表 31-1

标称功率/W	灯的型号	长度/in*	$V_{工作}$/V	$I_{工作}$/A	$V_{工作}\times I_{工作}$	$V_{启动}$/V
25	T8	36	100	0.265	26.5	230
30	T12	36	77	0.43	33.1	205
32	T8	48	137	0.265	36.3	204
34	T12	48	79	0.46	36.3	260
37	T12	24	41	0.80	32.8	325
100	T12	24	135	0.80	108	280
113	T12	96	153	0.79	121	295
116	T12	48	84	1.50	126	160
168	T12	72	125	1.50	188	225
215	T12	96	163	1.50	245	300

* 1in=2.54cm

4. 荧光灯是一种伏安特性为负阻的器件[6]

弧光放电具有负的伏安特性[7]，即电压随电流增加而减小，将具有负伏安特性的电弧单独接入电路中工作是不稳定的. 对此可说明如下：假定某电弧有如图 31-4 所示的负伏安特性，工作于某一确定的电压 V_1，流过的电流为 I_1，若因某种原因，电流从 I_1 瞬时地增加到 I_2，这时电压则降至 V_2，于是就会产生一个过剩的电压 (V_1-V_2)，这个过剩的电压会使电流进一步增加. 同样，如果电流从 I_1 瞬时地减小到 I_3，电压差 (V_3-V_1) 将导致电流进一步减小，可见，将具有负伏安特性的电弧单独接入电路中时，工作是十分不稳定的. 这种不稳定的特性，会造成电弧很快熄灭，或导致电流无限制地增加，直至灯或电路的某一部分被电流烧毁，使电弧熄灭. 但若把电阻和灯串联起来使用，就可克服电弧的这种不稳定性. 在图 31-4 中 a、b 分别是电弧和电阻的伏安特性曲线，c 是二者叠加的结果，它具有正的伏安特性曲线[8].

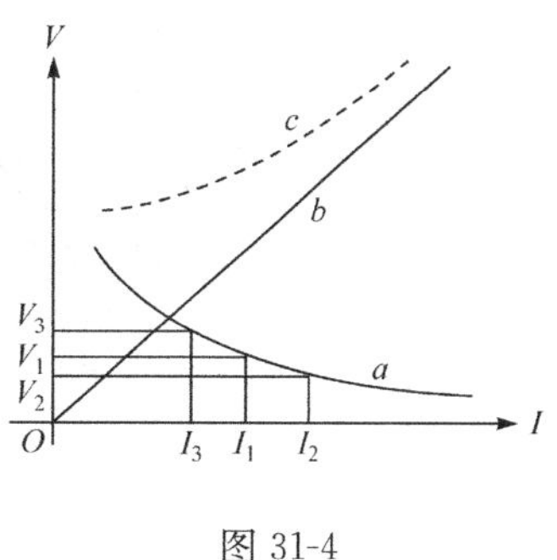

图 31-4

荧光灯在使用交流电源的情况下，为了避免电阻造成的功率损失，通常采用电感镇流器代替电阻与电弧串联，并且电感镇流器容易与启动回路相结合，产生高幅度的脉冲电压，使灯启动. 荧光灯弧光放电时，会出现很大的电流，两极间的电压却因导电而大大下降，出现负的伏安特性，如果不配用镇流器，灯就无法稳定工作，镇流器可使灯的工作电流稳定，并且在启动时提供较高的脉冲电压和适当预热电流帮助启动. 要维持稳定的放电，正柱区内电子和离子的浓度应不随时间而变，即电子产生的速度应与损失的速度相等，但在无限流装置下的弧光放电中，电子产生的速度会随电流增大而增大，引起电子浓度的增加，当电子浓度随放电电流增大后，处于激发态的原子数目增大，汞原子的电离概率也增大，从而引起管压的下降. 镇流器就是弧光放电线路中用以限制电流无节制增长的电器元件.

图 31-5 为热阴极(快启动)T12 型荧光灯管的工作电压、工作电流关系图，表 31-2 列出了部分荧光灯伏安特性的参数. 从图 31-5 及表 31-2 可以看出灯管工作的负阻特性. 对一个恒定的电弧长度(约为 90%的灯管长度)，当灯管电流上升时，灯管电压下降.

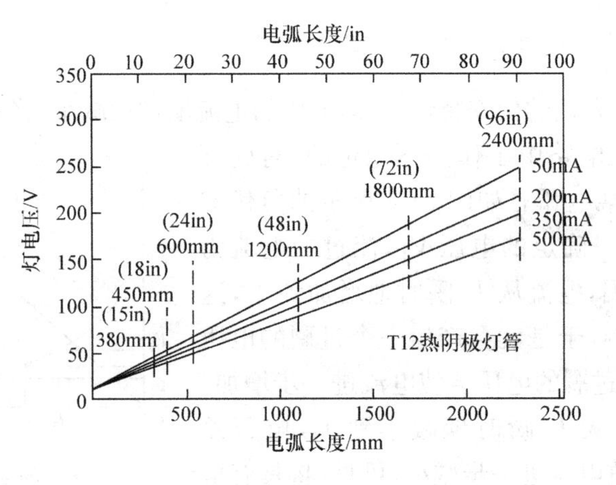

图 31-5

表 31-2

灯的型号	电流有效值/mA	电压有效值/V	功率/W
48in 热阴极—T12	500	75	37.5
	350	95	33.3
	250	110	22.0
	50	120	6.0
72in 热阴极—T12	500	120	60
	350	140	49
	250	160	32
	50	185	9.3
96in 热阴极—T12	500	160	80
	350	196	67
	250	210	42
	50	246	12
72in 热阴极—T8	500	150	75
	350	175	61
	250	210	42
	50	265	13
96in 热阴极—T8	500	200	100
	350	240	84
	250	280	56
	50	350	18

目前电子镇流器已投放市场，这种镇流器采用功率晶体管的高频开关，以替代电感式镇流器[9]. 电子镇流器一般由晶体管线路组成，分为整流滤波、超声频振荡器、限流线圈三部分，由超声频振荡来激发灯管中的汞蒸气，产生波长为 253.7nm 的紫外辐射. 电子镇流器输出的超声频振荡要有相当的电压和功率以维持荧光灯的启辉和弧光放电.

综合以上分析可知，荧光灯(日光灯)工作时气体放电特点与弧光放电的特点一致，荧光灯是一种伏安特性为负阻的器件，其气体放电应是弧光放电.

致谢：感谢中国农业大学物理系金仲辉教授给予的指导和帮助.

参 考 文 献

[1] 赵凯华，陈熙谋. 电磁学上册[M]. 2 版. 北京：高等教育出版社，1997：324.
[2] 梁灿彬，秦光戎，梁竹健. 电磁学[M]. 北京：高等教育出版社，2001：263.
[3] 徐学基，诸定昌. 气体放电物理[M]，上海：复旦大学出版社，1996：121，156.
[4] J. R. 柯顿，A. M. 马斯顿. 光源与照明[M]. 4 版. 陈大华，刘九昌，徐庆辉，等译. 上海：复旦大学出版社，1999：88-90.
[5] 丁有生. 电光源原理概论[M]. 上海：上海科学技术出版社，1994：216-220，170-174.
[6] 路有生. 高频交流电子镇流技术与应用[M]. 北京：人民邮电出版社，2004：6-23.
[7] 小泉. 图解室内照明[M]. 邸更岩，李文林译，北京：科学出版社，1998：30.
[8] 北京市照明学会照明设计专业委员会. 照明设计手册[M]. 北京：中国电力出版社，1998：31-32.
[9] 俞丽华，朱桐城. 电气照明[M]. 上海：同济大学出版社，1996：50-56.

无限长密绕载流螺线管磁场方向的分析

金仲辉

用静电场的高斯定理 $\oint \boldsymbol{E} \cdot \mathrm{d}\boldsymbol{S} = \frac{1}{\varepsilon_0}\sum_i q_i$ 求解场强分布时，首先要做的一件事是由电荷对称分布的特点，得出场强分布的方向. 同样，用恒定磁场的环路定理 $\oint \boldsymbol{B} \cdot \mathrm{d}\boldsymbol{l} = \mu_0 \sum_i I_i$ 求解载流导线的磁感应强度分布时，第一件要做的事是，由导线载流的对称分布的特点，得出磁感应强度分布方向. 许多教材对此没有详细的阐述. 例如对于无限长密绕载流螺线管的磁场分布，在许多教材(例如清华大学张三慧、东南大学马文蔚主编的教材)中，仅指出由于无限长密绕载流螺线管具有轴对称性，所以螺线管内的磁场方向沿着螺线管的轴线方向. 这里面有两个问题，其一，这些教材没有明确说明何谓轴对称性，其二，为什么有了轴对称性，螺线管内的磁场方向必定是沿着螺线管的轴线方向呢? 以下我们来分析这些问题.

所谓的轴对称性是指螺线管载的电流方向具有镜像对称性，如图 32-1 所示. 图中 P 是垂直螺线管轴线任意处的平面. 需要注意的是，由于螺线管是无限长，而且是密绕的，才保证了具有这种对称性. 如果螺线管虽密绕但有限长，平面 P 就不能成为“镜面”；如果螺线管虽无限长，但并不密绕(如图 32-2 所示)，图中平面 P 显然不是镜面.

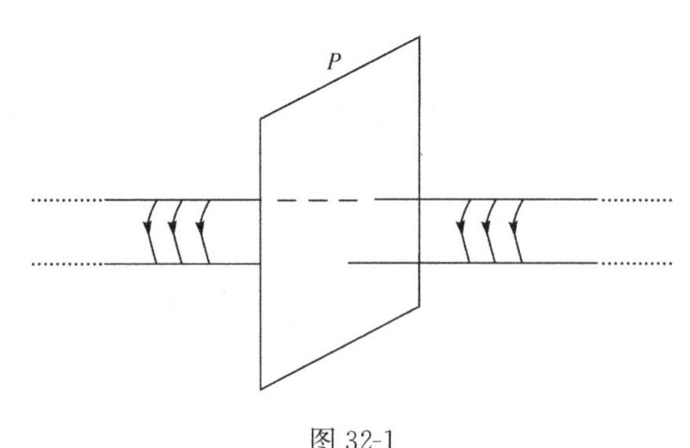

图 32-1

我们进一步来讨论上述这种镜像对称性的特点. 图 32-3 中的(a)、(b)图表示，图中两个相同闭合线圈的电流方向对平面 P 是镜像对称的. 图 32-3(a)中镜面 P 左、右方载流闭合线圈在平面 P 处产生的磁场方向是垂直于平面 P 的，且磁场方向是一致的，而图 32-3(b)中的左、右方载流闭合线圈产生的磁场方向是相反的，从而相互抵消. 由上述分析,得出的结论是无限长密绕载流螺线管的磁场方向必定沿着螺线管的轴线方向.

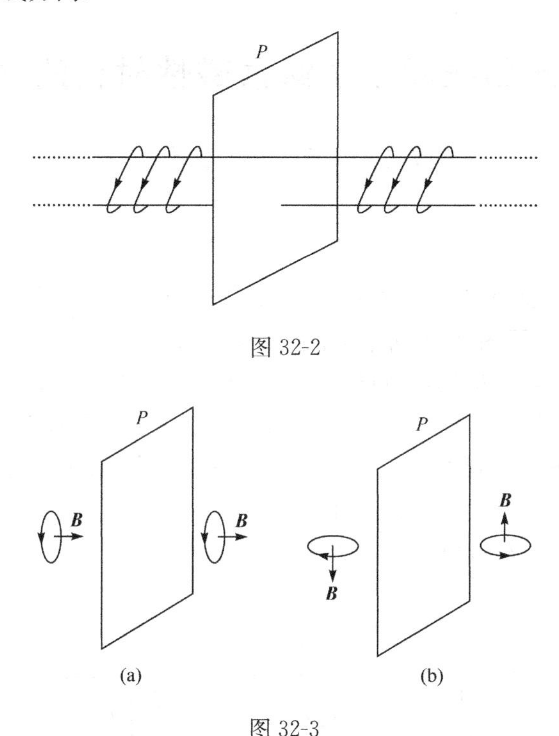

图 32-2

图 32-3

许多教材在假设了螺线管外的磁场为零的情况下,利用安培环路定理,求出螺线管内的磁感应强度 $B = \mu_0 nI$. 但是,这些教材都没有对螺线管外的磁感应强度 $B=0$ 做出任何说明! 现在来分析这个问题. 我们可以将螺线管上每匝载流线圈看作是一个磁偶极子,这些磁偶极子紧密地排在一起,于是无限长密绕载流螺线管可看作为无限长磁棒. 根据磁荷库仑定律,磁棒的两极到轴外无穷远处的磁场强度显然是趋向于零的.

最后需要指出的是,在上述分析过程中,并未涉及垂直于无限长密绕载流螺线管轴线截面的形状,那就是说,无论是圆形、方形、三角形或任何异形的截面,无限长密绕载流螺线管内的磁感应强度矢量均沿着螺线管的轴线方向,大小均为 $B = \mu_0 nI$.

从磁滞回线图来了解铁磁性材料的性能*

常清英　李春燕　金仲辉

一、问题的提出

有些教材(例如马文蔚编的教材[1])介绍铁磁材料(软磁、硬磁和矩磁铁氧体)的磁滞回线时,给出了图33-1所示的图形.这些图形的特点是纵横坐标均没有标出B和H的具体数值.虽然在教材的文字叙述和表格中列出了软磁材料和硬磁材料的H_C值,但未提及矩磁铁氧体的H_C值,却说明它可用作为计算机的记忆元件,于是,这就使得读者看了图33-1后会得出一个印象,那就是矩磁铁氧体材料的H_C值要比要比硬磁材料大,它应属于硬磁一类的铁磁性材料,我们说这种印象是错误的.下面来说明这个问题.

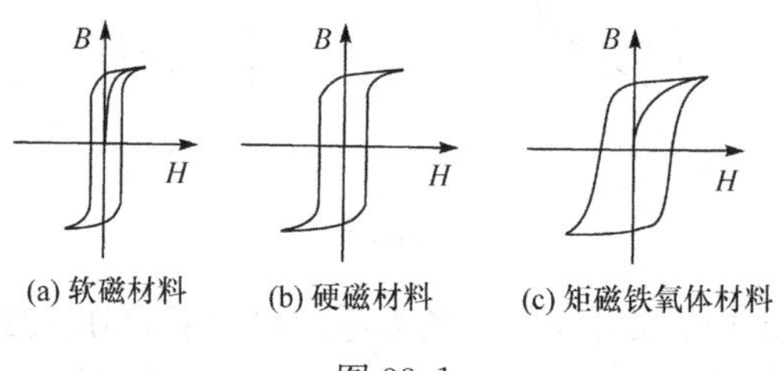

图 33-1

二、矩磁铁氧体材料属于软磁一类的铁磁性材料

一般说来,根据H_C值的大小,铁磁材料分为两大类,即软磁材料和硬磁材料.典型软磁材料的H_C值为0.004~0.6O_e,典型硬磁材料的H_C值为600~$1\times10^4 O_e$.由于软磁材料的H_C值比硬磁材料的H_C值小很多,所以如果按同样比例绘出它们的磁滞回线,那么软磁材料的磁滞回线是非常"瘦"的,而硬磁材料的磁滞回线是很"胖"的.

矩磁材料的特点是剩余磁感应强度与饱和磁感应强度的比值很高,若比值为1,则它的磁滞回线呈理想的矩形.同时,作为计算机记忆元件的矩磁材料的矫顽力一般在6O_e以下,所以,它应属于软磁材料,而不属于硬磁材料.

---

* 本文刊自《物理通报》2011年第6期,收录本书时略加修订.

现在我们再来看北大教材(赵凯华编的《电磁学》)和清华大学教材(张三慧编的《电磁学》)中有关矩磁材料的一个习题.

北大教材[2]:矩磁材料具有矩形磁滞回线(图 33-2(a)),反向场一超过矫顽力,磁化方向就立即反转.矩磁材料的用途是制作电子计算机中存储元件的环形磁芯.图 33-2(b)所示为一种这样的磁芯,其外直径为 0.8mm,内直径为 0.5mm,高为 0.3mm.这类磁芯由矩磁铁氧体材料制成.若磁芯原来已被磁化,其方向如图 33-2(b)所示.现需使磁芯中自内到外的磁化方向全部翻转,导线中脉冲电流 i 的峰值需多大?设磁芯矩磁材料的矫顽力 $H_C=2O_e$.

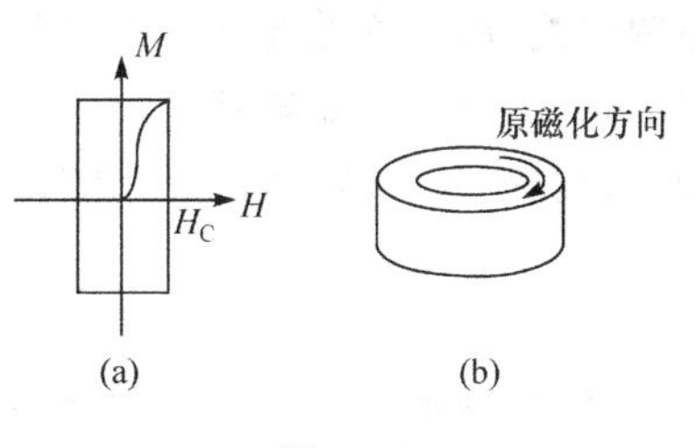

图 33-2

清华教材[3]:习题的文字描述和北大的题基本上是完全一样的,不同点仅是给出的 $H_C=2A/m$.

北大和清华的题都告诉我们,矩磁铁氧体的 H_C 值都很小.北大的题给出 $2O_e$,而清华的题给出 $H_C=2A/m=0.025O_e$,它们都在 $6O_e$ 以下.所以用作电子计算机的矩磁铁氧体应属于软磁材料.但是两个题中的 H_C 值相差 80 倍.现在要问哪个题给出的 H_C 值更可信呢?

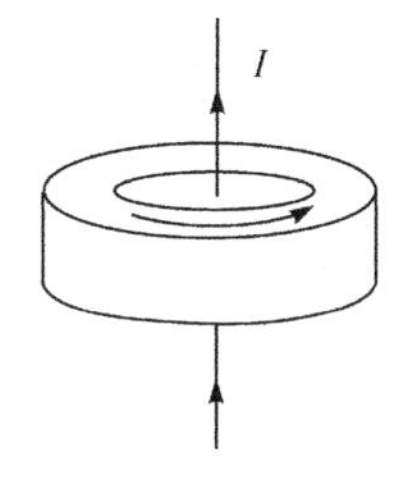

图 33-3

我们知道,当一载流(I)长直导线穿过一磁环时(图 33-3),磁环处的磁场强度 H 和电流 I 间的关系为

$$H=\frac{I}{2\pi r}$$

若磁环尺寸取自上述的习题,且 $r=3\times10^{-4}$m,$H=2O_e=2\times79.6$A/m,则可求出 $I=0.3$A.

若 $r=3\times10^{-4}$m,$H=2$A/m,则可求出 $I=3.7$mA.

若 $r=3\times10^{-4}$m,$H=1000O_e$,则可求出 $I=150$A.显然用硬磁材料做电子计算机存储元件是不妥的!

我们知道,当作存储元件的矩磁材料的反转磁场也不能太小,否则抗外界干扰的能力太弱,导致存储元件不能正常工作.而外界干扰场是很多的,达到电流脉冲峰值为 4mA 的外界干扰并不少见.还如,地磁场一般记作为 $0.5O_e$,但地磁场时时在变化着的,其中稳态值占 80%左右,其余是变化着的,它的变化量无疑大于清华习题给出的 $H_C=0.025O_e$.由此看出,北大习题中给出的 $H_C=2O_e$ 是较为可靠的.

三、铁氧体是硬磁材料是不妥的

最后还有一个问题,何谓铁氧体?铁氧体指的是铁氧化物和一些其他金属氧化物组成的一种铁磁性材料. 例如,钡铁氧体($BaO \cdot Fe_2O_3$),锰铁氧体($MnO \cdot Fe_2O_3$),镁铁氧体($MgO \cdot Fe_2O_3$)等. 与金属磁性材料相比较,它的最大特点是具有很大的电阻率. 所以,如果按电阻率大小来划分铁磁性材料,那就是金属磁性材料和铁氧体两大类,铁氧体磁性材料中也有硬磁材料和软磁材料之分. 软磁料料中也有些特殊的磁性材料,例如矩磁、压磁、旋磁材料等等. 有的教材(例如吴百诗编的《大学物理》[4])说铁氧体是硬磁材料显然是不妥的.

参考文献

[1] 马文蔚. 物理学(上册). 5 版. 北京:高等教育出版社,2006:264-265.
[2] 赵凯华,陈熙谋. 电磁学. 北京:高等教育出版社,2003:289.
[3] 张三慧. 电磁学. 北京:清华大学出版社,1999:314.
[4] 吴百诗. 大学物理(上册). 西安:西安交通大学出版社,2009:76.

磁畴和畴壁结构的主要特征

金仲辉

在一般的电磁学教科书中，为了阐明铁磁介质具体有铁磁性的成因而介绍了磁畴的概念，但对磁畴结构，尤其对磁畴结构的一个重要部分，即畴壁很少论述. 有的教科书在解释铁磁介质的技术磁化时，采用了如图 34-1 所示的闭合磁畴，而有的教科书采用了图 34-2 的形式. 从物理概念上来看，这两幅图是否等价？若不等价，哪幅图更合理？本文简要讨论铁磁介质存在的几种物理作用和相应的能量，在此基础上也就很容易得出，关于闭合磁畴的图，从能量的观点来看，图 34-1 比图 34-2 更合理.

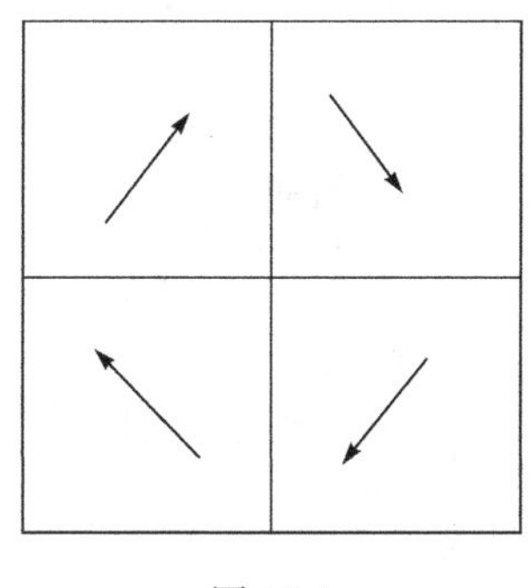

图 34-1

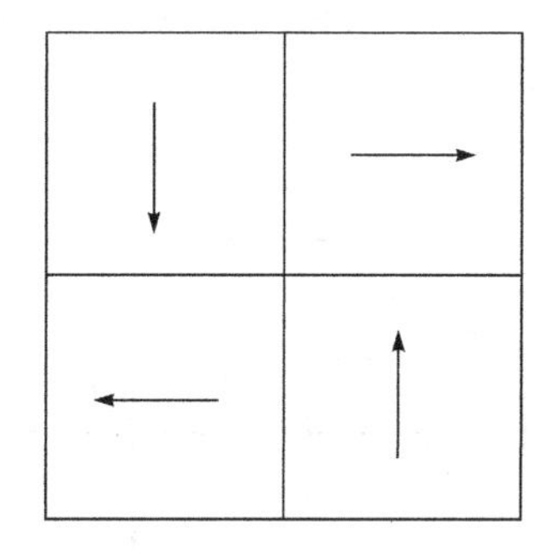

图 34-2

一、铁磁介质中几种物理作用和相应的能量

磁畴和铁磁介质的性能有密切的关系，而磁畴和畴壁的形式和它们的特征，是由于铁磁介质中存在着几种物理作用. 对一般的铁磁介质来说，主要存在如下三种物理作用和相应的能量.

1. 原子间的交换作用和相应的交换能

在没有外磁场的条件下，铁磁介质中的电子之间存在着一种“交换作用”，它使电子自旋平行排列取最低的能量，从而在小范围内形成一个“自发磁化区”. 这种磁化区叫做磁畴. 根据量子力学理论计算，一对原子的交换能为

$$E_{\mathrm{ex}}=-2AS^2\cos\varphi \tag{34-1}$$

其中 A 代表原子间交换作用大小的一个数值；S 是原子的自旋总量子数（例如铁

的 $S=1$)；φ 是两原子中电子总磁矩间的夹角. φ 的变化范围由 0°(磁矩平行)到 180°(磁矩反平行)，因此能量的变化从 $-2AS^2$ 到 $2AS^2$. 当 $A>0$，$\varphi=0°$时的能量 $-2AS^2$ 为最小，这是铁、镍、钴等铁磁介质的情况. 在另一些物质中(例如铬和锰等)，$A<0$，那么 $\varphi=180°$时能量最小，这就是反铁磁性介质.

2. 晶体结构对原子中电子运动的作用和相应的磁晶各向异性能

不同的晶体有不同的磁晶各向异性能，即使是同一晶体，沿不同方向也可能有不同的磁晶各向异性能. 以纯铁来说，它具有"体心主方"的晶体排列(见图 34-3)，它的三个晶轴最易磁化，而每一晶轴又有正反两个方向，故铁晶体内有 6 个易磁化方向.

对于具有立方晶系的铁磁介质，根据铁磁学理论计算可得它的磁晶各向异性能为

$$E_K=K_1(a_1^2a_2^2+a_2^2a_3^2+a_3^2a_1^2) \tag{34-2}$$

其中 K_1 称为磁晶各向异性常数，它随不同材料而异，可正可负，a_1、a_2、a_3 为方向余弦，如图 34-4 所示.

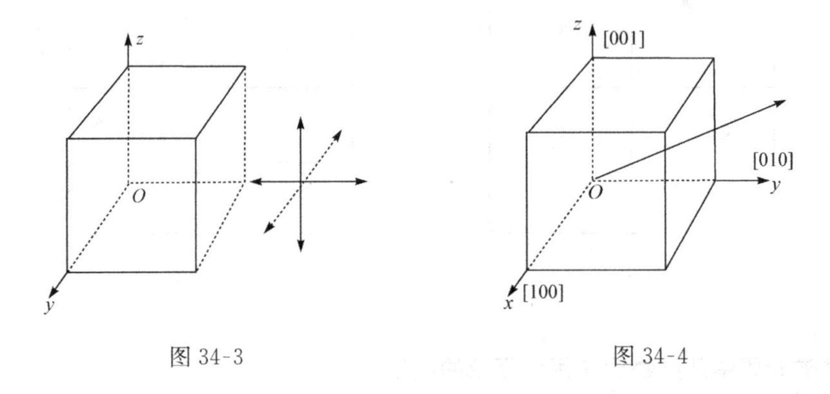

图 34-3　　图 34-4

对于铁来说，$K_1=4.2\times10^4\,\mathrm{J/m^3}>0$，于是由式(34-2)可知，磁化强度矢量在[100][010][001][0$\bar{1}$0][$\bar{1}$00]和[00$\bar{1}$]六个方向有 $E_K=0$，而在其他方向有 $E_K>0$，其中在[111]方向 E_K 最大. 所以[100]等六个方向为易磁化方向，而[111]方向为难磁化方向.

对于镍来说，$K_1<0$，由式(34-2)可知，[111]方向上的 E_K 为最小，它为易磁化方向，而[100]等方向上的 E_K 最大，它们为难磁化方向.

3. 磁场对磁矩的作用和相应的静磁能

这里包括外磁场的作用和磁性体内部的退磁场作用.

若铁磁介质的磁化强度矢量为 $\boldsymbol{M}$，则磁化物体处在磁场 $\boldsymbol{H}$ 中单位体积的静磁

能为

$$E_A = -\mu_0 \boldsymbol{M} \cdot \boldsymbol{H} = -\mu_0 MH\cos\theta \tag{34-3}$$

其中 μ_0 为真空磁导率,θ 为磁化方向和外磁场方向的夹角.

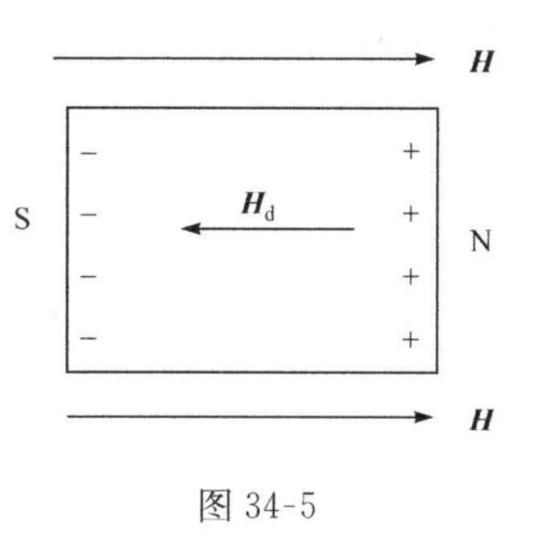

图 34-5

物体磁化后,如果出现磁极,在物体内部就产生一种磁场,它的方向与磁化方向相反或接近相反,因而有减退磁化的作用,所以称为退磁场.图 34-5 表示一块铁磁介质磁化后,两端出现了磁极(图中 N 和 S 表示),内部就有退磁场 $\boldsymbol{H}_d$. 当磁化均匀时,退磁场强度与磁化强度有简单的正比关系,因而可写成

$$\boldsymbol{H}_d = -N\boldsymbol{M} \tag{34-4}$$

式中负号说明 $\boldsymbol{H}_d$ 和 $\boldsymbol{M}$ 的方向相反,N 称为退磁因子,其数值决定于物体的形状.

与外磁场作用下的静磁能相类似. 退磁场作用铁磁介质的磁化强度上就有退磁能存在,以下我们来计算单位体积的退磁能. 在磁化的过程中,$\boldsymbol{M}$ 从零起增大,$\boldsymbol{H}_d$ 随着从零增到 $N\boldsymbol{M}$;退磁能 E_d 随 $\boldsymbol{M}$ 增大而增大,所以应该用积分计算.

$$E_d = -\mu_0 \int_0^M \boldsymbol{H}_d \mathrm{d}\boldsymbol{M}$$

将式(34-4)代入上式,得

$$E_d = \mu_0 \int_0^M N\boldsymbol{H}\,\mathrm{d}\boldsymbol{M} = \frac{\mu_0}{2} NM^2 \tag{34-5}$$

在普遍情况下. 除了上述三种物理作用及相应的能量外. 尚有铁磁介质的磁致伸缩和内部的应力作用及相应的磁弹性能. 由于本文讨论的问题主要涉及磁矩方向变化所引起能量的改变,所以忽略了磁弹性能.

二、畴壁

磁畴是可以用一定的实验方法(例如粉纹法、克尔效应法等)予以观察的. 磁畴与磁畴之间是一个有一定厚度的分界层,这个分界层称为畴壁. 在畴壁内原子磁矩方向是逐渐由一侧磁畴的磁矩方向转向另一侧磁畴的磁矩方向. 图 34-6 示意地说明了这种情况. 磁畴大小和形状以及与相邻磁畴的关系都涉及畴壁. 畴壁是磁畴结构的一个重要部分.

畴壁有不同的类别. 若按畴壁两侧磁矩方向的差别来分类,则有 180°壁和 90°壁. 在铁磁性介质中,每一个易磁化轴上有两个相反的易磁化方向. 两相邻磁畴的磁化方向恰好相反的情况是常常出现的. 这样两个磁畴之间的畴壁称为 180°壁. 在立方晶体中. 如果 $K_1>0$,易磁化方向互相垂直的,它们之间的畴壁称为 90°壁.

在立方晶体中，$K_1<0$，易磁化方向在[111]方向. 两个这样的方向相交成 109°或 71°，在这种情形，两个相邻磁畴的磁化方向可能相差 109°或 71°，这两个角度离 90°不远，这样的畴壁有时也归入 90°壁.

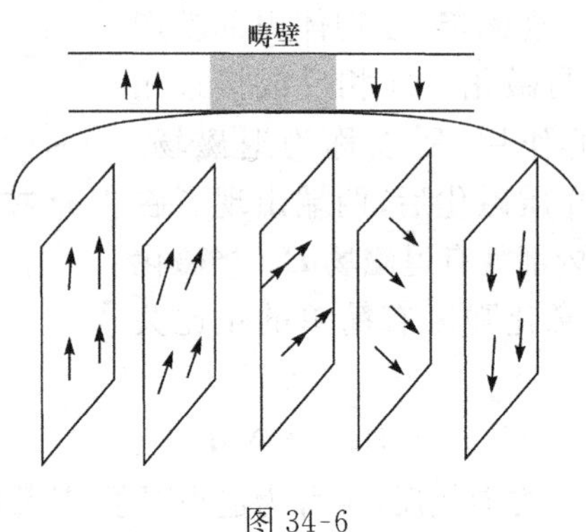

图 34-6

以下我们通过讨论 180°畴壁的厚度和畴壁能以及 90°畴壁的取向规律来说明磁畴和畴壁结构上的一些主要特征.

1. 180°畴壁的厚度和畴壁能的计算

既然畴壁有一定的厚度，它必然包含着许多原子层. 图 34-6 画了五层原子磁矩作为畴壁内部情况的代表.

前面已讨论过，两邻近原子磁矩间的交换能为

$$E_{ex}=-2AS^2\cos\varphi \tag{34-6}$$

式中 φ 是两个邻近原子磁矩的夹角. 畴壁中两邻近原子层的磁矩方向差了一个小夹角. 因此分别处在邻近原子层的两个原子的磁矩有一个小夹角 φ，这一对原子的交换能比磁矩平行时交换能要大.

$$\begin{aligned}\Delta E_{ex}&=-2AS^2\cos\varphi-(-2AS^2\cos 0°)\\&=2AS^2(1-\cos\varphi)=4AS^2\sin^2\frac{\varphi}{2}\end{aligned}$$

由于 φ 很小，上式化简为

$$\Delta E_{ex}=AS^2\varphi^2$$

假设 180°畴壁有 N 层原子，并假设每过一层，原子磁矩转过相等的角度. 那么 $\varphi=\pi/(N-1)$.

在立方晶体中. 如果用 a 表示晶轴上两相邻原子的距离. 那么每单位面积的一层原子中有 $(1/a)^2$ 个原子. 所以在单位面积的畴壁中有 $(N-1)(1/a)^2$ 对原子起着交换作用. 因此形成单位面积的畴壁，交换能的增量为

$$W_{\mathrm{ex}}=(N-1)\left(\frac{1}{a}\right)^2\Delta E_{\mathrm{ex}}=(N-1)\left(\frac{1}{a}\right)^2 AS^2\left(\frac{\pi}{N-1}\right)^2$$
$$=\frac{AS^2\pi^2}{a^2(N-1)}\approx\frac{AS^2\pi^2}{a^2N} \tag{34-7}$$

上式表示畴壁的原子层数 N 越大,W_{ex}越小,但 N 不会趋向无限大. 因为还要考虑磁晶各向异能. 畴壁两侧的磁畴中,磁矩都在易磁化方向. 在畴壁中的磁矩从易磁化方向转到另一个角度. 需要增加磁晶各向异性能. 但每一层原子的转角,从易磁化方向算起是不同的. 因此各层增加的磁晶各向异性能也不同. 若假定畴壁两侧的磁畴中的磁矩方向在图 34-4 所示的[100]和[$\bar{1}$00]易磁化方向上. 则在畴壁中的磁矩方向余弦为 $a_x=\cos\theta, a_y=\sin\theta, a_z=0$. 再对式(34-6)求平均,可得出单位体积磁晶各向异性能的平均值为

$$E_{\mathrm{K}}=|K_1|/8 \tag{34-8}$$

因此,单位面积的畴壁具有的磁晶各向异性能为

$$W_{\mathrm{K}}=|K_1|/8\delta=\frac{|K_1|}{8}Na \tag{34-9}$$

其中 δ 为畴壁厚度,$\delta=(N-1)a\approx Na$. 由上式可知,N 越小,W_{K} 越小.

式(34-7)表示的交换能和式(34-9)表示的磁晶各向异性能显然是一对矛盾,前者使畴壁倾向变厚,后者使畴壁倾向变薄. 在一定条件下,若两能量之和有一个最小值. 则就有一个稳定的畴壁结构.

单位面积畴壁的总能量为

$$W=W_{\mathrm{ex}}+W_{\mathrm{K}}=\frac{AS^2\pi^2}{a^2N}+\frac{|K_1|}{8}Na \tag{34-10}$$

通过下列的微商,可求出 W 为最小值时所对应的原子层数

$$\frac{\mathrm{d}W}{\mathrm{d}N}=\frac{-AS^2\pi^2}{a^2N^2}+\frac{|K_1|}{8}a=0$$

解出

$$N=\frac{\pi S}{a}\sqrt{\frac{8A}{|K_1|a}} \tag{34-11}$$

由此,畴壁厚度等于

$$\delta=Na=\pi S\sqrt{\frac{8A}{|K_1|a}} \tag{34-12}$$

将式(34-11)代入式(34-10)得单位面积畴壁能

$$W=\pi S\sqrt{\frac{A|K_1|}{8a}}+\pi S\sqrt{\frac{A|K_1|}{8a}}=2\pi S\sqrt{\frac{A|K_1|}{8a}} \tag{34-13}$$

上式说明了,当 W 为最小值时,$W_{\mathrm{ex}}=W_{\mathrm{K}}$. 以铁为例,$A=2.16\times10^{-21}\,\mathrm{J}$,$K_1=4.2$

$\times10^4$ J/m^3，$S=1$，$a=2.86\times10^{-10}$ m，代入式(34-12)、式(34-11)和式(34-13)得 $\delta=1.18\times10^{-7}$ m，$N=\dfrac{\delta}{a}=400$，$W=1.3\times10^{-3}$ J/m^2.

2. 90°畴壁的取向规律

对 90°畴壁需要注意一个畴壁怎样取向的规律. 这个规律是：磁化强度矢量在畴壁两边的垂直分量是连续的. 这就是说，在畴壁两侧的磁化强度矢量的垂直分量相等而且方向相同. 如果不是这样，畴壁上会出现磁极，产生退磁场从而有退磁能，将使总能量提高. 由能量取最小为稳定状态的原则可知，图 34-1 所示的闭合磁畴不会出现退磁场，而图 34-2 所示的闭合磁畴的畴壁上会出现磁极而具有退磁场. 所以，从能量观点来看，闭合磁畴绘成图 34-1 的形式要比图 34-2 的形式更合理，虽则这两个插图对外似均不显磁性.

三、磁畴分成小区的原因

铁磁介质自发磁化后，原子磁矩为什么不在整块铁磁介质中平行排列，而是分成磁化方向不同的微小的磁畴？以下我们认较简单的片状磁畴来说明这个问题.

现考虑一块面积较大的铁磁性介质. 设想有两种情况：一种是自发磁化后不分磁畴，全部磁矩向着一方向，如图 34-7 所示；另一种是自发磁化后形成简单的片状磁畴，如图 34-8 所示. 对这两种情况分别计算它们的能量，能量低的一种情况是一种可实现的稳定状态.

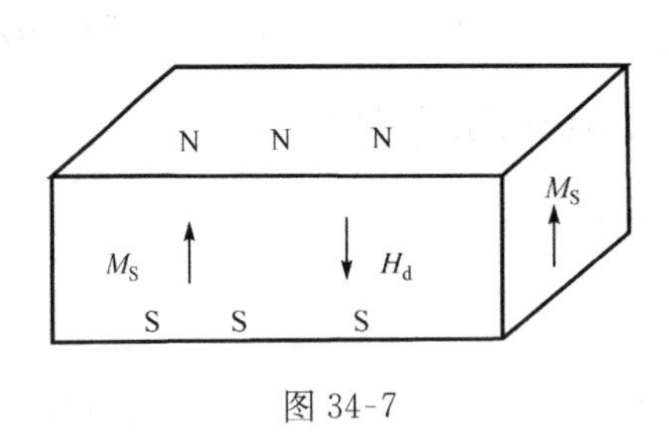

图 34-7

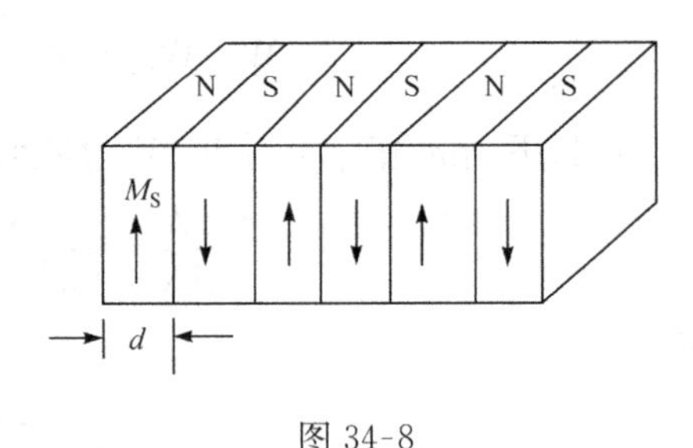

图 34-8

在第一种情况，磁化方向垂直于大平面，平面上出现了磁极，铁磁介质中存在着退磁场，因而有退磁能. 我们以无限大薄片来近似这种情况，此时它的退磁因子 $N=1$，退磁场 $H_d=-NM_S=-M_S$，退磁场能 $E_d=\dfrac{\mu_0}{2}M_S^2$.

以铁为例，$M_S=1.71\times10^6$ A/m，$\mu_0=4\pi\times10^{-7}$ H/m，可计算出 $E_d=1.8\times10^6$ J/m^3. 若铁磁介质材料的厚度 L 是 10^{-2} m，那么单位面积的退磁能为

$$W_d=E_d\times L=1.8\times10^4\ \text{J/m}^2 \tag{34-14}$$

在第二种情况，既需考虑退磁能，也需考虑畴壁能. 计算图 34-8 所示的片状磁畴的退磁能需要引入磁荷 g_m 和静磁势 φ_m 的概念，在没有磁荷的空间，静磁势 φ_m 满足拉普拉斯方程，根据边界条件定出方程解中的系数，再根据下列公式计算退磁能

$$\sigma_d=\frac{1}{2}g_m\varphi_m$$

其中 φ_m 为表面处静磁势的平均值，g_m 为面磁荷密度. 最后可计算出单位面积的是磁能为

$$\sigma_d=1.70\times10^{-7}M_S^2 d\ \mathrm{J/m^2} \tag{34-15}$$

式中 d 为磁畴宽度. 由上式可看出 d 越小，σ_d 就越小，即磁畴越细分，退磁能越小.

现在来计算单位面积中所含的畴壁面积. 设单位面积的长宽相等，都等于 1，材料的厚度是 l，如图 34-9 所示. 若磁畴的宽度为 d，那么这块铁磁介质有 $1/d$ 个磁畴，共有 $1/d$ 块分界畴壁，每块畴壁面积是 $1\times l=l$. 因此，这样一块铁磁介质的畴壁总面积是 $l\times\frac{1}{d}$. 由此，单位面积中的畴壁总能是

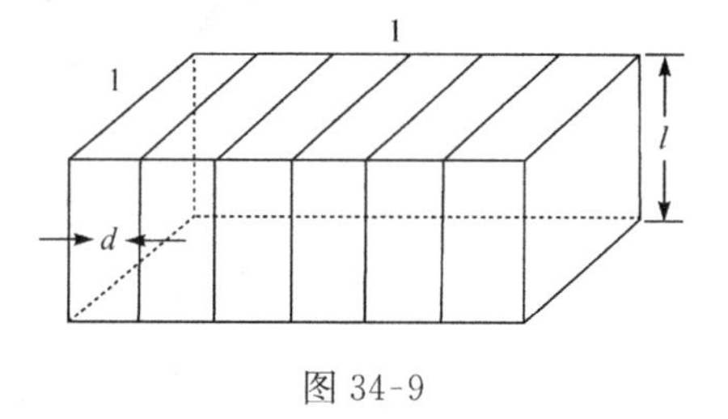

图 34-9

$$\sigma_W=W\frac{l}{d} \tag{34-16}$$

式中 W 就是式(34-13)所示的畴壁能. 由式(34-16)可知，σ_W 与 d 成反比，它与式(34-15)的作用相反，又是一对矛盾.

总能量为

$$\sigma=\sigma_d+\sigma_W=1.70\times10^{-7}M_S^2 d+W\frac{l}{d} \tag{34-17}$$

当总能量 σ 为最小值时，有一个稳定的磁畴结构.

解得

$$d=\frac{10^4}{M_S}\sqrt{\frac{Wl}{17.0}} \tag{34-18}$$

将式(34-18)代入式(34-17)，得

$$\sigma=2M_S\sqrt{17.0Wl}\times10^{-4} \tag{34-19}$$

仍以铁为例，$M_S=1.71\times10^6\,\mathrm{A/m}$，$W=1.3\times10^{-3}\,\mathrm{J/m^2}$，并设 $l=10^{-2}\,\mathrm{m}$，将这些数值代入式(34-18)和式(34-19)，得

$$d=5.11\times10^{-6}\,\mathrm{m} \tag{34-20}$$

$$\sigma=5.06\,\mathrm{J/m^2} \tag{34-21}$$

由上式和式(34-14)可知,分畴情况下的总能量和不分畴情况下的总能量之比为 $5.06/1.8\times10^4\approx1/3500$.

以上计算说明,分成片状磁畴的能量仅为不分畴情况的 1/3500. 由此可见,铁磁介质自发磁化后,只有分成小区域的磁畴才有可能形成较稳定的磁畴结构.

需要指出的是,实际上铁的磁畴还不能形成图 34-8 形式的片状结构,而是形成图 34-10 所示的闭合磁畴. 这是因为若形成片状磁畴,铁磁介质的表面上出现了交替磁极,我们立刻可以想到,在这些磁极的附近会产生局部磁场,如图 34-11 中曲线所示,这就会使这些区域发生新的磁化,磁化的方向在局部磁场的方向,这样就形成封闭磁畴(图 34-10 中小三角部分).

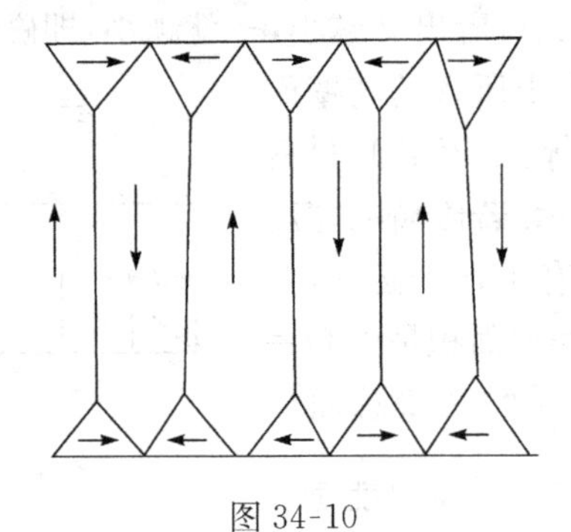

图 34-10

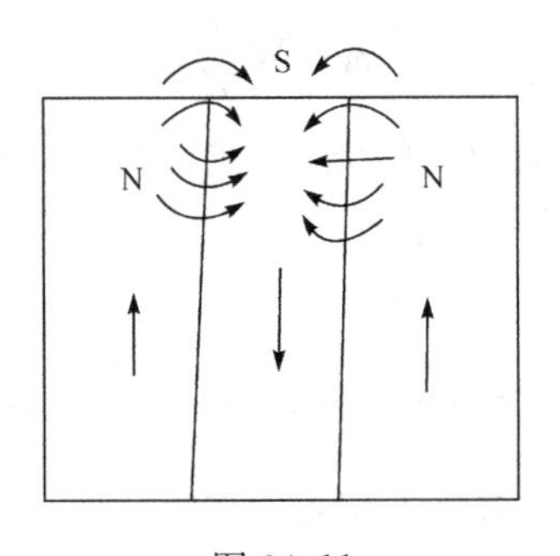

图 34-11

封闭磁畴中的磁化方向和主畴中的磁化方向是相互垂直的,所以封闭畴和主畴之间的畴壁是 90°壁. 从能量角度来看,如此的闭合磁畴较之于片状磁畴有更稳定的结构. 在实验中也可观察到这样的闭合磁畴.

场的观点是如何提出的

金仲辉

库仑定律的建立，部分得益于牛顿发现的万有引力定律. 点电荷间的相互作用力和它们间距离的平方成反比，还有磁极间磁作用力也遵循平方律的关系. 总之，这些非接触力和万有引力一样，都遵从距离的平方反比关系. 牛顿认为引力作用是一种即时作用，不需要什么介质来传递，即所谓的超距作用. 这种超距作用的观点在电学和磁学研究中得到进一步的强化. 当年的许多物理学家，如库仑、安培等都持超距作用的观点. 但是法拉第具有深刻的洞悉力，提出了一种全新的场概念和力线的物理图像，他认为物质之间的电力、磁力是需要由介质来传递的近距作用.

法拉第研究了两个带电体之间的相互作用，如果在两个带电体之间放入电介质后，这两个带电体之间的相互作用就会发生变化，之所以发生变化是由于电介质的电状态有了某种变化，这一过程是需要时间的，这表明电力的作用是不可能超越空间的直接作用. 同样的效应在磁现象中也发生，法拉第根据电磁感应现象指出，仅有导线的运动不足以产生电流，只有在有磁体的区域内运动才会产生电流. 这说明磁体周围必定存在由磁体产生的某种物质. 上述这些实验事实使法拉第设想，带电体、磁体或电流周围空间存在着一种由电或磁产生的物质，它无所不在，起到传递电力、磁力的介质作用. 法拉第把它们称为电场、磁场. 据此，法拉第提出了如下的物理模型：带电体、磁体或电流在它们周围空间里产生电场或磁场，当别的带电体、磁体或电流处于上述电场或磁场中将受到力的作用. 法拉第有着丰富的想象力，他用电力线和磁力线的几何图形对电场和磁场作出了非常直观的形象描述. 力线上任一点的切线方向就是场的方向，力线密的地方，场强就强，力线疏的地方，场强就弱. 场源不变，力线图不变；场源运动或变化时，力线也发生变化.

法拉第为了说明他的力线概念，曾做过如下的一个简单实验，将铁粉撒在一张纸上，在纸下面用磁棒轻轻颤动，这些铁粉就清楚呈现出磁场的力线来. 我们知道电场的力线也可借助于实验模拟出来，例如在水平玻璃板上撒些细小的石膏晶粒，或在油上浮些草籽，置于静电场中，它们就会呈现出电力线来.

汤姆孙(开尔文)对法拉第关于场的思想极感兴趣，深感有必要把法拉第的力线思想用数学公式作出定量的表述. 他采用类比方法，借鉴了弹性理论和热传导理论，论述了热在均匀固体中的传导和法拉第电应力在均匀介质中传递的两种现象的相似性. 他指出等势面对应于热的等温面，而电荷对应于热源，利用傅里叶的热分析方法，他把法拉第的力线思想和拉普拉斯、泊松等人已经建立的静电理论结合在一起. 1847 年，汤姆孙以不可压缩流体的流线连续性为基础，论述了电磁现象和流体力学的共性，将法拉第的力线思想转变为定量的描述.

最后，麦克斯韦在法拉第和汤姆孙等人工作的基础上建立了完整的电磁场理论.

讲授法拉第电磁感应定律中的一个问题

金仲辉

1820年，奥斯特实验揭示了电流可以产生磁，从此将电学和磁学统一了起来. 当时许多物理学家都想到，既然电能够产生磁，反过来磁是否也能产生电呢？法拉第经过十年苦苦的求索，从大量的实验中总结出，变化着的电流，变化着的磁场，运动着的磁铁和磁场中运动的导体，均可在回路中产生感应电流. 总之，他认识到穿过回路的磁通量发生变化可在回路中产生电动势和电流，从而发现了电磁感应现象.

笔者要指出的是，如今教材中的法拉第电磁感应定律的数学表达式 $\varepsilon=-\dfrac{\mathrm{d}\Phi}{\mathrm{d}t}$，并不是法拉第得出的. 不仅如此，法拉第也没有从实验中得出 $\varepsilon\propto\dfrac{\mathrm{d}\Phi}{\mathrm{d}t}$ 的结论！而且，至今为止也未见过有人用实验直接证实 $\varepsilon\propto\dfrac{\mathrm{d}\Phi}{\mathrm{d}t}$ 的报道. 原因是在法拉第时代实验上很难直接测量出$\dfrac{\mathrm{d}\Phi}{\mathrm{d}t}$这个物理量. 许多教材明确指出，法拉第电磁感应定律的数学表达式 $\varepsilon=-\dfrac{\mathrm{d}\Phi}{\mathrm{d}t}$是由德国物理学家诺依曼经理论分析于1845年得出的. 这一点是正确的，但有些教材中的说法是欠妥的，现举例来说明. 例如，吴百诗主编的《大学物理基础》中是这样叙述的："法拉第不仅发现了电磁感应现象，并且通过大量实验总结归纳出了电磁感应定律：导体回路中产生的电感电动势 ε_i 的大小与穿过回路的磁通量变化率 $\mathrm{d}\Phi/\mathrm{d}t$ 成正比，这就是法拉第电磁感应定律，也称电磁感应定律."还如，王海婴主编的《大学基础物理学》中是这样叙述的："法拉第通过各种实验，总结出电磁感应的共同规律：感应电动势的大小与磁通量变化的快慢有关，或者说与磁通量随时间的变化率$\dfrac{\mathrm{d}\Phi}{\mathrm{d}t}$成正比."还有张三慧主编的《大学物理学》是这样叙述的："实验表明，感应电动势的大小和通过导体回路的磁通量的变化率成正比."

我们知道，物理学中还有些公式也是经理论分析得出的，而不是从实验中直接得出的. 例如，理想气体的压强公式 $p=\dfrac{2}{3}n\bar{\varepsilon}$，就不能直接用实验来比较. 因为我们至今无法测量出一个分子的平均动能 $\bar{\varepsilon}$. 还如,我们也无法直接用实验来证实毕奥-萨伐尔定律 $\mathrm{d}\boldsymbol{B}=\frac{\mu_0}{4\pi}\frac{I\mathrm{d}\boldsymbol{l}\times\boldsymbol{r}}{r^3}$. 因为从实验上无法实现一个稳定的电流 $I\mathrm{d}\boldsymbol{l}$. 这些公式的正确性,在于它们推导出的一些公式,可由实验证明是正确的.

由以上讨论可看出,在课堂讲授某些物理教学内容时,要特别地谨慎,不要随意说出由实验表明是如何如何的. 因为这种说法经不起推敲,它不符合史实.

拉莫尔进动解释抗磁性和磁致旋光效应*

何坤娜　刘玉颖　周　梅　金仲辉

一、拉莫尔进动

在原子的经典模型中，电子在绕原子核的环形轨道上作高速回转运动，原子中电子(设质量为 m，带电量为 e)绕核运动相当于一个圆电流，由于电子带负电，所以这个圆电流的磁矩 $\boldsymbol{P}_{\mathrm{m}}$ 的方向与电子角动量 $\boldsymbol{L}$ 的方向相反. 在外磁场 $\boldsymbol{B}$ 的作用下，圆电流的磁矩 $\boldsymbol{P}_{\mathrm{m}}$ 将受到一个力矩 $\boldsymbol{M}_{\mathrm{B}}=\boldsymbol{P}_{\mathrm{m}}\times\boldsymbol{B}$ 的作用，如图 37-1 所示. $\boldsymbol{M}_{\mathrm{B}}$ 的方向既垂直于 $\boldsymbol{B}$，又垂直于 $\boldsymbol{P}_{\mathrm{m}}$，也垂直于 $\boldsymbol{L}$ 的方向. 由角动量定律($\mathrm{d}\boldsymbol{L}=\boldsymbol{M}_{\mathrm{B}}\mathrm{d}t$)可知，角动量将随时间变化，电子在磁力矩作用下作进动(称拉莫尔进动)，即电子的角动量 $\boldsymbol{L}$ 将以外磁场 $\boldsymbol{B}$ 的方向为轴回旋，进动频率大小为 ω_{L}，$\omega_{\mathrm{L}}=\dfrac{e}{2m}B$，进动的回转方向由角动量的增量 $\mathrm{d}\boldsymbol{L}$ 的方向决定，即由 $\boldsymbol{M}_{\mathrm{B}}$ 的方向决定.

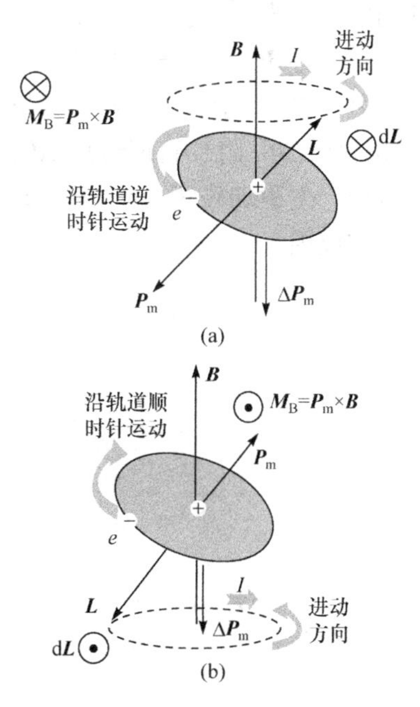

图 37-1　拉莫尔进动示意图

二、拉莫尔进动解释抗磁性

凡由原子构成的物质均具有抗磁性，因为在外磁场下，原子内绕核旋转的电子产生了与外磁场方向相反的附加磁矩，不同的物理教材，对物质抗磁性成因的描述方式不同. 较多的一种方式是，在外磁场下绕核旋转的电子不仅受到核的向心力，还受到外磁场所施加的洛伦兹力 $\boldsymbol{f}$[1-3]，这个力的效果使电子产生了一个附加的磁矩 $\Delta\boldsymbol{P}_{\mathrm{m}}$，它的方向始终和与磁场的方向是相反的，以图 37-2 中电子逆时针沿圆形轨道运动为例，未加外磁场时(图 37-2(a)). 设电子以速度 v 沿半径为 r 的圆形轨道运动，角速度大小为 ω，此时，仅库仑力 $\boldsymbol{F}_{库}$ 提供向心力，库仑力大小 $F_{库}=m\omega^2 r$，如图 37-2(a)所示，角速度 $\boldsymbol{\omega}$ 的方向垂直轨道运动平面竖直向上，电子的逆时针圆

* 本文刊自《物理与工程》2016 年第 4 期，收录本书时略加修订.

周运动可等效为沿顺时针方向的电流强度为 I 的圆电流（$I\propto\omega$），轨道磁矩为 $\boldsymbol{P}_{\mathrm{m}}$（$\boldsymbol{P}_{\mathrm{m}}=I\boldsymbol{S}$，$S$ 为圆形轨道所围面积；$\boldsymbol{S}$ 方向竖直向下，与电流流向满足右手螺旋关系），角速度 $\boldsymbol{\omega}$ 和轨道磁矩 $\boldsymbol{P}_{\mathrm{m}}$ 方向相反；加竖直向上的磁感应强度为 $\boldsymbol{B}$ 的外磁场后（图 37-2(b)），电子除受指向圆心的库仑力 $\boldsymbol{F}_{库}$ 外，还受指向圆心的洛伦兹力 $\boldsymbol{F}_{洛}$，设外加磁场后角速度为 $\boldsymbol{\omega}'$，根据牛顿第二定律 $F_{库}+F_{洛}=m\omega'^2r$，在运动轨道半径 r 大小不变的情况下，其角速度会增加，即 $\omega'>\omega$. 若图 37-2(b)中等效的顺时针圆电流记为 I'，则轨道磁矩 $\boldsymbol{P}'_{\mathrm{m}}=I'\boldsymbol{S}$ 竖直向下，由于 $\omega'>\omega$，所以，$I'>I$，从而 $P'_{\mathrm{m}}>P_{\mathrm{m}}$. 令 $\boldsymbol{P}'_{\mathrm{m}}=\boldsymbol{P}_{\mathrm{m}}+\Delta\boldsymbol{P}_{\mathrm{m}}$，则附加轨道磁矩 $\Delta\boldsymbol{P}_{\mathrm{m}}$ 与轨道磁矩 $\boldsymbol{P}_{\mathrm{m}}$ 同向而与磁感应强度 $\boldsymbol{B}$ 反向. 对于电子做顺时针圆周运动的情况，参考图 37-3 进行类似分析可得到相同的结果（附加轨道磁矩 $\Delta\boldsymbol{P}_{\mathrm{m}}$ 与磁感应强度 $\boldsymbol{B}$ 反向）. 总之：洛伦兹力的效果使电子产生附加磁矩 $\Delta\boldsymbol{P}_{\mathrm{m}}$，而 $\Delta\boldsymbol{P}_{\mathrm{m}}$ 会减弱原来的外磁场强度，这就是物质具有抗磁性的成因.

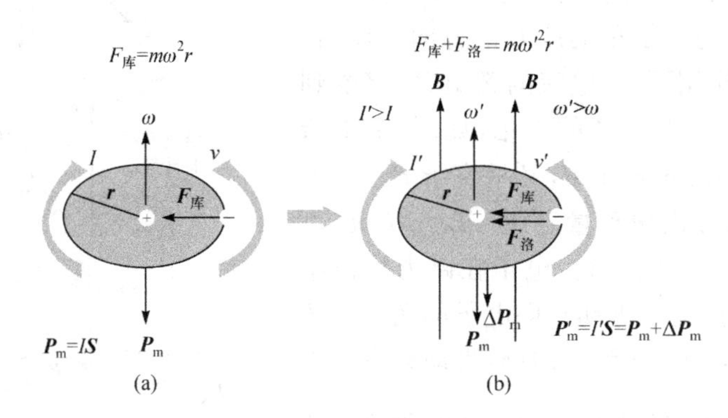

图 37-2

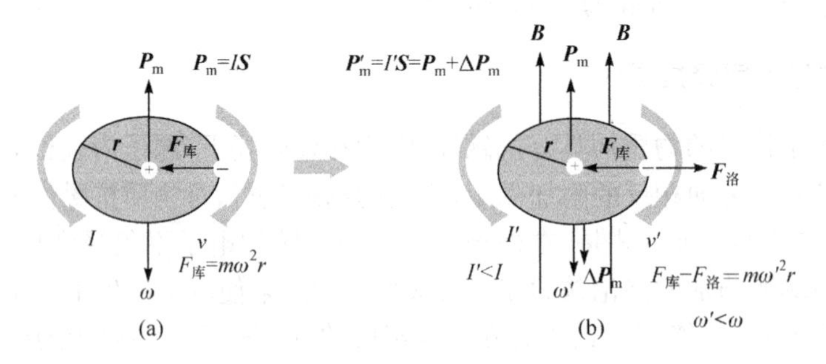

图 37-3　物质具有抗磁性的说明示意图

采用拉莫尔进动也可以解释抗磁性的成因. 由前面关于拉莫尔进动介绍可知，外加磁场情况下，电子的角动量 $\boldsymbol{L}$ 将以外磁场 $\boldsymbol{B}$ 的方向为轴回旋，而进动的回转方向由角动量的增量 $\mathrm{d}\boldsymbol{L}$ 或磁力矩 $\boldsymbol{M}_{\mathrm{B}}$ 的方向决定，结合图 37-1，不难确定，对

图 37-1(a)中沿轨道逆时针方向运动和图 37-1(b)中绕轨道顺时针方向运动的电子,附加竖直向上的外磁场 $\boldsymbol{B}$ 后,电子均会沿图中垂直于 $\boldsymbol{B}$ 的虚线轨道进动,且进动方向均沿逆时针方向,因为电子的进动也相当于一个圆电流,而电子携带负电荷,所以在图 37-1 中两种情况下,电子进动的等效电流 I 的方向均与进动方向反向,具体如图 37-1 所示,又因为等效电流 I 的方向和附加磁矩 $\Delta\boldsymbol{P}_{\mathrm{m}}$ 方向成右手螺旋关系,所以,图 37-1(a)和图 37-1(b)中均表现为附加磁矩 $\Delta\boldsymbol{P}_{\mathrm{m}}$ 的方向与外磁场方向相反,这也正是抗磁性的来源.

用拉莫尔进动来阐明物质的抗磁性被较少的物理教材所采用[4,5]. 我们要问,上述两种方法哪种比较好呢? 笔者认为后者较好,理由有以下 3 点:(1)由图 37-1 和图 37-2 的比较可看出,图 37-2 中的电子轨道平面与外磁场方向垂直,图 37-1 中的电子轨道平面可以与外磁场方向成一倾角,这是普遍的情况,它较图 37-2 中的特殊情况要真实;(2)采用拉莫尔进动方式来阐明抗磁性的成因,要用到前面课程中已学过的磁力矩公式 $\boldsymbol{M}_{\mathrm{B}}=\boldsymbol{P}_{\mathrm{m}}\times\boldsymbol{B}$ 和角动量定理 $\boldsymbol{M}_0=\dfrac{\mathrm{d}\boldsymbol{L}}{\mathrm{d}t}$,可以起到温故知新的作用;(3)熟悉拉莫尔进动的知识,可以为以后学习核磁共振原理打下基础,另外,拉莫尔进动还可以解释磁致旋光效应.

三、拉莫尔进动解释磁致旋光效应

凡透明物质都具有磁致旋光现象,这种现象指的是,在线偏振光透过透明物质的方向上施加一磁场,线偏振光的振动面会产生一个偏转(见图 37-4). 由于这种现象首先由法拉第于 1854 年 9 月发现,所以这种现象又称为法拉第磁致旋光效应. 后来费尔德对法拉第磁致旋光现象做了全面的研究,得出偏振方向旋转的角度 θ 与光在透明物质中传播的距离 l 和磁场强度 H 成正比,即 $\theta=VlH$. 式中的 V 称为费尔德常量,不同的物质,旋光能力不同,即常量 V 不相同. 此外,振动面旋转的方向取决于磁场方向,而与物质的性质、状态及光线方向无关,这一点是与石英晶体一类的自然旋光现象不同的地方. 磁致旋光也有右旋和左旋之分,顺着磁场的方向观察,振动面按顺时针方向旋转称为右旋,按逆时针方向旋转称为左旋.

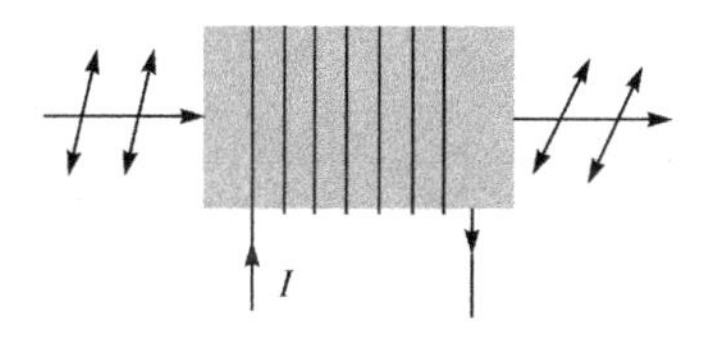

图 37-4 磁致旋光现象示意图

磁致旋光效应可应用拉莫尔进动来解释:经典电子论认为. 原子中的电子由一线性弹性力所维系,在光场作用下电子做线性受迫振动. 根据矢量分解知识,一束传播方向平行于磁场的线偏振光,可以看作是两束等振幅的左旋和右旋圆偏振光的叠加,这样,在线偏振光的电场作用下,电子的线性运动可被分解为左旋圆周运动和右旋圆周运动之合成,加入磁场后,物质的原子或分子中的电子绕着磁场产生一个进动(拉莫尔进动)，这种进动的结果，使得对于处于磁场作用下的原子体系，有了两条色散曲线 $n_R(\omega)$ 和 $n_L(\omega)$，而右旋和左旋圆偏振光的传播速度 v_R 和 v_L 分别由 $n_R(\omega)$ 和 $n_L(\omega)$ 决定，有

$$v_R=\frac{c}{n_R},\quad v_L=\frac{c}{n_L}$$

其中 c 为光在真空中的传播速度. 因此，左旋和右旋圆偏振光通过一定厚度的介质后，便产生不同的相位滞后，当光束射出介质后，左旋和右旋圆偏振光的速度又变得相同，合成为线偏振光，但相对于入射线偏振光，偏振面会有旋转. 换言之. 由入射线偏振光分解出来的左、右旋圆偏振光，在磁光介质中有了不同的传播速度，从而造成其偏振面的旋转.

参考文献

[1] 吴百诗. 大学物理. 西安：西安交通大学出版社，2008：180.
[2] 东南大学等七所工科院校. 物理学. 北京：高等教育出版社，1999：187.
[3] 马文蔚，周雨青，解希顺. 物理学教程. 2 版. 北京：高等教育出版社，2006：110.
[4] 金仲辉，柴丽娜. 大学基础物理学. 3 版，北京：科学出版社出版，2010：191.
[5] 程守洙，江之永. 普通物理学. 5 版. 北京：高等教育出版社，1998：283.

推导位移电流的一种方法*

金仲辉

麦克斯韦利用电荷守恒定律引入了位移电流，现在常见的电磁学教科书都采用了麦克斯韦的这个观点来介绍位移电流，本文将采用狭义相对论处理推得位移电流，供教学上参考.

我们考虑两个惯性系 S 和 S'，它们之间的相对速度为 v，如图 38-1 所示，现假设在 S 参考系里仅仅存在一个与时间无关的电场 E，即有

$$\frac{\mathrm{d}E}{\mathrm{d}t}=0, \quad B=0 \tag{38-1}$$

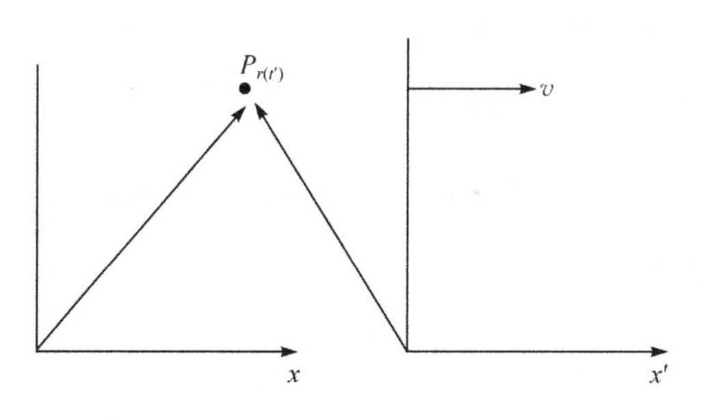

图 38-1

这个静止的电场分布 $E(r)$，在 S' 参考系来看由于狭义相对论效应，它不仅存在着随时间变化的电场 $E'(r',t')$，而且还出现了磁场 $B(r',t')$. 在一些电磁学教科书里可查到电场在不同参考系的变换关系为[1]

$$E'_{\perp}=\gamma E_{\perp} \quad E'_{/\!/}=E_{/\!/} \tag{38-2}$$

其中 $E'_{/\!/}$ 和 $E'_{\perp}$ 分别为在 S' 参考系里电场沿运动方向和垂直运动方向的电场分量，$E_{/\!/}$ 和 $E_{\perp}$ 为 S 参考系里相应的电场分量，$\gamma=\dfrac{1}{\sqrt{1-\dfrac{v^2}{c^2}}}$.

由洛伦兹变换公式得

$$\mathrm{d}t'=\gamma\left(\mathrm{d}t-\frac{v}{c^2}\mathrm{d}x\right)=\gamma\mathrm{d}t \tag{38-3}$$

---

* 本文刊自《大学物理》1986 年第 8 期，收录本书时略加修订.

其中 $\mathrm{d}x$ 为零，因为考察的 P 点在 S 参考系中是固定的. 由式(38-1)、式(38-2)和式(38-3)得

$$\frac{\mathrm{d}E_{\perp}}{\mathrm{d}t}=\frac{\mathrm{d}E'_{\perp}/\gamma}{\mathrm{d}t'/\gamma}=\frac{\mathrm{d}E'_{\perp}}{\mathrm{d}t'}=\frac{\partial E'_{\perp}}{\partial t'}+(\boldsymbol{v}'\cdot\nabla')E'_{\perp}=0 \tag{38-4}$$

其中 $v'=\frac{\partial r'}{\partial t'}=-v$ 为 P 点在 S' 参考系中的速度. 对于 E'_v 有类似的方程. 最后可得

$$\frac{\partial \boldsymbol{E}'}{\partial t'}+(\boldsymbol{r}'\cdot\nabla')\boldsymbol{E}'=0 \tag{38-5}$$

已假定在 S 参考系里无磁场存在(例如电荷静止于 S 参考系就属于这种情况)，在这种条件下，由相对论效应，在 S' 参考系里来看 P 点的磁场为

$$\boldsymbol{B}'=\frac{1}{c}\boldsymbol{v}'\times\boldsymbol{E}' \tag{38-6}$$

上式的旋度为

$$\nabla'_r\times\boldsymbol{B}'=\frac{1}{c}\boldsymbol{v}'(\nabla'_r\cdot\boldsymbol{E}')-\frac{1}{c}(\boldsymbol{v}'\cdot\nabla'_r)\boldsymbol{E}' \tag{38-7}$$

上式右边的第一项恰是电流密度项

$$\frac{1}{c}\boldsymbol{v}'(\nabla'_r\cdot\boldsymbol{E}')=\frac{1}{c}\boldsymbol{v}'4\pi\rho'=\frac{1}{c}4\pi\boldsymbol{j}' \tag{38-8}$$

由(38-5)、(38-7)和(38-8)三式得

$$\nabla'\times\boldsymbol{B}'=\frac{4\pi}{c}\boldsymbol{j}'+\frac{1}{c}\frac{\partial \boldsymbol{E}'}{\partial t'} \tag{38-9}$$

上式的最后一项就是位移电流. 从以上相对论处理过程中可以看出，位移电流的出现是十分自然的.

对式(38-9)两边取散度，并且利用 $\nabla'\cdot\boldsymbol{E}'=4\pi\rho'$，可得下式

$$\frac{\partial\rho'}{\partial t'}+\nabla'\cdot\boldsymbol{j}'=0 \tag{38-10}$$

上式就是电荷守恒定律的表述. 这说明了在得到了位移电流后，我们就可推得电荷守恒定律，这和麦克斯韦在电荷守恒定律基础上引入了位移电流的过程恰好相反.

参 考 文 献

[1] E. M. 珀塞尔. 电磁学. 南开大学物理系译. 北京：科学出版社，1979.

在耗损介质中的电磁波*

金仲辉

在常见的普通物理教材中所讨论的自由电磁波(讨论的区域内不受自由电荷和传导电流的影响)都具有横波的性质,即电场和磁场的振动方向均垂直于波的传播方向,绝大多数非物理专业的同学只学习普通物理课程,所以他们在学完电磁学和光学课程后,往往错误地认为,在一切介质中的电磁波都是横波,本文将说明在有耗损的介质中的自由电磁波,在一般的情况下,从电磁场整体来看,它不再具有横波的性质.

由麦克斯韦方程,对于自由电磁波中的电场分量有

$$\nabla \cdot \boldsymbol{E}=0 \tag{39-1}$$

下列的平面波是上述方程的一个特解

$$\boldsymbol{E}=\boldsymbol{E}_0 \mathrm{e}^{\mathrm{i}(\boldsymbol{k} \cdot \boldsymbol{r}-\omega t)} \tag{39-2}$$

由式(39-1)和式(39-2)可得

$$\boldsymbol{k} \cdot \boldsymbol{E}_0=0 \tag{39-3}$$

上式告诉我们波矢量$\boldsymbol{k}$和电场的振幅矢量$\boldsymbol{E}_0$的标积为零,对于在真空中和无耗损介质中传播的电磁波来说,$\boldsymbol{k}$和$\boldsymbol{E}_0$均为实矢量,它们的标积为零的几何意义就是两者相互垂直,但是对于任何一种具体的介质来说,波在其中传播,波振幅要不断衰减,即存在耗损,此时$\boldsymbol{k}$和$\boldsymbol{E}_0$均为复数矢量,式(39-3)虽然依然成立,但已不存在直接的几何意义,也就是说我们不能由此轻易推断出电场具有横波的性质.

假定讨论的介质是均匀的、各向同性的,波在其中传播有耗损,介质的复数介电常数为$\varepsilon=\varepsilon_1+\mathrm{i}\varepsilon_2$.令一束单色平行光(光是电磁波)由真空射向表面为平面的介质,如图 39-1 所示,其中x-y面为介质的表面,x-z面为入射面,θ_0为入射角,θ为折射角.

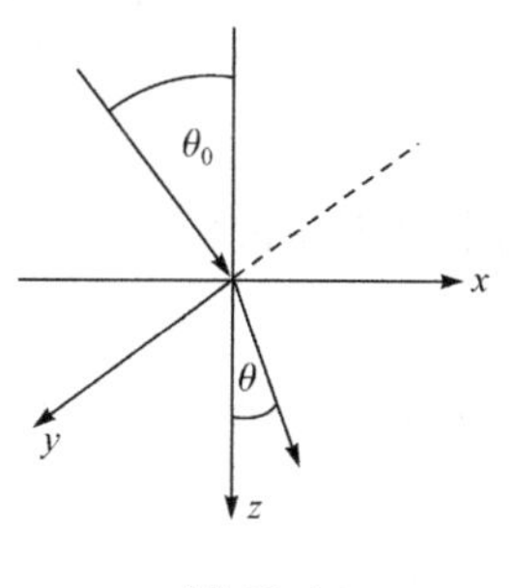

图 39-1

由于我们讨论的是自由电磁波,不存在自由电荷和传导电流,电场和磁场的任一分量均满足如下的波动方程:

---

* 本文刊自《大学物理》1988 年第 10 期,收录本书时略加修订.

$$\nabla^2 U-\frac{\varepsilon}{c^2}\frac{\partial^2 U}{\partial t^2}=0 \tag{39-4}$$

其中常数 c 为真空中的光速，ε 为复数介电常数，它是频率的函数. 式(39-4)最简单的一个解是下列平面波：

$$U(r,t)=u\mathrm{e}^{\mathrm{i}(\boldsymbol{k}\cdot\boldsymbol{r}-\omega t)} \tag{39-5}$$

其中 k 和 ε 的关系为

$$k^2=k_0^2\varepsilon, \qquad k_0=\omega/c \tag{39-6}$$

$\boldsymbol{k}_0$ 为真空中波矢量，ω 为角频率. 由电磁场边值条件可知，波矢量在界面的切向方向是连续的，故得

$$\left.\begin{aligned} k_x&=k_0\sin\theta_0 \\ k_y&=0 \end{aligned}\right\} \tag{39-7}$$

由式(39-6)和式(39-7)得

$$k_z^2=k^2-k_x^2-k_y^2=k_0^2\varepsilon-k_0^2\sin^2\theta_0=k_0^2(\varepsilon-\sin^2\theta_0) \tag{39-8}$$

由于 ε 是一个复数，故 k_z 也是一个复数. 令 $k_z=k_{z1}+\mathrm{i}k_{z2}$，并代入式(39-8)，得$(k_{z1}+\mathrm{i}k_{z2})^2=k_0^2(\varepsilon_1+\mathrm{i}\varepsilon_2-\sin^2\theta_0)$上述等式的两边实部和虚部应分别相等，得

$$(k_{z1}^2-k_{z2}^2)=k_0^2(\varepsilon_1-\sin^2\theta_0) \tag{39-9}$$

$$2k_{z1}k_{z2}=k_0^2\varepsilon_2 \tag{39-10}$$

由式(39-9)和式(39-10)可解出 k_{z1} 和 k_{z2}

$$2(k_{z1}/k_0)^2=[(\varepsilon_1-\sin^2\theta_0)^2+\varepsilon_2]^{\frac{1}{2}}+(\varepsilon_1-\sin^2\theta_0) \tag{39-11}$$

$$2(k_{z2}/k_0)^2=[(\varepsilon_1-\sin^2\theta_0)^2+\varepsilon_2]^{\frac{1}{2}}-(\varepsilon_1-\sin^2\theta_0) \tag{39-12}$$

由式(39-7)、式(39-11)和式(39-12)三式可看出，介质内电磁波的波矢量 $\boldsymbol{k}$ 完全由介质的光学常数(ε_1 和 ε_2)、真空中波矢量 $\boldsymbol{k}_0$ 和入射角 θ_0 确定.

将 k 代入到式(39-5)，得

$$\begin{aligned} U(r,t)&=u\mathrm{e}^{-k_{z2}}\exp[\mathrm{i}(k_x x+k_{z1}z-\omega t)] \\ &=u\mathrm{e}^{-k_{z2}}\exp[\mathrm{i}(\mathrm{Re}\boldsymbol{k}\boldsymbol{r}-\omega t)] \end{aligned} \tag{39-13}$$

其中 $\mathrm{Re}\boldsymbol{k}$ 是波矢量 $\boldsymbol{k}$ 的实部，

$$\mathrm{Re}\boldsymbol{k}=k_x x+k_{z1}z \tag{39-14}$$

$\boldsymbol{k}$ 的虚部为 $\mathrm{Im}\boldsymbol{k}=k_{z2}z$，所以有

$$\boldsymbol{k}=\mathrm{Re}\boldsymbol{k}+\mathrm{i}k_{z2}z \tag{39-15}$$

由式(39-13)可看出，波的传播方向在 $\mathrm{Re}\boldsymbol{k}$ 方向上(这个方向由比例 k_{z1}/k_x)确定，波在 z 方向上衰减. 所以，等位相平面垂直于 $\mathrm{Re}\boldsymbol{k}$，等振幅平面平行于介质的界面，在 $\theta_0=0$ 的特殊情况下，这两个平面是重合的；而在 $\theta_0\neq 0$ 的情况下，这两个平面彼此不平行.

现在我们将电场和磁场写成式(39-13)的形式

$$E(r,t)=(e\mathrm{e}^{-k_{z2}z})\mathrm{e}^{\mathrm{i}\phi}=E\mathrm{e}^{\mathrm{i}\phi} \tag{39-16}$$

$$B(r,t)=(b\mathrm{e}^{-k_{z2}z})\mathrm{e}^{\mathrm{i}\phi}=B\mathrm{e}^{\mathrm{i}\phi} \tag{39-17}$$

其中

$$\phi=k_x x+k_{z1}z-\omega t \tag{39-18}$$

因为 $k_y=0$，由式(39-3)，得

$$k_x E_x+k_z E_z=0 \tag{39-19}$$

类似的由 $\nabla\cdot\boldsymbol{B}(r,t)=0$，得

$$k_x B_x+k_z B_z=0 \tag{39-20}$$

现在我们来讨论入射波是P偏振波的特殊情况，即入射波的电矢量振动方向位于入射面(x-y 面)内、磁矢量振动方向垂直于入射面的情况. 根据边界条件，电磁波射入介质内，磁场仅有 y 方向分量，而已知 $\boldsymbol{k}$ 仅有 x 方向和 z 方向分量，于是波的磁场分量是横向的，即有

$$\mathrm{Re}\boldsymbol{B}\cdot\mathrm{Re}\boldsymbol{k}=0 \tag{39-21}$$

电场有 x 方向分量 E_x 和 z 方向分量 E_z，为讨论简单起见，假定 E_x 是一个实数，由式(39-16)可得

$$\mathrm{Re}E_x(r,t)=E_x\cos\phi \tag{39-22}$$

$$\mathrm{Re}E_z(r,t)=\mathrm{Re}E_z\cos\phi-\mathrm{Im}E_z\sin\phi \tag{39-23}$$

由式(39-19)，得

$$\begin{aligned}E_z&=-\frac{k_x E_x}{k_z}=-\frac{k_x E_x}{k_{z1}+\mathrm{i}k_{z2}}\\&=\frac{-k_x E_x}{|k_z|^2}(k_{z1}-\mathrm{i}k_{z2})\end{aligned} \tag{39-24}$$

将式(39-24)代入式(39-23)，得

$$\begin{aligned}\mathrm{Re}E_z(r,t)&=-E_x\frac{k_x k_{z1}}{|k_z|^2}\cos\phi-E_x\frac{k_x k_{z2}}{|k_z|^2}\sin\phi\\&=E_1\cos\phi+E_2\sin\phi\end{aligned} \tag{39-25}$$

其中

$$\left.\begin{aligned}E_1&=-E_x k_x k_{z1}/|k_z|^2\\E_2&=-E_x k_x k_{z2}/|k_z|^2\end{aligned}\right\} \tag{39-26}$$

比较式(39-22)和式(39-25)，可以看到 $\mathrm{Re}E_z$ 和 $\mathrm{Re}E_x$ 的相位是不相同的，在不同的时刻，两者的合矢量 $\mathrm{Re}\boldsymbol{E}$ 的方向是变化的，即 $\mathrm{Re}\boldsymbol{E}$ 量的顶端在入射面内沿某曲线运动，其空间和时间上的特性由式(39-16)描述，曲线为一椭圆. 现在我们进一步讨论这个椭圆偏振波的几何性质.

令 x 轴和 z 轴绕 y 轴按右手螺旋方向转动 δ 角度. 在新坐标系中，电场分量为

$$\mathrm{Re}E'_x(r,t)=\mathrm{Re}E_x(r,t)\cos\delta-\mathrm{Re}E_z(r,t)\sin\delta \tag{39-27a}$$

$$\mathrm{Re}E_z'(r,t)=\mathrm{Re}E_z(r,t)\cos\delta+\mathrm{Re}E_x(r,t)\sin\delta \tag{39-27b}$$

将式(39-22)和式(39-25)代入到上二式，得

$$\mathrm{Re}E_x'(r,t)=(E_x\cos\delta-E_1\sin\delta)\cos\phi-(E_2\sin\delta)\sin\phi \tag{39-28a}$$

$$\mathrm{Re}E_z'(r,t)=(E_1\cos\delta+E_x\sin\delta)\cos\phi+(E_2\cos\delta)\sin\phi \tag{39-28b}$$

上述的 δ 角是这样选择的，使 x' 轴和 z' 轴各自和椭圆的长轴和短轴重合，若用 a 和 b 表示椭圆的长半轴和短半轴，则有

$$\frac{[\mathrm{Re}E_x'(r,t)]^2}{a^2}+\frac{[\mathrm{Re}E_z'(r,t)]^2}{b^2}=1 \tag{39-29}$$

将式(39-28)代入到式(39-29)，经整理后得

$$\left[\frac{(E_x\cos\delta-E_1\sin\delta)^2}{a^2}+\frac{(E_1\cos\delta+E_x\sin\delta)^2}{b^2}\right]\cos^2\phi+\left[\frac{(E_2\sin\delta)^2}{a^2}+\frac{(E_2\cos\delta)^2}{b^2}\right]\sin^2\phi$$
$$+\left[\frac{(E_1\cos\delta+E_x\sin\delta)E_2\cos\delta}{b^2}-\frac{(E_x\cos\delta-E_1\sin\delta)E_2\sin\delta}{a^2}\right]\sin2\phi=1$$

由于上式对任意的 x、z、t，即对任意的 φ 都是满足的，所以 $\cos^2\phi$、$\sin^2\phi$ 和 $\sin 2\phi$ 项前的系数必分别等于 1、1 和 0，这样我们得到了包含三个未知数 δ、a、b 的三个方程，利用式(39-26)，并对这三个方程进行运算，最后得

$$\tan2\delta=\frac{2E_xE_1}{E_1^2+E_2^2-E_x^2}=\frac{2k_xk_1}{k_{z1}^2+k_{z2}^2-k_x^2}=\frac{2\tan\theta}{1-\tan^2\theta+k_{z2}^2/k_{z1}^2} \tag{39-30}$$

$$a=\left(\frac{E_xE_2^2}{E_x+E_1\cot\delta}\right)^{\frac{1}{2}}=E_x\frac{k_xk_{z2}}{|k_z|(|k_z|^2-k_zk_{z1}\cot\delta)^{\frac{1}{2}}} \tag{39-31}$$

$$b=\left(\frac{E_xE_2^2}{E_x-E_1\tan\delta}\right)^{\frac{1}{2}}=E_x\frac{k_xk_{z2}}{|k_z|(|k_z|^2+k_zk_{z1}\tan\delta)^{\frac{1}{2}}} \tag{39-32}$$

式(39-30)中的 θ 为折射角，由 $\tan\theta=k_x/k_{z1}$ 确定，因为 k_{z1} 和 k_{z2} 由式(39-11)和式(39-12)两式确定，因此 δ、a 和 b 可用 E_x、θ_0 和 ε 完全确定，即确定了椭圆偏振的性质. 在一般情况下，这个椭圆的平面与波的传播方向(即 Rek 方向)并不垂直，也就是说，一个 P 偏振的平面波入射至耗损介质的表面时，在介质中并未激发出一个纯粹的横向电场，而前面已得出磁场是横向的，因此作为电磁场整体来说，电磁波并不是横波，又由于 E_x 正比于 $\exp(-k_{z2}z)$，所以由式(39-31)和式(39-32)可知，a 和 b 也以这个指数因子衰减.

若入射波是 S 偏振波(电场振动方向垂直于入射面，而磁场振动方向位于入射面内)，则有类似的结论，即在一般情况下，介质内的电场具有横向性质，而磁场在位于入射面内发生椭圆偏振，所以从电磁场整体来看，电磁波不是横波.

如果入射波是更为一般情况的椭圆偏振波，原则上可按上述方法处理，因为椭圆偏振无非是振动方向相互垂直的两个线偏振的组合.

在结束本文之前，指出下列两点（为了节省篇幅，不作详细的推导）并非是多余的.

(1) 在耗损很小的情况下，即 $\varepsilon_2 \ll \varepsilon_1$，介质内的电磁波具有横波的性质.

(2) 入射波在垂直入射（$\theta_0=0$）情况下，即使是有耗损的介质，其内的电磁波始终是横波.

参考文献

曹昌祺，1979. 电动力学. 北京：人民教育出版社.

朗道，粟弗席兹，1963. 连续媒质电动力学. 北京：商务印书馆.

P. Halevi，1980. Am. J. Phys. 48(10)：861.

讲授“狭义相对论”的一些意见

金仲辉

应用物理系系主任祁铮教授根据系里一些教师的意见，希望我给系里的教师们讲授难于讲授的“狭义相对论”和熵的概念，现在我先对讲授“狭义相对论”提出下列的看法，关于熵的概念在另一篇文章叙述.

一、首先解释何谓狭义相对论和哪些物体的运动速度接近光速

“相对”指的是当运动物体的速度接近光速时，它们在不同参考系之间的时间和空间尺度是不相同的，即时空尺度是相对的；“狭义”指的是讨论的参考系仅限于惯性参考系. 所以，粗浅的说，狭义相对论主要是讨论，当物体的运动速度接近光速时，它们在不同的惯性系之间的时间和空间变换的关系，以及表面上看似相悖于日常生活经验的一些结论.

由于人们所熟悉的运动物体的速度远小于光速(3×10^5 km/s)，所以，对狭义相对论的一些结论往往难于理解. 要克服这个难题，我认为最好的方法是首先告诉学生，通常人们所不熟悉的一些物体的运动速度是可以接近光速的；然后在讲授中不断列举一些实验结果来证实狭义相对论的结论. 以下列举一些物体的运动速度是可以接近光速的.

(1) 加速器中的荷电粒子(如电子、质子等)可以被加速到接近光速，大型电子感应加速器可将电子速度加速到 $0.999\,986\,0c$，电子相应的能量为 100MeV.

(2) 宇宙线中的一些粒子的运动速度可接近光速.

例如宇宙线在大气上层产生的 μ 子速度可达 $0.998c$.

(3) 遥远的星系(如类星体)可以接近光速运动，根据宇宙大爆炸理论和哈勃定律 $v=Hr$(式中 $H=7\times10^{-11}$/年为哈勃常量)可以推算类星体的退行速度 v，美国哈里德教材中给出的 $v=2.8\times10^5$ km/s.

从以上的例子可以看出，不仅微观粒子的运动速度可以接近光速，而且巨大的星体竟然也可以接近光速的速度运动！总之，它们的运动速度远远大于我们日常所见物体的运动速度(例如，飞人速度～10m/s；地球自转速度～470m/s；超音速飞机～700m/s；人造卫星～7.9km/s 等)，于是，它们也带来了我们所不熟悉，甚至难于理解的物理新现象.

二、狭义相对论的两个基本假设

1. 相对性原理

在所有惯性系中，物理规律都是相同的.

2. 光速不变原理

在所有的惯性系中测量到的真空光速 c 都是相同的.爱因斯坦提出的这个假设非同小可,一系列违反"常识"的结论由此产生了,爱因斯坦坚信相对性原理是正确的,如果将相对性原理应用于电磁理论,我们立刻发现一个与伽利略相对性原理相矛盾的地方.

$$\left.\begin{aligned}&\nabla\cdot\boldsymbol{D}=4\pi\rho_0\\&\nabla\times\boldsymbol{E}=-\frac{1}{c}\frac{\partial\boldsymbol{B}}{\partial t}\\&\nabla\cdot\boldsymbol{B}=0\\&\nabla\times\boldsymbol{H}=\frac{4\pi}{c}\boldsymbol{J}_0+\frac{1}{c}\frac{\partial\boldsymbol{D}}{\partial t}\end{aligned}\right\}\tag{40-1}$$

需要注意的是,上述麦克斯韦方程组中的 c 是以普适常数出现的(犹如在力学相对性原理是 $\boldsymbol{f}=m\boldsymbol{a}$ 中的 m 是普适常数),这就是说,必须承认真空中的光速 c 对所有惯性系具有相同的数值,它与波源的运动无关,所以,如果认为麦克斯韦方程组对所有的惯性系都适用,必须同时承认光速不变原理,由此可看出,狭义相对论的两个基本假设实际上是相互关系的.

三、证实光速不变原理的三个实验

1. 迈克耳孙-莫雷实验

我们先来回顾该实验的历史背景,19 世纪的科学家相信存在着绝对参考系,认为电磁波和声波一样,在空间传播需要某种介质,这种介质被称为"以太".为了说明具有巨大数值的光速值,赋予"以太"有许多奇异性质(例如密度极小却具有很大的劲度系数和极大的渗透率等),在此基础建立了麦克斯韦方程组.

伽利略的力学相对性原理表明,用力学方法不可能确定绝对静止的参考系,于是一些物理学家热衷于用电磁学的实验确定地球相对于以太的绝对运动,迈克耳孙-莫雷实验就是在此背景下产生的,图 40-1 是迈克耳孙-莫雷实验装置示意图.实验装置具有很高的实验精度(0.01 干涉条纹),他们认为地球相对于"以太"的运动是存在的,根据他们的实验装置给出的数据,应有 0.4 干涉条纹变化,因为他们在推导中依然使用在不同惯性系中光速与光源的运动有关(例如,从地球参考系来看,光从 $G\to M_1$,光速为 $c-v$;光

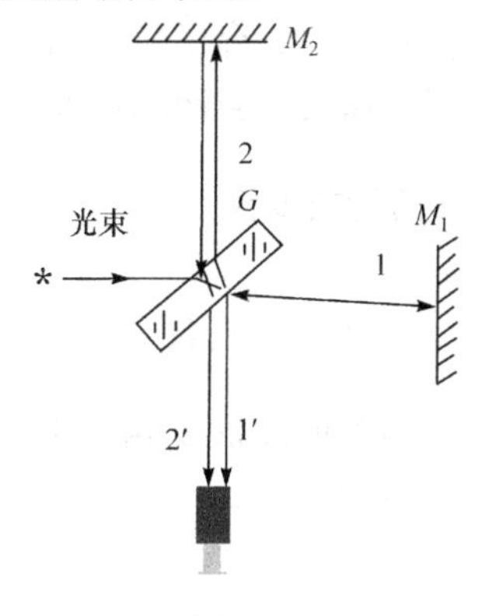

图 40-1

从 $M_1 \to G$，光速为 $c+v$，其中 v 为地球自转速度)，而且依然使用了在经典物理学中，不同参考系里的时间是绝对的，即时间和运动速度无关，但是，实验结果却表明，干涉条纹根本没有变化！这个“零”实验结果，恰恰说明了迈克耳孙-莫雷推导的基础是错误的，这个实验结果明白无误地说明了光速和光源的运动无关.

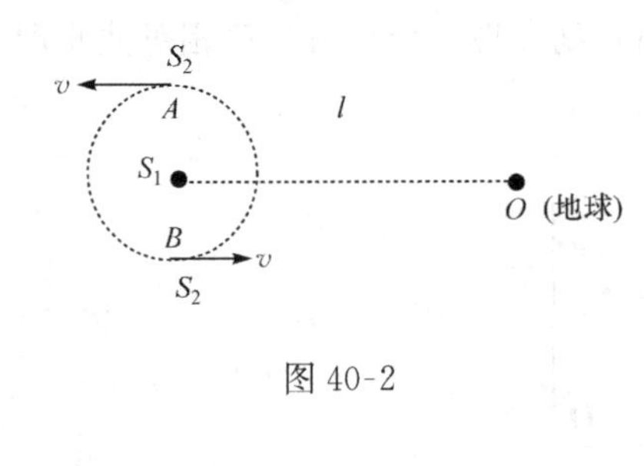

图 40-2

2. 遥远的双星观测

图 40-2 中 S_1、S_2 为距地球非常遥远的双星，S_2 绕 S_1 旋转，周期为 T. 设 A 为 S_2 运动的起点，l 为双星与地球间距离. 如果光速与源的速度有关，则 S_2 从 A 点发出的光到达 O 点的时间为

$$t_A=\frac{l}{c-v}$$

式中 v 为 S_2 绕 S_1 的旋转速度，S_2 绕到 B 点后发出的光到达 O 点的时间为

$$t_B=\frac{l}{c+v}+\frac{T}{2}$$

$(c-v)$ 和 $(c+v)$ 的差数虽小，但 l 很大，t_A 可能大于 t_B，于是会发生先发出的光后到达 O 点，而后发出的光却先到达 O 点. 但是，在双星观测中，从未发生过这样的结果！正确的结论应是光速与光源运动速度无关，即光速在不同惯性中是相同的. 应有这样的结果

$$t_A=\frac{l}{c},\quad t_B=\frac{l}{c}+\frac{T}{2}$$

3. π 介子发射出的 γ 射线的速率测定

一束相对于实验室速率为 0. 99975c 的 π 介子发射出的 γ 射线的速率和静止于实验室的 π 介子发射出的 γ 射线的速率经测定是完全相同的，该实验结果再次说明光速与光源运动速度无关.

四、洛伦兹变换

1. 伽利略变换

如果惯性系 S' 相对于另一惯性系 S 沿 x 方向一速度 v 运动(图 40-3)，则伽利略变换为

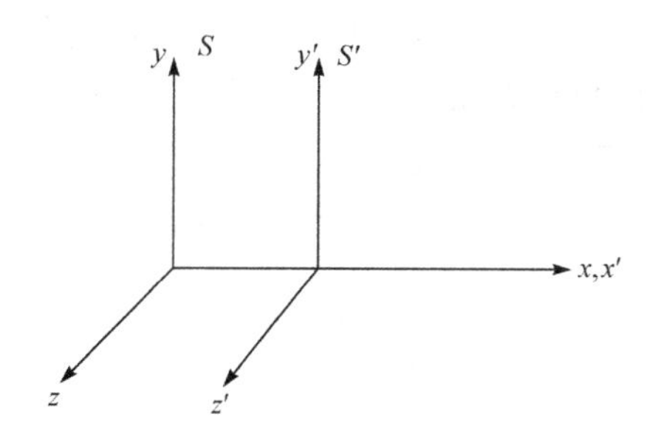

图 40-3

$$\left.\begin{aligned} x' &= x - vt \\ y' &= y \\ z' &= z \\ t' &= t \end{aligned}\right\} \tag{40-2}$$

伽利略变换是线性的，即$(x,y,z,t)\to(x',y',z',t')$之间的变换关系为线性的，由上式可以看出，在伽利略变换里，时间是绝对的，即时空尺度与参考系的运动无关，对式(40-2)的等式两侧，对时间微商有

$$\left.\begin{aligned} u'_x &= u_x - v \\ u'_y &= u_y \\ u'_z &= u_z \end{aligned}\right\} \tag{40-3}$$

对上式的等式两侧对时间微商，有

$$\left.\begin{aligned} a'_x &= a_x \\ a'_y &= a_y \\ a'_z &= a_z \end{aligned}\right\}$$

即

$$\boldsymbol{a}' = \boldsymbol{a} \tag{40-4}$$

在经典力学中，认为物体的质量与其运动速度无关，即质量 m 是一个不变量. 此条件与式(40-4)就保证了牛顿力学规律在不同惯性系中具有相同的形式，总之，在伽利略变换下，时间和空间与物体运动速度无关，并保证牛顿力学规律在不同惯性系有相同的形式，这些结论与我们日常生活经验和物体在远小于光速运动下的实验结果都是相符合的.

2. 洛伦兹变换

洛伦兹变换既适合于以接近光速的运动物体，它必须满足相对性原理和光速不变原理，同时也适合于低速运动的物体，与伽利略变换相符合. 所以，洛伦兹变换也是一组线性变换，它可由狭义相对论的两个基本假设导出.

假设 S 和 S' 系的原点 O 和 O' 重合时，位于原点 O 处的点光源发出光，并将此时刻作为 S 和 S' 系的计时点，如图 40-4 所示，从 S 系来看，光传播至 (x,y,z) 点，所需时间为 $t=\sqrt{x^2+y^2+z^2}/c$，即有

$$x^2+y^2+z^2-c^2t^2=0 \tag{40-5}$$

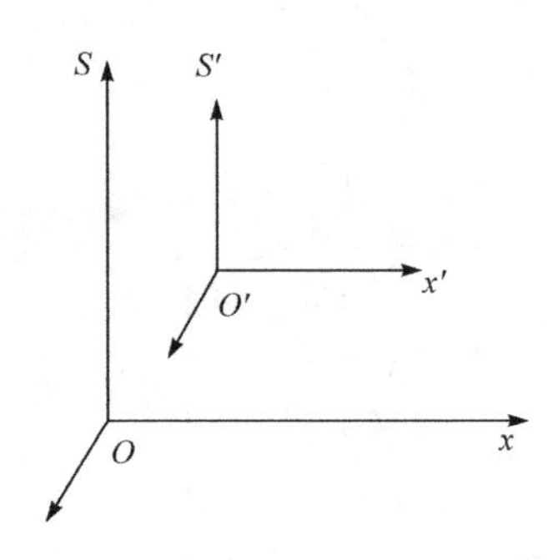

图 40-4

由光速不变原理，从 S' 系来看，光传播至 (x',y',z') 点，所需时间为 $t'=\sqrt{x'^2+y'^2+z'^2}/c$，即有

$$x'^2+y'^2+z'^2-c^2t'^2=0 \tag{40-6}$$

为了简单起见，假设 S' 系相对 S 系以速度 v 沿 x 轴正方向运动，这时 $y=y'$，$z=z'$. 由于新的时空变换是线性的，这样才能够保证，当物体在 S' 中作匀速度直线运动时，在 S' 系中观测者看来，该物体也作匀速直线运动. 因此，可以设

$$\left.\begin{aligned} x'&=a_{11}x+a_{12}t \\ t'&=a_{21}x+a_{22}t \end{aligned}\right\} \tag{40-7}$$

已经假设，在 S 系中观察，在 $x'=0$ 的各点(在 S 系中的坐标为 x)的速度为 v，即 $x'=0$，有 $\mathrm{d}x/\mathrm{d}t=v$，于是根据式(40-7)，有 $0=a_{11}x+a_{12}t$，即

$$\frac{\mathrm{d}x}{\mathrm{d}t}=-\frac{a_{21}}{a_{11}}=v \tag{40-8}$$

联立式(40-5)、式(40-6)、式(40-7)和式(40-8)，可解得

$$\left.\begin{aligned} a_{11}&=\frac{x-vt}{\sqrt{1-v^2/c^2}}, \quad a_{12}=\frac{v}{\sqrt{1-v^2/c^2}} \\ a_{21}&=\frac{-v/c^2}{\sqrt{1-v^2/c^2}}, \quad a_{22}=\frac{1}{\sqrt{1-v^2/c^2}} \end{aligned}\right\} \tag{40-9}$$

将上式代入式(40-7)，有

$$\left.\begin{aligned}x'&=\frac{x-vt}{\sqrt{1-v^2/c^2}}\\y'&=y\\z'&=z\\t'&=\frac{t-\frac{v}{c^2}x}{\sqrt{1-v^2/c^2}}\end{aligned}\right\}\tag{40-10}$$

上式即为洛伦兹变换，从此式可以看出，任何物体的运动速度 v 都不可能超越光速 c，否则 x' 和 t' 成为虚数，这是没有物理意义的.

由洛伦兹变换式(40-10)可得到速度变换式，它为

$$u'_x=\frac{u_x-v}{1-\frac{v}{c^2}u_x},u'_y=\frac{u_y}{\gamma\left(1-\frac{v}{c^2}u_x\right)},u'_z=\frac{u_z}{\gamma\left(1-\frac{v}{c^2}u_x\right)}\tag{40-11}$$

式中 $\gamma=1/\sqrt{1-v^2/c^2}$.

由式(40-11)可得，光在 S 和 S' 系中的传播速度是相同的，均为 c，若光在 S 系中的传播速度为 c，即. 则光在 S' 系中的速度为

$$u'_x=\frac{u_x-v}{1-\frac{v}{c^2}u_x}=\frac{c-v}{1-\frac{v}{c^2}c}=c.$$

其实上述结果是必然的，因为洛伦兹变换式原来就是光速在不同惯性系中具有相同值得到的.

洛伦兹变换式首先由荷兰物理学家洛伦兹提出的，他为了解释迈克耳孙-莫雷零干涉条纹移动的实验结果，提出物体在以太运动方向有一个收缩之后，为了使麦克斯韦方程组满足相对性原理，他设想 S 系的时空点(x,y,z,t)和 S' 系中的(x',y',z',t')之间的变换关系，从而得到了洛伦兹变换关系式. 虽然他得到了正确的时空变换关系，但不承认 t' 是真正的时间，称 t' 为地方时，仅仅是一个辅助量，不能将 t' 与 t 同样看待，由于他坚持传统的绝对时空观，不能越雷池一步，痛失发现狭义相对论的机会. 在物理学发展史上，由于缺乏创新的思想和观点，无视物理学新发现是屡见不鲜的. 例如 1930 年，约里奥·居里夫妇用高速 α 粒子轰出去 Be 核后，发现了一种穿透率很强的射线，他们将这种射线解释为一种高能的光子，卢瑟福的学生查德威克受到约里奥·居里夫妇上述工作的启发，认为这种射线可能是卢瑟福曾提出的中子概念，他做了几个实验，最后确认这种射线不是 γ 射线，而是中子，中子就是这样被发现了. 查德威克因为发现中子而获得 1935 年度的诺贝尔物理学奖. 当然，约里奥·居里夫妇也非等闲之辈，由于在合成新的放射性元素方面作出的贡献，而获 1935 年度的诺贝尔化学奖.

爱因斯坦在研究、分析了电磁学的现有成就，坚信一切参考系都是平权的，认识到洛伦兹提出的洛伦兹收缩和地方时并非数学技巧，而是真正触及到空间和时间概念本身，于是提出了狭义相对论. 狭义相对论不仅可以解释经典物理学所能解释的全部现象，还可能解释许多经典物理学所不能解释的现象，并且预言了不少新的效应，其中最重要的预言是质能关系式

$$E=mc^2 \tag{40-12}$$

这个关系式可以解释原子核衰变，裂变和聚变所释放出来的巨大能量，一个原子核释放出的能量可以是一个原子释放化学能的数百万倍至数亿倍.

五、狭义相对论的一些结论

1. 同时的相对性

在 S' 系中不同地点 ($\Delta x'\neq 0$) 同时发生的事 ($\Delta t'=0$)，在 S 系中来看，不是同时发生 ($\Delta t\neq 0$) 的，这个结论，由式(40-10)中的第 4 式可直接得之.

$$\Delta t=\frac{\Delta t'+\dfrac{v}{c^2}\Delta x'}{\sqrt{1-v^2/c^2}}=\gamma\left(\frac{v}{c^2}\Delta x'\right) \tag{40-13}$$

2. 长度收缩

从静止参考系 (S) 来同时测量 ($\Delta t=0$) 运动参考系 (S') 中的一把尺子的两端，这把尺子缩短了，这个结论，可由式(40-10)中的第一式直接得出 $\Delta x=\sqrt{1-v^2/c^2}\Delta x'$，即

$$l=\sqrt{1-v^2/c^2 l_0} \tag{40-14}$$

式中 l 和 l_0 分别为 S 系和 S' 系中尺子的长度.

3. 时间延缓(时钟变慢)

在 S' 系中同一点 ($\Delta x'=0$) 先后发生的两件事，S' 系中的时钟记录的时间间隔 $\Delta t'$ 要比 S 系中的时钟记录时间间隔 Δt 要小，这个结论可由式(40-10)中的第 1 式和第 4 式得出，即

$$\Delta t=\gamma\Delta t' \tag{40-15}$$

上述结论说明，与静止参考系比较，运动参考系中的一切过程(物理、化学、生物等)都变得缓慢了. 这个结论常使人提及双生子效应，弟弟在地球上，哥哥乘火箭去宇宙遨游，哥哥回到地球后依然是风度翩翩的少年，而弟弟已是满头白发的老翁，这就应了“天上方一日，地上已七年”的神话. 以下介绍三个实验，证实时间延缓

效应.

(1) μ 子衰变实验.

宇宙线中 μ 子的速度 $v=0.998c$,固有寿命 $\tau_0=2\times10^{-6}$ s. 如果没有时间延缓,它经过的距离 $l=v\tau_0\approx600$m. μ 子似乎不可能到达地面,我们无法测量它的衰变情况. 由于有时间延缓,在地面参考系中,μ 子的寿命为 $\tau=\gamma\tau_0=3.17\times10^{-5}$ s. 于是在这段的时间,它通过的路程设为 9500m. 这样就可在地面上观察到下列的 μ 子衰变:

$$\mu^{\pm}\rightarrow e^{\pm}+\nu+\bar{\nu}$$

(2) 双生子效应实验.

1966 年有人用 μ 子作了一个类似于“双生子效应”的实验,实验中让 μ 子沿一直径为 14 米的圆环运动,再回到出发点,这同双生子中哥哥的旅行方式类似. 实验结果表明,旅行中的 μ 子确实比未旅行的 μ 子寿命更长,这一实验一劳永逸结束所谓“双生子佯谬”的纯理论讨论.

(3) 铯原子钟实验.

1971 年有人将铯原子钟放在飞机上,若飞机沿赤道向东飞行,然后再回到地面,发现飞机上的钟比地面上的铯原子钟慢 59ns;若飞机沿赤道向西飞行,发现飞机上的钟比地面上的铯原子钟快 273ns.

从以上三个实验可看出,无论是微观粒子,还是宏观物体,只要它们的运动速度大,都存在着明显可见的时间延缓效应.

水中点物的虚像位置讨论

金仲辉

由于光的折射作用，从空气里看水中的点物时，它的虚像位置稍高于物. 如果将此情况绘成图，我们在不同的书籍和期刊中可以看到两种不同的画法，如图 41-1 和图 41-2 所示. 图 41-1 中的虚像 O' 在 OA 线（OA 线垂直水面）的左侧，而图 41-2 中的虚像 O' 在 OA 线（OA 线垂直水面）的右侧. 我们要问，虚像究竟在 OA 线的右侧，还是左侧？以下通过计算就可以回答这个问题.

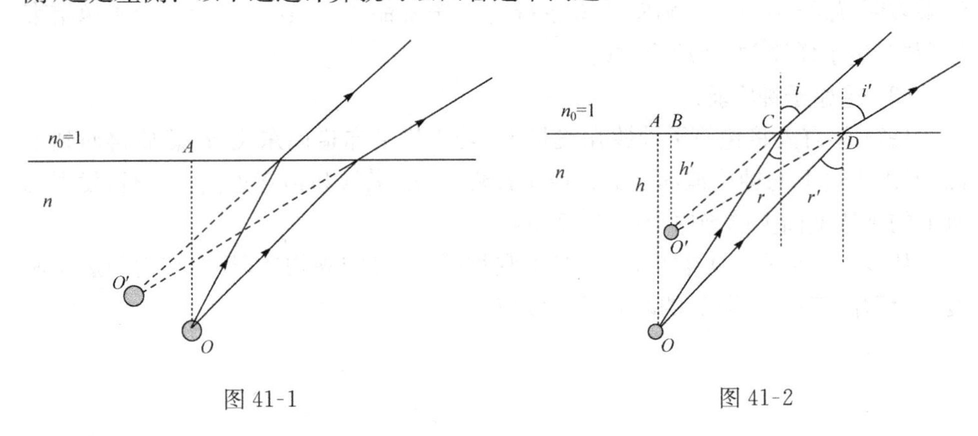

图 41-1　　图 41-2

由图 41-2 可知，$AB=AC-BC$. 如果 $AB>0$，说明虚像 O' 在 OA 线的右侧；如果 $AB<0$，说明虚像 O' 在 OA 线的左侧. 由图 41-2 中的几何关系，有

$$\begin{aligned} AB&=AC-BC=h\tan r-h'\tan i \\ CD&=BD-BC=h'\tan i'-h'\tan i \\ CD&=AD-AC=h\tan r'-h\tan r \end{aligned} \tag{41-1}$$

由此可得

$$h'=\frac{\tan r'-\tan r}{\tan i'-\tan i}h \tag{41-2}$$

由于人眼的瞳孔线度很小，所以进入眼睛的光束是很细的，可认为 $\Delta r'$ 与 Δr 以及 $\Delta i'$ 与 Δi 相差是很小的，于是有 $\tan r'-\tan r=\mathrm{d}\tan r=\sec^2 r\mathrm{d}r=\frac{1}{\cos^2 r}\mathrm{d}r$，$\tan i'-\tan i=\mathrm{d}\tan i=\sec^2 i\mathrm{d}i=\frac{1}{\cos^2 i}\mathrm{d}i$，将以上二式带入到式(41-2)，得

$$h'=\frac{\cos^2 i\mathrm{d}r}{\cos^2 r\mathrm{d}i}h \tag{41-3}$$

对 $n\sin r=\sin i$ 等式的两边各自微分，有

$$\frac{\mathrm{d}r}{\mathrm{d}i}=\frac{1}{n}\frac{\cos i}{\cos r} \tag{41-4}$$

将式(41-4)代入式(41-3)，有

$$h'=\frac{h}{n}\frac{\cos^3 i}{\cos^3 r} \tag{41-5}$$

将式(41-5)代入式(41-1)，并利用 $n=\frac{\sin i}{\sin r}$，有

$$AB=h\tan r-\frac{h\sin r}{\sin i}\cdot\frac{\cos^3 i}{\cos^3 r}\cdot\frac{\sin i}{\cos i}=h\tan r\frac{n^2\sin^2 r-\sin^2 r}{\cos^2 r}$$

所以

$$AB=h(n^2-1)\tan^3 r \tag{41-6}$$

由上式可知，由于 $n>1$ 和 $r\neq 0$，AB 显然是大于零的，这说明虚像 O' 在 OA 线的右侧.

还有，从式(41-5)可计算出，在不同角度(即 i 角)下观看水物点 O 时，其虚像 O' 距水面距离 h'. 例如，$i=45°$，由水的折射率 $n=\frac{4}{3}$ 和折射定律 $n\sin r=\sin i$，可得 $r=32°$. 从而由式(41-5)可得 $h'=\frac{h}{4/3}\cdot\frac{\cos^3 45°}{\cos^3 32°}=0.435h$。

若我们几乎从垂直方向观看水中点物，即有 $i=0$，$r=0$ 的条件，则得 $h'=\frac{h}{n}=\frac{3}{4}h$.

总之，从不同方向观看水中点物，其虚像的位置是不同的，但都在 OA 线的右侧，它的具体位置由式(41-5)和式(41-6)确定.

用惠更斯几何作图法导出光的折射定律中的一个问题

金仲辉

我们在讲授用惠更斯几何作图法导出光的折射定律时，常常认为光由真空(或空气)射向水的界面时，光在水中的传播速度要小于光在空气中的传播速度，如图 42-1 所示. 利用惠更斯原理以及几何作图方法，不难得出折射光线在水中的走向. 图 42-1 中的 $AD<BC$，并有 $i_2<i_1$，再通过一定的计算，可得出光的折射定律为 $n_1\sin i_1=n_2\sin i_2$.

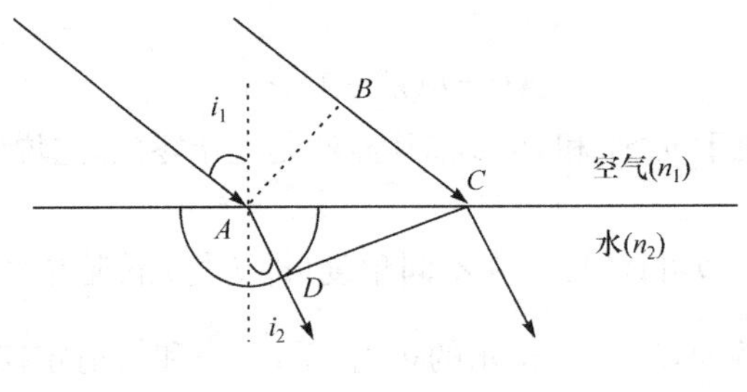

图 42-1

由此可看出，用惠更斯几何作图法导出的光折射定律，是假定光在水中的传播速度小于空气中传播速度下得出的. 但是，我们需要指出的是，在惠更斯时代人们并不知道光在水中传播速度值. 所以，我们在课堂讲授中不加任何说明地主观认为光在水中传播速度小于空气中的值，多少有些牵强附会. 相反，与惠更斯同时代的牛顿，以光的微粒说并假定光在水中的传播速度要大于空气中的值，也同样导出了光的折射定律. 当一束光的微粒由空气射向水的界面时，由于水的密度大于空气的密度，光微粒在水界面受到一法向力，使光微粒通过界面时法向速度发生变化，且 $v_{2n}>v_{1n}$，而切向速度不变，即 $v_{1t}=v_{2t}$，所以 $i_2<i_1$，如图 42-2 所示. 由于 $v_{1t}=v_1\sin i_1$，$v_{2t}=v_2\sin i_2$，由 $v_{1t}=v_{2t}$，可得 $n_1\sin i_1=n_2\sin i_2$.

由以上讨论可看出，无论是光的波动说，还是光的微粒说都推导出正确的光的折射定律，但它们的前提是相反的. 它们所以持相反的前提，是因为光的折射定律早已由实验中得出(1621 年由 W. Snell 得出). 该定律告诉我们，当一束光由空气射至水的界面时，入射角 i_1 必然大于折射角 i_2. 于是，光的波动说必须假定光在水中的传播速度值小于空气中的值，使图 42-1 中的 $AD<BC$，得出 $i_2<i_1$ 的结果；而光的微粒说，必须假定光在水中传播速度值大于空气中的值，使图 42-2 中的 $i_2<i_1$.

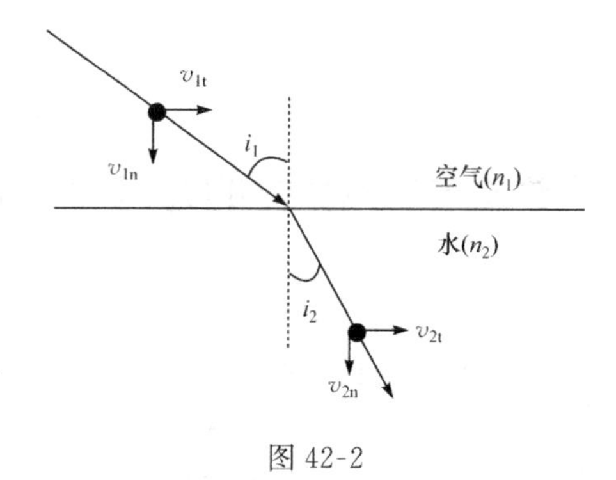

图 42-2

1850 年法国的傅科测量了光在水中的传播速度值约为空气中的 3/4，连同杨氏、菲涅耳等人在光波动说方面的卓越工作，最终判定了光波动说的胜利.

总之，我们在讲授一个物理问题时，在学生可以理解的基础上，力求对它全面分析，以开拓学生的思路，尤其对在一定的前提下，得出正确的结论要格外的谨慎，这个前提是否正确最终由实验来判定.

用初等数学推导棱镜的最小偏向角*

金仲辉

在常见的光学教科书里推导色散棱镜的最小偏向角往往采用微分法. 本文用初等函数解析法推导最小偏向角,比较简明. 推导如下:

设折射率为 n 的棱镜置于折射率为 1 的真空中,如图 43-1 所示. 图中 M 和 N 分别为光线射入棱镜的入射点和射出棱镜的出射点,Mn_1 和 Nn_2 分别为棱镜两个侧面的法线,A 为棱镜的顶角.

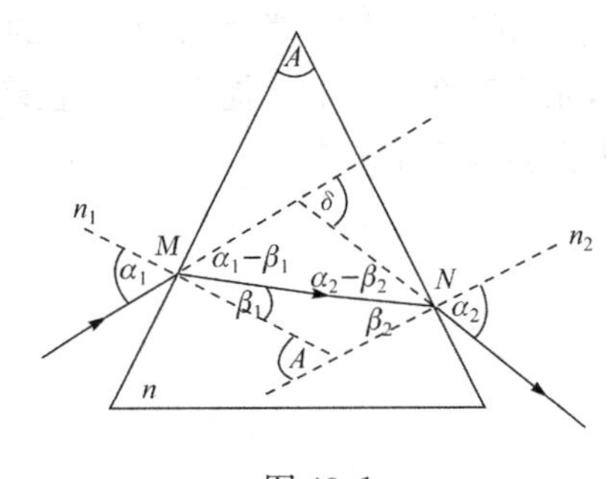

图 43-1

由图不难得出偏向角 δ 为

$$\begin{aligned}\delta &= (\alpha_1-\beta_2)+(\alpha_2-\beta_1)\\ &= \alpha_1+\alpha_2-(\beta_1+\beta_2)\\ &= \alpha_1+\alpha_2-A \qquad (43\text{-}1)\end{aligned}$$

由上式可知,由于 A 为常数,要使 δ 为极小,则需$(\alpha_1+\alpha_2)$为极小.

由折射定律得

$$\sin\alpha_1 = n\sin\beta_1 \qquad (43\text{-}2)$$

$$\sin\alpha_2 = n\sin\beta_2 \qquad (43\text{-}3)$$

将式(43-2)和式(43-3)相加得

$$\sin\alpha_1+\sin\alpha_2 = n(\sin\beta_1+\sin\beta_2)$$

$$2\sin[(\alpha_1+\alpha_2)/2]\cos[(\alpha_1-\alpha_2)/2] = 2n\sin[(\beta_1+\beta_2)/2]\cos[(\beta_1-\beta_2)/2]$$

* 本文刊自《物理教学》1984 年第 8 期,收录本书时略加修订.

$$\sin\frac{\alpha_1+\alpha_2}{2}=n\sin\frac{A}{2}\frac{\cos[(\beta_1-\beta_2)/2]}{\cos[(\alpha_1-\alpha_2)/2]} \tag{43-4}$$

以上已提到要使 δ 为极小，必须使 $(\alpha_1+\alpha_2)$ 或 $(\alpha_1+\alpha_2)/2$ 也为极小，$(\alpha_1+\alpha_2)/2$ 是小于 $\pi/2$ 的，对正弦函数来说，它在 $0\sim\pi/2$ 区间内是单调上升函数，若 $(\alpha_1+\alpha_2)/2$ 为极小，则 $\sin[(\alpha_1+\alpha_2)/2]$ 也为极小. 由式(43-4)可知，由于 $n\sin(A/2)$ 为常量，所以 $\sin[(\alpha_1+\alpha_2)/2]$ 达到极小的问题，主要看 $\frac{\cos[(\beta_1-\beta_2)/2]}{\cos[(\alpha_1-\alpha_2)/2]}$ 项在什么条件下达到极小. 将式(43-2)和式(43-3)相减得

$$\sin\alpha_1-\sin\alpha_2=n(\sin\beta_1-\sin\beta_2)$$

$$2\cos[(\alpha_1+\alpha_2)/2]\sin[(\alpha_1-\alpha_2)/2]=2n\cos[(\beta_1+\beta_2)/2]\sin[(\beta_1-\beta_2)/2]$$

$$\frac{\sin[(\alpha_1-\alpha_2)/2]}{\sin[(\beta_1-\beta_2)/2]}=n\frac{\cos[(\beta_1+\beta_2)/2]}{\cos[(\alpha_1+\alpha_2)/2]} \tag{43-5}$$

因为 $n>1$，所以有 $\beta_1<\alpha_1$，$\beta_2<\alpha_2$，也有 $(\beta_1+\beta_1)/2<(\alpha_1+\alpha_2)/2$，因此有

$$\cos[(\beta_1+\beta_2)/2]>\cos[(\alpha_1+a_2)/2] \tag{43-6}$$

于是由式(43-5)和式(43-6)得

$$\frac{\sin[(\alpha_1-\alpha_2)/2]}{\sin[(\beta_1-\beta_2)/2]}>1$$

由上式可推得

$$\left|\frac{\alpha_1-\alpha_2}{2}\right|>\left|\frac{\beta_1-\beta_2}{2}\right| \tag{43-7}$$

由式(43-7)可知，若 $\alpha_1\neq\alpha_2(\beta_1\neq\beta_2)$，则

$$\cos\left(\frac{\beta_1-\beta_2}{2}\right)/\cos\left(\frac{\alpha_1-\alpha_2}{2}\right)>1$$

而若 $\alpha_1=\alpha_2$ 即 $\beta_1=\beta_2$，则

$$\frac{\cos[(\beta_1-\beta_2)/2]}{\cos[(\alpha_1-\alpha_2)/2]}=1$$

以上讨论可知，只有在 $\alpha_1=\alpha_2$（即 $\beta_1=\beta_2$）的条件下，$\sin[(\alpha_1+\alpha_2)/2]$ 为极小值，也就是说光线对称地出入棱镜时，偏向角 δ 取极小值，即

$$\delta_{\min}=2\alpha_1-A \tag{43-8}$$

由式(43-2)、式(43-3)和式(43-8)即得众所周知的公式

$$n=\sin\left(\frac{A+\delta_{\min}}{2}\right)/\sin\left(\frac{A}{2}\right)$$

也谈光具组成像的一些问题*

金仲辉

读了本刊登载的两篇文章[1,2],很有启发.现在结合我在光学教学中发现学生中普遍存在的问题,再予补充和强调光具组成像的一些概念.从目前工科院校许多专业和综合性大学非物理类专业,在讲授普通物理时并没有几何光学的内容来看,我认为在中学物理教学中加强几何光学的内容是十分必要的.

一、实像与虚像、实物与虚物的定义

在讨论光具组成像问题之前,我们必须给物与像以明确的定义.这里所说的光具组是由若干反射面或折射面组成的光学系统,例如平面镜(一个反射面)、透镜(两个折射面)以及更复杂的光学系统.如果一个以 Q 点为中心的同心光束,经光具组的反射或折射后转化为另一个以 Q'点为中心的同心光束,我们说光具组使 Q 成像于 Q'. Q 称为物点,Q'称为像点.关于物像的虚实,以 Q 和 Q'所对应的同心光束的发散或会聚来定义.定义如下:

若出射同心光束是会聚的,称 Q'为实像;

若出射同心光束是发散的,称 Q'为虚像;

若入射同心光束是发散的,称 Q 为实物;

若入射同心光束是会聚的,称 Q 为虚物.

物点经光具组成像点的关系如图 44-1 所示.

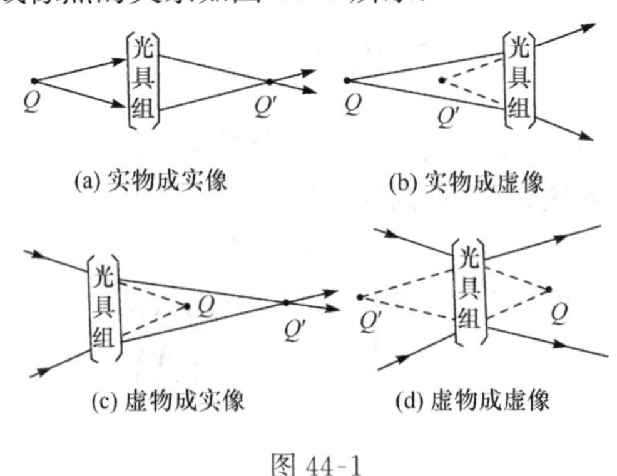

(a) 实物成实像 (b) 实物成虚像

(c) 虚物成实像 (d) 虚物成虚像

图 44-1

---

* 本文刊自《物理通报》1983 年第 3 期,收录本书时略加修订.

在这儿需强调两点:(1)虚物的概念是在讨论几个光具组联合成像中引入的,这也就是说对于一个镜或透镜或单个光具组的整体成像问题来说,就没有虚物这个概念;(2)物像的虚实是对确定的具体的镜、透镜或它们的组合而言,如果我们讨论的是可由三对基点和基面(主点和主平面、焦点和焦平面、节点和节平面)确定物像之间共轭关系的共轴理想光具组的话,那么在一般情况下,对于这种光具组只有物像位置、大小的关系,而无虚实之分,这是因为在三对基点、基面确定情况下,我们并不知道具体折射面的位置.

二、凸透镜和凹透镜、会聚透镜和发散透镜的定义

在学生中普遍存在着将凸透镜和会聚透镜、凹透镜和发散透镜完全等同起来,这不无道理,但却是不全面的. 为了搞清这个问题,必须对透镜的四种名称分别予以定义. 以下的讨论限于薄透镜.

1. 凸透镜和凹透镜的定义

首先假定所讨论的透镜,两个折射面都是球面(或一个球面、一个平面).

凸透镜:凡中央厚边缘薄的这类透镜称凸透镜,如图 44-2.

凹凸透镜	平凸透镜	双凸透镜	平凸透镜	凹凸透镜
$R_1<0,R_2<0$, $\|R_1\|>\|R_2\|$	$R_1=\infty,R_2<0$	$R_1>0,R_2<0$	$R_1>0,R_2=\infty$	$R_1>0,R_2>0$, $R_1<R_2$

图 44-2 凸透镜

凹透镜:凡中央薄边缘厚的这类透镜称凹透镜,如图 44-3.

凹凸透镜	平凹凸透镜	双凹透镜	平凹透镜	凸凹透镜
$R_1<0,R_2<0$, $\|R_1\|>\|R_2\|$	$R_1<0,R_2=\infty$	$R_1<0,R_2>0$	$R_1=\infty,R_2>0$	$R_1>0,R_2>0$, $R_1<R_2$

图 44-3 凹透镜

由以上可看出,我们是由透镜的形状来定义凸透镜和凹透镜的.

2. 透镜焦距公式

由薄透镜的物像距公式,很易求出它的两个焦距

$$第一焦距：f=\frac{n}{\dfrac{n_L-n}{R_1}+\dfrac{n'-n_L}{R_2}} \tag{44-1}$$

$$第二焦距：f'=\frac{n'}{\dfrac{n_L-n}{R_1}+\dfrac{n'-n_L}{R_2}} \tag{44-2}$$

其中，n_L 为透镜的折射率，n 为物方折射率，n' 为像方折射率，R_1 为第一个折射球面的曲率半径，R_2 为第二个折射球面的曲率半径.

由式(44-2)除以式(44-1)可得

$$\frac{f'}{f}=\frac{n'}{n} \tag{44-3}$$

由式(44-3)可知，在 $n\neq n'$ 时，两个焦距不相等；在 $n=n'$ 时，两个焦距相等，此时有

$$f=f'=\frac{n}{(n_L-n)\left(\dfrac{1}{R_1}-\dfrac{1}{R_2}\right)} \tag{44-4}$$

由几何光学中惯用的符号规则可知：

对于所有形式的凸透镜，恒有

$$\frac{1}{R_1}-\frac{1}{R_2}>0 \tag{44-5}$$

对于所有形式的凹透镜，恒有

$$\frac{1}{R_1}-\frac{1}{R_2}<0 \tag{44-6}$$

由式(44-4)、式(44-5)、式(44-6)可知，在 $n=n'$ 情况下，

$$\left.\begin{aligned}若\ n_L>n，则对凸透镜有\ f>0\\ 则对凹透镜有\ f<0\end{aligned}\right\} \tag{44-7}$$

$$\left.\begin{aligned}若\ n_L<n，则对凸透镜有\ f<0\\ 则对凹透镜有\ f>0\end{aligned}\right\} \tag{44-8}$$

3. 会聚透镜和发散透镜的定义

会聚透镜：凡焦距大于零的透镜称为会聚透镜，常用符号 ↕ 表示.

发散透镜：凡焦距小于零的透镜称为发散透镜，常用符号)(表示.

正因为用焦距大于零或小于零来定义会聚透镜或发散透镜，所以在许多教科书中又将会聚透镜称为正透镜，发散透镜称为负透镜. 在上述定义下，由式(44-7)、式(44-8)，我们立即得出如下结论：

在 $n_L>n$ 和 $n=n'$ 情况下，凸透镜是一个会聚透镜，凹透镜是一个发散透镜；

在 $n_L<n$ 和 $n=n'$ 情况下，凸透镜是一个发散透镜，凹透镜是一个会聚透镜.

三、关于作图法中的三根特殊光线

可用以下三根特殊光线，由物求像(或由像求物)：

(1) 平行于透镜主光轴的入射光线经透镜折射，出射光线通过透镜的第二焦点 F'；

(2) 通过透镜第一焦点 F 的入射光线经透镜折射，出射光线平行于透镜主光轴；

(3) 在 $n=n'$(即 $f=f'$)情况下，通过透镜光心的入射光线出射后方向不变，否则出射方向要改变.

多数学生在学习作图法中对前两条特殊光线能较熟练使用，而对第三条特殊光线，必须在 $n=n'$ 的条件下才能使用不太清楚，所以常犯如图 44-4 所示的错误(图中透镜的二个焦距不相等)，对于图 44-4 物 PQ 的像可用更具普遍性的第一条、第二条特殊光线求得，如图 44-5 所示.

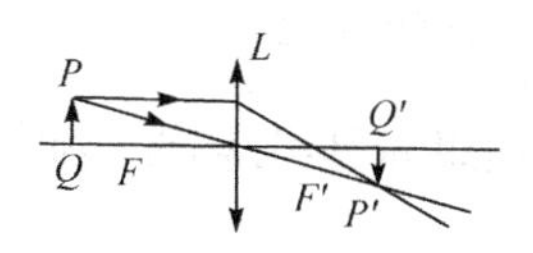

图 44-4　作图错误

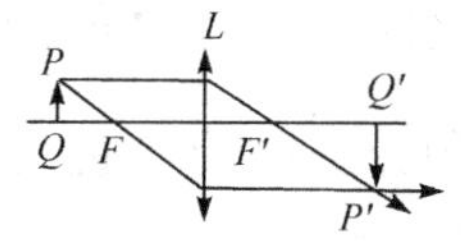

图 44-5　作图正确

在这儿需要强调的是，利用这三根特殊光线由物求像(或由像求物)仅是一种手段，而不是说物在成像过程中非要这些特殊光线不可，例如不管图 44-6 中有否挡板 M，照样利用特殊光线作图，求出物 PQ 的像 $P'Q'$.

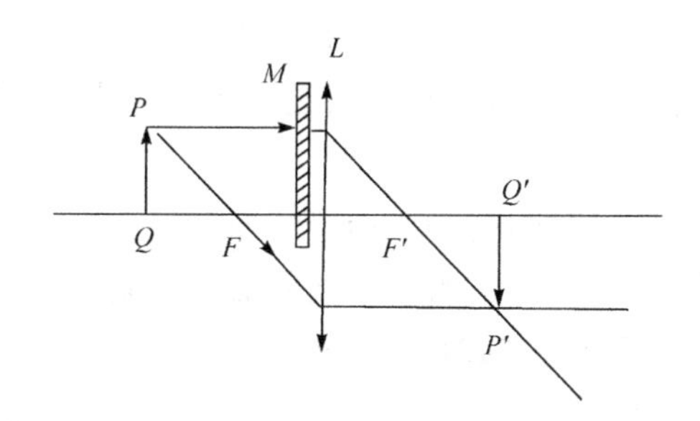

图 44-6　象 $P'Q'$ 的位置、大小与有无挡板 M 无关

参 考 文 献

[1] 郭震仑. 关于光具成像的若干问题. 物理通报，1982，1.

[2] 郝恩勤，牛大铮. 虚物浅谈. 物理通报，1982，3.

理想光具组是否存在？*

陈秉乾　金仲辉

理想光具组(又称绝对仪器)是使物空间内每一点都能无像散地成像的光具组.所谓无像散的成像是指从一点 P_0 发出的所有光线通过光具组后都会聚于另一点 P_1，P_1 就是 P_0 的无像散的像(又称锐像).在各种条件下，是否存在理想光具组，如果存在，具有什么特征；以及是否存在能使某些面或点无像散成像的光具组呢？显然，解决这些问题不仅有理论兴趣，对实际的光具组研究也有指导意义，然而，这是一个极复杂的几何光学问题，远没有完全解决，本文只是介绍一些有关的重要结果，有关证明可参看本文所引的文献.

一、平面镜及其组合——均匀介质中唯一的理想光具组

显然，在均匀介质中，平面镜及具组合是理想光具组.需要强调，这是均匀介质中唯一的理想光具组.

1858 年，麦克斯韦在物、像空间都均匀的情况下，证明了理想光具组的麦克斯韦定理(后来，Caratheodory 证明此定理在介质非均匀和各向异性时也正确)：物空间内任何一条曲线的光学长度(即光程)等于它经理想光具组所成像的光学长度，即

$$\int_{c_0} n_0 \mathrm{d}s_0 = \int_{c_1} n_1 \mathrm{d}s_1 \tag{45-1}$$

麦克斯韦定理得出，理想光具组的成像或者是一个投影变换，或者是一个反演.或者是这两者的一种组合.

由式(45-1)，共轭线元之比 $\mathrm{d}s_0/\mathrm{d}s_1 = n_1/n_0$ 如果 $n_0 = n_1 =$ 常数，则 $\mathrm{d}s_1/\mathrm{d}s_0 = 1$，因此，在具有相同折射率的均匀物、像空间之间的无像散像应与物完全相同或镜对称，平面镜及其组合是引起这种成像的唯一仪器.

二、麦克斯韦“鱼眼”——由球对称非均匀介质构成的理想光具组

麦克斯韦鱼眼是充满全空间的球对称非均匀介质，介质的折射率在球对称中心的 O 点为 n_0，远离 O 点逐渐减少，在无穷远为零，折射率函数表为

---

* 本文刊自《大学物理》1986 年第 8 期，收录本书时略加修订.

$$n(r)=\frac{n_0}{1+\frac{r^2}{a^2}} \tag{45-2}$$

式中 r 是从对称中心 O 点算起的距离，n_0 和 a 都是常数.

可以证明，如图 45-1，从上述介质中任一点 P_0 发出的所有光线的轨迹是一些大小不同的圆（图 45-1 中用实线画出的圆）；每一条光线（实线圆）都与 $r=a$ 的固定圆（在图 45-1 中用虚线画出）相交于直径的相反两端点（如图 45-1 中光线 $\overparen{P_0BP_1}$ 和 $\overparen{P_0AP_1}$ 合起来是一个圆，它与固定圆 $r=a$ 相交于 A、B 两点，AB 是固定圆的直径. 又如图 45-1 中光线 $\overparen{P_0DP_1}$ 和 $\overparen{P_0CP_1}$ 合成一圆，与固定圆交于 C、D，$\overline{CD}$ 是固定圆的另一直径）；所有从 P_0 发出的轨迹为圆的光线都会聚在另一点 P_1，P_1 在 P_0O 的延长线上，P_0 和 P_1 分别在 O 点的两侧并且 $\overline{P_0O}\cdot\overline{OP_1}=a^2$；图 45-1 中只画出了在纸平面上的光线，把它们以 $\overline{P_0OP_1}$ 为轴旋转，即可得从 P_0 发出而会聚于 P_1 的全部光线. 因此，P_1 是 P_0 的无像散像，由于 P_0 点是任选的，所以麦克斯韦鱼眼使每一点都能无像散地成像，是一种理想光具组，其中的成像是一个反演.

物点 P_0' 在 $r=a$ 圆上的特殊情形如图 45-2 所示，这时像点 P_1' 就在 $r=a$ 圆上，P_1' 是 $\overline{P_0'O}$ 延长线与 $r=a$ 圆的交点.

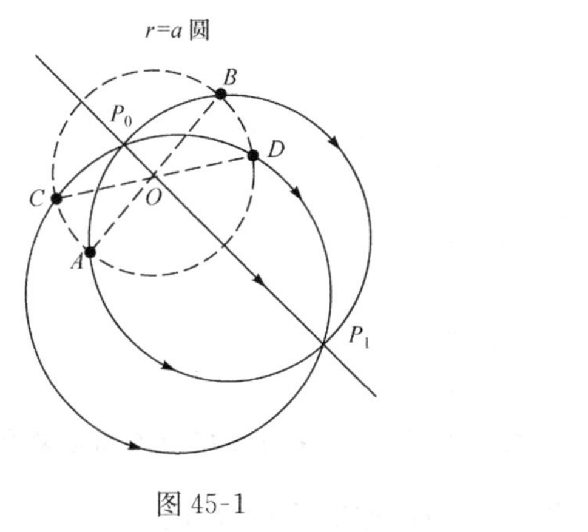

图 45-1

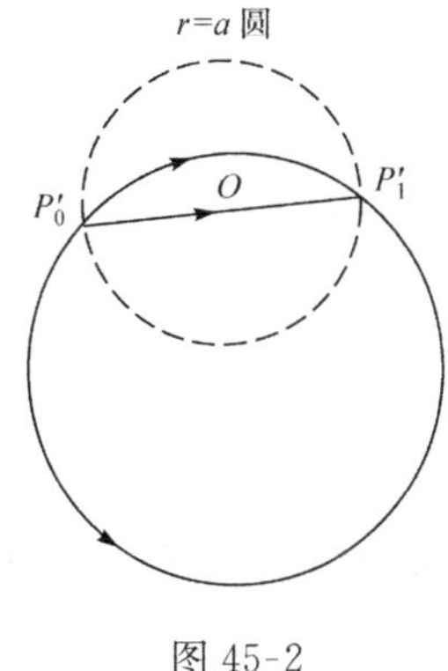

图 45-2

迄今为止，均匀介质中的平面镜及光具组合和麦克斯韦鱼眼是仅有的两个理想光具组.

三、使一球面无像散成像的均匀介质球

如果不要求光具组是理想的. 即不要求光具组对物空间每一点都无像散成像，而只要求对某些面或点无像散成像，对此也有过一些研究成果.

例如，均匀介质球放在另一均匀介质中，它能使（也只能使）一球面无像散地成

像,这个结果在实用中很有意义. 如图 45-3,均匀实心球 S 的半径为 r,折射率为 n',球心在 O 点,球外是折射率为 n'的均匀介质,设 $n>n'$(若 $n<n'$,结果类似). 上述系统可使球面 S_0 上的任意一点 P_0 无像散的成像于球面 S_1 上的 P_1 点(P_0 是虚物,P_1 是实像),S_0 和 S_1 的球心也都在 O 点,半径分别为

$$r_0=\frac{n}{n'}r \quad 和 \quad r_1=\frac{n'}{n}r \tag{45-3}$$

P_1 是$\overline{OP_0}$直线与球面 S_1 的交点. 因此,球面 S_1 是球面 S_0 的无像散像,反之亦然.

P_0 无像散成像于 P_1 是很容易说明的,如图 45-3,任取入射光线 AQ,其延长线交球面 S_0 于 P_0,连$\overline{OP_0}$与球面 S_1 交于 P_1. 显然,$QO/OP_0=OP_1/OQ=n'/n$,故$\triangle OQP_0\backsim\triangle OQP_1$,由此,$\sin\varphi_0/\sin\varphi_1=OP_0/OQ=n/n'$,满足折射定律,因此,$QP_1$ 是折射光线. P_1 是虚物 P_0 的无像散的实像.

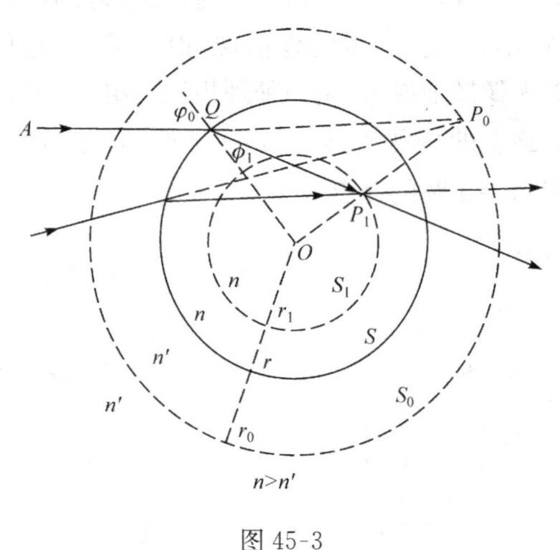

图 45-3

四、Luneberg 透镜——使平行光(无穷远物点)无像散成像的球对称非均匀介质球

Luneberg 透镜是球对称的非均匀介质球,球半径为 1,折射率为

$$n(1)=\sqrt{2-r^2}, \qquad 0\leqslant r\leqslant 1 \tag{45-4}$$

式中 r 是从球心 O 算起的距离,$n(0)=\sqrt{2}$,$n(1)=1$. 把此介质球放在 $n=1(r\geqslant 1)$ 的空间里,可以证明,如图 45-4,平行光射入 Luneberg 透镜后将精确地会聚于介质球一端的 P_1 点,P_1 是通过球心 O 的光线(直线)与介质球边缘的交点,$\overline{OP_1}=1$,因此,P_1 点是无穷远物点经 Luneberg 透镜所成的无像散像. 若点源在有限远时,便得不到无像散的像.

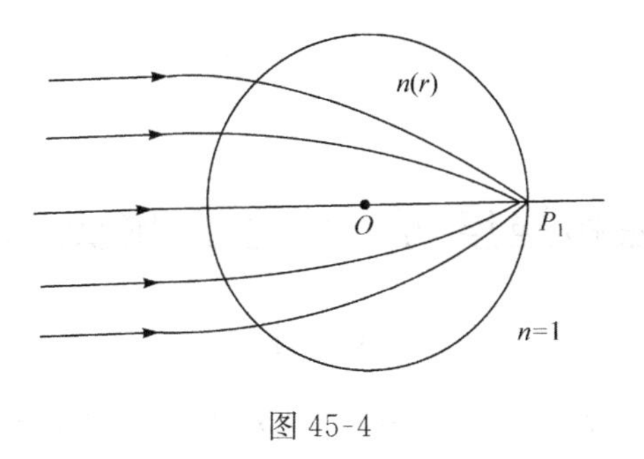

图 45-4

五、柱形透镜

柱形透镜是轴对称非均匀介质正圆柱体，折射率为

$$n(r)=n_0\,\mathrm{sech}\left(\frac{\pi r}{2f}\right) \tag{45-5}$$

式中 r 是从对称轴算起的距离，n_0 和 f 为给定的常数（因双曲函数 $\mathrm{sech}x=2/(\mathrm{e}^x+\mathrm{e}^{-x})$，故在对称轴 $r=0$ 处，$n(0)=n_0$）把此柱形透镜放在 $n=1$ 的空间里. 可以证明，如图 45-5，当平行光垂直射入柱形透镜的底面（即平行于对称轴入射）后，将精确地会聚在轴上一点 S，S 与底面的距离$\overline{OS}$=称为“焦距”. 因此，S 是无穷远物点的无像散像. 若入射的平行光倾斜（即与轴的夹角不为零），或点源在有限远处，经柱形透镜后都不能无像散地成像.

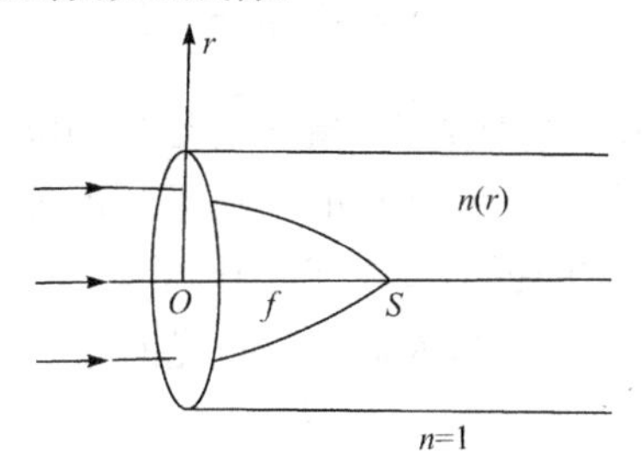

图 45-5

以上三、四、五中的均匀介质球，Lunebery 透镜和柱形透镜都不是理想光具组，但可以使某些特殊的面或点无像散地成像，这些讨论是有实际意义的，例如柱形透镜在微波技术（如雷达）中有使用价值.

参 考 文 献

斯留萨列夫，1959. 几何光学（中译本）. 北京：高等教育出版社.

A. Fletcher, et al, 1954. Proc. Roy Soc.. 216.

E. Marcharol, 1973. Progiess in Optic8. V. 1. 305.

M. Born, E. Wolf, 1978. 光学原理（中译本）. 北京：科学出版社.

R. K. Luneberg, 1964. Mathematical Theory of Optics.

透射光的振幅和强度可以大于入射光的振幅和强度*

金仲辉

在大学基础物理教材中，将用透明薄膜获得相干光的方法称为分振幅法. 因此，在一些教材和教员的教学中，常说成薄膜将入射波的振幅(或强度)分割成若干部分. 这种说法往往使学生(尤其是非物理专业的学生)误认为透射光的振幅和强度是不可能大于入射光的振幅和强度的. 下面，我们将说明这种认识是不正确的.

光是电磁波. 对于电磁波，它的坡印亭矢量(即能流密度矢量)为

$$\boldsymbol{S}=\boldsymbol{E}\times\boldsymbol{H} \tag{46-1}$$

在一般情况下，电磁波是横波，且有$\sqrt{\varepsilon_0\varepsilon_r}E=\sqrt{\mu_0\mu_r}H$，所以能流密度的值为

$$S=\sqrt{\frac{\varepsilon_0\varepsilon_r}{\mu_0\mu_r}}E^2 \tag{46-2}$$

由于真空中光速$c=1/\sqrt{\varepsilon_0\mu_0}$，在光频下$\mu_r\approx1$，折射率$n=\sqrt{\varepsilon_r}$，将它们代入上式，有

$$S=\frac{n}{c\mu_0}E^2 \tag{46-3}$$

我们通常说的光波强度(简称光强)指的就是光的能流密度(它的物理意义是单位时间内通过与光波的传播方向垂直的单位面积的能量). 从上式可看出，光强不仅和E^2成正比，还与介质的折射率n成正比. 在同一介质中讨论光强的相对分布时，式(46-3)中的折射率不重要，人们往往把光的相对强度I写成振幅的平方

$$I=E^2 \tag{46-4}$$

但在比较两种介质内的光强时，则应注意到折射率n的不相同.

当光波由一透明电介质射向另一电介质的界面时，由电磁场边界条件可以得到如下的菲涅耳公式：

$$E'_{p1}=\frac{\tan(\theta_1-\theta_2)}{\tan(\theta_1+\theta_2)}E_{p1}$$

$$E'_{s1}=\frac{\sin(\theta_2-\theta_1)}{\sin(\theta_2+\theta_1)}E_{s1}$$

$$E_{p2}=\frac{2\sin\theta_2\cos\theta_1}{\sin(\theta_1+\theta_2)\cos(\theta_1-\theta_2)}E_{p1}$$

---

* 本文刊自《现代物理知识》2003 年第 2 期，收录本书时略加修订.

$$E_{s2}=\frac{2\sin\theta_2\cos\theta_1}{\sin(\theta_1+\theta_2)}E_{s1} \tag{46-5}$$

上式中 θ_1 和 θ_2 代表入射角和折射角；E_{p1}、E_{s1} 代表入射光的 p 分量和 s 分量，E'_{p1} 和 E'_{s1} 代表反射光的 p 分量和 s 分量；E_{p2} 和 E_{s2} 代表透射光的 p 分量和 s 分量.

若定义振幅透射率 t 为透射光振幅与入射光振幅之比，则

$$\left.\begin{aligned}&\text{p 分量振幅透射率}\quad t_p=\frac{E_{p2}}{E_{p1}}=\frac{2\sin\theta_2\cos\theta_1}{\sin(\theta_1+\theta_2)\cos(\theta_1-\theta_2)}\\&\text{s 分量振幅透射率}\quad t_s=\frac{E_{s2}}{E_{s1}}=\frac{2\sin\theta_2\cos\theta_1}{\sin(\theta_1+\theta_2)}\end{aligned}\right\} \tag{46-6}$$

若定义光强透射率 T 为透射光强度与入射光强度之比，且由式(46-3)和式(46-6)，则有

$$\left.\begin{aligned}&\text{p 分量光强透射率}\quad t_p=\frac{I_{p2}}{I_{p1}}=\frac{n_2}{n_1}|t_p|^2\\&\text{s 分量光强透射率}\quad t_s=\frac{I_{s2}}{I_{s1}}=\frac{n_2}{n_1}|t_s|^2\end{aligned}\right\} \tag{46-7}$$

现在举一个一束平行光由水射向空气界面的例子来说明透射光的振幅和强度是可以大于入射光的振幅和强度的.

假定入射角 $\theta_1=30°$，由光的折射定律 $n_1\sin\theta_1=n_2\sin\theta_2$ 和取 $n_1=1.33$ 和 $n_2=1.00$，不难求出折射角 $\theta_2=41.8°$.

由 $\theta_1=30°$，$\theta_2=41.8°$以及式(46-6)和式(46-7)不难求出透射光的振幅和强度透射率为

$$\left.\begin{aligned}t_p=1.24\\t_s=1.21\end{aligned}\right\} \tag{46-8}$$

$$\left.\begin{aligned}T_p=1.16\\T_s=1.10\end{aligned}\right\} \tag{46-9}$$

上述数据充分说明了透射光的振幅和光强是可以大于入射光的振幅和光强的. 这个结论并不违背能量守恒原理.

光波的能流 W 定义为光波单位时间内通过某面积的能量，它与光强 I 的关系为

$$W=IS \tag{46-10}$$

其中 S 为光束的横截面积. 由图 46-1 可知，反射光束与入射光束的横截面积相等，而透射光束与入射光束横截面积之比为

$$\frac{CD}{AB}=\frac{\cos\theta_2}{\cos\theta_1} \tag{46-11}$$

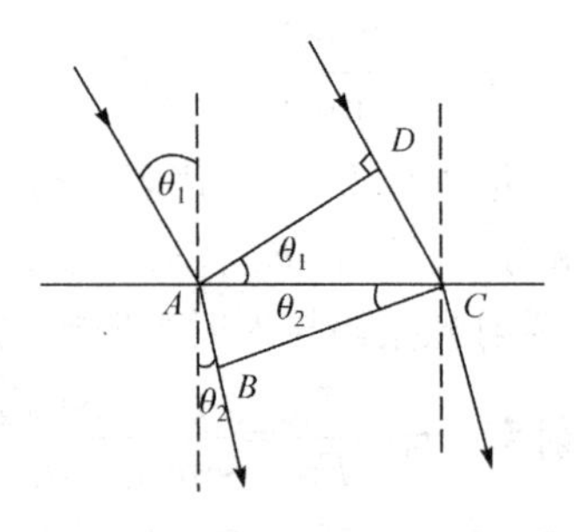

图 46-1

若定义透射光的能流透射率 T_w 为透射光能流与入射光能流之比，且由式(46-7)、式(46-10)和式(46-11)，则有

$$\left.\begin{aligned}&\text{p 分量能流透射率}\quad T_{W_p}=\frac{W_{p2}}{W_{p1}}=\frac{\cos\theta_2}{\cos\theta_1}T_p=\frac{\cos\theta_2 n_2}{\cos\theta_1 n_1}|t_p|^2\\&\text{s 分量能流透射率}\quad T_{W_s}=\frac{W_{s2}}{W_{s1}}=\frac{\cos\theta_2}{\cos\theta_1}T_s=\frac{\cos\theta_2 n_2}{\cos\theta_1 n_1}|t_s|^2\end{aligned}\right\}\tag{46-12}$$

光在两介质界面上反射和透射时，入射光的能流恒等于反射光能流和透射光能流之和，所以能量总是守恒的. 这就是说，式(46-12)所表示的透射光的能流透射率 T_{W_p}和 T_{W_s}是不可能大于 1 的，即透射光的能流永远不会超过入射光的能流.

由以上讨论可知，用透明薄膜获得相干光的方法说成是分能流法似比分振幅法要好些，有更确切的物理含义，不易造成误解，当然这是笔者一家之言了.

杨氏干涉实验教学中的几个问题*

王家慧　吕洪凤　王卫　韩萍　金仲辉

一、引言

杨氏实验(1801年)在光学发展史上具有重要的地位,在杨氏实验前,对光的本性探讨持有两种截然不同的看法.一种观点认为光由微粒组成,即光的微粒说;另一种观点认为光是一种波动,犹如声波一样,分布于整个空间,即光的波动说.由于物理学界权威牛顿倾向于持微粒说的观点,所以在杨氏实验前,光的微粒说占了有利的地位.但是杨氏实验的出现,给予当时的光微粒说沉重的一击,为光波动说胜利拉开了序幕.英国医生出身的杨氏以他精细而巧妙的实验雄辩地说明了光实实在在是一种波动!而且杨氏以他的实验装置,人类实现了第一次测量了光的波长,须知在杨氏实验前的光的波动说并没有光波长的概念,即没有波动空间周期性的概念.正因为杨氏实验在光学发展史的重要性,所以在光学教材中无不介绍杨氏实验的内容.但是如何教授好杨氏实验呢?下列几个问题供参考.

二、杨氏实验装置告诉我们一些什么

讲授杨氏实验,首先要说明杨氏实验装置的示意图,如图47-1所示.一束单色平行光射向具有针孔S的M_1屏,具有相距为d的两个针孔S_1和S_2的M_2屏与M_1屏相距为R.屏幕M_3与M_2相距为D.在M_3上出现明暗相间的条纹.

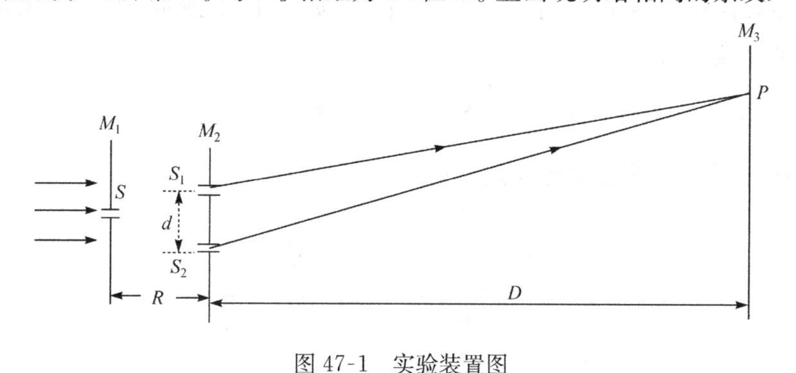

图47-1　实验装置图

* 本文刊自《广西物理》2011年第4期,收录本书时略加修订.

我们可以首先说明光的微粒说无法解释在 M_3 上出现光的现象. 因为按光的微粒说,光是一种微粒,它在空间直线传播,在进入针孔 S 后,就被 M_2 所阻挡,所以在 M_3 上根本不可能出现光.

在众多的光学教材中都指出杨氏实验装置中有 $d\ll D$ 的条件,有的教材还进一步指出 d 和 D 的取值范围,例如 $d\approx 0.5\text{mm}$,$D\approx 1\text{m}$. 但是,几乎没有一本教材论述为什么要有 $D\gg d$ 的条件? 我们的教师在波的干涉讲授中非常强调波相干的三个条件,即两列波需要满足同频率、同振动方向和相位差恒定的条件. 但在讲授杨氏实验装置时,却没有和波相干三条件联系起来,也就是说没有将杨氏在设计该实验时的巧妙构思充分表述出来. 一般说来,我们的教师都可以讲出在杨氏实验中两列波满足同频率和相位差恒定的条件,但很少有教师将 $D\gg d$ 的条件和两列波振动方向相同的条件联系起来. 下面来说明 $D\gg d$ 的条件,实际上保证了两列波的振动方向相同.

图 47-1 中的 S 发出一列光波,并传播至 M_2 上的两个针孔 S_1 和 S_2. 根据惠更斯原理,S_1 和 S_2 作为点光源又发出次波,并在 M_3 上 P 处相叠加. 由于 $D\gg d$,所以$\angle S_1PS_2$ 是很小的,可以估算这个角度,例取 $d=0.5\text{mm}$,$D=1\text{m}$,则$\angle S_1PS_2\approx\dfrac{d}{D}=0.0005=1.72'$. 这个角度确实是很小的. 在这样小的角度下,无论是杨氏的年代认为光是纵波,还是今日确认光是横波,即无论是纵波还是横波都保证了两个波的振动方向是相同的. 我们可以设想一下,如果 S_1 和 S_2 相距 $d=0.5\text{cm}$,再同比例扩大 D 的距离,即扩大 2000 倍,那么 $D=100\text{m}$ 两列波在 M_3 上一点相遇时,它们的振动方向无论如何可视为相同的了.

三、二种计算光程差方法的比较

大多数教材[1-4]采用下列方法计算光程差. 如图 47-2 所示,认为 $r_1=AP$,$\theta=\theta'$,从而得光程差为

$$\Delta L=r_2-r_1=S_2A=d\sin\theta=d\tan\theta'=\frac{d}{D}x$$

少数教材[5,6]采用下列方法计算光程差

$$\Delta L=r_2-r_1=\sqrt{D^2+\left(x+\frac{d}{2}\right)^2}-\sqrt{D^2+\left(x-\frac{d}{2}\right)^2}$$

$$=D\sqrt{1+\left(\frac{x+\frac{d}{2}}{D}\right)^2}-D\sqrt{1+\left(\frac{x-\frac{d}{2}}{D}\right)^2}$$

利用近似公式 $\sqrt{1+y}\approx 1+\dfrac{y}{2}\,(y<1)$,得 $\Delta L=\dfrac{d}{D}x$.

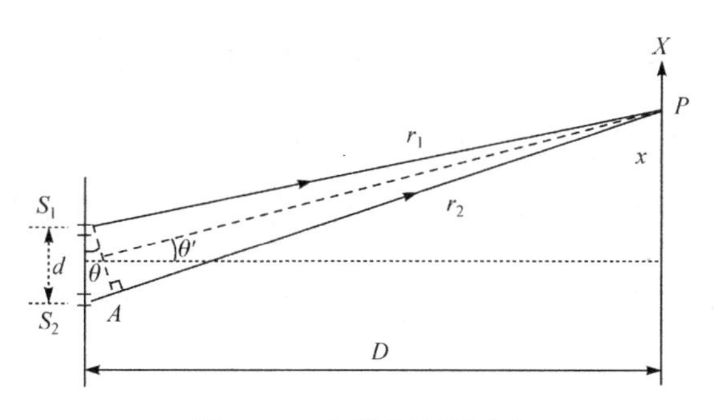

图 47-2 光程差计算用图

上述两种计算方法有两个共同的特点:(1)那就是计算过程中均采用了近似的方法;(2)所得的结果是相同的. 由于有第 2 个特点,很少有人去比较这两种计算方法,哪一种计算方法更为恰当的呢? 通过下面的讨论,可以使我们明了第 2 种计算方法是正确的,第 1 种计算方法不可取!

两种计算方法均采用了近似,它们的近似是否合适呢? 在第 1 种方法中,认为 $r_1 \approx AP$,也就是说满足 $r_1 - AP \ll \lambda$ 的条件. 可以通过简单的计算来看是否满足此条件

$$r_1 - AP = r_1 - \sqrt{r_1^2 - (d\cos\theta)^2} = r_1 - r_1\left[1 - \left(\frac{d\cos\theta}{r_1}\right)^2\right]^{1/2}$$

利用公式 $(1 \pm y)^{1/2} = 1 \pm \frac{1}{2}y - \frac{1}{8}y^2 \pm \frac{1}{16}y^3 \cdots$,可得 $r_1 - AP = \frac{1}{2}\frac{d\cos\theta}{r_1} \approx \frac{d^2}{2D}$. 显见,当 d 越小,D 越大时,误差越小.

当 $d = 0.5\text{mm}, D = 0.5\text{m}$,有 $r_1 - AP = 250\text{mm}$;

当 $d = 1.14\text{mm}, D = 1.5\text{m}$,有 $r_1 - AP = 430\text{mm}$;

当 $d = 1.2\text{mm}, D = 5.4\text{m}$,有 $r_1 - AP = 133\text{mm}$.

从以上计算结果可以看出,在一般实验室的条件下,第 1 种近似计算方法不能满足 $r_1 - AP \ll \lambda$ 的要求. 现在来看看第 2 种近似计算的结果.

$$\sqrt{1 + \left(\frac{x + \frac{d}{2}}{D}\right)^2} - \sqrt{1 + \left(\frac{x - \frac{d}{2}}{D}\right)^2}$$

$$= 1 + \frac{1}{2}\left(\frac{x + \frac{d}{2}}{D}\right)^2 - \frac{1}{8}\left(\frac{x + \frac{d}{2}}{D}\right)^4 - \left[1 + \frac{1}{2}\left(\frac{x - \frac{d}{2}}{D}\right)^2 - \frac{1}{8}\left(\frac{x - \frac{d}{2}}{D}\right)^4\right]$$

$$= \frac{xd}{D^2} + \frac{1}{8D^4}\left(2x^2 + \frac{d^2}{2}\right)(-2xd) \approx \frac{xd}{D^2} + \frac{1}{2}\frac{x^3 d}{D^4}$$

得到 $\Delta L = \frac{xd}{D} - \frac{1}{2}\frac{x^3 d}{D^3}$.

由上式可知，在第 2 种计算方法中，所忽略的量为$\frac{1}{2}\frac{x^3d}{D^3}$. 在实验室条件下，有 $x\approx5\text{cm}$. 即观察干涉条纹范围一般不会超过 10cm.

当 $d=0.5\text{mm}, D=0.5\text{m}, x=5\text{cm}$，有$\frac{1}{2}\frac{x^3d}{D^3}=250\text{nm}$；当 $d=1.14\text{mm}, D=1.5\text{m}, x=5\text{cm}$，有$\frac{1}{2}\frac{x^3d}{D^3}=2.1\text{nm}$；当 $d=1.2\text{mm}, D=5.4\text{m}, x=5\text{cm}$，有$\frac{1}{2}\frac{x^3d}{D^3}=0.47\text{nm}$.

从上述计算可看出，在实验室中若 $d\approx1\text{mm}$，D 的取值宜在 1.5m 以上. 总之，判断一种计算方法是否可行，要看计算中所忽略的量是否恰当. 尤其是这个忽略的量要与光的波长这个很小的量作比较，更需格外的谨慎，而这又与具体的实验条件相关联. 由以上的讨论，我们得出的结论是，第 2 种计算方法要优于第 1 种方法.

四、干涉条纹的形状

从图 47-1 所示的屏幕 M_3 上，在通常的实验观察的线度（$x=\pm5\text{cm}$）内，可观察到明暗相间的直线条纹. 我们要问，为什么干涉条纹是直线状的？要回答这个问题，还需从两个相干点光源 S_1 和 S_2 在空间干涉情况谈起. 图 47-3 所示的 S_1 和 S_2 为两相干点光源，我们已知道，当 $r_2-r_1=k\lambda$ 时，干涉强度有极大值，当 $r_2-r_1=\left(k+\frac{1}{2}\right)\lambda$ 时，干涉强度有极小值，当 $r_2-r_1=$常数时，那些点的干涉强度相等.

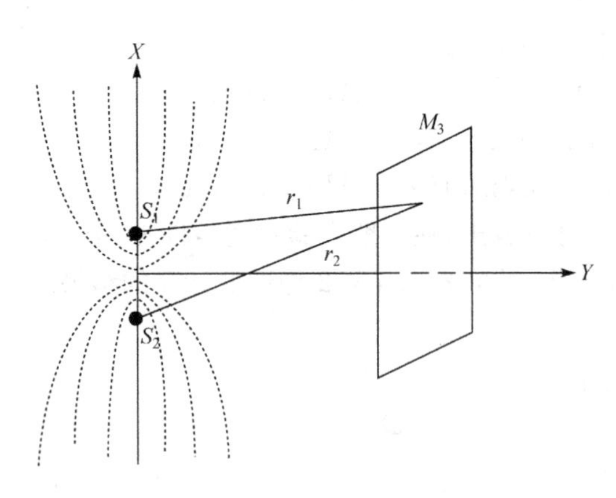

图 47-3　干涉条纹的形状

根据几何学我们知道，$r_2-r_1=$常数的轨迹是以 S_1 和 S_2 为焦点，以 S_1 和 S_2 的连线为旋转轴的双叶旋转双曲面. 图 47-3 中的屏幕 M_3 与双叶旋转双曲面相截，在 M_3 上的截线为双曲线. 所以，一般来说在 M_3 上观察到的干涉条纹应为双曲线. 但是，如果 M_3 与 S_1 和 S_2 的距离远远大于 S_1 和 S_2 的间距（即杨氏实验中

$D \gg d$)，而同时在 M_3 上观察的范围不是很大的话，在 M_3 上观察到的干涉条纹近乎是直条纹. 所以，在教材中说在 M_3 上观察到直条纹就是这个含意.

五、结论

我们之所以要较为细致地讨论干涉条纹的形状，是因为在实验中出现的一些物理现象，都是有条件的，只有明白这些物理现象出现的条件才能真正理解现象中所蕴含的本质.

参考文献

[1] 马文蔚. 物理学(下). 5 版. 北京：高等教育出版社，2006.
[2] 张三慧. 大学物理学(第四册). 2 版. 北京：清华大学出版社，2000.
[3] 吴百诗. 大学物理(第三次修订)(下). 西安：西安交通大学出版社，2008.
[4] 上海交通大学物理教研室. 大学物理学(下). 2 版. 上海：上海交通大学出版社，2007.
[5] 陆果. 基础物理学(下). 北京：高等教育出版社，1997.
[6] 金仲辉. 大学基础物理学. 3 版. 北京：科学出版社，2010.

光学教学中的两个问题*

金仲辉

一、干涉

出现波的干涉现象，波源要满足频率相同、振动方向相同和相位差恒定的条件，在大学基础物理教材里都是很强调这一点的. 但是有一些教材随意指定两个波(光)源是相干的，却忽视了在自己随意指定的两个波(光)源往往是不满足相干条件的. 以下摘录一本工科教材中的一个例题，就可说明上述问题.

如图 48-1 所示，A、B 两点为同一介质中两相干波源，其振幅皆为 5cm，频率皆为 100Hz，但当 A 为波峰时，点 B 恰为波谷. 设波速为 10m/s，试写出由 A、B 发出的两列波传到 P 时的干涉结果.

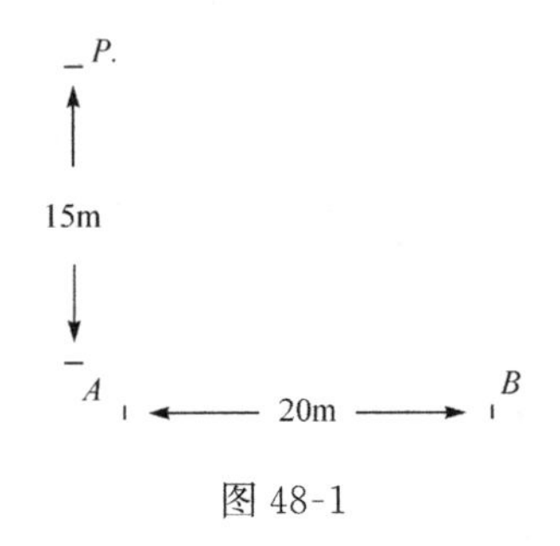

图 48-1

该例题得出 P 点合振幅 $A=|A_1-A_2|=0$ 的结果.

由这个例题给出的条件可以看出，在一般情况下，A、B 两个点波源无论是发出纵波还是横波，它们传播至 P 点时的振动方向是无法保证一致的. 当然有一种特殊情况是例外，即 A、B 两波源均发出横波，且振动方向与纸面是垂直的. 在现实中怎能找到这样的两个特殊波源呢？再则，该例题也未明确说明这样的特殊条件.

上述的例题虽然是个例，但具有普遍性. 在不少教材里，讨论光波干涉时，往往是先抽象讨论两个点光源 S_1 和 S_2 相干涉(见图 48-2)，而对两点光源 S_1 和 S_2 之间的距离 d 以及观察点 P 与点光源之间的距离 D 未加任何约束. 显然，这样的讨论和上述的例题如同一辙.

---

* 本文刊自《现代物理知识》2005 年第 1 期，收录本书时略加修订.

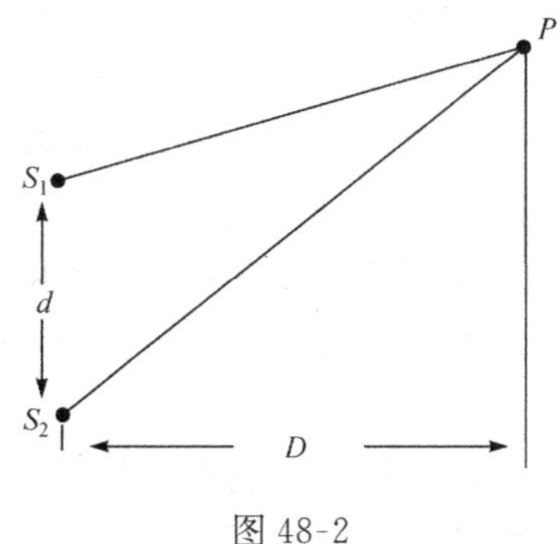

图 48-2

笔者曾听过北京大学沈克琦教授给物理系 77 级学生讲授光学课程.他在讲授光学课程时很强调先将光学现象和实验条件交待清楚,然后进行理论上的讨论和必要的数学计算.所以他在讲授光的干涉一章时,先对杨氏实验作了较为详细的讨论.图 48-3 表示杨氏干涉装置示意图,图中两个针孔(或双缝)间的距离 $d\approx 1\text{mm}$,针孔至屏幕(观察点)的距离为 $D\approx 1\text{m}$,即 $D/d\approx 1000$.在这样的实验条件下,不论波源 S_1 和 S_2 发出的波是纵波还是横波(在提出杨氏干涉的年代,人们认为光是纵波!)均可保证它们在 P 点相遇时振动方向相同的条件.从这儿也可体会杨氏干涉装置构思的巧妙.如果我们在讲授杨氏干涉章节时将上述内容分析清楚,定会使学生对波干涉的条件之一,即振动方向相同有更直观的了解.

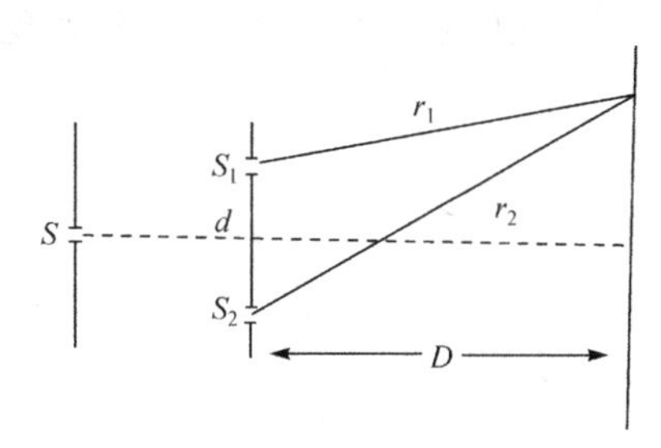

图 48-3

论及杨氏干涉实验,笔者还需强调几点.

杨氏干涉实验在光学发展史上具有很重要的地位.杨氏基于他发明的干涉实验第一个提出了光波长的概念,并测量了 7 种颜色光的波长.我们知道惠更斯在 1690 年出版的《论光》著作中虽提出了光的波动理论,但在光波动论述中没有空间周期性概念,即没有光波长的概念.所以,杨氏对光波长测定为光波动说奠定了坚实的基础.

在讨论图 48-3 中 S_1 和 S_2 两相干点光源在屏幕上 P 点的光强时,可认为是相同的,也即忽略了图中 r_1 和 r_2 之间的差异,但在讨论 S_1 和 S_2 在 P 点引起振动相位时，却一定要计算 r_1 和 r_2 之间的差值. 所以同一个物理量在什么情况下可忽略，在什么情况下不能忽略，均要作具体分析，决定取舍. 顺便提一句，一些工科院校教材中关于 r_1 和 r_2 差值的计算是欠妥当的，这儿有专门的文章(《大学物理》2002 年第四期李莉的文章)指出，在此不再赘述.

屏幕上干涉条纹不仅表示了光的强度分布，而且体现了参与相干叠加的光波间相位差空间分布，即干涉条纹同时记录了光强度和相位的信息，这一概念对现代光学中的全息技术是十分重要的.

杨氏干涉实验虽然是 1801 年的事，但它对近代物理依然起着积极的作用. 我们可以用杨氏实验装置来做物质波干涉实验. 如果在实验中发射的电子数少时，电子在幕上分布是随机的，待发射总电子数很多时，幕上就呈现明显的干涉条纹. 这就说明了物质波的统计概率解释. 如果实验中控制电子的发射，使电子一个个发射，在发射电子总量很多时，屏幕上依然呈现出干涉条纹. 这就说明了，每个电子只与它自己发生干涉，从来不会出现两个不同的电子之间的干涉，即每个电子都具有各自的波动性.

二、马吕斯定律

当一线偏光垂直入射至偏振片的表面，如图 48-4 所示，若线偏振光电矢量 $\boldsymbol{E}$ 的振动方向与偏振片的透光方向成 θ 角，则透射光强度 I_2 和入射线偏振光强度，I_1 之间的关系为 $I_2=I_1\cos^2\theta$，这就是马吕斯在 1809 年发现的定律.

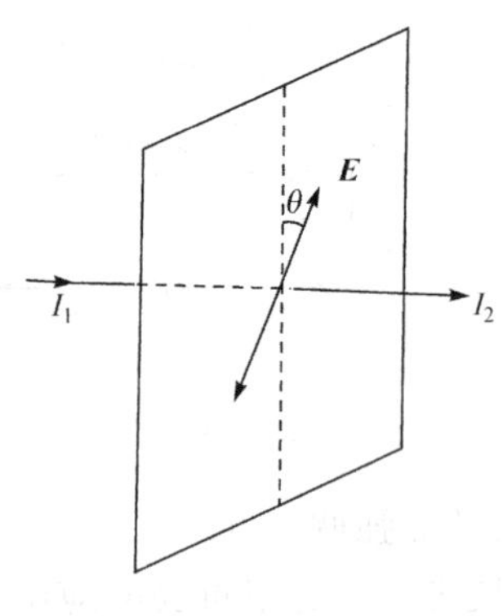

图 48-4

笔者在教学中曾有过困惑，当年得到的马吕斯定律是否像今日教材中所叙述的那样简单？即认为光是横波，入射光的电矢量 $\boldsymbol{E}$ 在偏振片透光方向上的投影分量 $E\cos\theta$ 可通过偏振片，于是就有了 $E_2^2=E_1^2\cos^2\theta$，即 $I_2=I_1\cos^2\theta$. 回答是否定的. 当笔者读到清华大学郭奕玲教授所著的《物理学史》中的一段话才明白. 现将这段话抄录如下："1809 年法国的马吕斯发现偏振现象，并认为找到了决定性的证据，证明光的波动理论与事实矛盾”. 这段话说明了两个事实:(1)当时持光波说观点的杨氏等人认为光是纵波;(2)由于马吕斯持光的微粒说观点,他从马吕斯定律得出光波没有轴对称性的特征,以此驳难杨氏. 因为纵波具有轴对称性,即若认为光是纵波,那么射出偏振片的光强应与 θ 角无关. 杨氏在马吕斯驳斥下,并未动摇自己的信念,在经过几年的研究后,杨氏逐渐领悟到要用光波是横波的概念来代替纵波,而这正是菲涅耳继续发展波动理论的出发点,并以严密的数学推论,从光是横波观点出发,圆满地解释了光的偏振现象. 这样说来,与马吕斯的期望恰恰相反,马吕斯定律从光的偏振性方面雄辩地证明了光的波动性.

现在我们要问马吕斯究竟是如何得到马吕斯定律的. 这在不同的教材中有不同的说法. 有教材(哈里德著的《物理学》二卷二分册)说马吕斯是根据实验得出的,也有教材(兰斯别尔格著的《光学》上册)说马吕斯是根据光的微粒说导出了自己的定律,后来被阿拉果用精确的光度学测量所证实. 笔者较倾向于相信后者的说法. 究竟何种说法可靠,笔者无更多的历史资料予以证实,也望有识的读者指正.

杨氏干涉条纹宽度公式的推导

金仲辉

在大多数光学教材里，推导杨氏干涉条纹宽度公式过程中，认为两条光线之间的光程差为

$$\Delta L = r_2 - r_1 = d\sin\theta$$

在得出上式的过程中，已假设了 $r_1 = AP$，而且在进一步的计算过程中，又认为 $\theta \approx \theta'$，如图 49-1 所示. 最后得到干涉条纹宽度的公式为

$$\Delta y = \frac{D}{d}\lambda$$

在较少的光学教材里，认为两条光线的光程差为

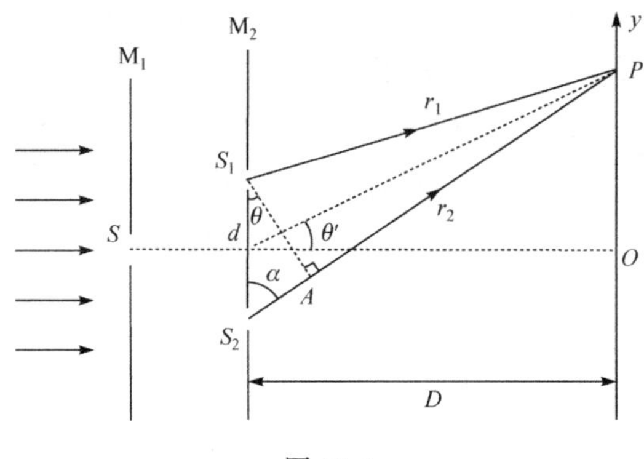

图 49-1

$$\Delta L = r_2 - r_1 = D\left[1 + \frac{\left(y + \frac{d}{2}\right)^2}{D^2}\right]^{1/2} - D\left[1 + \frac{\left(y - \frac{d}{2}\right)^2}{D^2}\right]^{1/2}$$

在实验中有条件$\left(y + \frac{d}{2}\right) \ll D$，即在屏幕上观测条纹的范围要小于屏幕至光屏 M_2 之间的距离，可利用近似公式$(1+x)^{1/2} \approx 1 + \frac{1}{2}x$，其中 $x < 1$，最后得

$$\Delta y = \frac{D}{d}\lambda$$

上述两种不同计算光程差的方法，最后得到的干涉条纹宽度公式，虽然说是相同的，我们要指出的是第一种计算公式看似更简便些，但它存在着缺点，主要是假

定了 $r_1=AP$ 才得出 $\Delta L=d\sin\theta$. 由于现在讨论的量很小，在光波长 λ 的数量级范围，上述假定是否合理呢？以下用计算来说明这种假定是不合理的.

$$r_1-AP=r_1-\sqrt{r_1^2-(d\cos\theta)^2}\approx\frac{(d\cos\theta)^2}{2r_1}\approx\frac{d^2}{2D}$$

结合国内一些著名教材中给出的杨氏干涉实验装置的数据，利用上式可计算出

当 $d=0.5\text{mm}, D=0.5\text{m}$ 时，有 $r_1-AP=0.25\mu\text{m}$

当 $d=1.14\text{mm}, D=1.5\text{m}$ 时，有 $r_1-AP=0.43\mu\text{m}$

上述计算结果表明，采用 $\Delta L=d\sin\theta$ 近似关系式引起的误差与可见光波长（$0.4\mu\text{m}\sim0.76\mu\text{m}$）有着相同的数量级，显然这种近似是不恰当的. 那么，为什么又得到正确的干涉条纹宽度公式的呢？这是由于在推导中又用了如下的近似公式：

$$d\sin\theta\approx d\tan\theta\approx d\tan\theta'$$

式中 $\tan\theta'=\dfrac{y}{D}$.

现取一组实验数据证明：$(d\tan\theta-d\tan\theta')$ 与光波长 λ 有相同的数量级. 取 $d=1.14\text{mm}, D=1.5\text{m}, y=5\text{cm}, \lambda=0.55\mu\text{m}$,

$$r_2=\sqrt{D^2+\left(y+\frac{d}{2}\right)^2}=\sqrt{1500^2+\left(50+\frac{1.14}{2}\right)^2}\times10^3=1500852.20(\mu\text{m})$$

$$r_1=\sqrt{D^2+\left(y-\frac{d}{2}\right)^2}=\sqrt{1500^2+\left(50-\frac{1.14}{2}\right)^2}\times10^3=1500814.22(\mu\text{m})$$

$$\Delta L=r_2-r_1=37.98\mu\text{m}$$

$$d\sin\theta=d\cos\alpha=d\,\frac{r_2^2+d^2-r_1^2}{2rd}=38.41\mu\text{m}$$

$$d\tan\theta=d\,\frac{\sin\theta}{\sqrt{1-\sin^2\theta}}=38.43\mu\text{m}$$

$$d\tan\theta'=d\,\frac{y}{D}=38.00\mu\text{m}$$

由以上计算可知，$d\sin\theta$ 与真实的光程差 $\Delta L=r_2-r_1$ 相差为

$$d\sin\theta-\Delta L=38.41-37.98=0.43(\mu\text{m})=0.78\lambda$$

而

$$d\tan\theta'-\Delta L=38.00-37.98=0.02(\mu\text{m})=0.036\lambda$$

$$d\tan\theta-d\sin\theta=38.43-38.41=0.02(\mu\text{m})=0.036\lambda$$

$$d\tan\theta'-d\tan\theta=38.00-38.43=-0.43(\mu\text{m})=-0.78\lambda$$

上述结果说明：(1) $d\sin\theta$ 比真实光程差 ΔL 大了 0.78λ；(2) 用 $d\tan\theta$ 代表 $d\sin\theta$ 并不引起很大的误差，而用 $d\tan\theta'$ 代表 $d\tan\theta$ 又引入了一个 0.78λ 的误差，前后两次近似所引起的误差，恰相互抵消，于是最终得到正确的干涉条纹宽度公式.

在物理学发展史上,在错误前提下,最终却得到正确结论的事情并不少见.例如,卡诺以热质说为依据之一得到了正确的卡诺定理,还如,麦克斯韦运用介质的弹性理论,用一个不正确的模型(分子涡旋模型)导出了正确的电磁学理论等.

顺便说一下,在较少光学教材中所采用计算光程差时,在$(1+x)^{1/2}$的展开式中也用了近似方法,主要是忽略了二级和二级以上的小量,这些小量引起的误差是可以忽略的.有兴趣的读者可试着证明之.

总之,我们在处理有着光波长λ这样小的数量问题时,要格外的谨慎,一些教材给出的计算公式未必是正确的.

推导杨氏干涉条纹宽度公式中的两个近似条件问题

金仲辉

图 50-1 绘出了杨氏干涉装置示意图. 图中的 $d \approx 1\text{mm}, D \approx 1\text{m}, y \approx 5\text{cm}$. 我们在推导杨氏干涉条纹宽度时主要用了两个近似条件:(1)认为 S_1 和 S_2 次点光源发出光波落在 P 点出的光振幅是相同的;(2)认为 $r_1 = AP$,于是 S_1 和 S_2 次点光源发出的光波落在 P 点处的光程差为 $\Delta L = d\sin\theta$,相位差为 $\Delta\varphi = \frac{2\pi}{\lambda} d\sin\theta$. 国内的许多光学教材以及美国哈里德等著的《物理学基础(第六版)》都是这样处理的. 尤其是哈里德等更指出了如果在$\overline{S_1 S_2}$与屏幕之间放一会聚透镜,并使屏幕恰是会聚透镜的焦平面位置(如图 50-2 所示). 上述的光程差公式 $\Delta L = d\sin\theta$ 仍然有效. 其实哈里德等的说法应该反过来说,即在图 50-2 的情况下,可放心使用 $\Delta L = d\sin\theta$,而在图 50-1 情况下使用 $\Delta L = d\sin\theta$ 就值得商榷了.

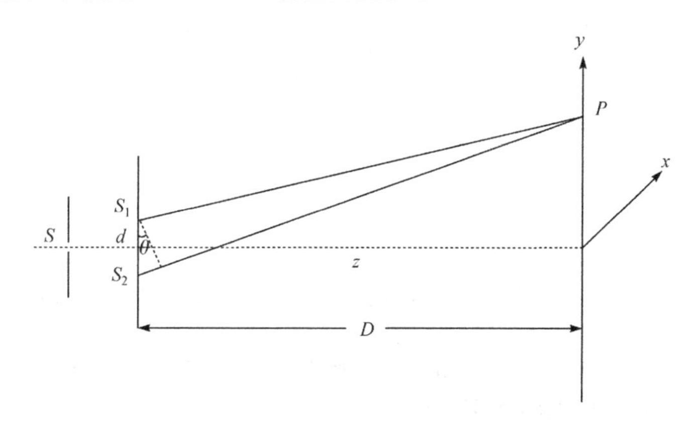

图 50-1

现在我们要问在图 50-1 所示的杨氏干涉装置的实验条件下,这两个近似条件是否合理. 先来讨论第一个近似条件,它可简化为图 50-3 所示的问题. 若在 S_1 与 S_2 的中间有一点光源 S_0(z 轴原点),那么它所发出的落在屏幕(x, y)上的光波的振幅相等,应有怎样的条件?

在 z 轴原点上的点光源 S_0,发出的球面光波到达(x, y)平面(屏幕)的波前函数为

$$\widetilde{U}(x, y) = \frac{a}{r} e^{ikr} \tag{50-1}$$

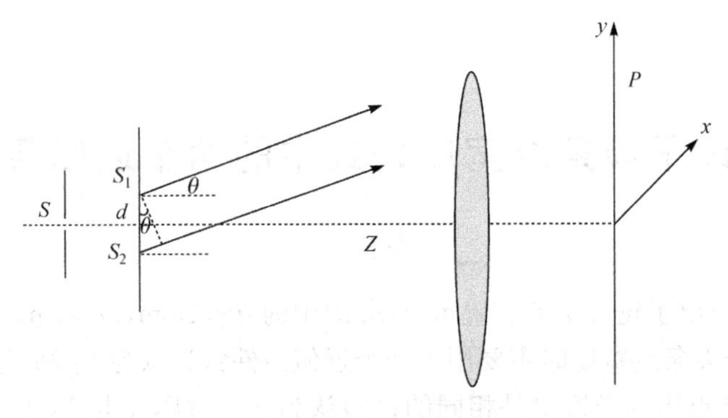

图 50-2

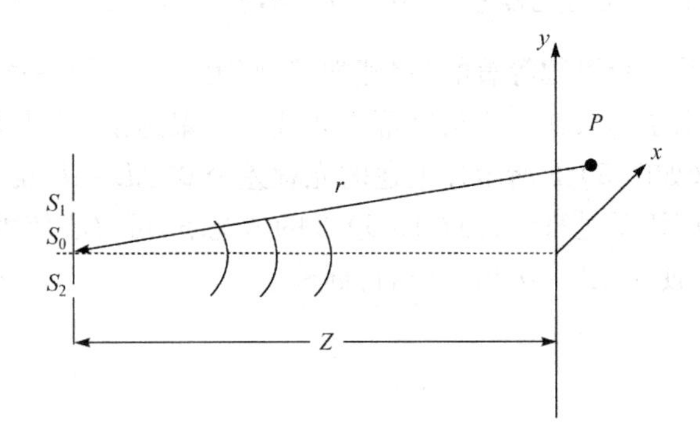

图 50-3

其中，$k=\dfrac{2\pi}{\lambda}$，$r=\sqrt{x^2+y^2+z^2}$. 而

$$r=z\left(1+\frac{x^2+y^2}{z^2}\right)^{1/2}=z\left(1+\frac{x^2+y^2}{2z^2}-\frac{(x^2+y^2)^2}{8z^4}+\cdots\right) \tag{50-2}$$

上式中 $x^2+y^2=\rho^2$ 为观测屏幕上的干涉条纹范围的量度. 若观测干涉条纹的范围远小于屏幕与 S_0 之间的距离 Z，即

$$z^2 \gg \rho^2 \tag{50-3}$$

则式(50-1)的波前函数中的振幅系数可近似为

$$\frac{a}{r} \approx \frac{a}{z} \tag{50-4}$$

而相位因子(e^{ikr})里应得出展开式中的二次项. 因为它含有 $k=\dfrac{2\pi}{\lambda}$，其中 λ 与 z 和 x、y 比较出来也是一个很小的量. 于是在满足式(50-3)条件下，式(50-1)可写成

$$\widetilde{U}(x,y) \approx \frac{a}{z} e^{ik\frac{x^2+y^2}{z}} e^{ikz} \tag{50-5}$$

上式具有平面波前的振幅特点，即振幅相等，与屏幕上(x,y)点的位置无关，但不具备平面波的相位也相等的特征，称式(50-3)为旁轴条件或振幅条件，现在我们来结合杨氏干涉装置的实验条件. 有$D\approx 1\text{m}$，即$z\approx 1\text{m}$和$x\sim 5\text{cm}$，$y\sim 5\text{cm}$. $\rho^2=(5\times 10^{-2})\times(5\times 10^{-2})=2.5\times 10^{-3}\text{m}^2$，而$z^2=1\text{m}^2$. 显然有$z^2\gg\rho^2$. 所以，在推导杨氏干涉条纹宽度公式时，认为图50-1中S_1、S_2两点光源发出的光波至幕上的光波振幅相等是合理的.

现在来讨论第二个近似条件，即许多教材中认为图50-1中的$r_1=AP$，即认为光波由S_1至P和由A至P的相位是相同的，结合杨氏干涉装置条件来看，这样的近似是否合理. 由光的可逆性，这个问题也可简化为图50-3的情况，即图50-3中的点光源S_0发出的光波落至屏幕(x,y)上，在什么条件下屏幕上的光波相位是相同的？由式(50-5)可知，要满足上述的条件，只要使$k\dfrac{x^2+y^2}{z}\to 0$即可，即$k\dfrac{x^2+y^2}{z}\ll\pi$，于是有

$$z\lambda\gg x^2+y^2=\rho^2 \tag{50-6}$$

上式称为远场条件或相位条件. 由杨氏干涉装置的实验条件，若取$z=D=1\text{m}$，$x=y=5\times 10^{-2}\text{m}$，$\lambda=550\text{nm}$. 显然在这样的实验条件下，不满足$z\lambda\gg\rho^2$的远场条件，于是在计算光程差时，在图50-1情况下，采用$\Delta L=d\sin\theta$公式显然是不合适的！

正确计算光程差应采用下述的方法. 由图50-1中的几何关系，有

$$\begin{aligned}\Delta L&=r_2-r_1=\sqrt{D^2+\left(y+\frac{d}{2}\right)}-\sqrt{D^2+\left(y-\frac{d}{2}\right)^2}\\&=D\sqrt{1+\left(\frac{y+\frac{d}{2}}{D}\right)^2}-D\sqrt{1+\left(\frac{y-\frac{d}{2}}{D}\right)^2}\end{aligned}$$

利用二项式展开，$(1+x)^{\frac{1}{2}}=1+\dfrac{x}{2}(x<1)$，最后得光程差为$\Delta L=r_2-r_1=y\dfrac{d}{D}$.

提高干涉条纹清晰度的条件*

李春燕　周　梅　何志巍　金仲辉

满足相干三条件的两束光[1~3]，在它们相遇区域可形成干涉条纹，但干涉条纹是否清晰还和其他的因素有关. 我们知道，两束光相干涉后的光强 $I(P)$ 为

$$I(P)=I_1+I_2+2\sqrt{I_1I_2}\cos\delta \tag{51-1}$$

其中，$I_1=A_1^2$，$I_2=A_2^2$ 分别为两束光的光强，A_1、A_2 分别为两束光的振动振幅，δ 为两束光的相位差.

当 $\delta=2k\pi$ 时，$k=0,\pm1,\pm2,\cdots$，干涉光强达到最大值

$$I_M=I_1+I_2+2\sqrt{I_1I_2} \tag{51-2}$$

当 $\delta=(2k+1)\pi$ 时，$k=0,\pm1,\pm2,\cdots$，干涉光强达到最小值

$$I_m=I_1+I_2-2\sqrt{I_1I_2} \tag{51-3}$$

干涉条纹清晰度和干涉区内光强度的起伏情况有关. 起伏大，说明干涉条纹清晰；反之，不清晰. 为了对干涉区域内光强度起伏程度做出定量的描述，为此定义干涉条纹的衬比度

$$\gamma=\frac{I_M-I_m}{I_M+I_m} \tag{51-4}$$

其中 I_M 和 I_m 分别代表干涉光强的最大值和最小值. 当 $I_m=0$ 时，有 $\gamma=1$，干涉条纹最清晰. 将式(51-2)、式(51-3)代入式(51-4)有

$$\gamma=\frac{2\sqrt{I_1I_2}}{I_1+I_2} \tag{51-5}$$

考虑到 $I_1=A_1^2$，$I_2=A_2^2$，上式可写为

$$\gamma=\frac{2\dfrac{A_1}{A_2}}{1+\left(\dfrac{A_1}{A_2}\right)^2} \tag{51-6}$$

若 $A_1=A_2$，则 $\gamma=1$；若 $A_1=3A_2$，则 $\gamma=0.6$；若 $A_1=10A_2$，则 $\gamma=0.2$.

由此可得出结论，相干的两束光的振幅越接近，γ 值越大. γ 的最大值为 1，条纹最清晰；γ 的最小值为零，说明相干区域光强均匀分布无起伏，不出现干涉条纹，

---

* 本文刊自《物理通报》2014 年第 1 期，收录本书时略加修订.

对应为完全非相干叠加.

在以上讨论了两相干光束的振幅对干涉条纹的衬比度影响后,现在来讨论光强均为 I_0 的两束相干自然光束的传播方向有一夹角 α 情况下的干涉条纹衬比度.

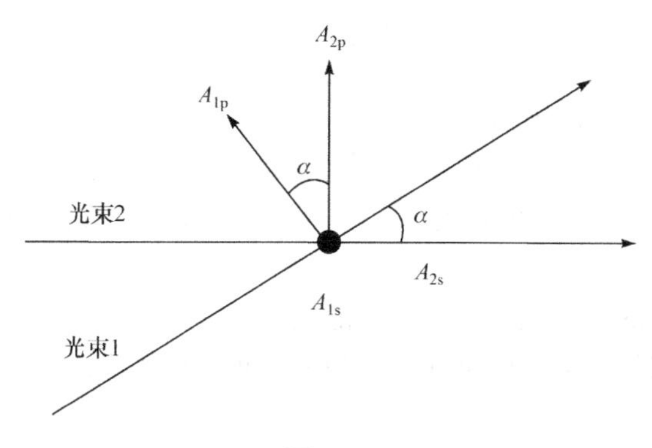

图 51-1

图 51-1 的两束自然光来自同一光源,故同频率和相位差恒定条件得到了保证,然后振动方向并不完全相同. 现将每束自然光的光矢量分解成 s 分量和 p 分量,分别记作(A_{1s},A_{1p})和(A_{2s},A_{2p}),如图 51-1 所示. 由于假设了两束自然光的强度是相同的,故有 $A_{1p}^2=A_{1s}^2=A_{2p}^2=A_{2s}^2=\frac{1}{2}I_0$. A_{1s}和 A_{2s}的两振动方向是相同的,所以它们相干叠加,有干涉光强最大值 $I_{Ms}=4\times\frac{I_0}{2}=2I_0$;干涉光强最小值为 $I_{ms}=0$. A_{1p}和 A_{2p}的两振动方向之间有一夹角 α,为此将 A_{2p}再分解为两个分量,一个平行于 A_{1p},振幅为 $A_{21}=A_{2p}\cos\alpha$,另一个垂直于 A_{1p},振幅为 $A'_{21}=A_{2p}\sin\alpha$. 前者与 A_{1p}发生相干叠加,产生干涉极大光强 I_{Mp}和极小光强 I_{mp}分别为

$$I_{Mp}=(A_{1p}+A_{21})^2=\frac{I_0}{2}(1+\cos\alpha)^2 \tag{51-7}$$

$$I_{mp}=(A_{1p}-A_{21})^2=\frac{I_0}{2}(1-\cos\alpha)^2 \tag{51-8}$$

后者 A'_{21}的振动方向与 A_{1p}正交,它作为一个非相干成分而成为一光强均匀的背景光,其光强为

$$\bar{I}=(A'_{21})^2=(A_{2p}\sin\alpha)^2=\frac{1}{2}I_0\sin^2\alpha \tag{51-9}$$

正是 $\bar{I}$ 导致干涉条纹的 γ 值下降,即干涉条纹变得不清晰. 综上分析,在相干区域观测到的光强极大值 I_M 和极小值 I_m 分别为

$$I_M=I_{Ms}+I_{Mp}+\bar{I}=2I_0+\frac{I_0}{2}(1+\cos\alpha)^2+\frac{I_0}{2}\sin^2\alpha=(3+\cos\alpha)I_0 \tag{51-10}$$

$$I_{\mathrm{m}}=I_{\mathrm{ms}}+I_{\mathrm{mp}}+\bar{I}=0+\frac{I_0}{2}(1-\cos\alpha)^2+\frac{I_0}{2}\sin^2\alpha=(1-\cos\alpha)I_0 \tag{51-11}$$

于是有

$$\gamma=\frac{I_{\mathrm{M}}-I_{\mathrm{m}}}{I_{\mathrm{M}}+I_{\mathrm{m}}}=\frac{1}{2}(1+\cos\alpha) \tag{51-12}$$

若 $\alpha=10°$，有 $\gamma=0.99$；若 $\alpha=30°$，有 $\gamma=0.93$；若 $\alpha=90°$，有 $\gamma=0.50$. 由此可见，在两束自然光传播方向夹角较小情况下，干涉条纹依然是很清晰的.

总之，由本文讨论过程可看出，为了得到清晰的干涉条纹，除了满足相干三条件外，还需满足下列的两个条件：

(1) 相干叠加的两束光的振幅尽可能接近；

(2) 相干叠加的两束光的传播方向间的夹角不要太大.

参考文献

[1] 吴百诗. 大学物理学(下册). 北京：高等教育出版社，2004：189-190.
[2] 马文蔚，周雨青，解希顺. 物理学教程(下册). 北京：高等教育出版社，2006：180-182.
[3] 金仲辉，柴丽娜. 大学基础物理学. 北京：科学出版社，2010：261-262.

杨氏双缝干涉图样的理论模拟*

何坤娜　韩　萍　朱世秋　金仲辉

1801 年，杨氏双缝干涉实验证实了光的波动性，并首次成功测量了光的波长，为光的波动学说发展奠定了坚实的基础，因此，该实验在物理学史上具有重要的地位和作用. 杨氏双缝干涉实验中，双缝到观察屏上任意点的距离差，即两光束的光程差至关重要，因为它直接决定了观察屏上干涉条纹的分布情况.

现有大学物理教材在给出观察屏上条纹分布时，大都先经过理论近似给出近似的光程差表达式[1~4]，然后，将光程差表达式和光的干涉加强和减弱的条件联立，得出屏幕上干涉条纹是明、暗相间的等间隔的直条纹的结论. 在近似表达式基础上得到的结论毕竟不能真实反映条纹分布，所以采用近似方法处理光程差不利于学生全面了解条纹的真实分布. 观察屏上实际的条纹分布应是怎样的呢？少数教材[5]虽提到观察屏上以强度相等为特征的点的轨迹应是一组双曲线，但并未有详细说明.

本文在未做任何近似的情况下，理论模拟了观察屏上干涉明纹分布，并对条纹分布特点进行了总结.

一、明暗干涉条纹所满足的方程

图 52-1 为杨氏双缝干涉实验光路示意图.

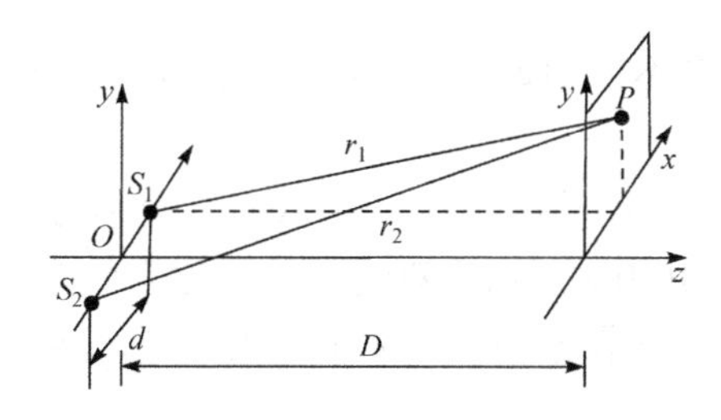

图 52-1　杨氏双缝干涉实验光路示意图

设双缝 S_1，S_2 的间距为 d，O 为双缝 S_1，S_2 的中点，双缝所在平面与光屏平行. 双缝与屏之间的垂直距离为 D，在屏上取任意一点 P，设定点 P 与双缝 S_1，S_2 的距离分别为 r_1 和 r_2，Δr 为光程差，结合图 52-1 中虚线易得

---

* 本文刊自《物理通报》2016 年第 3 期，收录本书时略加修订.

$$r_1^2=\left(x-\frac{d}{2}\right)^2+y^2+D^2$$

$$r_2^2=\left(x+\frac{d}{2}\right)^2+y^2+D^2$$

所以，双缝 S_1，S_2 发出的光到达屏上 P 点的光程差

$$\Delta r=r_2-r_1=\sqrt{\left(x+\frac{d}{2}\right)^2+y^2+D^2}-\sqrt{\left(x-\frac{d}{2}\right)^2+y^2+D^2} \qquad (52\text{-}1)$$

根据光的干涉的相关理论，当两光束光程差满足公式

$$\Delta r(x,y,D)=k\lambda,\quad k=0,\pm1,\pm2,\cdots,\pm n \qquad (52\text{-}2)$$

时，观察屏上满足公式(52-2)的点为亮点，同一 k 值所对应的亮点连起来构成第 k 级明纹. 当光程差满足公式

$$\Delta r(x,y,D)=(2k+1)\frac{\lambda}{2},\quad k=0,\pm1,\pm2,\cdots,\pm n \qquad (52\text{-}3)$$

时，观察屏上满足公式(52-3)的点为暗点，同一 k 值所对应的暗点连起来构成第 k 级暗纹.

二、理论模拟结果

根据公式(52-1)～(52-3)，通过改变 d，D 或入射波长 λ 值，即可获得不同条件下观察屏上的干涉条纹分布. 因明、暗条纹分布情况类似，我们仅给出明纹模拟结果. 在模拟过程中，入射单色光波长设为500nm，图 52-2～图 52-5 中的 x 轴和 y 轴分别对应图 52-1 观察屏上的 x 和 y 轴.

1. D 取不同值在较大范围内观察的情况

当 $d=0.1\text{mm}$，D 取不同值时，在较大观察范围内，屏幕上干涉明纹的分布情况.

图 52-2(a)～图 52-2(d)给出了 $d=0.1\text{mm}$，D 分别为 0.5m，1m，1.5m 和 2m 时，屏幕上较大观察范围(相对于杨氏双缝实验中通常的观察线度)内中央明纹及左右±50 级明条纹的分布情况. 图 52-2 中 x 和 y 轴坐标均在[−0.7m，0.7m]之间.

由图 52-2 可知，观察屏上较大范围内，当 D 分别为 0.5m，1m，1.5m 和 2m 时，观察屏上明条纹(除中央明纹外)确实呈典型双曲线形状且对称分布在中央明纹两侧，而不是等间距的直条纹分布，但随着 D 的增加，双曲线的弯曲程度明显减小. 另外，随着 D 增加，条纹间间距加大，明纹在 x 轴分布范围逐渐加宽. 当 D 为 0.5m 时，−50 级至+50 级明纹基本上分布在 x 轴上[−0.2m，0.2m]之间，当 D 为 1m，1.5m，分别分布在[−0.3m，0.3m]和[−0.4m，0.4m]之间，至 $D=2\text{m}$ 时，

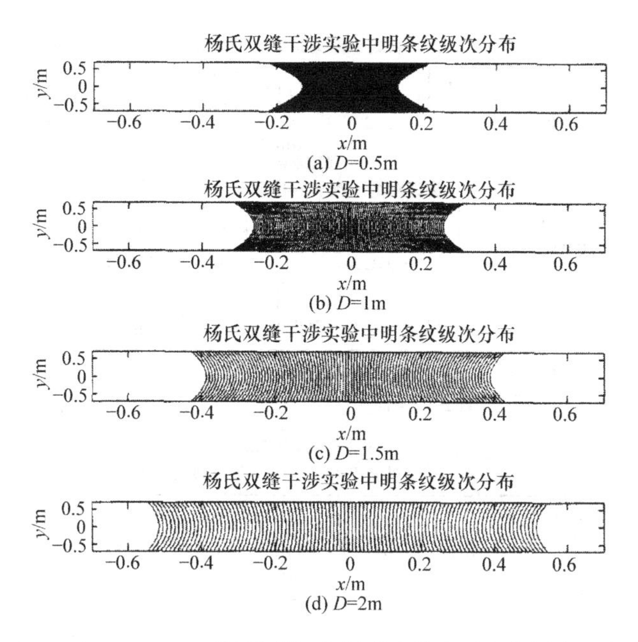

图 52-2 d=0.1mm,D 取不同值时,屏幕上较大观察范围内明纹分布

分布已扩展到[−0.55m,0.55m]之间.

2. D 取不同值在较小范围内观察的情况

当 d=0.1mm,D 取不同值时,在较小观察范围内,屏幕上干涉条纹的分布情况.

图 52-3(a)～52-3(d)给出了 d=0.1mm,D 分别为 0.5m,1m,1.5m 和 2m 时,在较小观察范围内,观察屏上明纹分布图.图 52-3 中 x 轴和 y 轴坐标均在[−0.06m,0.06m]之间[图 52-3(a)～52-3(d)实质分别对应图 52-2(a)～52-2(d)的一小部分].

由图 52-3(a)～52-3(d)可知,在较小观察范围内,当 D 为 0.5m 时,较高级次明纹仍呈现双曲线形,但中央明纹附近级次已非常接近直线分布.随着 D 增加,当 D 为 1m,1.5m 和 2m 时,目测各级明纹均已呈平行等距直线分布.另外,随着 D 增加,条纹分布由密集变稀疏,条纹间距增大,观察屏上干涉明纹数量减小.当 D=0.5m 时,条纹比较密集,条纹数量为 23×2+1 条;D 为 1m 和 1.5m 时,条纹数量分别为 11×2+1 条,1.5m 时的 7×2+1 条;而 D 为 2m 时,只能观察到 5×2+1 条.

3. d 取不同值在较小范围内观察的情况

当 D=1.5m,d 取不同值时,在较小观察范围内,屏幕上干涉明条纹的分布

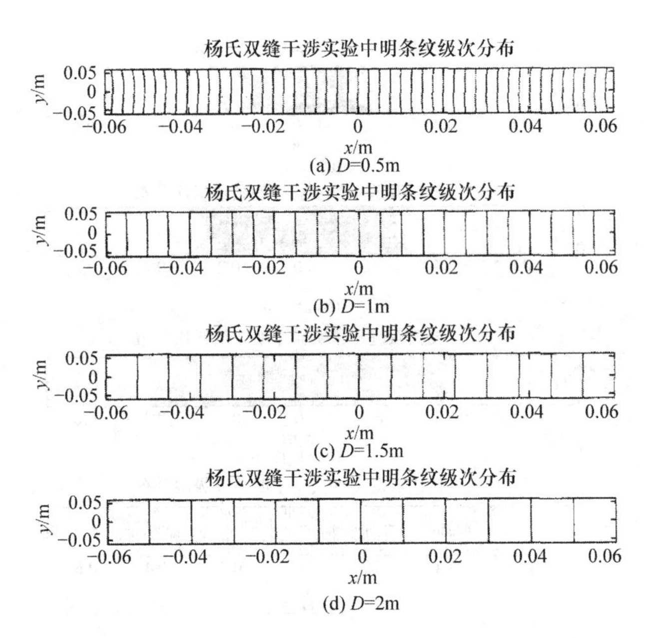

图 52-3　$d=0.1\mathrm{mm}$,D 取不同值时,屏幕上较小观察范围内明纹分布

情况.

图 52-4(a)～52-4(d)为 $D=1.5\mathrm{m}$,d 分别为 0.02mm,0.1mm,1mm 和 3mm 时,在屏幕上较小观察范围内的分布[图 52-4(c)～52-4(d)中只显示了中央明纹及其左右各 50 级干涉明纹]. 由图 52-4 的模拟结果可知,当 D 为 1.5,在观察屏上较小范围内,随着 d 增加,相邻级次明纹间距变窄. 当 d 为 0.02mm 时,在屏幕上较小观察范围内,只能观察到 3 条明纹(包括中央明纹及其左右 ±1 级明纹);$d=0.1\mathrm{mm}$ 时,能观察到 $7\times2+1$ 条明纹(到第 7 级);而 $d=3\mathrm{mm}$ 时,条纹间距小的已无法用肉眼分辨;当 d 大于 3mm,观察屏上的明纹会进一步聚集而变得更窄,此时,在观察屏上应只观察到一条亮线,无法观测到干涉现象. 这与干涉理论是一致的,因为随着 d 的增加,当 d 大到一定程度时,两缝光源将不再满足相干光源条件,所以也就无法观察到干涉现象.

4. 入射波长值取不同在较小范围内观察的情况

当 $D=1.5\mathrm{m}$,$d=0.1\mathrm{mm}$,入射波长分别为 400nm,500nm,600nm 和 700nm 时,在较小观察范围内,屏幕上干涉明条纹的分布情况.

图 52-5(a)～52-5(d)为 $D=1.5\mathrm{m}$,$d=0.1\mathrm{mm}$,波长分别为 400nm,500nm,600nm 和 700nm 时,在屏幕上较小观察范围内的分布. 由图 52-5 可知,当 D 为 1.5,$d=0.1\mathrm{mm}$ 时,在观察屏上较小范围内,随着波长增加,相邻级次明纹间距变大,观察到的条纹数量变少. 当波长分别为 400nm,500nm,600nm 和 700nm 时,在

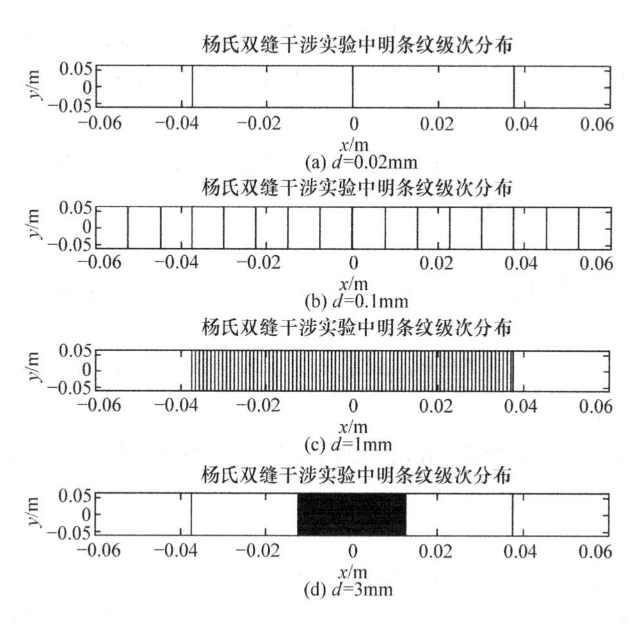

图 52-4　$D=1.5\mathrm{m}$，d 取不同值时，屏幕上较小观察范围内明纹分布

屏幕上较小观察范围内，分别能观察到 $9\times2+1=19$ 条、$7\times2+1=15$ 条、$6\times2+1=13$ 条和 $5\times2+1=11$ 条明纹.

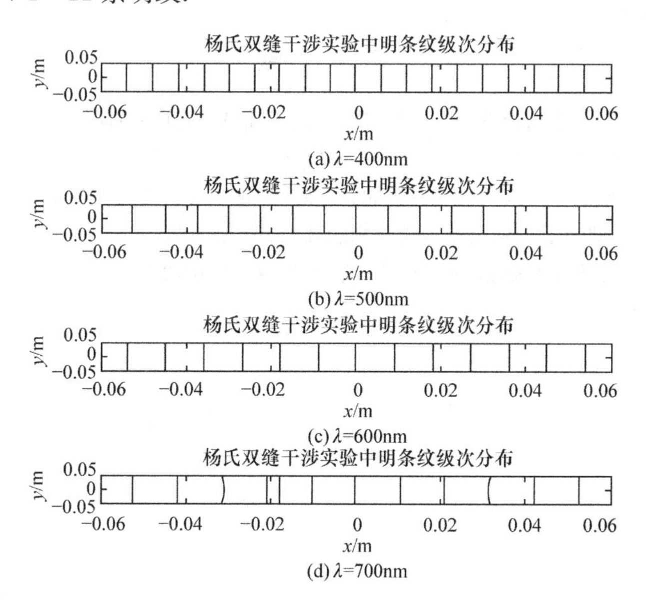

图 52-5　$D=1.5\mathrm{m}$，$d=0.1\mathrm{mm}$，波长取不同值时，屏幕上较小观察范围内明纹分布

由上述模拟结果可知：

(1) D 取不同值时,在 x 轴右侧的观察屏上均能观察到干涉条纹,由于在两相干光波叠加区域内,处处都存在干涉的现象,称为不定域干涉,因而杨氏双缝干涉为非定域干涉.

(2) 严格来说,观察屏上的条纹除中央明纹外为一系列双曲线,并非等间距直线. 只是在较小观察范围内,才观察到平直的等间距干涉条纹,并且,随着 D 的增加,条纹间距变大.

(3) 在同一 D 下,随着 d 增加,相邻级次明纹间距变窄,当 d 大到一定程度,肉眼将无法分辨干涉条纹.

(4) 在 D 和 d 一定,入射波长不同时,随着入射波长增加,条纹间距变大,可观察到的条纹数量减小.

(5) D 为 m 量级,d 为 0.1mm 量级,实验室可观察到清晰干涉条纹.

三、结论

本文在未经任何理论近似的情况下,通过改变不同参数,模拟了观察屏上干涉明纹的分布,该模拟结果不但直观地展示了干涉条纹分布特点,有助于学生对干涉条纹分布规律的理解和掌握,而且可在一定程度上指导杨氏双缝干涉实验. 另外,通过对比不同参数下的模拟结果,可引发学生对实验条件的关注,认识到实验条件的重要性.

参考文献

[1] 程守洙,江之永. 普通物理学. 北京:高等教育出版社,1998:175-176.
[2] 张三慧. 大学基础物理学. 北京:清华大学出版社,2003:592-593.
[3] 马文蔚,周雨青,解希顺. 物理学教程. 北京:高等教育出版社,2006:185.
[4] 吴百诗. 大学物理,西安:西安交通大学出版社,2008:118-119.
[5] 金仲辉,柴丽娜. 大学基础物理学. 北京:科学出版社,2010:260.

单色点光源双光束干涉可见度的理论模拟*

何坤娜　张葳葳　李春燕　贾艳华　金仲辉

光的干涉现象中，干涉条纹的强弱对比程度或分辨程度常用可见度来描述，可见度 V 的定义式为

$$V=\frac{I_{\max}-I_{\min}}{I_{\max}+I_{\min}} \tag{53-1}$$

其中，$I_{\max}$和 $I_{\min}$分别为光场中光强的极大和极小值，可见度越大，条纹越清晰. 双光束干涉现象中，根据一般大学物理教材给出的光强表达式[1~3]，可见度 V 通常表示为[4,5]

$$V=\frac{I_{\max}-I_{\min}}{I_{\max}+I_{\min}}=\frac{2\sqrt{\frac{I_1}{I_2}}}{1+\frac{I_1}{I_2}}=\frac{2\sqrt{I_1 I_2}}{I_1+I_2} \tag{53-2}$$

式(53-2)中 I_1 和 I_2 分别为两束光在空间相遇时的光强. 实际上，杨氏双缝干涉实验中，单色点光源入射情况下，双光束干涉图样可见度 V 除了和两光束光强比有关，还和两光束在传播方向上相遇时的夹角有关. 本文推导出了可见度与光强比和两光束夹角间关系式，并在理论推导结果基础上进行了计算机模拟，模拟结果有助于学生对双光束干涉图样清晰度的理解和掌握.

一、单色点光源双光束干涉的可见度

如图 53-1 所示，设光强为 I_1 和 I_2 的两束光来自同一单色点光源(光源发射自然光)，两光束在空间相遇时夹角为 θ. 将两束光的光矢量分别沿垂直纸面方向(s 方向)和纸面内方向分解(p 方向)，A_{1s}和 A_{1p}分别为光束 1 沿 s 方向和 p 方向的振幅大小，A_{2s}和 A_{2p}分别为光束 2 沿 s 方向和 p 方向的振幅大小. 若两束光均为自然光，则 $A_{1s}^2=A_{1p}^2=\frac{1}{2}I_1$，$A_{2s}^2=A_{2p}^2=\frac{1}{2}I_2$. 由图 53-1 知，两束光 s 方向光矢量振动方向相同，满足相干条件，设 $I_{s-\max}$为两光束 s 方向光矢量相干叠加时的最大光强，$I_{s-\min}$为两光束 s 方向光矢量相干叠加时的最小光强，则

---

* 本文刊自《物理通报》2017 年第 1 期，收录本书时略加修订.

$$I_{s-max}=\frac{1}{2}I_1+\frac{1}{2}I_2+\sqrt{I_1 I_2}$$

$$I_{s-min}=\frac{1}{2}I_1+\frac{1}{2}I_2-\sqrt{I_1 I_2}$$

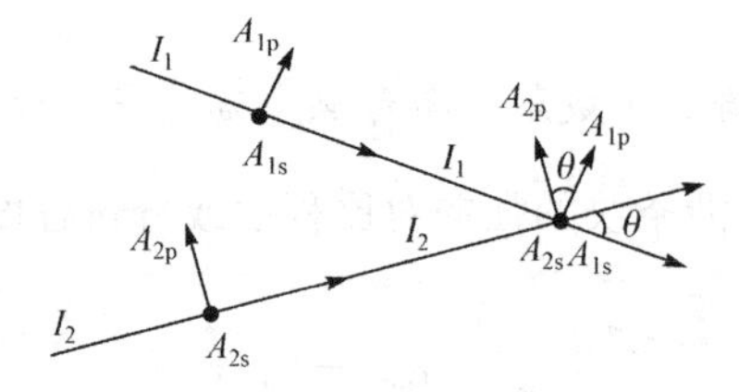

图 53-1　同一点光源发出的双光束干涉

两光束 p 方向光矢量方向夹角为 θ,若将 A_{2p} 分解为 $A_{2p}\cos\theta$ 和 $A_{2p}\sin\theta$. 由图 53-1 知,$A_{2p}\cos\theta$ 与 A_{1p} 光矢量振动方向相同,满足相干条件,设 I_{p-max} 为 p 方向光矢量相干叠加的最大光强,I_{p-min} 为 p 方向光矢量相干叠加时的最小光强,则

$$I_{p-max}=\frac{1}{2}I_1+\frac{1}{2}I_2\cos^2\theta+\sqrt{I_1 I_2}\cos\theta$$

$$I_{p-min}=\frac{1}{2}I_1+\frac{1}{2}I_2\cos^2\theta-\sqrt{I_1 I_2}\cos\theta$$

由于 $A_{2p}\sin\theta$ 方向的光矢量与 $A_{2p}\cos\theta$ 方向(A_{1p} 方向)的光矢量正交,不满足相干条件,所以,它作为一非相干成分将成为背景光,而背景光的平均光强

$$\bar{I}=(A_{2p}\sin\theta)^2=\frac{1}{2}I_2\sin^2\theta$$

由上述分析可知,满足相干条件的两光束在空间相遇时,叠加区域光强最大值和最小值将分别为

$$I_{max}=I_{s-max}+I_{p-max}+\bar{I}=I_1+I_2+\sqrt{I_1 I_2}(1+\cos\theta)$$

$$I_{min}=I_{s-min}+I_{p-min}+\bar{I}=I_1+I_2-\sqrt{I_1 I_2}(1+\cos\theta)$$

将它们代入公式(53-1),则

$$V=\frac{I_{max}-I_{min}}{I_{max}+I_{min}}=\frac{\sqrt{\frac{I_1}{I_2}}}{1+\frac{I_1}{I_2}}(1+\cos\theta)=\frac{\sqrt{I_1 I_2}}{I_1+I_2}(1+\cos\theta) \tag{53-3}$$

对比公式(53-2)和(53-3)可知,公式(53-2)其实是公式(53-3)的一个特例,是式(53-3)中$\theta=0°$时的可见度.

二、单色光源双光束干涉图样可见度的理论模拟

图 53-2(a)给出了不同夹角时(夹角分别为 0°,10°,15°,30°,90°),条纹的可见

度 V 与两光束光强比 $\frac{I_1}{I_2}$ 之间的关系. 由图 53-2(a)可知：θ 取不同值时，均是光强比为 1 时，可见度 V 最大；对不同 θ 值，当光强比 $\frac{I_1}{I_2}>1$ 或 $\frac{I_1}{I_2}<1$ 时，可见度都急剧变小，且光强比 $\frac{I_1}{I_2}<1$ 比光强比 $\frac{I_1}{I_2}>1$ 时减小趋势更明显；θ 在 0°～15°之间时，可见度随光强比变化曲线基本重合；夹角大于 15°以后，θ 不同，可见度随光强变化关系的差异性变明显，且随着夹角的增加，可见度最大值逐渐减小，夹角为 90°时，最大可见度只有 0.5.

图 53-2(b)给出了不同光强比下，条纹的可见度与两光束传播方向夹角之间的关系. 由图 53-2 可知：同一光强比下，当夹角在 0°～90°之间变化时，随着夹角增大，可见度逐渐减小；对 0°～90°之间的任意角度，不同光强比下，可见度不同；不同光强比下，光强比 $\frac{I_1}{I_2}\geqslant 1$ 时，均是 $\theta=0°$时，干涉条纹的可见度最大，且随着夹角的增加，干涉条纹的可见度最大值逐渐减小.

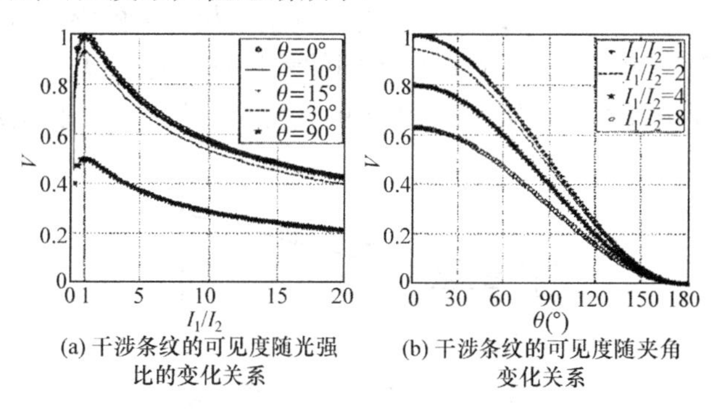

(a) 干涉条纹的可见度随光强比的变化关系 (b) 干涉条纹的可见度随夹角变化关系

图 53-2

综合图 53-2 中的模拟结果可知，双光束干涉中，理想单色光入射情况下，为了确保尽量大的可见度，应保证两光束光强相等且两光束之间的夹角尽量小. 单色点光源杨氏双缝干涉实验中，通常要求两狭缝相对于光源对称且狭缝与观察屏之间距离 D 远远大于两狭缝之间距离 d，就是为了满足上述两个要求，即达到 $I_1\approx I_2$ 和 $\theta\to 0°$.

参考文献

[1] 张三慧. 大学物理学·波动与光学. 2 版. 北京：清华大学出版社，2000：123.
[2] 马文蔚，周雨青，解希顺. 物理学教程. 2 版. 北京：高等教育出版社，2006：180-182.
[3] 金仲辉，柴丽娜. 大学基础物理学. 3 版. 北京：科学出版社，2010：261-262.
[4] 程守洙，江之永. 普通物理学. 5 版. 北京：高等教育出版社，1998：205.
[5] 姚启钧. 光学教程. 5 版. 北京：高等教育出版社，2015：26.

劳埃德镜实验条件的讨论*

李春燕　常清英　何志巍　金仲辉

一、问题的提出

几乎所有的光学教材里都介绍了劳埃德镜的实验，实验装置示意图如图 54-1 所示，图中 MN 是一平面反射镜，S 为与纸面垂直的狭缝光源. 由于实验中屏幕至 S 的垂直距离 D 远大于 S 与其虚像 S' 之间距离 d，即 $D \gg d$. 实验中狭缝光源 S 射至平面镜入射光的入射角接近 $90°$，即属于掠入射的情况，这是劳埃德镜实验必须满足的条件. 因为它保证了入射光和反射光相干涉的条件，尤其是它们的振动方向相同的条件. 许多教材都告诉我们. 将图 54-1 中的屏幕移至平面镜的 N 端，N 处的干涉条纹为暗纹. 由此说明 N 处的反射光发生了相位 π 的突变，现在要问的是，平面镜 MN 究竟是由什么材料做的？不同的教材有不同的说法，有的教材[1]没有说明平面镜 MN 由什么材料制成，而更多的教材[2~5]指出 MN 由玻璃制成.

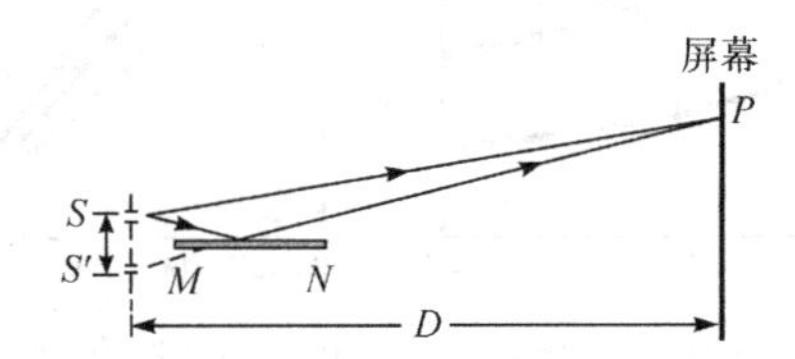

图 54-1　劳埃德镜实验装置示意图

二、平面镜材料对劳埃德半波损失实验的影响

众所周知，在一般情况下，当光入射至各向同性介质(绝缘体)和金属一类介质(导体)的表面，它们的反射光具有不同的性质. 当光(线偏振光)由空气射至玻璃表面，它的反射光依然是一线偏振光；而射至金属表面，而它的反射光可能是椭圆偏振光. 后者就很难说与入射光有相同的振动方向.

以下讨论的玻璃和金属两种平面镜情况下，劳埃德镜的半波损失问题.

---

* 本文刊自《物理通报》2012 年第 7 期，收录本书时略加修订.

1. 玻璃类平面镜情况

对于玻璃一类的各向同性电介质，根据下列的菲涅耳公式：

$$\left.\begin{aligned}\frac{E_s'}{E_s}&=\frac{n_1\cos i-n_2\cos r}{n_1\cos i+n_2\cos r}=\frac{-\sin(i-r)}{\sin(i+r)}\\\frac{E_p'}{E_p}&=\frac{n_2\cos i-n_1\cos r}{n_2\cos i+n_1\cos r}=\frac{\tan(i-r)}{\tan(i+r)}\end{aligned}\right\}\tag{54-1}$$

可以比较反射光与入射光之间的相位，式中 i 为入射角，r 为折射角. 但是在正确使用菲涅耳公式之前，首先要规定入射的 s 光和 p 光的正方向. 假定 p 光振动方向、s 光振动方向和光传播方向按顺序组成右手螺旋正交系，那么图 54-2 所示 p 光振动方向和 s 光振动方向（垂直纸面朝外）为正方向. 在掠入射条件下，由式(54-1)可知，有

$$\left.\begin{aligned}\frac{E_s'}{E_s}&<0\\\frac{E_p'}{E_p}&<0\end{aligned}\right\}\tag{54-2}$$

根据式(54-2)，在图 54-3 标出了反射的 s 光、p 光的振动方向. 由于在掠入射条件下，反射光和入射光有几乎相同的传播方向，于是由图 54-3 可以看出，反射的 s 光、p 光的振动方向是和入射的 s 光、p 光的振动方向分别相反. 这说明光由光疏介质射至光密介质界面，反射光的相位和入射光相比，相位有了 π 的突变.

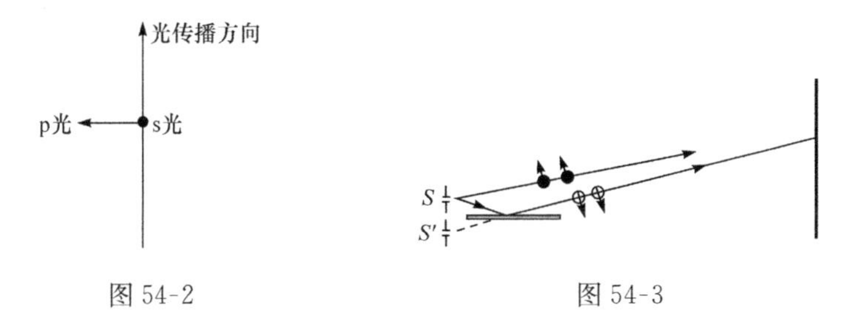

图 54-2　　　　图 54-3

2. 金属类平面镜情况

对于金属平面镜，由于光在金属中传播有损耗，所以金属折射率 n_2 是一复数. 依然可以利用式(54-1)来讨论反射光的相位，只要将 r 角也理解成一个复数即可. 在一般情况下，式(54-1)中的两个比值 $\frac{E_s'}{E_s}$ 和 $\frac{E_p'}{E_p}$ 也是复数. 但是，在掠入射情况下，这两个比值将为实数. 现将掠入射条件，即 $i\approx\frac{\pi}{2}$ 代入式(54-1)，有

$$\left.\begin{aligned}\frac{E_s'}{E_s}&=\frac{-n_2\cos r}{n_2\cos r}=-1<0\\ \frac{E_p'}{E_p}&=\frac{-n_1\cos r}{n_1\cos r}=-1<0\end{aligned}\right\}\tag{54-3}$$

上式说明,在掠入射条件下,无论是 s 光或 p 光,经金属表面反射,它们的反射系数均为小于零的实数.这个结论告诉我们,反射光发生了 π 相位的突变.

三、结论

根据两种情况的分析,在劳埃德镜实验中,必须满足光的掠入射条件,至于平面镜既可由玻璃一类各向同性电介质制成,也可由金属材料制成.但是这两种材料作为平面镜时,也还是有区别的.前者的光反射率要比后者小很多,所以前者产生的干涉条纹的对比度(亦即清晰度)要比后者差.

参考文献

[1] 马文蔚,解希顺,周雨青.物理学(下册).北京:高等教育出版社,2006:100-101.
[2] 母国光,战元龄.光学.北京:人民教育出版社,1981:210-211.
[3] 张三慧.大学物理学(第二册).北京:清华大学出版社,2009:187-188.
[4] 赵凯华.光学.北京:高等教育出版社,2006:108-109.
[5] 程守洙,江之永.普通物理学.6 版.北京:高等教育出版社,2006:136-137.

薄膜干涉光程差公式推导过程中的近似问题*

王家慧　祁　铮　金仲辉

薄膜等倾干涉(图 55-1)和等厚干涉(图 55-2)中,经薄膜两个界面反射后的①、②两束光线之间的光程差(不计及半波损)均为

$$\Delta L = 2nh\cos\gamma \tag{55-1}$$

但在许多教材[1~4]里仅对图 55-1 的薄膜等倾干涉的光程差公式作了详细的推导,得出式(55-1). 然后只作粗略的说明,就将上述结论推广至图 55-2 所示的劈形膜的等厚干涉中,未作详细的推导. 以下我们将作详细的推导.

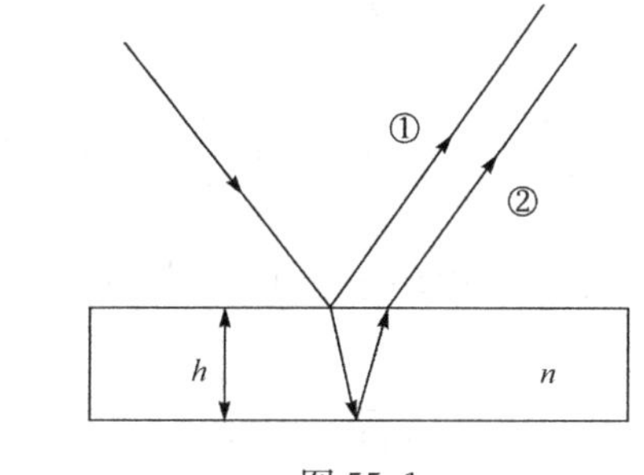

图 55-1

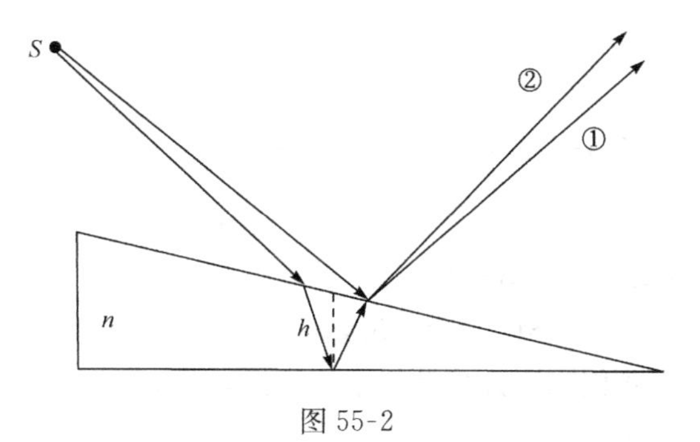

图 55-2

先讨论一个平行薄膜,在图 55-3 所示情况下,计算两反射光线①、②之间的光程差(不计及半波损失). 由于薄膜很薄,且通常观察条件下,可以认为图 55-3 中的 $SD \approx SA$. 即 $SD - SA \ll \lambda$,其中 λ 为可见光波长. 现在来估算,看看 $SD - SA \ll \lambda$ 是否成立!

---

* 本文刊自《物理与工程》2010 年第 6 期,收录本书时略加修订.

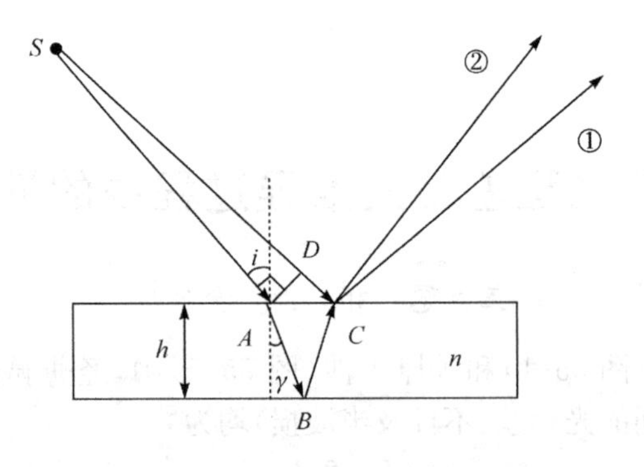

图 55-3

$$SD-SA=SD-\sqrt{SD^2-AD^2}$$
$$=SD-SD\left[1-\left(\frac{AD}{SD}\right)^2\right]^{\frac{1}{2}}$$

由于 $AD\ll SD$，所以有 $\left[1-\left(\frac{AD}{SD}\right)^2\right]^{\frac{1}{2}}\approx 1-\frac{1}{2}\left(\frac{AD}{SD}\right)^2$，于是有

$$SD-SA=SD-SD\left[1-\left(\frac{AD}{SD}\right)^2\right]^{\frac{1}{2}}$$
$$=\frac{1}{2}\frac{AD^2}{SD}\approx\frac{1}{2}\frac{AC^2}{SD}$$
$$=\frac{1}{2}\frac{(2h\tan\gamma)^2}{SD}=\frac{2h^2}{SD}\tan^2\gamma \tag{55-2}$$

若 $h=1.0\mu\text{m}$，$\gamma=5°$，$SD=0.4\text{m}$，则

$$SD-SA=\frac{2\times(1.0\times10^{-6}\times0.0875)^2}{0.4}$$
$$=3.82\times10^{-14}(\text{m})\ll\lambda$$

若 $h=10\mu\text{m}$，$\gamma=45°$，$SD=0.4\text{m}$，则

$$SD-SA=5\times10^{-10}(\text{m})\ll\lambda$$

在 $SA\approx SD$ 情况下，我们采用许多教材中的方法，得出图 55-3 中的两反射光线的光程差为 $\Delta L=2nh\cos\gamma$.

再来讨论劈形薄膜的情况，如图 55-4 所示. 图中 CE 平行于劈形膜的底面 MN. 在以上讨论中，我们已证明图 55-4 中的 $SA\approx SD$，现在来证明图 55-4 中的 $AE\ll\lambda$!

$$AE\approx\sin\alpha\cdot AC=\sin\alpha\cdot 2h\tan\gamma \tag{55-3}$$

若 $\alpha=1°$，$\gamma=5°$，$h=1\mu\text{m}$，则

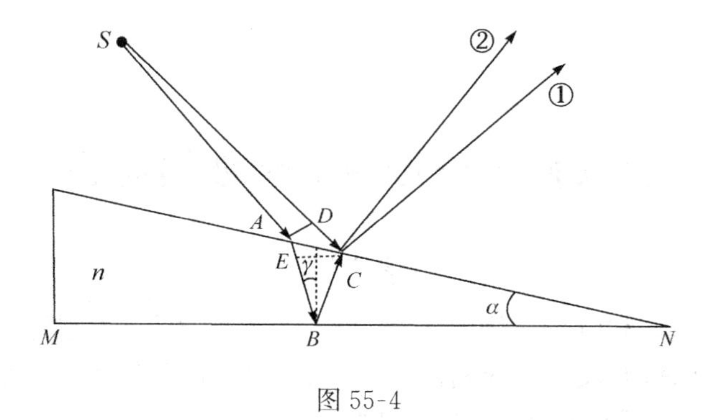

图 55-4

$$AE = \sin 1^\circ \times 2 \times 10^{-6} \times 8.7 \times 10^{-2}$$
$$= 3 \times 10^{-9}(\mathrm{m}) = 3\mathrm{nm} \ll \lambda$$

于是在 $SA \approx SD$(即 $SA - SD \ll \lambda$)和忽略 AE(即 $AE \ll \lambda$)的情况下，采用许多教材的方法，可得出图 4 中的两反射光线②、①之间的光程差为 $\Delta L = 2nh\cos\gamma$.

从以上讨论可以看出，将薄膜等倾干涉的光程差公式，直接推广至薄膜等厚干涉，从教学观点来看，是不够严谨的；在光程差的计算中采用近似要特别小心，因为我们处理的物理量可见光波长是一个很小的量.

参 考 文 献

[1] 陆果. 基础物理学(下). 北京：高等教育出版社，1997：520.
[2] 梁绍荣，管靖. 基础物理学(上). 北京：高等教育出版社，2002：243.
[3] 金仲辉，梁德余. 大学基础物理学. 北京：科学出版社，2006：282-284.
[4] 赵凯华. 新概念物理教程·光学. 北京：高等教育出版社，2004：117.

谈谈薄膜干涉中的半波损问题

金仲辉

几乎所有的教材在讨论薄膜干涉时，常常是这样叙述半波损的：光从光疏介质射向光密介质界面时，反射光的相位发生了 π 突变. 这种叙述似乎是说明图 56-1 中的反射光中电矢量的振动方向与入射光电矢量振动方向相比较突然发生了 π 相位突变. 本文主要说明上述对半波损的理解，在一般情况下是不正确的.

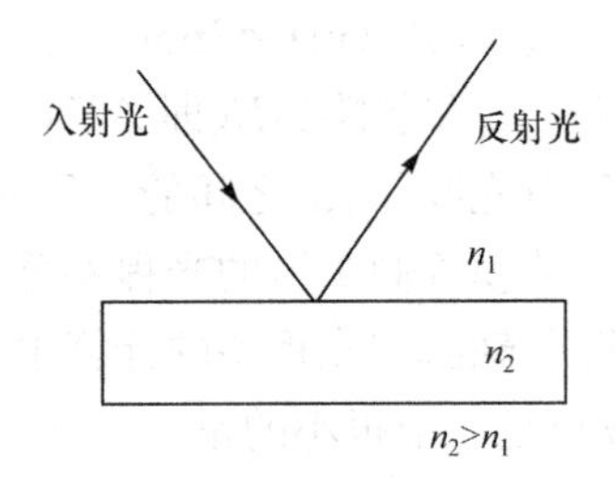

图 56-1

首先，入射光和反射光的传播方向不同，即传播方向不在一直线上，一般情况下两者的电矢量振动方向也不一致，所以从干涉的含义来说，谈论它们间相位差问题也是没有什么意义的.

在以下进行更为详细的讨论之前，我们首先要介绍下列的菲涅耳公式：

$$\frac{E'_S}{E_S}=\frac{-\sin(i-r)}{\sin(i+r)}=\frac{n_1\cos i-n_2\cos r}{n_1\cos i+n_2\cos r} \tag{56-1}$$

$$\frac{E'_P}{E_P}=\frac{\tan(i-r)}{\tan(i+r)}=\frac{n_2\cos i-n_1\cos r}{n_2\cos i+n_1\cos r} \tag{56-2}$$

$$\frac{E''_S}{E_S}=\frac{2\sin r\sin i}{\sin(i+r)} \tag{56-3}$$

$$\frac{E''_P}{E_P}=\frac{2\sin r\sin i}{\sin(i+r)\cos(i-r)} \tag{56-4}$$

上述公式中的 E_S、E'_S、E''_S分别表示图 56-2 中的入射光、反射光、透射光的 S 光分量，E_P、E'_P、E''_P分别表示图 56-2 中的入射光、反射光、透射光的 P 光分量. i 和 r 分别表示入射角和折射角.

在正确使用菲涅耳公式之前，首先要规定入射光的 S 光分量和 P 光分量的正方向. 例如，如图 56-3 所示，规定 S 光的振动方向垂直纸面向外为正方向，P 光的振动方向朝左为正方向. P 光振动方向、S 光振动方向和光的传播方向三者构成右手螺旋正交. 当将具体数据代入式(56-1), 得出$\frac{E'_S}{E_S}<0$, 如不考虑传播方向不同, 我们说反射的 S 光的振动方向与入射的 S 光相反, 它的相位有了 π 突变. 若$\frac{E'_S}{E_S}>0$, 我们说相位没有变化, 对于 P 光有相同的结论.

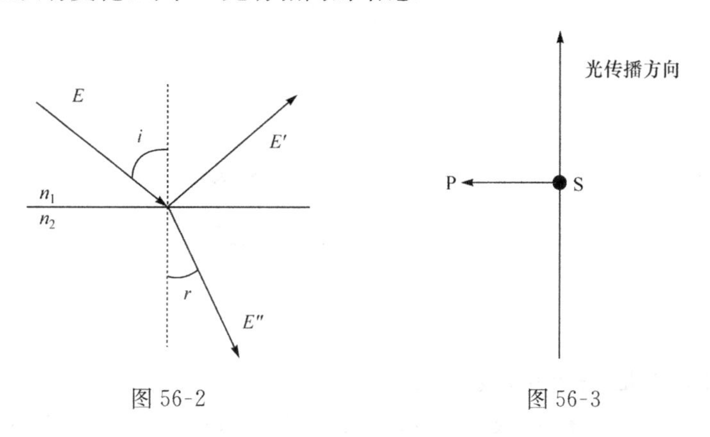

图 56-2　　图 56-3

由菲涅耳公式(56-3)和式(56-4)可以看出, 对于透射光来说, 无论是 S 光或 P 光, 均有$\frac{E''_S}{E_S}>0$和$\frac{E''_P}{E_P}>0$, 若不论及光传播方向不同, 我们说无论入射光由光疏介质透射至光密介质, 或由光密介质透射至光疏介质, 透射的 S 光和 P 光均不发生相位的变化.

以下我们讨论正入射和斜入射两种情况.

一、正入射情况下的半波损

(1) 设 $n_1<n_2$, 即光由光疏介质射向光密介质的界面, 且假定图 56-4 中的入射光中的 P 分量和 S 分量均为正方向. 将正入射的条件($i=0, r=0$)代入式(56-1), 可得$\frac{E'_S}{E_S}<0$, 代入式(56-2)可得$\frac{E'_P}{E_P}>0$. 由图 56-4 所标出的 E_S、E'_S和 E_P、E'_P的振动方向, 无论是 S 光还是 P 光, 它们的反射光的振动方向和入射光振动方向恰相反, 即相位发生了 π 的突变.

(2) 设 $n_1>n_2$, 且假定图 56-5 中的入射的 S 光和 P 光的振动方向均为正方向, 利用菲涅耳公式(56-1)和式(56-2), 经上述类似的讨论可得$\frac{E'_S}{E_S}>0$, $\frac{E'_P}{E_P}>0$. 由图 56-5 标出入射和反射的 S 光和 P 光的振动方向, 可知当光由光密介质射向光疏介质界面时, 反射光没有 π 相位的突变, 它们的振动方向是相同的.

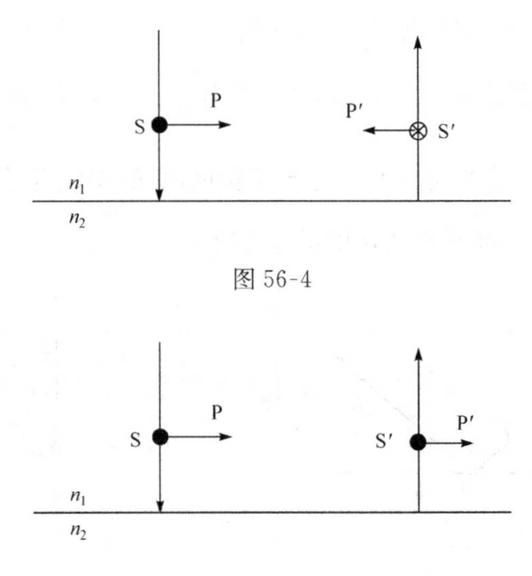

图 56-4

图 56-5

需要指出的是，在光正入射情况下，由于反射光和入射光传播方向都在一直线上，所以，就干涉含义来说，我们可以说是否存在半波损的问题. 以下将说明，在斜入射情况下就难说反射光有相位 π 突变.

二、斜入射情况下的半波损含义

图 56-6 表示一束入射光斜入射至一平行薄膜. 图中的 i 和 r 分别为入射角和折射角.

(1) 假设薄膜上、下两侧的介质是相同的，且 $n_1<n_2$ 和 $i<i_B$，即入射角 i 小于布儒斯特角 i_B. 利用菲涅耳公式(56-1)和式(56-2)，对于反射光线①，可得$\dfrac{E'_S}{E_S}<0$，$\dfrac{E'_P}{E_P}>0$，据此在图 56-6 中标出反射光线①的 S 光和 P 光的振动方向. 由图 56-6 可看出，反射光线①和入射光线由于传播方向不同，所以比较它们的相位关系，对于干涉是没有什么意义的. 图 56-6 中的反射光线②是经过透射、反射和再透射形成的，对它们依次使用菲涅耳公式，可得出反射光线②的 S 光和 P 光分量的振动方向，如图 56-6 所示，由图 56-6 可以看出，反射光线①和②之间，无论是 S 光或 P 光分量，它们的振动方向都是相反的！那就是说，当光射向一薄膜的两个界面时，仅有一个界面是光由光疏介质至光密介质时，反射光线②和①之间的光程差，除了由于传播几何路程不同引起的光程差 $2nh\cos r$ 外，尚需附加上由于相位突变 π 引起的光程差$\dfrac{\lambda}{2}$.

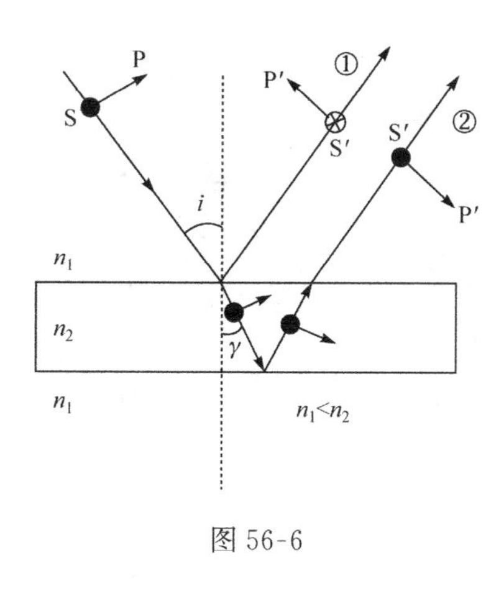

图 56-6

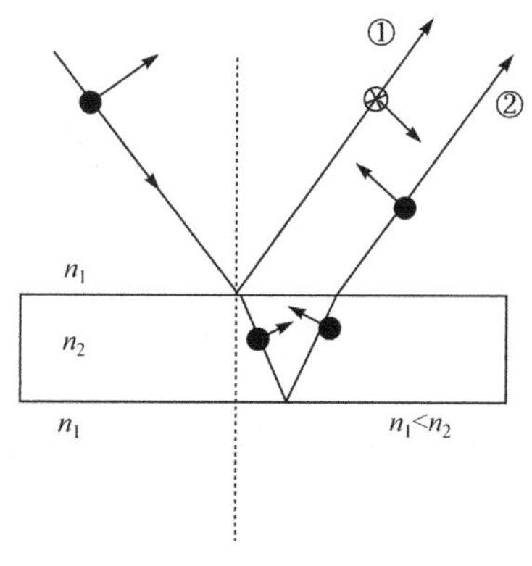

图 56-7

由以上讨论可知，有关半波损的正确说法应该是，当入射光射向薄膜仅存在一个由光疏至光密介质的界面时，反射光线①和②之间产生一个附加的相位 π 突变. 说反射光①与入射光之间存在一个半波损，在现在的条件下是不正确的.

(2) 对于 $n_1<n_2$ 和 $i>i_B$ 的情况，仿照上述讨论，依然可得出，反射光②与①之间存在一个附加的相位 π 突变，如图 56-7 所示.

(3) 对于订 $n_1>n_2$ 和 $i<i_B$ 的情况，即薄膜的第一个界面是光由光密介质至光疏介质，而第二个界面是光由光疏介质至光密介质. 仿照前述讨论，可得出反射光线①、②的 S 光、P 光的振动方向，如图 56-8 所示. 图 56-8 告诉我们，反射光②和①的 S 分量和 P 分量的振动方向是相反的，说明反射光②和①之间的相位有了突变.

对于图 56-9 所示的薄膜，无论是 $n_1<n_2<n_3$ 或 $n_1>n_2>n_3$ 的情况，仿照上述利用菲涅耳四个公式，可以得出两反射光①与②之间不存在相位的突变.

总之，首先要明确在讨论薄膜干涉时，在一般情况下（如图 56-6）是讨论反射

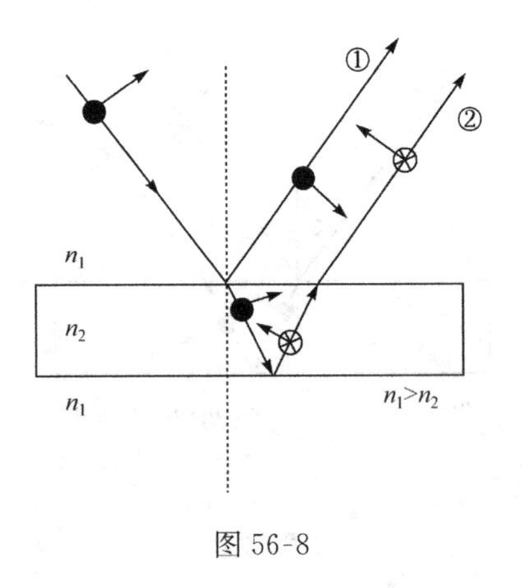

图 56-8

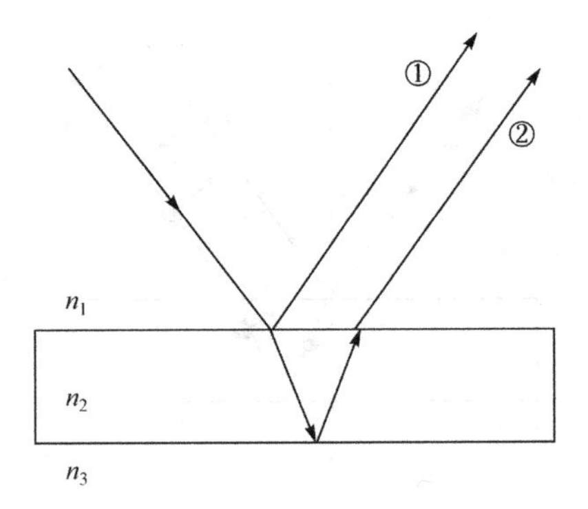

图 56-9

光线①与②之间的干涉.由以上的讨论可以得出两个结论：

(1) 在一般情况下，当光由光疏介质射至光密界面时，说反射光的相位与入射光相比较有 π 突变是不够妥当的，但在光束垂直射向光疏介质和光密介质的界面或掠入射情况下，是可以说的，关于掠入射情况读者可试证之.

(2) 入射光射向薄膜，在遇到薄膜的两个界面中，仅有一个是由光疏介质射至光密介质，那么反射光线②和①间有 π 相位突变.

单层增透膜的反射光强问题*

王家慧　王　卫　葛四平　金仲辉

在讲授薄膜干涉时，一定会介绍单层增透膜；为了减少光学元件(如透镜)表面反射光能的损失，经常在光学元件表面上镀上一层折射率 n_2 介于空气折射率 n_1 和透镜玻璃折射率 n_3 之间的透明薄膜，如图 57-1 所示. 大多数教材给出了薄膜的厚度在满足下式中：

$$h=(2k+1)\frac{\lambda}{4n_2}(k=0,1,2,\cdots) \tag{57-1}$$

的条件下，某一波长的反射光强为极小值的结论，对透明薄膜的反射光强公式未予以推导. 正因为如此，有的教材[1]认为在透镜表面上镀了一层氟化镁透明薄膜，能使某一波长光的反射率可以降到零，光能全部进入透镜. 本文将推导出单层透明薄膜干涉的反射光强公式，由此公式可得出反射光强为零的条件，这样我们就会明了上述一些教材得出的结论是不妥的.

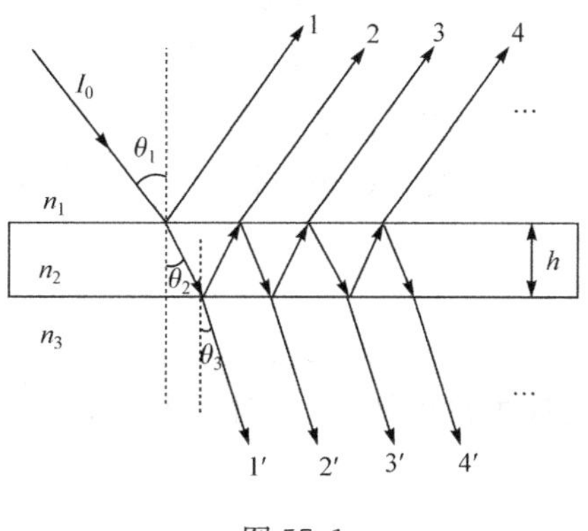

图 57-1

设一束光强为 I_0 的光，入射至折射率为 n_2、厚度为 h 的平行薄膜上，薄膜两侧介质的折射率为 n_1 和 n_3，且有 $n_1<n_2<n_3$，如图 57-1 所示. 图中 1,2,3,4,…为反射光束，1′,2′,3′,4′,…为透射光束. 令 t_{12}、t_{23} 分别为光波由 n_1 至 n_2、n_2 至 n_3 薄膜上下表面上光波振幅透射率；令 r_{21}、r_{23} 为光波由 n_2 至 n_1、n_2 至 n_3 薄膜上下表面上光波振幅反射率. 在上述假设下，各透射光束 1′,2′,3′,4′,…的复振幅为

* 本文刊自《物理通报》2010 年第 9 期，收录本书时略加修订.

$$\left.\begin{aligned}\hat{A}_1' &= \hat{A}t_{12}t_{23}\\ \hat{A}_2' &= \hat{A}t_{12}t_{23}r_{21}r_{23}e^{i\delta}\\ \hat{A}_3' &= \hat{A}t_{12}t_{23}r_{21}r_{23}r_{21}r_{23}e^{i2\delta}\\ \hat{A}_4' &= \cdots\end{aligned}\right\} \tag{57-2}$$

式中 $\hat{A}$ 为入射光的复振幅，$\delta=\frac{4\pi}{\lambda}n_2h\cos\theta_2$. $\hat{A}_1'$，$\hat{A}_2'$，$\hat{A}_3'$…所有的透射光束产生相干叠加，透射光的复振幅为

$$\begin{aligned}\hat{A}_T &= \hat{A}_1'+\hat{A}_2'+\hat{A}_3'+\cdots\\ &= \hat{A}t_{12}t_{23}[1+r_{21}r_{23}e^{i\delta}+(r_{21}r_{23})^2e^{i2\delta}+\cdots]\end{aligned} \tag{57-3}$$

上式括号内是一个等比级数，相加后有

$$\hat{A}_T=\frac{\hat{A}t_{12}t_{23}}{1-r_{21}r_{23}e^{i\delta}} \tag{57-4}$$

因此，透射光的强度为

$$\begin{aligned}I_T &= |\hat{A}_T|^2=\hat{A}_T\cdot\hat{A}_T^*\\ &= \frac{\hat{A}t_{12}t_{23}}{1-r_{21}r_{23}e^{i\delta}}\cdot\frac{\hat{A}^*t_{12}t_{23}}{1-r_{21}r_{23}e^{-i\delta}}\\ &= \frac{(t_{12}t_{23})^2|\hat{A}|^2}{1-2r_{21}r_{23}\cos\delta+(r_{21}r_{23})^2}\\ &= \frac{(t_{12}t_{23})^2}{1-2r_{21}r_{23}\cos\delta+(r_{21}r_{23})^2}I_0\end{aligned} \tag{57-5}$$

我们知道光强与电矢量振幅 E 的平方以及介质的折射率 n 成正比，具体关系式为

$$I=\frac{n}{2c\mu_0}E^2 \tag{57-6}$$

由上式和图 57-2 中的几何关系可知，单位时间内入射到薄膜上单位面积上的能量为

$$W_0=\frac{n_1}{2c\mu_0}A^2\cos\theta_1 \tag{57-7}$$

同理，反射光和透射光在单位时间内从界面带走的能量分别为

$$W_R=\frac{n_1}{2c\mu_0}A_R^2\cos\theta_1 \tag{57-8}$$

$$W_T=\frac{n_3}{2c\mu_0}A_T^2\cos\theta_3 \tag{57-9}$$

由光功率守恒

$$W_0=W_R+W_T$$

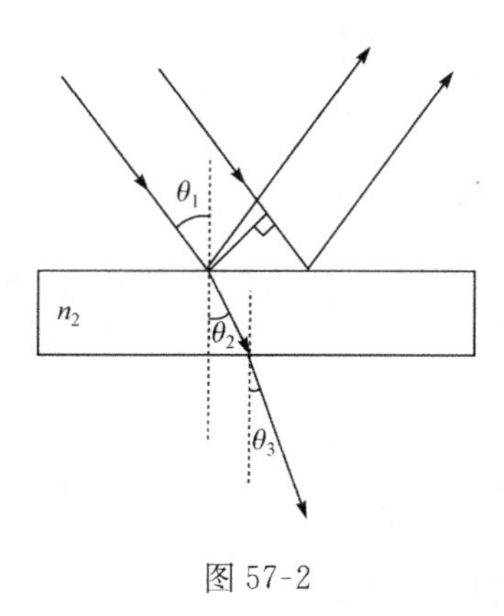

图 57-2

得

$$\frac{n_1}{2c\mu_0}A^2\cos\theta_1=\frac{n_1}{2c\mu_0}A_R^2\cos\theta_1+\frac{n_3}{2c\mu_0}A_T^2\cos\theta_3$$

即

$$I_0=I_R+\frac{\cos\theta_3}{\cos\theta_1}\frac{n_3}{n_1}I_T \tag{57-10}$$

其中 $I_0=A^2, I_R=A_R^2, I_T=A_T^2$.

将式(57-5)代入式(57-10),有

$$I_R=I_0-\frac{\cos\theta_3}{\cos\theta_1}\frac{n_3}{n_1}\frac{(t_{12}t_{23})^2}{1-2r_{21}r_{23}\cos\delta+(r_{21}r_{23})^2}I_0 \tag{57-11}$$

上式即为一般情况下的反射光强公式.

在入射光垂直入射和薄膜厚度 h 满足式(57-1)的条件下,有 $\theta_1=\theta_2=\theta_3=0$

$$\delta=(2k+1)\pi$$

$$\cos\delta=-1 \tag{57-12}$$

根据菲涅耳公式

$$\frac{E'_{1P}}{E_{1P}}=\frac{n_2\cos\theta_1-n_1\cos\theta_2}{n_2\cos\theta_1+n_1\cos\theta_2}$$

$$\frac{E_{2P}}{E_{1P}}=\frac{2n_1\cos\theta_1}{n_2\cos\theta_1+n_1\cos\theta_2}$$

$$\frac{E'_{1S}}{E_{1S}}=\frac{n_1\cos\theta_1-n_2\cos\theta_2}{n_1\cos\theta_1+n_2\cos\theta_2}$$

$$\frac{E_{2S}}{E_{1S}}=\frac{2n_1\cos\theta_1}{n_1\cos\theta_1+n_2\cos\theta_2}$$

有

$$t_{12}=\frac{2n_1}{n_1+n_2},\quad t_{23}=\frac{2n_2}{n_2+n_3}$$
$$r_{21}=\frac{n_1-n_2}{n_1+n_2},\quad r_{23}=\frac{n_3-n_2}{n_3+n_2} \tag{57-13}$$

我们已假设 $n_1<n_2<n_3$，所以 r_{21} 和 r_{23} 的符号相反. 这说明 n_2 至 n_1 界面不存在半波损失，而 n_2 至 n_3 界面存在半波损失. 将式(57-12)和式(57-13)代入式(57-11)，得

$$I_R=I_0-\frac{4n_1n_3n_2^2}{(n_1n_3+n_2^2)^2}I_0=\frac{(n_1n_3-n_2^2)^2}{(n_1n_3+n_2^2)^2}I_0 \tag{57-14}$$

从上式可以看出，要使反射光强 $I_R=0$，需满足 $n_2=\sqrt{n_1n_3}$ 的条件. 在通常情况下，n_1 为空气折射率，可令 $n_1=1$，于是有 $n_2=\sqrt{n_3}$. 如果薄膜材料是 MgF_2，其折射率 $n_2=1.38$，这样就要求透镜玻璃的折射率 $n_3=n_2^2=(1.38)^2=1.90$. 我们知道，透镜玻璃的折射率难以达到 1.90. 一般玻璃的折射率 n_3 约为 1.60. 现在我们来计算，在透镜表面涂有 MgF_2 薄膜后，反射光强的值. 将 $n_1=1$，$n_2=1.38$ 和 $n_3=1.60$ 代入式(57-14)，得

$$I_R=7.5\times10^{-3}I_0$$

上述计算说明，在透镜表面上涂了一层满足式(57-1)条件的 MgF_2 薄膜后，并不能使反射光强等于零，只能使反射光强达到极小值.

综上所述，要使某波长的反射光强为零，必须满足下列四个条件：

(1) 入射光垂直入射至薄膜表面；

(2) 透明薄膜厚度 $h=(2k+1)\dfrac{\lambda}{4n_2}(k=0,1,2,\cdots)$；

(3) $n_1<n_2<n_3$；

(4) $n_2=\sqrt{n_1n_3}$.

参考文献

[1] 马文蔚. 物理学教程(下). 北京：高等教育出版社，2002：80.

透镜的等光程性

金仲辉

在讲授等倾干涉和夫琅禾费衍射时，都要涉及透镜光程性的问题.我们先来看看不同的物理教材是如何阐述这个问题的.

马文蔚等编写的《物理学》中是这样叙述的，平行光束通过透镜后，将会聚于焦平面上成一亮点 F(图 58-1).这是由于某时刻平行光束波前上各点(图 58-1 中 A、B、C、D、E 各点)的相位相同，而到达焦平面后相位仍然相同，因而干涉加强.可见这些点到 F 的光程都相等.

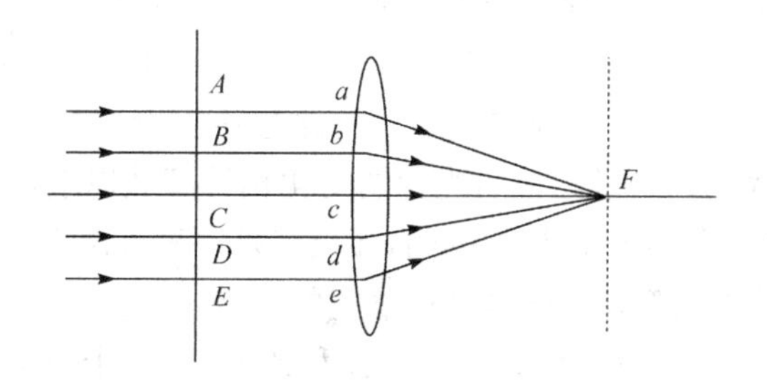

图 58-1

张三慧编写的《大学物理学(第四册)》是这样叙述的：平行光通过透镜后，各光线要会聚在焦点，形成一亮点，这一事实说明，在焦点处各光线是同相的.

上述两种教材对透镜等光程的叙述基本上是相同的，但是从叙述的逻辑上来看，后者恰当些，即从实验结果(即像点是亮点)来看，可以推断出，所有成像的光线是同相的，即所有成像的光线光程相同，相干叠加得到加强才得到亮点.而前者的叙述在逻辑上多少有些混乱，将因果关系颠倒了.

张三慧书中的叙述还有一个细节问题需要说明，为什么透镜成像各光线是等光程，而不是相差波长的整数倍呢？即图 58-2 中的($SA+AB\cdot n+BS'$)和($SC+CD\cdot n+DS'$)的光程为什么相等，而不是相差波长的整数倍呢？我们可以这样来看这个问题，由于物点向透镜发出的一束光线是连续的，其中任意两根无限靠近的光线，如果它们有光程差的话，也应该是很小的.又由于像点 S' 是亮点，是各成像光线相干叠加得到加强的结果，所以说这两根光线不存在光程差，而应是等光程的.以此类推，就不难得到所有成像的光线光程是相等的这一结论.

关于透镜的等光程性还可用费马原理来论证.费马原理的表述为：空间 Q、P 两点间光线的实际路径是光程(QP)为极小值或极大值或恒定值的路径.图 58-2

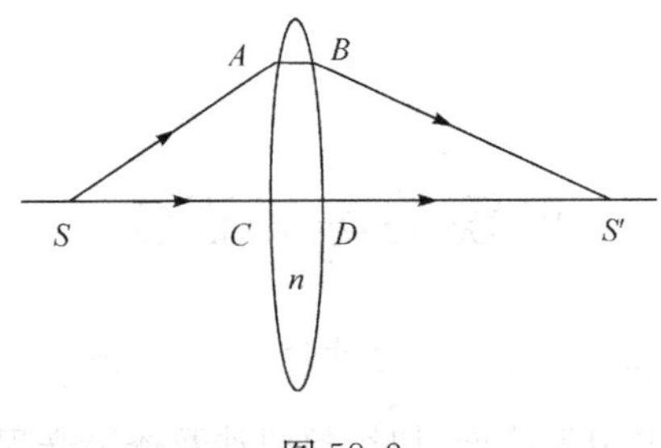

图 58-2

中从物点 S 向透镜发出再从透镜射出会聚于 S' 的一束光是连续分布的，也就是说，从物点 S 到像点 S' 实际上有无穷多条光线路径. 根据费马原理，它们的光程都应取极值或恒定值. 这些连续分布的实际光线都取极小值或极大值是不可能的，唯一的可能性是取恒定值，即它们的光程都相等.

还有些教材对透镜等光程性的论证是有缺陷的，例如，是这样叙述的："正入射的平行光会聚于焦平面上 F 点(图 58-1)，虽然边缘光线(如 AaF)比中部光线(如 CcF)经过的几何路程长，但前者在透镜中的路程比后者的短，考虑到透镜的折射率大于 1，可认为两光线经过透镜后光程的变化相等."从以上叙述内容来看，显然并没有论证这两条光线的光程是相等的，而仅仅是一种推想而已.

另一本教材对透镜等光程性是这样描述的："经过透镜边缘与透镜中心附近光线的几何路程是不同的，例如 CcF 的几何路程比 AaF 短(图 58-1)，但前者在透镜中的路程比后者长，而透镜材料的折射率大于 1，如果折算成光程，通过计算可以证明两者的光程相等，使用透镜不会改变光程差."从以上叙述内容来看，作者没有给出简明的方法来论证透镜的等光程性，如果学生问我们如何来计算？恐怕不是简单几句话就可以说明白了！

由以上的讨论可以知道，教师在备课过程中需要阅读不同的教材，认真分析和比较不同的叙述的方法，从中挑选一种比较正确的叙述方法.

等倾干涉和等厚干涉的差别

金仲辉

在光学课程的讲授中，都要讨论薄膜的等倾干涉和等厚干涉，在讨论二者差别时，除了讲到等倾干涉使用的薄膜两表面平行、等厚干涉使用的薄膜两表面间有一微小角度和它们的干涉条纹形状或级别有差别以外，对二者的其他差别的讨论是比较少的. 本文主要讨论二者在干涉定域和对光源要求上的区别.

首先要指出的是，等倾干涉条纹的观测在无穷远，即我们常说等倾干涉定域在无穷远. 所以，可以在透镜的焦平面处设置屏幕来观测等倾干涉条纹，如图 59-1 所示. 由图 59-1 可看出，扩展光源上每一点光源(如图 59-1 中 S_1、S_2 等)所发出的相同倾角的光线，经薄膜干涉后有相同的光程差，将会聚于透镜焦平面上的同一点，也就是说，不同的点光源所形成的干涉条纹是完全重叠的. 所以，光源越扩展，对提高干涉条纹的清晰度越有利. 总之，两表面平行薄膜的等倾干涉，定域在无穷远，对光源的线度也无限制.

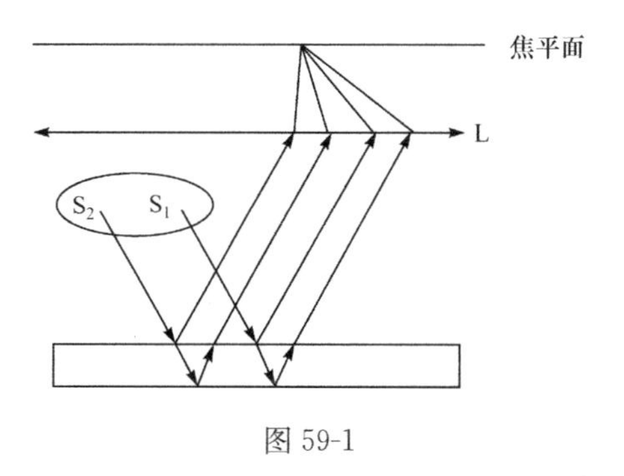

图 59-1

对于两表面间有微小夹角的薄膜(劈尖)的等厚干涉来说，我们所研究的干涉条纹是定域在薄膜表面上的条纹. 如果使用的是纯粹的单色点光源，那么在薄膜表面上以及薄膜外的广阔区域都可见到清晰的干涉条纹. 但是，实际上使用的光源往往是扩展的，具有一定的线度，如图 59-2 所示. 图 59-2 中扩展光源上的点光源 S_1、S_2 在薄膜上同一干涉点(如图 59-2 中的 P 点)上的光程差不同，所以它们在薄膜表面上形成的干涉条纹是不重叠的，扩展光源由许多点光源组成，每一点光源在薄膜表面上形成一套干涉条纹，许多点光源形成的干涉条纹在薄膜表面上的位置是各不相同的. 此时如果用一个透镜 L 来观测薄膜表面，在透镜 L 之后相应的屏幕上就看不到有任何的等厚干涉条纹. 如果用人眼(图 59-2 中的 L 现在代表人眼)来观察，由于人眼的瞳孔很小，扩展光源上只有某点光源（如图 59-2 中 S_1）及其邻近小区域内发出的光线经薄膜两表面反射后，才能进入人眼的瞳孔，而这些点光源在薄膜表面上同一点几乎具有相同的光程差，于是用人眼直接观察薄膜表面，可以看到等厚干涉条纹.

总之，在不少的光学教材里，对等厚干涉的定域问题不够重视，以至于在介绍等厚干涉时绘出错误的图来，如图 59-3 所示. 图 59-3 不当的原因是，对于等厚干涉来说，图中的两条光线是不可能平行的，除非两条光线的干涉条纹定域在无穷远，而非薄膜的表面上. 此外，不少光学教材在讨论观察等厚干涉条纹时，对光源的扩展程度以及观察条纹的方法也缺少讨论.

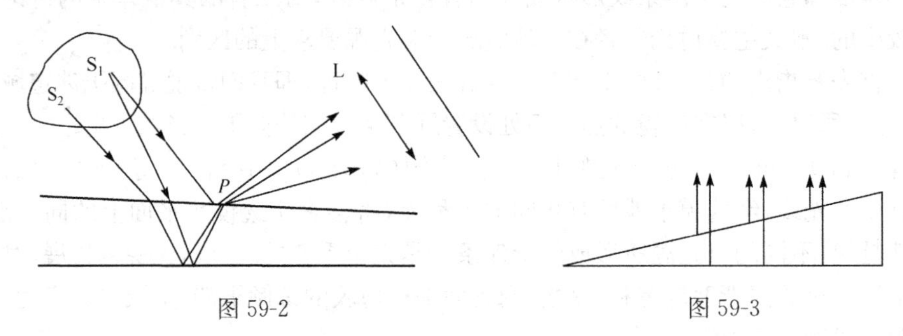

图 59-2　　图 59-3

从单缝夫琅禾费衍射的图形来看衍射的定义*

王家慧　何志巍　金仲辉

有的教材,绘有图 60-1 所示的单缝夫琅禾费衍射图[1]. 相应的文字叙述是:"当一束平行光垂直照射宽度可与光的波长相比较的狭缝,会绕过缝的边缘向阴影区衍射,衍射光经透镜会聚到焦平面的屏幕上,形成衍射条纹,这种条纹叫做单缝衍射条纹."

在指出图 60-1 的具体错误之前,我们先来重温一下衍射的定义,衍射较为粗略的定义是:当光在空间传播遇到障碍物时,光的直线传播定律、反射定律和折射定律不再成立,光在空间发生弥漫的现象.

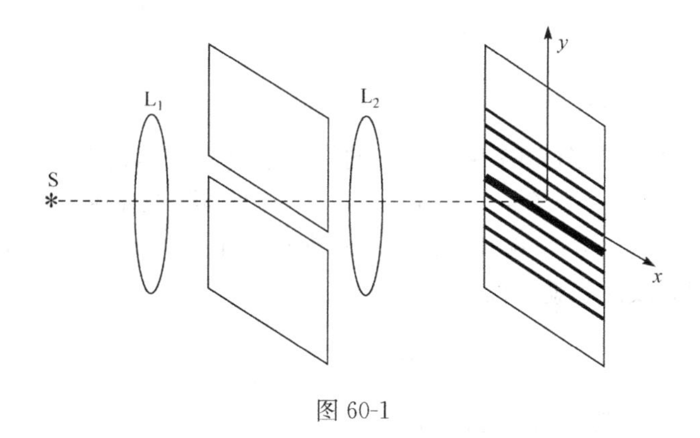

图 60-1

衍射的英文词为 diffraction. 在 20 世纪 70 年代以前出版的《英汉物理学名词》一书里,将 diffraction 译成衍射、绕射,而此后出版的《英汉物理学名词》一书里将它仅译成衍射,即舍弃了绕射一词. 这种变化多少可以告诉我们,将衍射理解成波在空间传播遇到障碍物,绕过它传播是不够确切的. "衍"字在汉语里有弥漫的意思. 所以,可将衍射理解成波在空间传播遇到障碍物发生弥漫的现象.

现在来分析图 60-1 的错误. 由图 60-1 的文字叙述可以知道,单缝被平行光垂直照射,所以图 60-1 中 S 是放置于透镜 L_1 前焦点处的点光源. 现在设想将图 60-1 中的单缝取走,如图 60-2 所示,这样一来,光在空间传播基本上没有遇到什么障碍,光在空间直线传播. 由几何光学可知,点光源 S 将在放置于透镜 L_2 后焦面的屏

---

* 本文刊自《物理通报》2010 年第 8 期,收录本书时略加修订.

幕上成一个点像 S′. 如果在图 60-2 的 L_1 和 L_2 之间加一个宽度远大于波长的单缝,在屏幕上依然是一个点像 S′. 如果将单缝宽度变小,达到光波长的数量级,那么光在空间传播就遇到了障碍物(狭缝). 由于单狭缝的取向是沿着图 60-3 中的 x 方向. 所以可以说,当光波射至狭缝上时,光波在 x 方向上并未遇到障碍,可以自由传播. 而在 y 方向上由于单缝很窄,光波传播遇到障碍,发生了光波的弥漫,即产生了衍射现象. 最终在屏幕上所呈现的衍射图样是在 y 方向上展开的,而在 x 方向上并未展开.

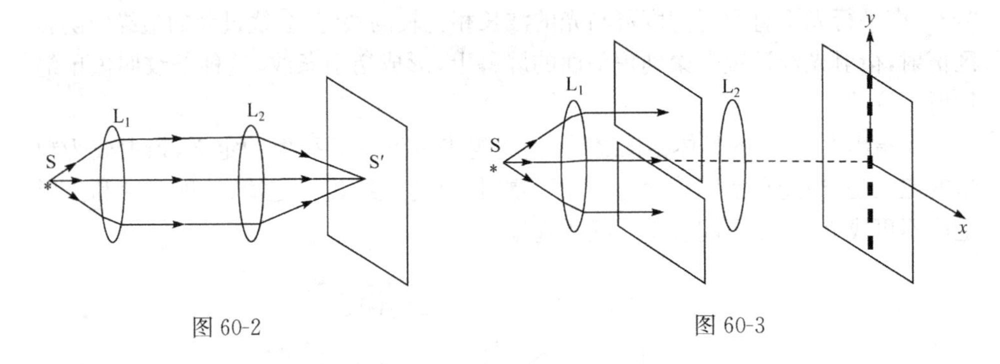

图 60-2　　　　图 60-3

由以上讨论可知,图 60-1 中屏幕上的衍射条纹形状是错误的,不应该是平行于 x 方向的线条纹,而应该是如图 60-3 所示的以“点状”在 y 轴上展开.

顺便提一句,如果将图 60-1 中的点光源改成平行于单缝的线光源,那么图 60-1 屏幕上的衍射条纹形状就正确了.

参 考 文 献

[1] 马文蔚. 物理学(下册). 北京:高等教育出版社,2006:120.

对透射光栅光强极值位置的探讨*

申兵辉　王家慧　王　卫　韩　萍

一、引言

波长为 λ 的平面单色波垂直入射到平面透射光栅上，衍射的相对光强分布为

$$f(\alpha)=\frac{I}{I_0}=\left(\frac{\sin\alpha}{\alpha}\right)^2\left[\frac{\sin(Nr\alpha)}{\sin(r\alpha)}\right]^2 \tag{61-1}$$

其中 $\alpha=\frac{\pi a\sin\theta}{\lambda}$，$a$ 为缝宽，θ 为衍射角，N 为光栅总缝数，$r(r>1)$ 为光栅常量 d 与缝宽 a 之比.式(61-1)右端第一部分为单缝衍射因子，第二部分为多缝干涉因子.普遍认为，单缝因子只影响衍射光强的大小，而不改变各级极大的位置和宽度.因此，在讨论光栅衍射的极值时，光学[1]或大学物理教材[2,3,4]只计算了多缝干涉因子，都没有定量讨论单缝因子对各级极大位置的影响，从而得出，多缝干涉因子主极大角位置满足的方程(光栅方程)同样适用于光栅衍射，即

$$d\sin\theta=k\lambda,\quad k=0,\pm1,\pm2,\cdots \tag{61-2}$$

本文系统研究了式(61-1)的极值问题，结果表明，单缝因子对除零级以外的光强极大值的位置有影响，式(61-2)并非严格成立.

二、理论分析

使式(61-1)为极值的 α 值满足

$$\frac{\mathrm{d}f(\alpha)}{\mathrm{d}\alpha}=F(\alpha)+G(\alpha)=J(\alpha)=0 \tag{61-3}$$

式中

$$F(\alpha)=\frac{2\sin\alpha\sin^2(Nr\alpha)}{\alpha^3\sin^2(r\alpha)}(\alpha\cos\alpha-\sin\alpha) \tag{61-4}$$

$$G(\alpha)=\frac{2r\sin^2\alpha\sin(Nr\alpha)}{\alpha^2\sin^3(r\alpha)}[N\cos(Nr\alpha)\sin(r\alpha)-\sin(Nr\alpha)\cos(r\alpha)] \tag{61-5}$$

为了比较光栅衍射与多缝干涉的极值间的关系，将多缝因子对 α 求导并令其为零，有

* 本文刊自《广西物理》2013年第8期，收录本书时略加修订.

$$H(\alpha)=\frac{\alpha^2 G(\alpha)}{\sin^2\alpha}=0 \tag{61-6}$$

满足式(61-6)的 α 对应于多缝干涉因子的极值点.

分析上面几式可以看出,同时满足式(61-3)和式(61-6)的 α 值分为下面几种情况:

(1) $\alpha=0$:单缝因子与多缝因子同时为主极大,对于应光栅衍射零级主极大;

(2) $\alpha=n\pi, n=\pm1,\pm2,\cdots,\sin\alpha=0$:单缝因子的零点(极小值)位置,也是光栅衍射光强的零点;

(3) $\alpha=\frac{1}{r}\left(k+\frac{m}{N}\right)\pi, k=0,\pm1,\pm2,\cdots, m=1,2,\cdots,N-1, \sin(Nr\alpha)=0$:多缝干涉因子的零点(极小值),也是光栅衍射光强曲线的零点.

除此之外,其他的 α 值一般无法同时满足式(61-3)和式(61-6),多缝干涉因子的主极大条件 $\alpha=\frac{k\pi}{r}, k=\pm1,\pm2,\cdots$,即光栅方程满足式(61-6)而不能同时满足式(61-3),这说明光栅方程并不是光栅衍射光强的主极大严格满足的方程.

式(61-5)右端括号内

$$N\cos(Nr\alpha)\sin(r\alpha)-\sin(Nr\alpha)\cos(r\alpha)=0$$

是多缝干涉因子的次极大满足的条件,它使式(61-6)成立而不能同时使式(61-3)成立,因此,多缝干涉因子的次极大也与光栅衍射光强的次极大的角位置不同.

综上所述,多缝干涉因子与光栅衍射光强的各级极小的位置是重合的,而它们除零级以外的各级极大的位置并不重合.

三、数值分析举例

为了验证上面的结论并比较各级极大对应的 α 值的偏移程度,下面以现行大学物理教材中常见的 $d=3a, r=3, N=5$ 的情形为例进行数值分析.

首先,绘制 $H(\alpha)$ 与 $J(\alpha)$ 随 α 的变化曲线,比较两条曲线的零点,图 61-1 为两个函数在 $2\leqslant\alpha\leqslant4$,函数值位于 $-1.5\sim1.5$ 间的局部曲线,其中实线表示光栅衍射相对光强的导数 $J(\alpha)$ 曲线,虚线表示 $H(\alpha)/25$(为了美观及便于比较).两条曲线在上升期与横轴的交点相互重合,而在下降期与横轴的交点并不重合.这表明二者的极小值对应的衍射角相同而极大值所对应的衍射角有一个小的差值.另外从图中还可以看到,$J(\alpha)$ 在 $\alpha=\pi$ 两侧比 $H(\alpha)$ 分别多出了一个零点,且在零点处曲线的斜率为负值,这说明光栅衍射比多缝干涉因子多出了两个次极大,这两个次极大是由于缺级造成的[5].

其次,为了定量表示出两条曲线各极大值处 α 的差值,我们对 0~4 级主极大之间的各极大值出现的位置做了数值计算,结果示于表 61-1. $\alpha_k (k=1,2,\cdots)$ 表示

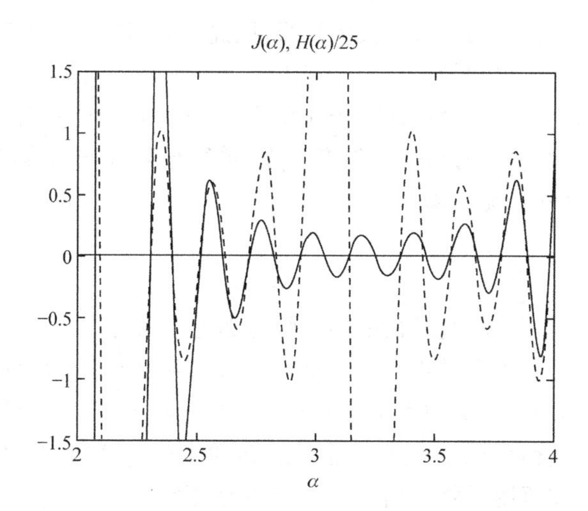

图 61-1 衍射相对光强与多缝因子的导数曲线

第 k 级主极大对应的 α 值，α_{ij} ($i=0,1,\cdots;j=1,2,\cdots$)表示位于第 i 级与第 $i+1$ 级主极大之间的第 j 个次极大对应的 α 值.

表 61-1 光栅衍射与多缝因子极大值位置比较($d=3a,r=3,N=5$)

α	光栅衍射	多缝干涉	差值
α_{01}	0.303 442	0.303 913	−0.000 471
α_{02}	0.522 777	0.523 599	−0.000 822
α_{03}	0.742 092	0.743 285	−0.001 193
α_{1}	1.041 986	1.047 197	−0.005 211
α_{11}	1.348 737	1.351 110	−0.002 373
α_{12}	1.567 859	1.570 796	−0.002 937
α_{13}	1.786 849	1.790 482	−0.003 633
α_{2}	2.080 020	2.094 394	−0.014 374
α_{21}	2.391 537	2.398 308	−0.006 771
α_{22}	2.608 443	2.617 994	−0.009 551
α_{23}	2.821 798	2.837 680	−0.015 882
α_{24}	3.034 126	不存在	
α_{3}	缺级	3.141 593	
α_{31}	3.246 192	不存在	
α_{32}	3.458 497	3.445 505	0.012 992
α_{33}	3.671 806	3.665 191	0.006 615
α_{34}	3.888 648	3.884 877	0.003 771
α_{4}	4.193 410	4.188 791	0.004 619

对于光栅衍射，由于第 3 级主极大缺级，因此在 α_{24} 和 α_{31} 处出现了两个新的次极大，其余各级极大值出现的位置与多缝干涉因子所描述的都有一定的偏移量. 事实上，这个偏移的正负与单缝衍射因子在相应 α 处的斜率有关. 斜率为正时表现为正偏移；斜率为负时表现为负偏移；斜率为零(单缝衍射因子与多缝干涉因子极大值的位置恰好重合)时，无偏移.

四、结论

经过前面的分析可知，光栅衍射的光强分布是多缝干涉因子与单缝衍射因子共同作用的结果，多缝干涉的零点位置也是光栅衍射的极小值出现的位置，但是它们的极大值出现的位置一般说来是不同的. 因此，光栅方程虽然可以严格描述多缝干涉主极大的角位置，但用来描述光栅衍射，理论上是不严格的. 另外，本文用简单的方法证明了，在缺级附近将会出现两个新的衍射次极大.

随着光栅缝数 N 的增大，各级极大的角宽度将减小，光栅衍射主极大的位置与光栅方程所确定的角位置的偏移也随之减小. 实际的光栅都具有较大的 N，所以这种偏移对实际测量造成的影响是很小的.

参考文献

[1] 母国光，战元龄. 光学. 北京：高等教育出版社，1978.
[2] 陆果. 基础物理学. 北京：高等教育出版社，1997.
[3] 吴百诗. 大学物理. 西安：西安交通大学出版社，1994.
[4] 程守洙，江之永. 普通物理学(下册). 6 版. 北京：高等教育出版社，2006.
[5] 彭世林. 光栅缺级附近的两弱峰. 大学物理，2002，21(11)：27-29.

用线偏振光产生椭圆(或圆)偏振光的另两种方法*

王家慧　祁　铮　吕洪凤　王　卫　金仲辉

在大学基础物理教材[1~6]中,讲授用线偏振光产生椭圆偏振光时,常介绍下列两种方法,其一是令线偏振光垂直射向波片(如图 62-1 所示,其中 y 方向为波片的晶轴方向),线偏振光电矢量的振动方向与波片晶轴方向之间的夹角为 θ,线偏振光进入波片内,将电矢量 $\boldsymbol{E}$ 分解成 y 方向上分量 E_y(e 光)和 x 方向上分量 E_x(o 光). 由于 e 光和 o 光在波片内传播速度不同,e 光和 o 光之间产生了一个相位差. 在一般情况下,射出波片的光将是椭圆偏振光. 另一种方法是令线偏振光垂直射向菲涅耳组合棱镜(如图 62-2 所示),由于线偏振光可分解为振幅相等、频率相同的左、右旋圆偏振光,这两束圆偏振光在左、右旋石英晶体中有不同的传播速度,故射出菲涅耳组合棱镜的光将是两束(左旋和右旋)圆偏振光.

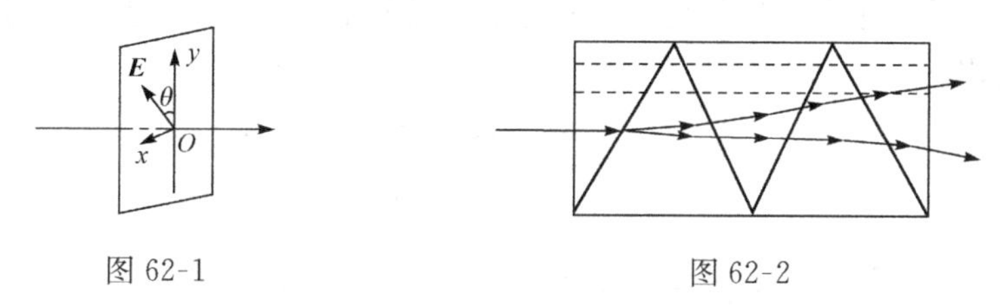

图 62-1　　　　图 62-2

以下将介绍用线偏振光产生椭圆(或圆)偏振光的另外两种方法.

一、线偏振光在各向同性电介质界面上反射

令一束线偏振光射向两各向同性电介质界面(如图 62-3 所示),且线偏振光电矢量 $\boldsymbol{E}_1$ 的振动方向与入射面有一夹角 θ,于是 S 光的入射分量为 $E_{S1}=E_1\sin\theta$,P 光的入射分量为 $E_{P1}=E_1\cos\theta$. 由光的折射定律,得

$$\sin\varphi_2=\frac{\sin\varphi_1}{n_{21}} \tag{62-1}$$

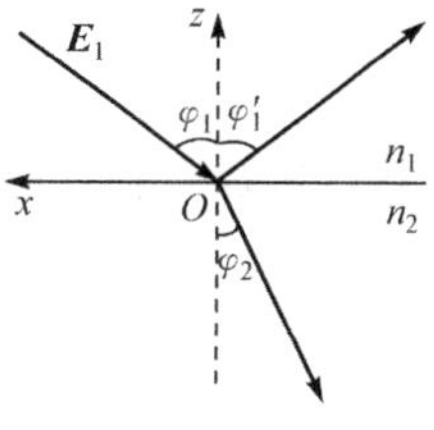

式中,$n_{21}=\dfrac{n_2}{n_1}$.

$$\cos\varphi_2=\sqrt{1-\sin^2\varphi_2}=\frac{1}{n_{21}}\sqrt{n_{21}^2-\sin^2\varphi_1}$$

图 62-3

* 本文刊自《物理与工程》2011 年第 1 期,收录本书时略加修订.

若 $n_1>n_2$ 且入射角 φ_1 大于全反射临界角时，上式根号内的量为负数，因而 $\cos\varphi_2$ 是一个虚数. 现将 $\cos\varphi_2$ 写为

$$\cos\varphi_2=\pm\frac{\mathrm{i}}{n_{21}}\sqrt{\sin^2\varphi_1-n_{21}^2} \tag{62-2}$$

将式(62-1)和式(62-2)代入下列的菲涅耳公式：

$$\frac{E'_{S1}}{E_S}=\frac{\sin(\varphi_2-\varphi_1)}{\sin(\varphi_2+\varphi_1)}=\frac{\sin\varphi_2\cos\varphi_1-\sin\varphi_1\cos\varphi_2}{\sin\varphi_2\cos\varphi_1+\sin\varphi_1\cos\varphi_2}$$

且考虑到式(62-2)只取负号(若取正号，光入射第二介质内时，它的振幅趋于无穷大，这在物理上是不可能的)，得

$$\frac{E'_{S1}}{E_S}=\frac{\cos\varphi_1+\mathrm{i}\sqrt{\sin^2\varphi_1-n_{21}^2}}{\cos\varphi_1-\mathrm{i}\sqrt{\sin^2\varphi_1-n_{21}^2}}$$

从上式可以看出，分子和分母为共轭复数，于是上式可写为

$$\mathrm{e}^{\mathrm{i}\delta_S}=\frac{\cos\varphi_1+\mathrm{i}\sqrt{\sin^2\varphi_1-n_{21}^2}}{\cos\varphi_1-\mathrm{i}\sqrt{\sin^2\varphi_1-n_{21}^2}}$$

上式中 δ_S 为反射光中 S 光分量与入射光中 S 光分量之间的相位差. 由欧拉公式和上式，可得出

$$\cos\delta_S=\frac{\mathrm{e}^{\mathrm{i}\delta_S}+\mathrm{e}^{-\mathrm{i}\delta_S}}{2}=\frac{2\cos^2\varphi_1-(1-n_{21}^2)}{1-n_{21}^2}$$

$$\sin\delta_S=\frac{\mathrm{e}^{\mathrm{i}\delta_S}-\mathrm{e}^{-\mathrm{i}\delta_S}}{2\mathrm{i}}=\frac{2\sqrt{\sin^2\varphi_1-n_{21}^2}}{1-n_{21}^2}$$

由此得出

$$\tan\frac{\delta_S}{2}=\frac{\sin\dfrac{\delta_S}{2}}{\cos\dfrac{\delta_S}{2}}=\frac{2\sin\dfrac{\delta_S}{2}\cos\dfrac{\delta_S}{2}}{2\cos^2\dfrac{\delta_S}{2}}$$

$$=\frac{\sin\delta_S}{1+\cos\delta_S}=\frac{\sqrt{\sin^2\varphi_1-n_{21}^2}}{\cos^2\varphi_1} \tag{62-3}$$

对于 P 光，利用下列的菲涅耳公式：

$$\frac{E'_{P1}}{E_P}=\frac{\tan(\varphi_1-\varphi_2)}{\tan(\varphi_1+\varphi_2)}$$

和类似的方法可求出

$$\tan\frac{\delta_P}{2}=\frac{\sqrt{\sin^2\varphi_1-n_{21}^2}}{n_{21}\cos\varphi_1} \tag{62-4}$$

式中 δ_P 为反射光中 P 光分量与入射光中 P 光分量之间的相位差，由三角公式 $\tan(\alpha-\beta)=\dfrac{\tan\alpha-\tan\beta}{1+\tan\alpha\cdot\tan\beta}$ 和式(62-3)、式(62-4)，得

$$\tan\frac{\delta_P-\delta_S}{2}=\frac{\sqrt{\sin^2\varphi_1-n_{21}^2}}{\sin^2\varphi_1}\cos\varphi_1 \tag{62-5}$$

式中 $\delta_P-\delta_S$ 为反射光中 P 光与 S 光之间的相位差(设入射光中 P 光与 S 光之间的相位差为零). 由式(62-5)可以看出，当光由光密介质射向光疏介质界面时，即 $n_1>n_2$ 条件下，若入射角 φ_1 恰为全反射临界角，即 $\sin\varphi_{1C}=n_{21}$ 时，有 $\delta_P-\delta_S=0$，说明反射光中 P 光与 S 光之间的相位差为零，反射光依然为线偏振光. 但在 $\varphi_1>\varphi_{1C}$ 情况下，$\delta_P-\delta_S\neq0$，说明 P 光和 S 光之间存在相位差，反射光一般为椭圆偏振光. 若 $\delta_P-\delta_S=\dfrac{\pi}{2}$，且 $\theta=\dfrac{\pi}{4}$，则反射光为圆偏振光.

二、线偏振光在金属表面上反射

令一束线偏振光由各向同性电介质射向金属表面，如图 62-3 所示(此处再用图 62-3，其中 n_2 为金属的折射率). 由光的折射定律：

$$\sin\varphi_2=\frac{\sin\varphi_1}{n_{21}}$$

其中 $n_{21}=\dfrac{n_2}{n_1}$. 由于光在金属中传播有损耗，所以它的折射率 n_2 是复数，于是 n_{21} 和 φ_2 也是一个复数. 由下列两个菲涅耳公式：

$$\frac{E'_{S1}}{E_{S1}}=\frac{\sin(\varphi_2-\varphi_1)}{\sin(\varphi_2+\varphi_1)} \tag{62-6}$$

$$\frac{E'_{P1}}{E_{P1}}=\frac{\tan(\varphi_1-\varphi_2)}{\tan(\varphi_1+\varphi_2)} \tag{62-7}$$

且 φ_2 是复数，所以 $\dfrac{E'_{S1}}{E_{S1}}$ 和 $\dfrac{E'_{P1}}{E_{P1}}$ 两个比值也为复数.

令 δ_S 为反射光中 S 光分量与入射光中 S 光分量之间的相位差；δ_P 为反射光中 P 光分量与入射光中 P 光分量之间的相位差；ρ_S 和 ρ_P 分别为 S 光和 P 光反射系数的绝对值，则有

$$\frac{E'_{S1}}{E_{S1}}=\left|\frac{E'_{S1}}{E_{S1}}\right|e^{i\delta_S}=\rho_S e^{i\delta_S} \tag{62-8}$$

$$\frac{E'_{P1}}{E_{P1}}=\left|\frac{E'_{P1}}{E_{P1}}\right|e^{i\delta_P}=\rho_P e^{i\delta_P} \tag{62-9}$$

设入射的线偏振光的方位角为 α_i(电矢量振动方向与入射面的夹角)，则有

$$\tan\alpha_{\mathrm{i}}=\frac{E_{\mathrm{S1}}}{E_{P1}} \tag{62-10}$$

若 α_{r} 为反射光线的方位角(一般情况下是复数),则有

$$\tan\alpha_{\mathrm{r}}=\frac{E'_{\mathrm{S1}}}{E'_{\mathrm{P1}}}$$

将式(62-6)、式(62-7)和式(62-10)代入上式,有

$$\tan\alpha_{\mathrm{r}}=-\frac{\cos(\varphi_1-\varphi_2)}{\cos(\varphi_1+\varphi_2)}\tan\alpha_i \tag{62-11}$$

式(62-8)除以式(62-9),并与上式相比较,得

$$-\frac{\cos(\varphi_1-\varphi_2)}{\cos(\varphi_1+\varphi_2)}=\frac{\rho_{\mathrm{S}}}{\rho_{\mathrm{P}}}\mathrm{e}^{\mathrm{i}(\delta_{\mathrm{S}}-\delta_{\mathrm{P}})} \tag{62-12}$$

由上式可知,对于垂直入射($\varphi_1=0$)和掠入射,分别有$\frac{\rho_{\mathrm{S}}}{\rho_{\mathrm{P}}}=1$,$\delta_{\mathrm{S}}-\delta_{\mathrm{P}}=\pi$ 和$\frac{\rho_{\mathrm{S}}}{\rho_{\mathrm{P}}}=1$ 和 $\delta_{\mathrm{S}}-\delta_{\mathrm{P}}=0$,在这两种情况下,$\alpha_r$ 均为实数,说明反射光仍为线偏振光;但在一般情况下,即入射角 φ_1 取一般值,$\delta_{\mathrm{S}}-\delta_{\mathrm{P}}$ 值不为零或 π,反射光一般为椭圆偏振光,在某些特殊情况下,即 $\delta_{\mathrm{S}}-\delta_{\mathrm{P}}=\frac{\pi}{2}$ 和$\frac{\rho_{\mathrm{S}}}{\rho_{\mathrm{P}}}\tan\alpha_{\mathrm{i}}=1$,则反射光为圆偏振光.

参考文献

[1] 赵凯华. 新概念物理教程[光学]. 北京:高等教育出版社,2004:305-322.
[2] 金仲辉,梁德余. 大学基础物理学. 北京:科学出版社,2006:321-327.
[3] 陆果. 基础物理学(下). 北京:高等教育出版社,1997:518-582.
[4] 蔡怀新,李洪芳,梁励芬,陈暨耀. 基础物理学(下). 北京:高等教育出版社,2003:316-319.
[5] 程守洙,江之永. 普通物理学(第 3 册). 5 版. 北京:高等教育出版社,998:261-264.
[6] 张三慧. 大学物理学(第 4 册). 北京:清华大学出版社,2000:231-242.

维纳实验证明了光波中电矢量的作用

金仲辉

在讲授光的干涉、衍射和偏振过程中，我们常以光波中的电矢量来代表光，其中的原因是光与物质的相互作用过程中，在许多情况下，主要是光矢量中的电矢量和电子的相互作用，磁矢量的作用是可以忽略的. 例如乳胶感光、植物光合作用、动物视觉效应、光照皮肤发热和变色等，起主要作用的是光波中的电矢量. 上述结论可以用著名的维纳实验来说明.

令一束线偏振光以 45°角入射至一镜面（各向同性介质），故入射光束与反射光束在空间正交，这样就可出现光波中电矢量之间和磁矢量之间，一者恰巧正交而另者恰巧平行的情况. 实验时，让入射光为 S 光（电矢量垂 $\boldsymbol{E}_{1S}$ 直于入射面，如图 63-1 所示），则入射的电矢量 $\boldsymbol{E}_{1S}$ 与反射的电矢量 $\boldsymbol{E}'_{1S}$ 平行，产生相干叠加，这时放置于入射光和反射光交叠区中的乳胶面板（图 63-1 中虚线表示），显然记录下明暗相间的干涉条纹. 由于入射的磁矢量 $\boldsymbol{H}_{1P}$ 和反射的磁矢量 $\boldsymbol{H}'_{1P}$ 正交，并不产生干涉. 由此证明，乳胶感光是电矢量所致. 再令入射光是 P 光，如图 63-2 所示，此时 $\boldsymbol{E}_{1P}$ 和 $\boldsymbol{E}'_{1P}$ 正交，不产生相干叠加，而 $\boldsymbol{H}_{1S}$ 和 $\boldsymbol{H}'_{1S}$ 同方向，产生相干叠加，这时乳胶板上并没有显示明暗相间的干涉条纹，而是一片均匀黑度，这说明光波中的磁矢量对乳胶板是否感光是不起任何作用的.

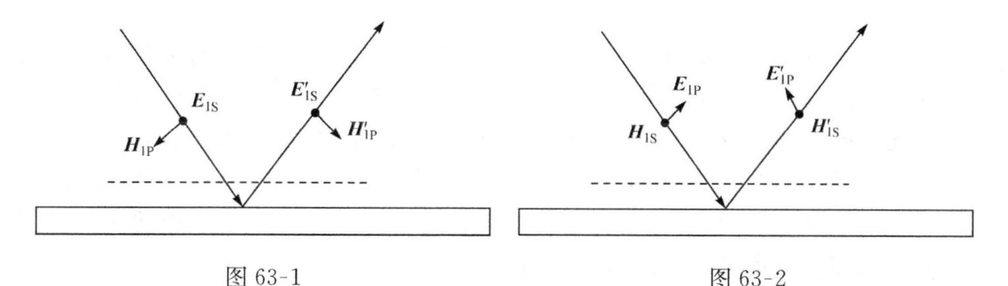

图 63-1　　图 63-2

关于科纽棱镜的插图*

金仲辉

有些棱镜是用石英材料制成的(例如棱镜光谱仪中紫外波段用的棱镜),为了得到良好的光谱不用熔凝石英而用光学性能更佳(例如折射率更均匀)的晶体石英.但石英晶体具有旋光性,且有右旋石英晶体和左旋石英晶体之分.若棱镜光谱仪中的棱镜用一整块石英晶体(右旋晶体或左旋晶体)制成,那么射向棱镜的一束单色光,通过棱镜后的出射光将是有一定夹角的两束光,如图 64-1 所示,图中虚线表示晶体的光轴.最后光谱仪得到两条分离的谱线(波长相同),这自然是不可取的.为了克服此缺点,石英晶体制成的棱镜,往往是由两块石英晶体做成的,一块是右旋晶体,另一块是左旋晶体,这样的棱镜称为科纽棱镜,如图 64-2 所示,图中 R 表示右旋石英晶体,L 表示左旋石英晶体,虚线表示晶体的光轴.

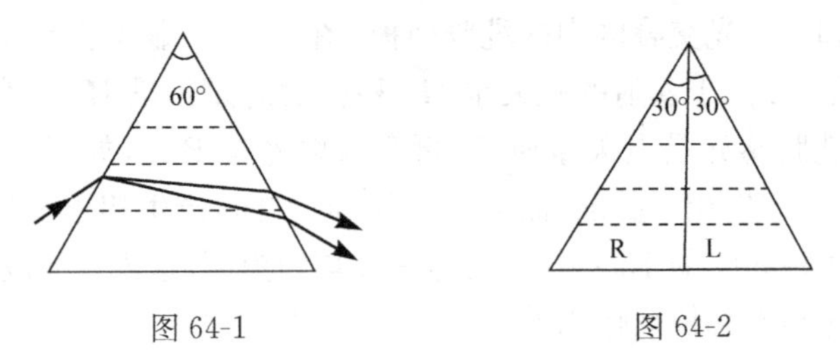

图 64-1　　图 64-2

现在要着重指出的是,在国内有较大影响的一些光学教材中,有关科纽棱镜的入射光线和出射光线的走向的插图很不相同.例如南开大学的光学教材[1]和一本国外的光学教材[2]绘成图 64-3 的形式;北京大学的光学教材[3]绘成图 64-4 的形式;而华东师范大学的光学教材[4]绘成图 64-5 的形式,图中的两根出射光线似是相互平行的(教材中没有明确说明是相互平行的).为什么对同一个物理现象有三个不同的插图?究竟哪一个插图更合理些呢?

以下通过计算,我们可以证明,在一定条件下,一条单色光经科纽棱镜后,出射线是两条光线,但这两条出射光线是近乎平行的,正因为这两条光线是平行的(它们间夹角极小),所以它们再经过透镜(或凹面镜)会聚交于同处,这样对棱镜光谱仪来说,一束平行入射的单色光对应一条出射的单色谱线,这正是棱镜光谱仪所要求的.

---

* 本文刊自《物理通报》1989 年第 5 期,收录本书时略加修订.

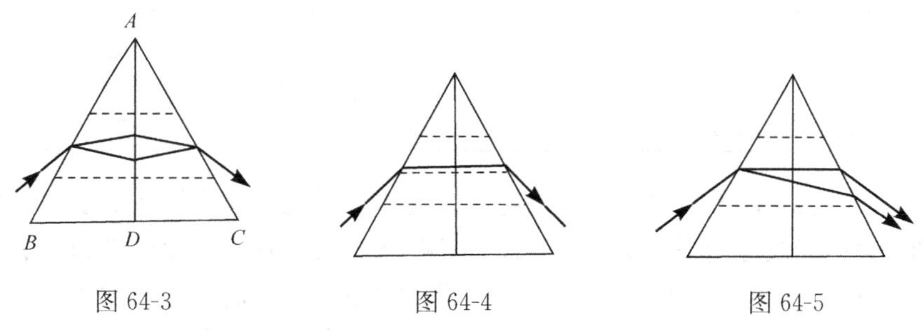

图 64-3　　图 64-4　　图 64-5

在作具体的计算之前，尚需明确一个问题，即在确定的波长下，在右旋石英晶体中，右旋圆偏振光的传播速度较快，而在左旋石英晶体中，左旋圆偏振光的传播速度较快，同时左旋石英晶体和右旋石英晶体的旋光率在数值上是相同的，这就是说左、右旋圆偏振光沿着左、右旋石英晶体的光轴传播时，它们的速度是交换的. 在下述的计算中将规定：

右旋圆偏振光在右旋石英晶体里折射率为 n_R，右旋圆偏振光在左旋石英晶体里折射率为 n_L，左旋圆偏振光在左旋石英晶体里折射率为 n_R，左旋圆偏振光在右旋石英晶体里折射率为 n_L. 为了运算简便些，令入射的线偏振光（一线偏光可认为由两个同频、等振幅的左、右旋圆偏振光组成）进入科纽棱镜后，其中的右旋圆偏振光沿着光轴方向传播，如图 64-6 所示. 现在对右旋圆偏振光和左旋圆偏振光分别列出在几个界面上的折射定律表达式

右旋光
$$\left.\begin{aligned}&\sin\theta_1=\sin30^\circ n_R\ (AB\text{ 面})\\&\sin30^\circ n_L=\sin\theta_R'\ (AC\text{ 面})\end{aligned}\right\}\qquad(64\text{-}1)$$

左旋光
$$\left.\begin{aligned}&\sin\theta_1=\sin(30^\circ-\varepsilon_1)n_L\ (AB\text{ 面})\\&\sin\varepsilon_1 n_L=\sin\varepsilon_2 n_R\ (AD\text{ 面})\\&\sin(30^\circ+\varepsilon_2)n_R=\sin\theta_L'\ (AC\text{ 面})\end{aligned}\right\}\qquad(64\text{-}2)$$

式(64-1)和式(64-2)中的 θ_1、ε_1、ε_2、θ_R'、θ_L' 等角度如图 64-6 所示. 对于某种单色光来说，n_R 和 n_L 都具有确定的数值，由式(64-1)和式(64-2)很易求出右旋圆偏振光的出射角 θ_R' 和左旋圆偏振光的出射角 θ_L' 等值. 下表列出了两种波长下的计算结果.

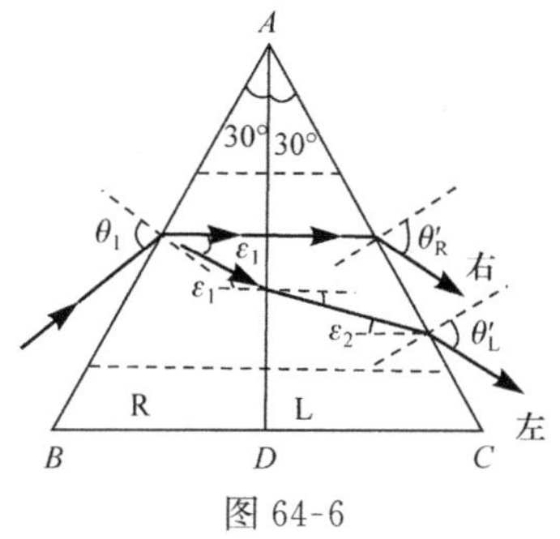

图 64-6

入射光波长	n_R	n_L	ε_1	ε_2	θ'_R	θ'_L	$\theta'_R-\theta'_L$
3968Å	1.55810	1.55821	0.00233519°	0.00233536°	51.17870293°	1.17870281°	$<(1\times10^{-6})°$
7620Å	1.53914	1.53920	0.00128948°	0.00128953°	50.3179827°	50.31798275°	$<(1\times10^{-6})°$

由上表的计算结果可以看出，将射向棱镜的入射光方向安排在最小偏向角位置(即棱镜内光线走向平行于棱镜底边)情况 F，出射的右旋圆偏振光和左旋圆偏振光的传播方向实际上可视为是平行的，即使有差异，它们之间夹角也小于 1×10^{-6} 度，这比透镜的衍射角宽度 λ/D 要小得多，这两条平行光线再经过透镜可会聚于一点. 另外 ε_1 和 ε_2 也很小，而它们之差更小，小于百万分之一度，若棱镜底边以 5 厘米计，左、右旋圆偏振光在 AC 面上的间距小于千万分之一厘米. 正由于这样小的间距，所以有的教科书上(未加讨论)说："在最小偏向角的位置上，光可以无双折射地射出"，就应该是上述的两个含义，即出射的两根光线是平行的且间距极小，而绝不能认为光在石英晶体中没有发生双折射.

通过上述的讨论，我们已可以清楚地看出，关于科纽棱镜的插图，图 64-5 比图 64-3 和图 64-4 更恰当些，出射线应是两条平行光线，而不应是一条出射线，而图 64-3 还有一个明显的错误，即对棱镜内 AD 界面(见图 64-3)而言，入射光线和折射光线不应在界面法线(也即石英晶体的光轴方向)的同侧，而应在法线的两侧.

参 考 文 献

[1] 母国光，战元龄. 光学. 北京：人民教育出版社，1978：489.

[2] F. A. Jcnkins，H. E. Whitc. 物理光学基础(中译本). 上海：商务印书馆，1957：413.（这两位作者所著的"Fundamentals of Optics"(76 年版)P591，已对该图作了修正，但文中没有说明修正图中的两根出射光线是平行的.）

[3] 赵凯华，钟锡华. 光学(下册). 北京：北京大学出版社，1984：225.

[4] 华东师范大学光学编写组. 光学教程. 北京：高等教育出版社，1987：317.

马吕斯定律的意义

金仲辉

几乎所有的光学教材，包括北大、清华的教材，对马吕斯定律的介绍都是非常简单的. 无非都是在假设光是横波的条件下，一束振幅为 A_1 的线偏振光垂直入射至偏振片 P，如果入射线偏振光的振动方向与偏振片 P 的透过方向间的夹角为 θ (如图 65-1 所示)，那么出射光束的振幅 $A_2=A_1\cos\theta$，这样就得到了马吕斯定律：$I_2=I_1\cos^2\theta$，其中 $I_1=A_1^2$，$I_2=A_2^2$.

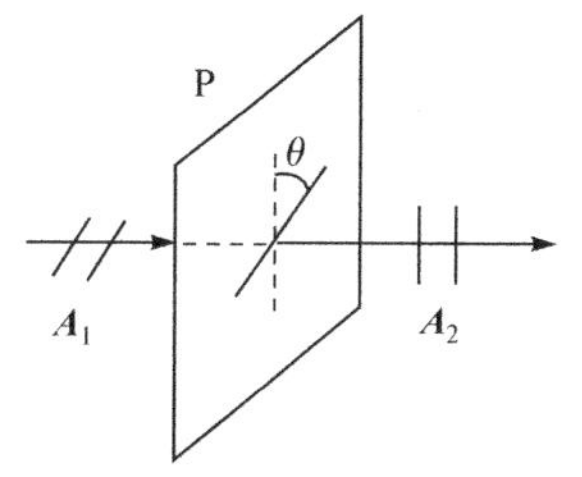

图 65-1

需要指出的是，上述内容和中学物理的教学内容并无多大差别. 如果我们在大学物理课程讲授中，也作如此简单的介绍就显得有些重复和欠有趣. 更需要说明的是，马吕斯于 1809 年发现了该定律，但他是光微粒说的坚定支持者，他并没有像如今教材中所描述的那样，在光是横波条件下得到了马吕斯定律，相反的是根据光的微粒说推导出来的，后由阿拉果用精确的光度学测量所证实. 有趣的是，马吕斯用已被实验所证实的马吕斯定律来反对光的波动说. 他认为既然你们(指持光波动说的代表杨氏等)认为光是一种波动，且是纵波(在那时候，杨氏等人认为光和声波一样是纵波)，那么纵波应具有轴对称性，也就是说，将偏振片 P 绕着入射光的传播方向旋转时，出射光的强度是不会变化的，而马吕斯定律却指出，出射光束的强度是变化的！ 于是，马吕斯认为，据此可以推翻杨氏光的波动说. 马吕斯曾写信给杨氏表达了他的看法. 杨氏在复信中认为马吕斯的看法有些道理，但他依然坚持光波动说的观点. 杨氏经过多年的研究，逐渐领悟到对于光应该用横波的概念来代替纵波. 菲涅耳对杨氏这一新的假设大加赞赏，以此为基础，发表了有关的论文，指出所有已知的光学现象都可以根据光是横波这个假设予以解释. 光是横波这一观点，使光的波动说完成它的最后形式.

从以上讨论可看出，马吕斯以马吕斯定律来反对光波动说，非但未获得成功，相反，却进一步完善了光的波动说，指出光是横波. 在物理学发展史中，反对某种理论的人所持的理由不仅未获成功，相反成为这种理论有力的论据的事例是屡见不鲜的. 例如，“泊松亮斑”就是一个极好的例子. 还如，密立根对爱因斯坦的光电效应理论持反对意见，他想用实验结果来表达他的观点是正确的. 与他的愿望相反，他花费了 10 年的时间,做了不少精密的实验,证实了爱因斯坦量子理论是正确的.密立根也由于歪打正着,以他的光电效应的精湛实验结果以及测量基本电荷而获得 1923 年的诺贝尔物理学奖.

如何讲授旋光性

金仲辉

在物理教材"光的偏振"章节中,几乎都介绍了旋光性的内容,但在不同教材中所介绍内容的深度是有差别的.一般说来,农、林院校和大多数工科院校的教材中,介绍的内容较为浅近和简单,主要内容介绍两个公式,即对于晶体(如石英)有公式:$\varphi=\alpha l$,对于溶液(如糖)有公式:$\varphi=[\alpha]Nl$.

据笔者了解,在中学物理教材里,也介绍了旋光性.如果我们在课堂讲授上仅介绍上述两个公式,不仅在教学内容上显得与中学的内容重复,而且显得有些单薄,其实旋光性内容可以在课堂上讲得很精彩,可以激发学生学习物理学的兴趣,并从中得到一些有益的启示.以下的一些讲授内容仅供参考.

一、菲涅耳的旋光唯象理论

菲涅耳在1825年对石英晶体的旋光现象提出唯象理论.一束线偏振光可以分解成两束频率相同、振幅相等的左旋和右旋圆偏振光,这两种圆偏振光在旋光物质中的传播速度不同(左旋圆偏振光在左旋旋光物质中的传播速度大于右旋圆偏振光的传播速度;同样,右旋圆偏振光在右旋旋光物质中的传播速度大于左旋圆偏振光的传播速度),或者说它们的折射率不同,经过旋光物质后产生了附加的相位差,合成后仍为线偏振光,但偏振面转过了一定的角度,如图66-1所示.

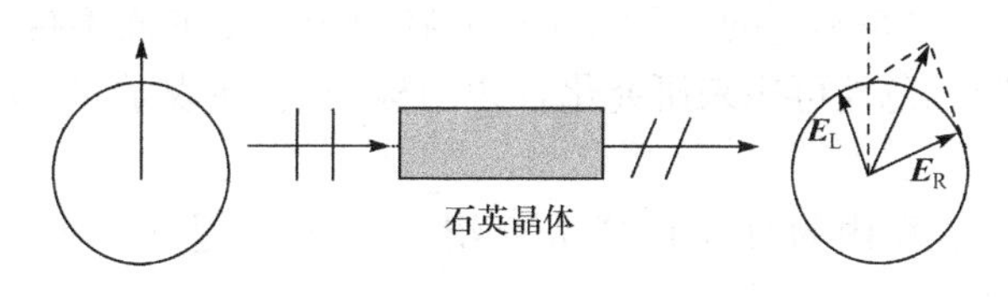

图 66-1

在物理学发展史中,经常有这样的情况,对一物理现象提出某种模型予以解释,从表面上来看,这种解释颇为成功,但最终为实验事实所否定.例如,牛顿假设光在水中的传播速度大于光在空气中的传播速度,用光的微粒说得出了光的折射定律,似乎光的微粒说成功解释了光的折射定律.但是,1850年傅科测量了光在水中的传播速度仅是空气中的3/4.于是,牛顿的光微粒说彻底以失败告终.还如,1898年J.J汤姆孙从阴极射线中发现了电子,说明了原子不是基本粒子,尚有复杂的结构.那么原子内部是怎样的结构呢?1904年汤姆孙提出了一个"西瓜式"的原子结构模型，他认为原子好似一个圆西瓜，西瓜瓤带正电，瓤中的瓜子犹如电子.这个模型提出后曾被许多人接受.但在1911年，汤姆孙的学生——卢瑟福以他的著名的α粒子散射实验结果否定了老师的原子结构模型，而建立起正确的原子的核式结构模型.那么，我们现在要问，菲涅耳对旋光性的唯象解释是否正确呢？

二、菲涅耳组合棱镜

菲涅耳的唯象解释是否正确，关键在于能否在实验上用一束线偏振光产生一对等振幅的左、右旋圆偏振光.菲涅耳确实非等闲之辈，他设计出由一些右旋和左旋石英晶体组成的复合棱镜(图66-2中虚线表示晶体的光轴)，令一束线偏振光垂直射向复合棱镜，而它的出射光故然是两束等幅的左、右圆偏振光.

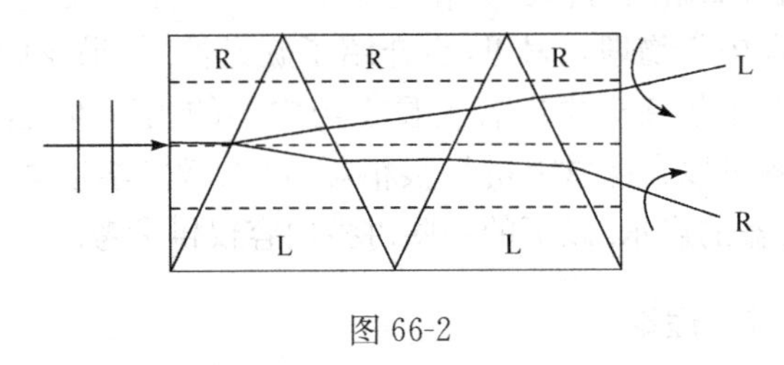

图 66-2

从上述讨论旋光性过程中可看出，在面对一个实验规律面前，我们常常用一种理论或一种模型来解释它，但这种理论或模型正确与否，还需要用进一步的实验来论证它.

此外，在农学、生物学和化学类专业的物理教学中，还应简单介绍另一种旋光现象，即圆二色性.圆二色性与一般旋光性的差别在于左、右旋圆偏振光在某些旋光物质中传播时，不仅它们的传播速度不同，即折射率不同，而且这些旋光物质对它们的吸收(系数)也是不同的.于是，从旋光物质中射出的光不再是线偏振光，而是椭圆偏振光.圆二色性可用来研究化合物的构型，它在农学、生物学以及化学有着广泛的应用.

顺便提一句，在国内的教材中，首先介绍圆二色性，是北京农业大学李崇慈教授主编的《普通物理学》.

关于美国哈里德教材《物理学基础》中几个问题的商榷*

刘玉颖　金仲辉

大卫·哈里德、罗伯特·瑞斯尼克和杰尔·沃克的《物理学基础》长期以来一直是一部在国际物理界具有很大影响和相当高权威性并受广泛好评的经典物理教材，同时它又以独特的易学性和生动性以及与当代最新科技的紧密联系，成为最受欢迎的大学物理教材.但是笔者在长期教学过程中发现该教材中有几个值得商榷的问题，本文对波动光学几个问题进行了详细的讨论和分析，以求对光学重要概念有更深的认识.

一、杨氏双缝干涉实验光程差的计算方法

哈里德教材讲授杨氏双缝干涉时(见《物理学基础》第六版第917页)，采用了如下的方法计算光程差.如图67-1所示，$D\gg d$，认为$r_1=AP$，$\theta'=\theta$，从而得光程差为

$$\Delta L=r_2-r_1=S_2A=d\sin\theta=d\tan\theta'=\frac{d}{D}x$$

其他大多数教材也采用了下列示意图(图67-1)和类似的方法讲解杨氏双缝干涉这一著名的实验[1].

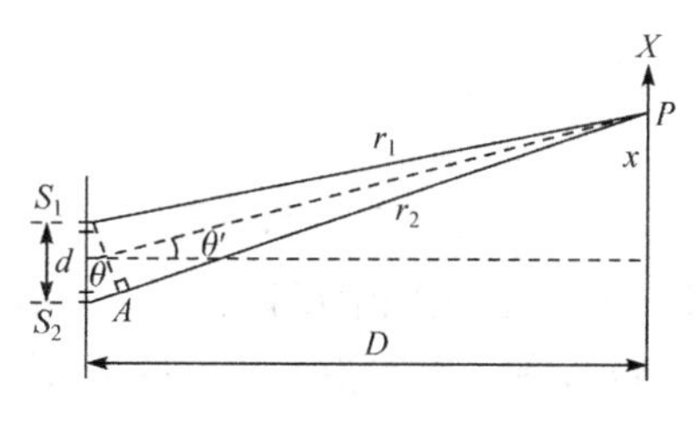

图67-1　杨氏双缝干涉示意图

少数教材[2]采用了下列方法计算光程差(图67-1).

$$\begin{aligned}\Delta L&=r_2-r_1=\sqrt{D^2+\left(x+\frac{d}{2}\right)^2}-\sqrt{D^2+\left(x-\frac{d}{2}\right)^2}\\&=D\sqrt{1+\left(\frac{x+d/2}{D}\right)^2}-D\sqrt{1+\left(\frac{x-d/2}{D}\right)^2}\end{aligned}$$

---

* 本文刊自《物理通报》2015年第4期，收录本书时略加修订.

利用近似公式

$$\sqrt{1+y}\approx 1+\frac{y}{2}\quad (y<1)$$

得

$$\Delta L=\frac{d}{D}x$$

上述两种计算方法有两个共同的特点:(1)计算过程中均采用了近似的方法;(2)所得的结果是相同的.由于有第2个特点,很少有人去比较这两种计算方法中,哪一种计算方法更恰当.

下面先看哈里德教材采用的第一种计算方法.

在第一种计算方法中(见图67-1),认为 $r_1=AP$,也就是说满足 $r_1-AP\ll\lambda$ 的条件,该近似是否合适呢?通过简单的计算可以分析出在一般的实验室条件下,并不满足 $r_1-AP\ll\lambda$ 此条件,λ 为可见光波长(400～700nm).

$$r_1-AP=r_1-\sqrt{r_1^2-(d\cos\theta)^2}=r_1-r_1\left[1-\left(\frac{d\cos\theta}{r_1}\right)^2\right]^{\frac{1}{2}}$$

利用公式

$$(1\pm y)^{\frac{1}{2}}=1\pm\frac{1}{2}y-\frac{1}{8}y^2\pm\frac{1}{16}y^3-\cdots$$

可得

$$r_1-AP=\frac{1}{2}\frac{d\cos\theta}{r_1}\approx\frac{d^2}{2D}$$

显见,当 d 越小,D 越大时,误差越小.

当 $d=0.5\text{mm}$,$D=0.5\text{m}$(采自华东师范大学教材[3]),有 $r_1-AP=250\text{nm}$;

当 $d=1.14\text{mm}$,$D=1.5\text{m}$(采自北京大学教材[4]),有 $r_1-AP=430\text{nm}$;

当 $d=1.2\text{mm}$,$D=5.4\text{m}$(采自美国哈里德教材[5]),有 $r_1-AP=133\text{nm}$.

从以上计算结果可以看出,在一般实验室的条件下,该计算方法 $\Delta L=r_2-r_1=d\sin\theta$ 不能满足 $r_1-AP\ll\lambda$ 的要求.

现在来看第二种近似计算的结果.

$$\sqrt{1+\left(\frac{x+d/2}{D}\right)^2}-\sqrt{1+\left(\frac{x-d/2}{D}\right)^2}$$

$$=1+\frac{1}{2}\left(\frac{x+d/2}{D}\right)^2-\frac{1}{8}\left(\frac{x+d/2}{D}\right)^4-\left[1+\frac{1}{2}\left(\frac{x-d/2}{D}\right)^2-\frac{1}{8}\left(\frac{x-d/2}{D}\right)^4\right]$$

$$=\frac{xd}{D^2}+\frac{1}{8D^4}\left(2x^2+\frac{d^2}{2}\right)(-2xd)\approx\frac{xd}{D^2}-\frac{1}{2}\frac{x^3d}{D^4}$$

所以

$$\Delta L=\frac{xd}{D}-\frac{1}{2}\frac{x^3d}{D^3}$$

由上式可知，第 2 种计算方法忽略的量为$\frac{1}{2}\frac{x^3d}{D^3}$. 在实验室条件下，有 $x\approx 5\text{cm}$，即观察干涉条纹范围一般不超过 10cm.

当 $d=0.5\text{mm}, D=0.5\text{m}, x=5\text{cm}$，有

$$\frac{1}{2}\frac{x^3d}{D^3}=250\text{nm}$$

当 $d=1.14\text{mm}, D=1.5\text{m}, x=5\text{cm}$，有

$$\frac{1}{2}\frac{x^3d}{D^3}=2.1\text{nm}$$

当 $d=1.2\text{mm}, D=5.4\text{m}, x=5\text{cm}$，有

$$\frac{1}{2}\frac{x^3d}{D^3}=0.47\text{nm}$$

从上述计算可看出，在实验室中若 $d\approx 1\text{mm}$，D 的取值宜在 1.5m 以上.

总之，判断一种计算方法是否可行，要看计算中所忽略的量是否恰当. 尤其是忽略的量与光的波长这个很小的量作比较，需要格外的谨慎，而这又与具体的实验条件相关联. 哈里德教材中采用的计算方法 $\Delta L=r_2-r_1=d\sin\theta$ 在一般实验室的条件下(若 $d\approx 1\text{mm}$，D 的取值为 1.5～5m)，不能满足 $r_1-AP\ll\lambda$ 的要求，所以笔者认为哈里德教材中采用的计算方法在一般实验室的条件下值得商榷和讨论.

二、薄膜干涉中的半波损失问题

几乎所有的教材在讨论薄膜干涉时，常常是这样叙述半波损失的：光从光疏介质射向光密介质界面时，反射光的相位发生了 π 相位的突变. 哈里德教材中(教材第 924 页)也有类似的论述，“对光来讲，入射波在折射率较小的介质中(以较大的速率)传播的情况. 在这种情况下，在界面反射的波有一个 π 或者半个波长的相移”.

以上论述似乎是说明反射光电矢量的振动方向与入射光电矢量的振动方向相比较发生了 π 相位突变(图 67-2). 对上述半波损失的理解，在一般情况下是不正确的. 首先，入射光和反射光的传播方向不同，即传播方向不在一条直线上，一般情况下两者的电矢量振动方向不一致，所以从干涉的含义来说，谈论入射光和反射光间的相位差问题是没有意义的. 当光由光疏介质射向光密介质界面时，泛泛地说明反射光的相位与入射光的相位有 π 的突变是不够妥当

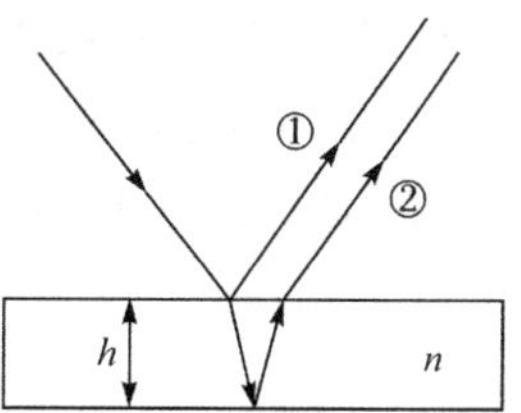

图 67-2　薄膜干涉示意图

的.要明确在讨论薄膜干涉时,在一般情况下(图 67-2)是讨论两条反射光线 1 与 2 之间的干涉.只有在光垂直射向光疏介质和光密介质的界面或掠入射的情况下,反射光与入射光相位有 π 的突变是可以的,关于掠入射的情况,读者可试证之.

三、薄膜干涉反射光强问题

哈里德教材第 927 页例题:一个玻璃透镜的一面镀了一薄层氟化镁以便减弱从透镜表面的反射.氟化镁的折射率为 1.38,玻璃镜的折射率为 1.50.至少为多厚的镀膜能消除可见光谱中间区域的光(λ=550nm)的反射?

笔者认为在此"消除"用法值得商榷.为了减少光学元件(例如透镜)表面反射光能的损失,经常在光学元件表面镀上一层折射率(n_2)介于空气折射率(n_1)和透镜玻璃折射率(n_3)之间的透明薄膜,大多数教材给出了薄膜的厚度(h)在满足下式的条件下(入射光垂直入射到薄膜上):

$$h=(2k+1)\frac{\lambda}{2n_2}\qquad(k=0,1,2,\cdots)$$

某一波长的反射光强为极小值的结论.

根据菲涅耳 4 个方程和能量守恒可推导得出(推导过程略)

$$I_R=I_0-\frac{4n_1n_3n_2^2}{(n_1n_3+n_2^2)^2}I_0=\frac{(n_1n_3-n_2^2)}{(n_1n_3+n_2^2)}I_0$$

式中 I_R 为反射光强,I_0 为入射光强.由上式可知,反射光强 I_R 一般不为零.

欲使反射光强 $I_R=0$,需满足 $n_2=\sqrt{n_1n_3}$的条件.

例如,薄膜材料为氟化镁,其折射率为 $n_2=1.38$,玻璃折射率 n_3 一般约为 1.60.通过计算可求得在透镜表面涂有氟化镁薄膜后反射光强的值.将 $n_1=1$,$n_2=1.38$ 和 $n_3=1.60$ 代入上述光强公式,得

$$I_R=\frac{(1\times1.60-1.38^2)^2}{(1\times1.60+1.38^2)^2}I_0=7.5\times10^{-3}I_0$$

在透镜表面涂了一层厚度满足条件的氟化镁薄膜后,并不能使反射光强等于零,消除反射光,只能使反射光强达到极小值.

准确来说,要使某波长的反射光强为零,必须同时满足下列 4 个条件:

(1) 入射光垂直入射至薄膜表面;

(2) 透明薄膜的厚度满足

$$h=(2k+1)\frac{\lambda}{2n_2}(k=0,1,2,\cdots)$$

(3) 3 种介质的折射率满足 $n_1<n_2<n_3$;

(4) $n_2=\sqrt{n_1n_3}$.

四、关于薄膜干涉条纹的定域问题

薄膜干涉条纹分为，干涉条纹定域在薄膜表面的等厚条纹和平行光干涉条纹定域在无穷远处的等倾条纹.

对于厚度均匀的薄膜，同一入射线的两反射线彼此平行，亦即它们的交点在无穷远.故无穷远正是均匀薄膜的定域中心层；对于厚度不均匀的薄膜(例如劈形薄膜)，随着上下表面交棱的方位不同，同一入射线的两反射线或交于薄膜之前，或延长线交于薄膜之后，只要薄膜的厚度小，定域中心层在薄膜表面附近[6].

哈里德教材第 928 页例题："劈形薄膜的干涉"示意图如图 67-3(a)所示，其中图 67-3(b)值得商榷，图 67-3(b)中两反射光线相互平行，其干涉条纹定域在无穷远处，与劈形薄膜干涉条纹应定域在薄膜表面不符，建议改用图 67-4 更为恰当.

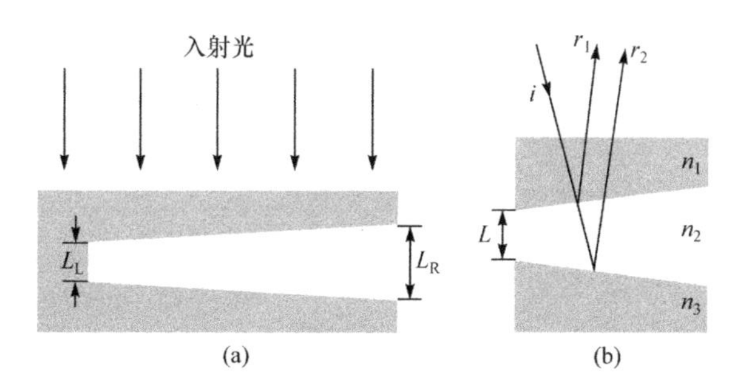

图 67-3 劈形薄膜干涉示意图，其中右图为哈里德教材中插图 c 示意图

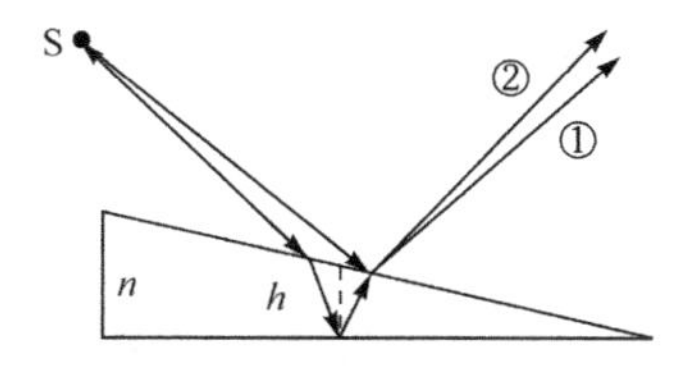

图 67-4 劈形薄膜干涉示意图

五、结论

本文对美国著名教材哈里德编著的《物理学基础》中波动光学的几个问题进行了商榷分析和讨论，然后给出了一些新的结论.在学习中认真研读教材，真正领会物理概念和原理的本质含义，同时要大胆地发现新问题，利用所学知识进行分析和解答.

参 考 文 献

[1] Serway, Jewett. Physics for Scientists and Engineers with Modern Physics. United States of America: Thomson, 2004:1180.
[2] 金仲辉,梁德余. 大学基础物理学. 北京:科学出版社,2006:276-277.
[3] 姚启钧,光学教程. 北京:高等教育出版社,2002:33-34.
[4] 陆果,基础物理学教程(下卷). 北京:高等教育出版社,2004:414.
[5] 哈里德. 物理学基础. 6 版. 北京:机械工业出版社,2005:919.
[6] 赵凯华. 光学. 北京:高等教育出版社,2003:128-129.

圆二色性——另一种旋光现象*

沈人德

单色的线偏振光通过旋光介质后，它的振动面以光的传播方向为轴旋转了一定的角度，这种现象称之为旋光. 产生旋光的原因，菲涅耳作了如下解释：一单色的沿光轴方向传播的线偏振光可以看作由两个沿相反方向旋转的等频率、等振幅的圆偏振光所组成，而这左、右旋圆偏振光在旋光介质中的传播速度不同，因而使出射的线偏振光的振动面旋转了一定的角度. 这种旋光现象在普通物理教材中一般都作了介绍，在此不再赘述. 本文所要介绍的是另一种旋光现象，供在普通物理光学教学中参考.

圆二色性是指单色的线偏振光通过旋光介质后，由于介质对左、右旋圆偏振光的吸收不同，而使出射的光不再是一个线偏振光而是一个椭圆偏振光(如图 68-1).

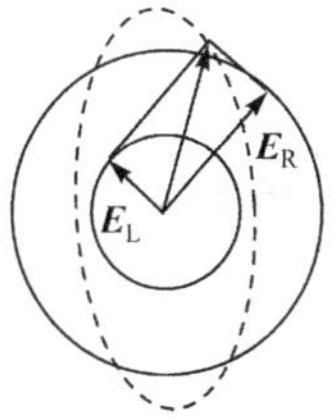

图 68-1　椭圆偏振光

我们定义：在某一波长 λ 上的圆二色性为介质对左、右旋圆偏振光的吸收系数之差，即

$$\Delta\varepsilon=\varepsilon_L-\varepsilon_R \tag{68-1}$$

由于通过介质后，线偏振光成为椭圆偏振光，因此圆二色性也常常用椭圆度 θ 来表示

$$\theta=\arctan\frac{b}{a} \tag{68-2}$$

其中，a 为椭圆长轴长度，b 为椭圆短轴长度.

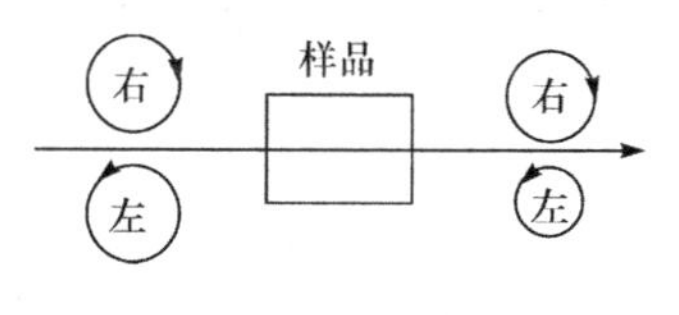

图 68-2　圆二色性

图 68-2 表示一单色的线偏振光可以分解为两个振幅相等的左、右旋圆偏振光，经过旋光介质样品后，由于旋光介质对左、右旋圆偏振光的吸收系数不同而成为振幅不等的左、右旋圆偏振光.

图 68-3 为这两个圆偏振光的合成图，图中 φ 为旋光角，θ 为椭圆度.

从图 68-3 中可以看出

* 本文刊自《物理通报》1990 年第 12 期，收录本书时略加修订.

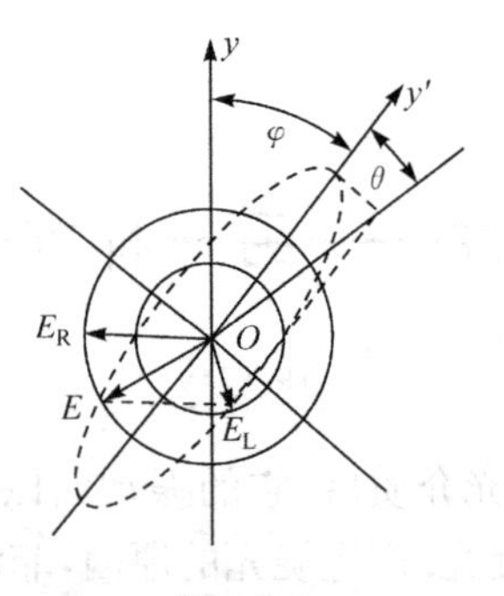

图 68-3

$$\theta=\arctan\left(\frac{E_R-E_L}{E_R+E_L}\right)$$

即

$$\theta=\frac{360}{2\pi}\arctan\left(\frac{E_R-E_L}{E_R+E_L}\right)(\text{deg}) \tag{68-3}$$

由于介质的吸收系数实际上差别很小,因此振幅的差别也很小,可以看作

$$E_R\approx E_L,\quad 即\frac{E_R-E_L}{E_R+E_L}\ll 1$$

因此,近似有

$$\theta\approx\frac{360}{4\pi}\left(1-\frac{E_L}{E_R}\right)=\frac{90}{\pi}\left[1-\sqrt{\frac{I_L}{I_R}}\right](\text{deg}) \tag{68-4}$$

式中,I_L、I_R 为左、右旋圆偏振光的强度.

如果旋光介质为稀溶液态,则光的吸收服从比尔-朗伯定律

$$I=I_0\text{e}^{-\varepsilon lc} \tag{68-5}$$

其中,I_0 为入射光的强度,I 为出射光的强度,ε 为吸收系数,c 为溶液浓度,l 为样品的长度.

于是,左、右旋圆偏振光可分别表示为

$$\begin{cases}I_L=I_{0L}\exp(-\varepsilon_L lc)\\ I_R=I_{0R}\exp(-\varepsilon_R lc)\end{cases} \tag{68-6}$$

将上两式相除,并考虑到入射光是一线偏振光,显然有 $I_{0L}=I_{0R}$,于是有

$$\frac{I_L}{I_R}=\text{e}^{-(\varepsilon_L-\varepsilon_R)lc}=\text{e}^{-\Delta\varepsilon lc}$$

即

$$\sqrt{\frac{I_L}{I_R}}=\text{e}^{-\frac{\Delta\varepsilon}{2}lc}\approx 1-\frac{\Delta\varepsilon}{2}lc \tag{68-7}$$

将上式代入式(68-4)有

$$\theta=\frac{45}{\pi}\Delta\varepsilon lc \tag{68-8}$$

这样就把圆偏振光的吸收系数之差 $\Delta\varepsilon$ 与出射的椭圆偏振光的椭圆度 θ 联系起来. 也就是说在实验中测量出 θ,即可推出 $\Delta\varepsilon$,即旋光介质的圆二色性的程度. (须知直接测量 $\Delta\varepsilon$ 是十分困难的).

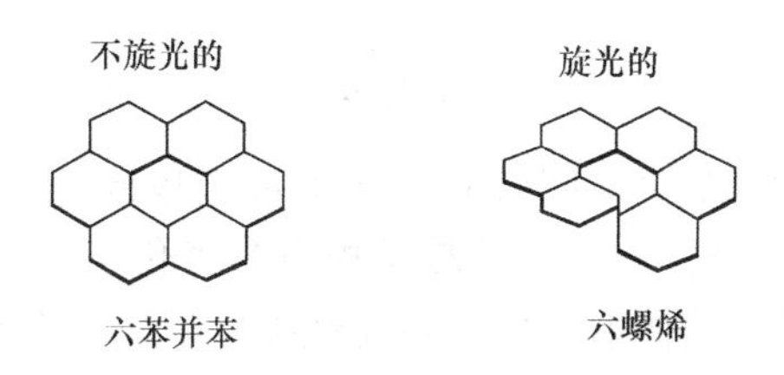

图 68-4 六苯并苯和六螺烯分子结构示意图

圆二色性主要是由旋光介质所特有的分子结构所决定的. 如六苯并苯和六螺烯,二者的分子结构非常相似,然而由于六苯并苯的分子结构是平的,有一个对称平面,因而无旋光性,而六螺烯由于是点体结构,不对称,呈螺旋状,因而呈现出非常大的圆二色性和旋光. 图 68-4 画出了这两种物质的分子结构示意图. 由此说明旋光现象的分子基础.

还有,不同的波长带上,介质对左、右旋圆偏光的吸收是不同的,这种圆二色性随波长的变化称之为圆二色谱(简称 CD). 图 68-5 是聚-L-赖氨酸的三种不同构型的 CD 谱(1. α 螺旋,2. β 折叠,3. 无规卷曲)的圆二色谱. 当环境发生变化、构型发生变化时,谱图能敏感地反应出来. 因此在生物技术日益发展的今天,圆二色谱在结构分析中,在测量生物大分子的螺旋状的二级结构中有着广泛的应用. 这种方法的优点是所需样品少;样品为溶液,更接近于生活状态;样品中有几种成分时比较容易识别. 其缺点是:不能像 X 射线衍射分析那样精确地测出分子中原子的位置.

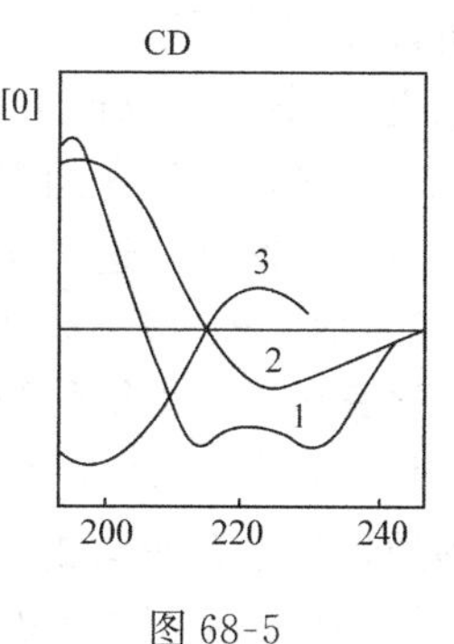

图 68-5

总而言之,旋光介质的旋光性不仅反映在使入射的线偏振光的振动面发生旋转,而且反映在由于吸收系数之差而产生的圆二色性,这两种旋光现象是同时存在,并且密切相关的.

一篇教学参考的好文章

——简评“光学史上的一段佳话”*

金仲辉

今年第3期的《现代物理知识》上登载了黄艳华同志的“光学史上的一段佳话”. 这篇文章对大学基础物理的光学教学极有参考价值,它清楚地说明一个历史事实,即菲涅耳在解释光的衍射现象时独立地提出了光的干涉原理,而不是国内外有些文章和书中所误传的那样:菲涅耳在提出如今称之为惠更斯-菲涅耳衍射原理时已经获悉杨氏干涉原理.

近年来在国内的一些文章和教科书里时时出现上述的误传. 例如,1999年《物理》第3期登载了题名为“托马斯·杨与杨氏干涉实验”的文章,文中写道:“难怪有人说:杨是一位辛勤的播种者,而菲涅耳则是一个坐享其成的收获者”. 要说明的是,文中的这个结论是作者取材于1982年国外出版的一本书. 还如,2000年清华大学出版的大学物理学教材(《波动与光学》)中的一段文字多多少少也认为菲涅耳是预先知道杨氏的干涉原理的. 这段文字为:“杨的理论,当时受到了一些人的攻击,而未能被科学界理解和承认. 在将近20年后,当菲涅耳用他的干涉原理发展了惠更斯原理,并取得了重大成功后,杨的理论才获得应有的地位”(文中黑点是笔者所加). 这种误传在国内光学教学中可以说已存在了数十年,而且它的影响面也不小. 据笔者了解,这个误传在国内传播可能和玻恩(M. Born)和沃尔夫(E. Wolf)著的《光学原理》(*Principles of Optics*)有关,因为这本书中有这样一段文字:“1818年巴黎科学院以衍射为题作为悬奖征文,期望对这个题目的论述,使光的微粒说获得最后胜利. 在菲涅耳提交的论文中,它的主体系由惠更斯包络面作图法同杨氏干涉原理相结合而构成”(文中黑点系笔者所加). 无疑,这段文字表明,书的作者认为菲涅耳在解决衍射问题时已经得知杨氏干涉原理. 我想,由于诺贝尔物理学奖获得者玻恩在物理学界具有崇高的地位,误传也就一传再传.

国内有没有正确反映了上述历史事实的书籍呢? 答案是肯定的,以下举几个例子. (1)1947年商务印书馆出版了W. H. 布拉克著的《光的世界》(陈岳生译),在书中明确无误地指出菲涅耳独立地提出了光的干涉原理. 书中写道:“夫累涅尔[①]

---

* 本文刊自《现代物理知识》2001年第5期,收录本书时略加修订.

① 现译作菲涅耳.

在那个时候,的确已经自己想出了光的干涉理论,并没有知道托马司·杨[①]在英国早已成此大功.但是他立即承认,他已被人抢了先去,而且替杨氏辩护其应居首功,甚为热心.他在 1816 年写给杨氏的信中有这样的话:'我虽不能捷足先得,但是在我看来,我却遇到了一位学者,他对于物理学有许多重要的发现,使物理学增辉不少,而且同时又把我的胆量,大大的增强了一下,使我对于我所采用的理论,格外深信,有此二者,已足以自慰了'.杨氏的复信,措辞也很客气".(2)1994 年外文出版社、光复书局出版的《大美百科全书》(Vol. 11. P459)中写道:"1815 年百日(Hundred Days)期间,他被迫停职,并因帮助王室人员而被警方监视.但拿破仑准许他返回诺曼底.回家路上,他结识了法国科学家与政治家阿拉果,阿拉果劝他在这段被压迫期间致力于光学的研究.他再次发现杨氏的干涉原理,将这个原理与惠更斯原理组合……"(3)笔者和北京大学物理系陈秉乾教授编写的《光学》(1986 年河北人民出版社出版)一书中有这样一段文字:"1818 年菲涅耳在他著名的论文里,吸取了惠更斯原理中次波这一合理思想,独立地提出了次波相干涉的概念,相当满意地解释了光的衍射现象".要说明的是,笔者在编写《光学》时已阅读过布拉克著的《光的世界》和其他有关的刊物.由于上述 3 本书不是出版的年月太久远,就是出版数量少,所以它们的影响极为有限.

杨氏和菲涅耳各自独立提出光的干涉原理,期间相隔 10 余年,这可能是使人臆断菲涅耳在解决衍射问题时已经获悉杨氏干涉原理的客观原因了.笔者要强调的是,黄艳华同志的文章不仅可以纠正光学教学中的一个误传,也可以使广大读者明了如何去求证正确的东西.

① 现译作托马斯·杨.

结合物理教学讲授一些物理学史的体会*

沈人德　金仲辉

在普通物理的教学中，我们感到大多数教材都是按物理学本身的系统性来编写的. 教师如果单纯用演绎的方式来讲授物理规律，再加上学好物理有一定的难度，往往使学生感到物理学习即难又乏味. 为了改变这种状况，我们在教学中采取的措施之一是结合物理教学讲授一些物理学史，这种做法可以获得良好的教学效果. 首先，学生们爱听这些"故事"，从而引起对物理课的兴趣，提高了学习的积极性和主动性；其次在讲授的过程中，使学生们更易理解物理学的系统性、严密性和物理学的方法论，培养学生的创造能力；第三，物理学的发展为辩证唯物主义哲学提供了有力的、丰富的例证；因此，在人们世界观的变化发展中，物理学有其重大的作用，讲授物理学史，也为了建立科学的世界观. 同时，了解一些科学家的优秀品德和他们为科学而献身的精神，对树立正确的人生观、世界观是相得益彰的.

一、使学生了解物理定律或理论的建立都有一定的时代背景，同时也是物理学家经过长期的思考、艰苦的工作的结晶，决非是瞬间灵感的产物

例如，有的教材中在介绍著名的奥斯特实验时说奥斯特在(1820年)一次课堂实验中"意外地"发现了电流的磁效应. 上述说法会使学生产生误解，一个伟大的发现似乎可以很容易被偶然地发现. 事实并非如此！远在1774年德国巴伐利亚电学研究院就提出过一个有奖征题的论文题目——"电力与磁力是否存在着实际的和物理的相似性". 十九世纪初，一些物理学家就提出了电和磁之间应存在着相互联系，曾经当过医生的丹麦物理学家奥斯特也持这种看法. 奥斯特特别看重1751年富兰克林发现的莱顿瓶放电磁化钢针的现象，他认识到电向磁的转化不是不可能的，而是如何把这种可能性转变为现实. 1800年伏打制造了伏打电堆以后，电学从静电的研究进入了电流的研究. 奥斯特用伏打电堆做了许多实验，想发现一些新现象. 1820年4月，他在一次讲课中，把一条通电导线放在小磁针的上方，并且与磁针平行，从而引起了磁针的偏转. 小磁针的偏转立即引起他的注意，他紧紧抓住小磁针的这一偏转，苦苦进行了三个月连续的实验研究，终于在1820年7月21日发表了题为"关于磁针上电流碰撞的实验"论文. 这篇极其简洁的论文，宣布了"电流的磁效应"，把千余年来分立的电和磁联系起来了，开辟了电磁学研究的新领域.

---

* 本文刊自《高等农业教育》1992年第2期，收录本书时略加修订.

二、物理学史体现了辩证唯物主义的认识论,即实践—理论—实践

例如,麦克斯韦在许多电磁学定律的基础上,提出了涡旋电场和位移电流的概念,最后创立了麦克斯韦方程组,预言了电磁波的存在,并提出了光是一种特殊波段的电磁波,将光学和电磁学联系在一起.后来赫兹用实验方法产生了电磁波,并研究了电磁波的一些传播特性,例如电磁波的反射和折射定律,干涉、衍射、偏振等.这些实验完全证实了麦克斯韦理论的正确性,可以毫不夸张地说,现代文明离不开麦克斯韦电磁理论的应用.赫兹在做电磁波实验中,同时发现了光电效应现象,这种现象引起不少科学家的兴趣.爱因斯坦在普朗克量子说的基础上,更进一步提出电磁场能量本身也是量子化的,辐射场也是不连续的,而是由一个个集中存在的,不可分割的电磁量子组成的,即光量子组成的,并提出了光电方程.后来密立根花了十年时间,克服了许多困难,做了许多实验,证实了爱因斯坦光电效应理论的正确性.稍后,康普顿效应也证实了爱因斯坦光量子学说的正确性.

总之,在物理教学中,注意在分析现象、实验的基础上,总结定律,推演定律,把教学过程作为既传授科学知识,又进行辩证唯物主义认识论的教育过程.物理学中许多概念和原理都渗透着辩证观点.例如,孔的大小对光的直线传播和光的衍射的影响,光的波粒二象性,测不准关系,洛伦兹变换中所揭示的时间、空间的关系及两者与物质运动的关系等.

三、结合物理学史,引导学生学习物理学方法论

方法论是人们在学习过程中获得新知识,在研究过程中提出新理论的一种有效手段.研究物理学有很多科学方法,诸如实验的方法,抽象理想化的方法,数学的方法,假设的方法,类比的方法,归纳和演绎的方法,分析和综合的方法等.结合教学内容用几分钟的时间指明一种方法,这对低年级学生尽快适应大学的学习方法,开阔视野,提高科学思维能力是有帮助的.

物理学史中采用类比的方法,创立新理论的例子是相当多的.例如自奥斯特发现电流的磁效应后,不少科学家就提出了既然电流可以产生磁,那么磁能否产生电流呢?这个问题经过法拉第的十年努力,终于获得了解决,之后建立了电磁感应定律,感应电机立即随之而产生.尔后,麦克斯韦在此基础上又提出了涡旋电场的概念.采用类比的方法,自然又可提出这样的问题,既然变化的磁场可以在空间激发出(涡旋)电场,那么变化的电场能否激发出(涡旋)的磁场来呢?麦克斯韦关于电磁理论的另一重大假设,即位移电流假设,就是对这个问题作了肯定的答复.还有物质波的概念,也是德布罗意采用类比的方法大胆地提出来的.他对爱因斯坦的光量子理论通过密立根、康普顿等研究得到证实发生了很大的兴趣,他把光子和物质粒子进行类比,研究了几何光学和经典力学的对应性,他发现几何光学中描述光线

传播路径的费马原理和经典力学中描述粒子运动轨道的莫培督变分原理的数学形式是完全相同的. 正是在这种类比的基础上,德布罗意大胆地提出了实物粒子也具有波粒二象性的假设. 他认为,既然粒子概念在波的领域里成功地解释了令人困惑的康普顿效应,那么,波动概念也能解释粒子领域是令人困惑的定态问题. 他还预言:"一束电子穿过非常小的孔可能产生衍射现象."尔后的电子衍射实验和量子力学的发展都说明了德布罗意的物质波的概念的正确性.

物理学是一门定量的科学,数学促进了物理学的发展,这样的例子不胜枚举. 如电磁学中的毕奥-萨伐尔定律,当初由毕奥、萨伐尔两个人用实验的方法证明了很长的通电直导线周围的磁场与距离成反比,尔后,拉普拉斯进一步从数学证明,任何闭合载流回路产生的磁场可以看成是由电流元的作用叠加起来的结果. 他从毕奥和萨伐尔的实验结果中推导出今日教材中的毕奥-萨伐尔定律的数学形式. 还有 1831 年法拉第发现了电磁感应现象,但是法拉第电磁感应定律的数学形式是 1845 年由德国的诺伊曼推导出来的. 数学和物理之间的关系,最令人感兴趣的一个例子莫过于"圆盘衍射"了. 18 世纪初,杨氏的光的干涉原理、菲涅耳的光的衍射原理,并不为人们普遍接受,光的微粒说和波动说之争尚未定论. 数学家泊松以他扎实的数学功底,从菲涅耳衍射原理出发,推导出一个引人注目的并且似乎是非常荒谬的结论,即当光照射一个圆形的不透明的障碍物时,在它的背后的阴影中心能够看到一个亮点. 泊松以此来驳难菲涅耳,反对光的波动说. 但是阿拉果几乎立即作了相应的实验,果然观察到了泊松作为对波动说的致命一击的、令人惊异的亮点! 所以"泊松亮斑"非但没有推翻菲涅耳衍射原理,相反证实了它的正确性. 至此,光的波动说为更多的人所折服而接受. 从这些例子中,学生会了解到数学在物理学研究中的重要作用,从而建立起要学好物理,同时也要学好数学的思想. 伽利略曾说过:数学是大自然的语言. 这说得多么好啊,只有懂得数学,才能更深刻地了解物理.

从上面所列举的例子中,也可以看出实验方法在物理学的研究中的重要地位. 实验为物理学理论的建立开创了道路,同时,实验也是验证物理学理论的唯一手段. 在物理学的一系列光辉成就中联系着一大批实验物理学家的名字. 他们的极为精湛的实验,例如迈克耳孙和莫雷的干涉实验;密立根油滴实验;戴维孙和革末以及汤姆孙的电子衍射实验;吴健雄的低温下 Co-60 实验等,使物理学建立在一个坚实可靠的基础之上.

四、学习物理学家大胆创新思想,对新思想敏锐和脚踏实地的工作作风

普朗克的量子假设,德布罗意的物质波概念,爱因斯坦光子假设和他的狭义相对论,李政道和杨振宁的弱相互作用下宇称不守恒理论等都是很著名的例子,就是近年来掀起的超导热也说明了大胆创新在物理学发展中所起的积极作用. 1987 年

IBM公司设在瑞士实验室工作的米勒在一次会议上听到托马斯提出可能使电绝缘体变成超导的理论.一种绝缘体通常是阻断电流的,其原因是每个电子与它自己的原子紧紧地束缚在一起.如果给某些绝缘体“掺杂”以放松这些电子,这样内部强大的原子力量就可以把电子顺利地从一个原子拉到另一个原子,这些绝缘体就可能成为超导,也许不用进行很花钱的冷却.米勒听后对托马斯说:“我将实验这种材料,请不要多谈这件事情.”随后,米勒在柏德诺尔茨的帮助下,在业余时间作了两年半寂寞的实验工作以后,终于发现了Ba-La-Cu-O氧化物(陶瓷)是一种超导体,它的转变温度高于30K,后来休斯敦大学美籍华人朱经武发展了一步,把他们的配方作了简单的改变,他在高于液氮的温度下使这种材料成为超导体.这一技术飞跃使得昂贵的液氦成为不必要了.于是超导热迅速地向全世界扩展,科学家们竞相研究原来认为是导电性能最差的这些金属氧化物.我国的中国科学院、北京大学等单位的科学家在那段日子里也夜以继日地工作,纷纷制造出零电阻温度为78.5K的超导材料和84K的超导薄膜,为超导物理的发展作出了贡献.

从超导体的研究过程可以看出,米勒对托马斯的猜测性理论是何等的敏感,并且紧紧地抓住它,以锲而不舍的精神,脚踏实地地苦干,最终获得了成功.这些都可以给学生以许多有益的启迪.

五、学习科学家的优秀品德和对科学的献身精神

历史上,一些物理学家当初提出正确的理论时不是一帆风顺的.例如,19世纪初杨氏做了光的双缝干涉实验,提出了光的干涉理论,立即遭到不少人的反对,主张光的微粒说的学者对他进行了严厉的攻击:“尽管人微言轻,我们还要大声疾呼来反对这种标新立异,因为它除了阻碍科学进展以外没有别的作用,它不过是使所有那些胡思乱想的幽灵复活,而这些幽灵早就被培根与牛顿推翻了.”在这些嘲笑和挖苦面前,杨氏有时也感到气馁,但他坚信他的波动说是正确的,他曾说:“尽管我仰慕牛顿的大名,但我并不因此非得认为他是万无一失的.我……遗憾地看到他也会弄错,而他的权威也许有时甚至阻碍了科学的进步.”杨氏这种敢于蔑视传统势力,向权威挑战的精神是值得学习的.

很多科学家在取得巨大成就,获得很高荣誉时,都表现出谦虚的品德.牛顿曾写道:“我不知道世上的人对我怎样评价,我都这样认为:我好像是站在海滨上玩耍的孩子,时而拾到几块莹石,时而拾到几片美丽的贝壳,并为之欢欣,那浩瀚的真理的海洋仍然在我的面前未被发现.”爱因斯坦对两次获得诺贝尔奖的居里夫人非常称赞说:“在所有著名人物中,居里夫人是唯一不为荣誉所颠倒的人.”

创立哥本哈根学派的玻尔不仅是一位著名的物理学家,也是一位出色的导师.他对科学的严谨态度,他的勤奋好学,他开朗的性格和平易近人的作风,使很多有才华的年轻物理学家纷纷来到他的身边和工作,当朗道问起玻尔有什么秘诀能吸

引那么多有创造才能的青年学者时，玻尔回答："没有什么秘诀，只有一点是清楚的，我不怕在青年人面前显得很蠢而已."玻尔特别尊重青年人的首创精神，总是鼓励和扶植他们.

许多科学家为了追求真理作出了巨大的牺牲.例如伽利略为了捍卫哥白尼学说遭到罗马教廷的审判和终身监禁；布鲁诺为了宣传日心说而被教会烧死；俄国的利赫曼在研究云中的电现象时不幸遭雷击而身亡；居里夫人为了研究放射性而损害了身体健康等.

科学家不是天生的天才，他们有时也走过曲折的道路，甚至也产生过失误，这有助于消除学生对科学家的神秘感.例如牛顿无法解释行星初始运动的来源时，便求助于上帝，竟提出"神的第一推动力"的谬论.克劳修斯把有限范围内的熵增加原理，任意推广到无限的宇宙，曾得到荒谬的"热寂说".普朗克在提出量子论以后的几年内始终惴惴不安，认为量子假说"太过份了"，总想尽量缩小与经典物理学之间的矛盾，致使他走了十几年的弯路，他曾不无后悔地说："我曾企图设法使这个基本作用量子(即 h 这个量)与经典理论相适应，我这种徒劳无益的企图曾经继续了许多年，花费了我很多心血."爱因斯坦拒绝接受量子力学的统计规律，他不相信上帝会掷骰子，这使他脱离了当时量子力学的主流，影响了他后来的统一理论的研究.

综上所述，结合物理教学讲授一些物理学史，可使学生在学习物理学知识的同时，也了解物理学的方法论，受到科学思维方法的训练，激发起学生尊重科学、热爱科学、为科学奋斗终身的精神，这些都会使学生对自己将来所从事的工作采取进取的态度，把自己的知识和成就献给人民.

在普通物理教学中加强物理前沿内容*

金仲辉　张志英

由于种种原因，在农业院校普通物理教学中，近代物理学内容讲授得很少，尤其是不涉及当代物理学前沿的内容. 为了改变这种状况，1996 年我校在应用化学系、计算机系 95 级的普通物理教学中，在讲授了传统的基础物理知识（72 学时，其中含近代物理学内容）后，又讲授了 40 学时的当代物理前沿专题，教材取自于高等教育出版社 1996 年 6 月出版的《大学物理（当代物理前沿专题部分）》，我们从该书中选择了如下七个专题作为讲授内容.

（1）原子能及其和平利用.（何祚庥）

（2）半导体.（夏建白）

（3）激光技术.（邓锡铭、雷仕湛）

（4）超导电性.（赵忠贤、李阳）

（5）声学.（汪德昭等）

（6）混沌现象.（郝柏林）

（7）对称与近代物理.（杨振宁）

由于每个专题涉及到众多的、较深的物理学概念和规律，而较少涉及到数学知识，所以按传统的教法（教师讲学生听）恐难达到好的教学效果，为此，每个专题教学采取下列六个步骤.

（1）教师根据每个专题的主要内容列出若干思考题.

（2）学生进行预习，并试着回答思考题.

（3）课下组织 3 至 4 位学生对专题内容作充分的准备，并在讲台上分段讲解专题的内容，遇学生讲解不突出、不明确时，教员随时作补充说明，尤其将已学过的基础物理知识与之联系起来，达到温故知新的目的.

（4）教员再作一次系统的、重点的讲授，使学生对该专题的主要内容有概要的了解.

（5）在上述步骤后，若学生还有不清楚的地方，教员当众答疑，形成讨论的气氛.

（6）要求学生对每个专题内容作一个简明的小结.

---

* 本文刊自《现代物理知识》1997 年第 4 期，收录本书时略加修订.

在七个专题讲授完后，采取以下两个步骤考核.

一、笔试

考试前明确告诉学生，90%以上的考题选自思考题，如果学生能回答出思考题，可以说讲授专题的教学基本目的也就达到. 所以，笔试主要的目的是判断学生掌握知识的程度，而非能力的检验. 笔试成绩占 40%.

二、写读书报告

要求学生任选一个专题来写，针对学生从未写过论文的情况，要求读书报告写成论文的形式，不仅有论文名和作者姓名，而且要列出作者的单位、城市、邮编、论文摘要、关键词、正确列出参考文献等. 论文字数要求在 5 000 字左右. 写读书报告主要培养学生搜集资料、组织材料进行编写的能力，论文成绩占 60%.

在讲授专题后，学生们普遍反映扩大了他们的眼界，对物理学有了更深、更新、更高的认识，对以前认为既深奥又奇妙的东西，如今也有所认识，例如以前对混沌只有所闻而不知其实，通过对“混沌现象”专题学习后，知道混沌现象是自然界普遍存在的一种运动形态，它并不神秘，而且它有许多实际的应用. 所以如今对混沌的认识不再是“混混沌沌”了，而是比较清楚了.

对上述一些做法，我们在学生中作过问卷调查. 在试点的学生(共 46 名)中，37 名学生对专题内容很感兴趣，38 名学生认为写读书报告能够提高自己的学习能力，从调查结果可看出，大多数学生对试点持肯定的结果.

讲授当代物理前沿的七个专题，是我校作为本科生物理教改试点进行的. 由于这些专题可以在讲授普通物理学之后进行，所以专题的内容也可作为其他专业的本科生或研究生的选修课.

电子自旋的概念是如何提出的

金仲辉

1916 年索末菲将玻尔氢原子理论的圆形轨道理论推广到普遍的空间椭圆轨道情形，得出轨道运动角动量的空间取向是量子化的. 索末菲的理论可以说明正常的塞曼效应. 但是，并没有直接的实验事实显示角动量的空间量子化. 施特恩和格拉赫在 1921 年所做的实验，就是为了验证原子中电子的轨道角动量在空间取向上是否是量子化的. 施特恩-格拉赫的实验装置示意图如图 72-1 所示. 在 Ag 原子束所通过的整个区域被抽成真空. Ag 原子束所经过的磁场区域为一个 z 方向上的非均匀场. 如果原子具有角动量，即具有磁矩，它在 z 方向上的梯度磁场中将受到一个力的作用，$f=\mu_z\dfrac{\mathrm{d}B}{\mathrm{d}z}$，其中 μ_z 是原子磁矩 μ 在磁场方向上的分量.

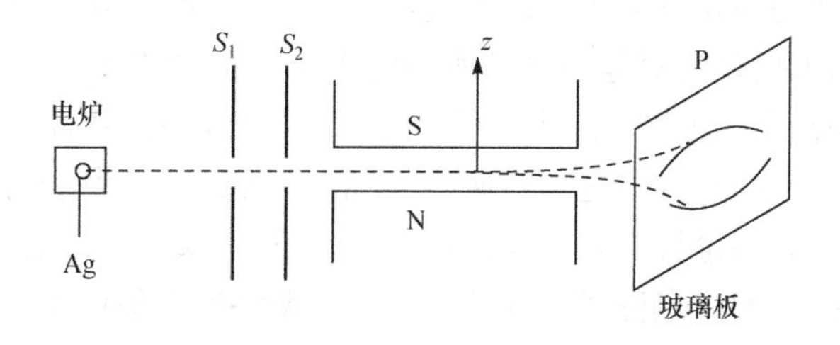

图 72-1

如果原子的角动量在空间的取向是不连续的，那么在图 72-1 中的玻璃板上应得到分立的 Ag 原子沉积. 我们知道描述电子状态的磁量子数 $m=0,\pm1,\pm2,\cdots,\pm l$，共$(2l+1)$个. 对于确定的 l 值来说，玻璃板上的 Ag 原子沉积似应是奇数条. 但是，施特恩-格拉赫的实验结果是两条沉积线. 这样的实验结果使人们疑惑不解. 银的原子序数是 47，除了一个 5S 电子外，其余电子都是"满壳层"结构. 1924 年泡利通过计算证明，满壳层的原子实应具有零角动量. 这就是说，只有 5S 电子的行为决定了玻璃板上 Ag 原子沉积线条数. 若 5S 电子处于基态$(l=0)$，即 5S 电子的轨道磁矩为零，在它通过梯度磁场区域，并不受到力的作用，于是在玻璃板中央应仅有一条 Ag 原子沉积线. 如果 5S 电子的 $l\neq0$，如上所述，在玻璃板上似应有奇数条分立的 Ag 原子沉积线. 但是，实验结果是两条分立的 Ag 原子沉积线. 如何来解释上述的矛盾呢?

1925 年荷兰莱顿大学的两个学生，乌伦贝克和古斯密特根据一系列实验事实提出了大胆的假设：电子不是点电荷，它除了轨道运动外还有自旋运动，即电子自旋假设. 假设每个电子都有自旋角动量 $\boldsymbol{S}$，它在空间任一方向上的投影 S_z 只能取两个值，即

$$S_z=\pm\frac{1}{2}h \tag{72-1}$$

同时，每个电子也具有自旋磁矩 $\boldsymbol{\mu}_S$，它与自旋角动量 $\boldsymbol{S}$ 之间的关系为

$$\boldsymbol{\mu}_S=-\frac{e}{m_e}\boldsymbol{S} \tag{72-2}$$

式中$(-e)$是电子的电荷，m_e 为电子的质量.

$$\mu_{S_z}=\pm\frac{eh}{3m_e}=\pm\mu_B \tag{72-3}$$

上述的电子自旋假设无疑极好地解释了施特恩-格拉赫的实验结果，即认为实验中的 Ag 原子处于基态($l=0$)下，Ag 原子的 5S 电子的自旋磁矩在外磁场方向上有两个取向，最终导致图 72-1 玻璃板上有两条 Ag 原子沉积线.

乌伦贝克和古斯密特关于电子自旋的观点，得到了他们的导师埃伦菲斯特的支持，他们在导师的建议下写成一篇短文，并由导师推荐给英国《自然》杂志发表. 由于乌伦贝克和古斯密特对他们自己所持的电子自旋的看法信心不足，又去请教洛伦兹(1902 年诺贝尔物理学奖获得者). 过了一周后，洛伦兹告诉他们，电子如果自旋起来，它的边缘线速度会达到光速的 10 倍，这显然是违背相对论的，所以电子自旋假设是错误的. 乌伦贝克和古斯密特听后很懊丧，要求导师取回稿子. 得到的回答是，杂志已同意发表，且已排版印刷. 埃伦菲斯特安慰他们说："你们还年轻，做点蠢事不要紧."

乌伦贝克和古斯密特的文章发表后，引起了很大的反响. 海森伯立刻写信给他们表示了赞同，爱因斯坦和玻尔也对他们的工作大加赞赏，因为困扰物理学家多年的光谱精细结构、反常塞曼效应等问题，都因为有了电子自旋概念而迎刃而解. 电子自旋的观点很快被物理学界普遍接受. 乌伦贝克和古斯密特经历一阵忙乱和情感上的波动，但最终没有错失做出重大发现的机会而载入史册.

值得一提的是，泡利也曾设想过电子有自旋，但他很快否定了自己的想法，认为自旋是一种经典概念，违背相对论(电子表面的线速度会超过光速). 在乌伦贝克和古斯密特提出电子自旋概念的半年前，美国物理学家克罗尼克也曾认为电子可以围绕自己的轴在自转，依据这个模型还作了一番计算，得到的结果竟和相对论推论所得相符. 他急切地找泡利讨论，但他的电子自旋模型遭到泡利的强烈反对. 克罗尼克在物理学权威面前胆怯了，不敢发表自己的理论，错过了做出重大发现的机会.

1927 年有人用基态氢原子进行了图 72-1 所示的实验. 实验同样观测到氢原

子束被梯度磁场分裂成两束的现象. 由于基态氢原子只有一个 1S 电子,其轨道磁矩为零,但实验说明基态氢原子具有磁矩,并在磁场中有两种可能的取向,这一磁矩不可能是氢原子核磁矩产生的,因为核磁矩比电子磁矩要小约三个数量级. 因此基态氢原子磁矩只可能是电子的固有磁矩,而它在磁场中只有两种可能的取向这一事实说明,电子自旋角动量所相应的量子数是$\frac{1}{2}$,这就从实验上直接证实了电子自旋假设.

电子自旋的存在标志着电子有了一个新的自由度,自乌伦贝克和古斯密特引入电子自旋概念后,电子自旋理论得到了进一步发展,就是泡利也接受了电子自旋的概念,并于 1927 年引进了能够描述电子自旋性质的泡利矩阵,把电子自旋的概念纳入了量子力学的体系. 1928 年狄拉克创立了相对论量子力学,由波函数在无穷小转动下的变换性质直接得出,按照他所提出的电子的相对论性波动方程——狄拉克方程,运动的粒子必有$\frac{1}{2}$自旋. 因此,电子自旋纯粹是量子力学和相对论的概念. 由此也可看出,洛伦兹和泡利当初所以拒绝电子自旋的概念,是由于他们从经典力学概念去理解电子自旋的缘故. 总之,电子自旋没有经典的对应物,这也导致它的物理意义很不直观.

电子自旋概念不仅很好解释了施特恩-格拉赫实验,也很好解释了困惑物理学家多年的原子光谱精细结构、反常塞曼效应等问题. 现以钠黄线为例来说明. 钠黄线是由于 Na 原子中价电子的 3P 轨道跃迁至 3S 轨道而成的光谱线. 如图 72-2 所示. 在光谱仪的精度不够高时,测得 3P→3S 跃迁的波长 589. 3nm 的一条谱线,当使用精度高的光谱仪时,发现钠黄线原来不是一条谱线,而是波长分别为 589. 0nm 和 589. 6nm 的两条谱线. 这就是所谓的光谱精细结构问题. 钠黄线之所以是两条谱线是由于电子存在自旋磁矩,在轨道运动的磁场作用下,钠原子的 3P 能级被分裂成两能级,如图 72-2 所示,它们各自向 3S 能级的跃迁就形成 589. 0nm 和 589. 6nm 的两条谱线.

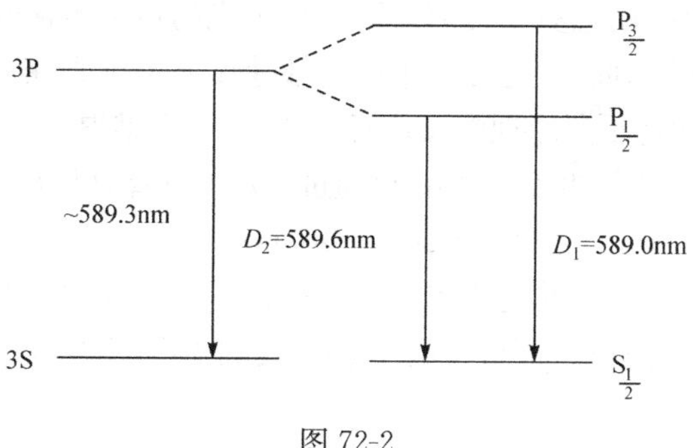

图 72-2

优化大学物理教学的一点思考
——以光学原理教学为例*

李春燕　周　梅　徐艳月　张连娣　金仲辉

大学基础物理学是高等农林院校理工科各专业的一门重要必修基础课，为许多后续课程提供基础知识，其思想方法对培养理性思维习惯和提高科学素质都具有深远而持久的影响，所体现的科学精神对科学世界观的建立也具有引导性作用. 然而，在当前大学物理教学中却普遍存在着学生学习兴趣不高的问题，成为影响教学效果的主要因素之一. 其中一部分原因可能是由于这门课中有大量的公式、推导、计算，使得学生在学习的过程中容易困惑、疲劳、失去兴趣，觉得学习无用. 作为大学物理教师，我们对此有一些相应的思考：在大学物理课程教学过程中应尽量使原理、公式的引入和推导变得有趣、有意义，才能使学生从紧张、疲惫中解放出来. 爱因斯坦说："科学结论几乎总是以完成的形式出现在读者面前，读者体会不到探索和发现的喜悦，感觉不到思维形成的生动过程，也很难达到清楚地理解全部情况. "[1]华罗庚也说过："对书本的某些原理、定律、公式，我们在学习的时候，不仅应该记住它的结论，懂得它的道理，而且应该设想一下，人家是怎样想出来的，经过多少曲折，攻破多少难关，才得出这个结论. "[1] 所以，在物理学知识引入时非常有必要介绍一下相关知识的前因后果、相应轶事，以激发学生的学习兴趣，促进学习效果，并潜移默化地培养学生的科学思维. 下面举几个光学原理教学中的例子来说明.

一、用惠更斯几何作图法导出光的折射定律知识

例如，我们在讲授用惠更斯几何作图法导出光的折射定律时，常常认为光由真空（或空气）射向水的界面时，光在水中的传播速度要小于光在空气中的传播速度，如图 73-1 所示. 利用惠更斯原理以及几何作图方法，不难得出折射光线在水中的走向. 图 73-1 中的 $AD<BC$，并有 $i_2<i_1$，再通过一定的计算，可得出光的折射定律为

$$n_1\sin i_1=n_2\sin i_2$$

由此可看出，用惠更斯几何作图法导出的光折射定律，是假定光在水中的传播速度小于空气中的传播速度下得出的. 但是，我们需要指出的是，在惠更斯时代人

* 本文刊自《物理通报》2014 年第 8 期，收录本书时略加修订.

们并不知道光在水中传播的速度值. 所以,我们在课堂讲授中不加任何说明地主观认为光在水中的传播速度小于空气中的值,多少有些牵强附会. 相反,与惠更斯同时代的牛顿,以光的微粒说并假定光在水中的传播速度要大于空气中的值,也同样导出了光的折射定律. 当一束光的微粒由空气射向水的界面时,由于水的密度大于空气的密度,光微粒在水界面受到一法向力,使光微粒通过界面时法向速度发生变化,且 $v_{2n}>v_{1n}$,而切向速度不变,即 $v_{1\tau}=v_{2\tau}$,所以 $i_2<i_1$,如图 73-2 所示. 由于

$$v_{1\tau}=v_1\sin i_1 \qquad v_{2\tau}=v_2\sin i_2$$

由

$$v_{1\tau}=v_{2\tau}$$

可得

$$n_1\sin i_1=n_2\sin i_2$$

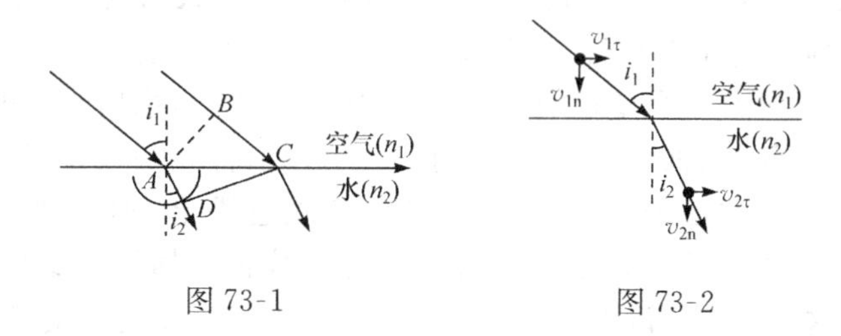

图 73-1　　图 73-2

由以上讨论可看出,无论是光的波动说,还是光的微粒说都推导出正确的光的折射定律,但它们的前提是相反的. 它们分析的前提,是因为光的折射定律早已由实验中得出(1621 年由 W. Snell 得出). 该定律告诉我们,当一束光由空气射至水的界面时,入射角 i_1 必然大于折射角 i_2. 于是,光的波动说必须假定光在水中的传播速度值小于空气中的值,使图 73-1 中的 $AD<BC$,得出 $i_2<i_1$ 的结果;而光的微粒说,必须假定光在水中传播速度值大于空气中的值,使图 73-2 中的 $i_2<i_1$.

1850 年法国的傅科测量了光在水中的传播速度值约为空气中的$\frac{3}{4}$,连同杨氏、菲涅耳等人在光的波动说方面的卓越工作,最终判定了光的波动说的胜利.

二、马吕斯定律的讲授

再例如马吕斯定律的讲授,几乎所有的光学教材,包括北大、清华的教材,对马吕斯定律的介绍都是非常简单的. 无非都是在假设光是横波的条件下,一束振幅为 A_1 的线偏振光垂直入射至偏振片 P,如果入射线偏振光的振动方向与偏振片 P 的透过方向间的夹角为 θ(图 73-3),那么出射光束的振幅 $A_2=A_1\cos\theta$,这样就得到了马吕斯定律

$$I_2=I_1\cos^2\theta$$

其中

$$I_1=A_1^2,\qquad I_2=A_2^2$$

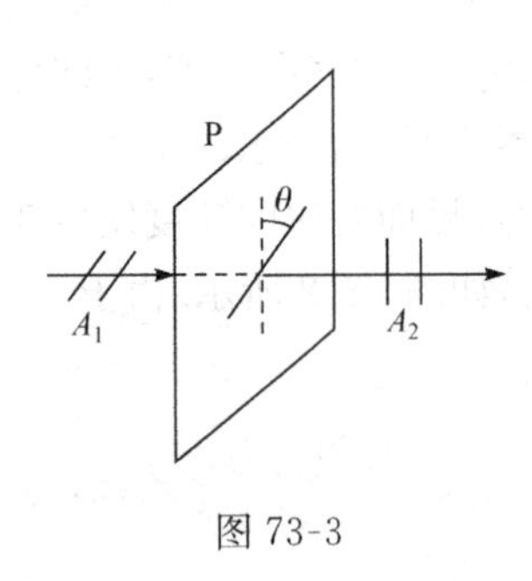

图 73-3

需要指出的是，上述内容和中学物理的教学内容并无多大差别. 如果我们在大学物理课程讲授中，也作如此简单的介绍就显得有些重复且欠缺趣味性. 更需要说明的是，马吕斯于 1809 年发现了该定律，但他是光的微粒说的坚定支持者，他并没有像如今教材中所描述的那样，在光是横波条件下得到了马吕斯定律，相反的是根据光的微粒说推导出来的，后由阿拉果用精确的光度学测量所证实. 有趣的是，马吕斯以已被实验所证实的马吕斯定律来反对光的波动说. 他认为既然你们(持光的波动说的代表杨氏等)认为光是一种波动，且是纵波(在那时候，杨氏等人认为光和声波一样是纵波)，那么纵波应具有轴对称性，也就是说，将偏振片 P 绕着入射光的传播方向旋转时，出射光的强度是不会变化的，而马吕斯定律却指出，出射光束的强度是变化的！于是，马吕斯认为，据此可以推翻杨氏光的波动说. 马吕斯曾写信给杨氏表达了他的看法. 杨氏在复信中认为马吕斯的看法有些道理，但他依然坚持光的波动说的观点. 杨氏经过多年的研究，逐渐领悟到对于光应该用横波的概念来代替纵波. 菲涅耳对杨氏这一新的假设大加赞赏，以此为基础，发表了有关的论文，指出所有已知的光学现象都可以根据光是横波这个假设予以解释. 光是横波这一观点，使光的波动说完成它的最后形式.

从以上讨论可看出，马吕斯及马吕斯定律来反对光的波动说，非但未获得成功，相反，却进一步完善了光的波动说，指出光是横波. 在物理学发展史中，反对某种理论的人所持的理由不仅未获成功，相反成为这种理论有力的论据的事例是屡见不鲜的. 例如，"泊松亮斑"就是一个极好的例子. 还如，密立根对爱因斯坦的光电效应理论持反对意见，他想用实验结果来表达他的观点是正确的. 与他的愿望相反，他花费了 10 年的时间，做了不少精密的实验，最终证实了爱因斯坦量子理论是正确的. 密立根也由于歪打正着，以他的光电效应的精湛实验结果以及测量基本电荷而获得 1923 年的诺贝尔物理学奖.

总之，我们在讲授一个物理问题时，在学生可以理解的基础上，介绍相关知识探索和发现的过程，力求对它全面分析，以提高学生的学习兴趣，开拓学生的思路，并促进学生科学素质全面发展.

参 考 文 献

[1] 王代殊. 简明物理学史(修订版). 北京：中国科学技术出版社，2008.

大学物理学教学方法实例分析*

何志巍　陈百合　申兵辉　金仲辉

大学物理作为一门基础课有其学习的必要性，但多数同学认为大学物理晦涩难懂，提不起学习的兴趣. 使同学们产生这种错觉的部分原因来源于大学物理教师对知识的讲授方法. 本文从力学、热学中的几个具体实例出发，深入浅出地简介了几种讲授技巧.

一、万有引力

在大学基础物理教材中，对万有引力定律都有所描述，但这种描述均和中学物理教材内容相仿. 如果在大学课堂上简单重复中学的教学内容，学生会感到乏味，因此可采用适当地将问题延展的方法讲授. 以下内容可作为讲解参考.

为牛顿发现万有引力定律奠定基础的是开普勒的三大定律. 开普勒三定律描述了行星运动的规律，那么，现在要问空间何种力使行星绕太阳运转？开普勒认为是太阳发出的磁力流，这些磁力流沿切线方向推动着行星公转，其强度随太阳的距离增加而减弱. 1645 年法国天文学家布里阿尔德奥提出，“开普勒力的减少和离太阳距离的平方成反比”. 这可以说是人类历史上第一次提出平方反比关系的思想.

从开普勒的看法可知，行星受太阳的作用力是一种切向力，而不是有心力！这与万有引力定律的描述千差万别. 另外，伽利略此时已发现了惯性定律，即不受任何作用的物体将按一定速度沿直线前进. 那么物体怎样才会不沿直线运动呢？牛顿认为行星受力不应沿切线方向，而应在它的侧向，即物体做圆周运动，需要有一个向心力.

不同的物理教材对万有引力定律的描述稍有不同，例如，赵凯华所编的《新概念物理学》中是这样叙述的，“任何两物体 1、2 之间都存在相互作用的引力，力的方向沿两物体的连线，力的大小 f 与物体质量 m_1，m_2 的乘积成正比，与两者之间的距离 r_{12} 的平方成反比，即 $f=G\dfrac{m_1m_2}{r_{12}^2}$”. 而张三慧所编的《力学》中的叙述为，“任何两质点都互相吸引，这引力的大小与它们的质量的乘积成正比，和它们的距离的平方成反比，即 $f=G\dfrac{m_1m_2}{r^2}$”. 上述两种叙述哪种较为妥当呢？笔者认为后者较好.

---

* 本文刊自《物理通报》2013 年第 9 期，收录本书时略加修订.

因为前者所叙述的两个物体的线度与它们间的距离相比不是很小时，那么如何确定两物体间的距离呢？前者未加说明，这样就难于直接利用 $f=G\frac{m_1m_2}{r_{12}^2}$ 来计算 m_1,m_2 之间的引力了.

关于万有引力定律的推导，还需说明下列两个问题.

(1) 地球对地面上物体引力的距离为什么要从地心算起？即，如果将地球视作一个圆形球体，且它的质量是均匀分布的(或具有径向对称分布)，那么地球对地面上物体的引力好似地球的质量都集中在地心一样.

(2) 行星的实际轨道是椭圆，为什么可以在推导定律过程中用圆形轨道来替代椭圆轨道？

牛顿通过证明一个所谓“壳定理”解决了上述的第一个问题. 这个定理为：“一个均匀的物质球壳吸引一个壳外的质点和球壳的质量都集中在其中心是一样的”.

上述第二个问题可通过角动量守恒定律来说明.

$$\boldsymbol{L}=\boldsymbol{r}\times m\boldsymbol{v}=2m\cdot\frac{1}{2}\boldsymbol{r}\times\boldsymbol{v}$$

上式中的$\frac{1}{2}\boldsymbol{r}\times\boldsymbol{v}$ 为行星在单位时间内所扫过的面积，由开普勒第二定律知，它是一个恒量.

从以上讨论中可以看出，牛顿发现万有引力定律是在前人(哥白尼、开普勒、伽利略等)工作的基础上，再加上自己的一些创新思维得出的. 这些新思想为行星的运动是由于受到太阳施加向心力的缘故，且这个向心力和太阳与行星间的距离平方成反比.

二、关于杨氏双缝干涉

波动光学内容的讲授方法和力学、热学、电磁学等的讲授方法是有些区别的. 在波动光学讲授中首先要将实验装置说清楚，并说明它的实验现象，最后用理论来阐明这些现象.

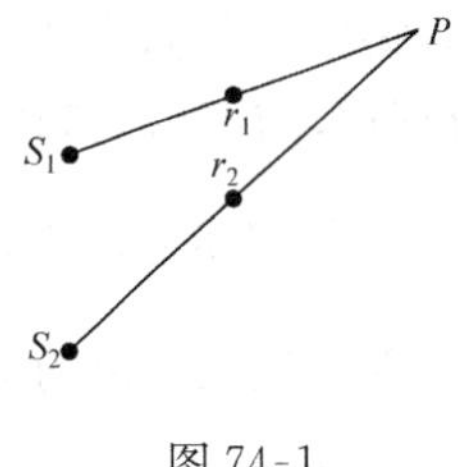

图 74-1

不少的光学教材在讨论光的干涉内容时，抽象讨论空间两点光源 S_1 和 S_2(图 74-1)满足相干三条件，然后讨论它们之间的干涉问题. 这种脱离具体实验装置的抽象讨论，很难让学生将所学的知识应用于实际生活，笔者认为这不是一种最好的讲授方式. 物理学从本质上来讲，是一门实验科学，结合实验装置来论述，我们就会了解杨氏干涉装置的构思是何等的巧妙. 当年的杨氏用怎样的装置，证实了光的波动性，并第一次测量了光的波长.

杨氏干涉实验在物理学发展史上具有很高的地位，美国两位学者在全美物理学家中做了一份调查，请他们提名有史以来最出色的十大物理实验．他们将结果刊登在2009年9月份的美国“物理世界”杂志上，其中杨氏双缝干涉实验排名第五，而利用杨氏双缝演示电子干涉实验则排名第一．

因此，讲解干涉现象应该从杨氏干涉实验装置入手．如图74-2所示，图中光屏M_1和M_2上各有1个和2个小孔，光屏M_2与屏幕M之间的距离为D．M_2上的两个小孔（S_1和S_2）之间的距离为d，M_1和M_2之间的距离为R．实验中一般取$d \approx$ 1mm，D取1m以上，R取10cm左右，屏幕M上观测干涉条纹范围在±5cm以下．

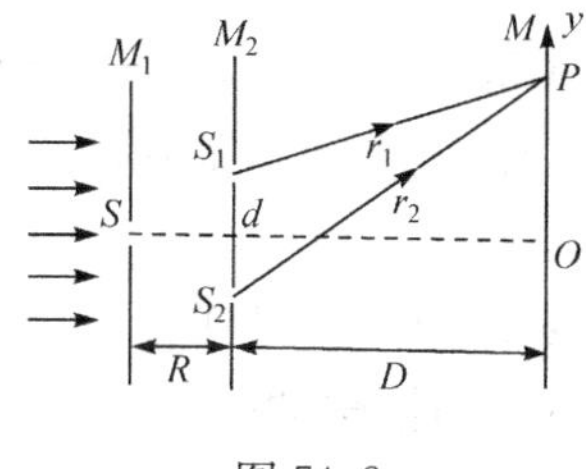

图 74-2

现在要问，为什么我们不厌其烦地指出杨氏干涉实验装置中的一些数据呢？这些数据究竟提供了哪些信息？在中学物理教学中已有光的干涉教学内容，所以学生已经非常了解两列光波在空间相遇产生干涉现象，一定要满足相干三条件，即相位差恒定、频率相同和振动方向相同，那么在杨氏干涉实验装置中是如何保证相干三条件的呢？在通常光学教材中，对相位差恒定和频率相同的条件叙述得比较清楚，唯独对振动方向相同往往没有指明．由于$\dfrac{D}{d}$的值大于1 000，无论认为光是横波还是纵波（当年杨氏等人都认为光是纵波），由于图74-1中的$\angle S_1PS_2$是非常小的，在讨论振动方向时，可认为$S_1P /\!/ S_2P$，即认为次波源S_1和S_2发出的光线是平行的，于是它们的振动方向必然相同，在给学生讲授中，不妨打一个比方，如果$\dfrac{D}{d}=1\ 000$和$d=$ 10cm，那么M就要放置在距M_2为100m的地方．这样一来，无论S_1和S_2发出的是纵波还是横波，都可视为它们在P点相遇时的振动方向是相同的．

在讲述了杨氏干涉装置以及该装置是如何保证相干三条件后，可以拓展描述在屏M上观察到的干涉条纹状况．

（1）观察到的是直条纹，红光的条纹最宽，紫光的条纹最窄；

（2）如果S，S_1和S_2由小孔形状改成三个细狭缝，干涉图案会发生变化吗？（可观察到更清晰的条纹）；

（3）可以补充一点，即用光的微粒说是无法解释杨氏干涉现象的．因为根据光的微粒说，光是直线传播的，入射光进入M_1上小孔S后，直线前进，最终被M_2所阻挡，在M上应是一片黑暗，不可能有光的分布．

杨氏干涉极大程度上加强了光波动说的地位，而且它对现代物理还起着积极的作用，杨氏双缝可应用于电子干涉实验，用电子束来代替光束，在屏幕上呈现出电子束的干涉效应，实验说明实物粒子也有波动性．无论是光束还是电子束，如果光子或电子是一粒一粒地发射,即发射粒子的时间间隔要大于射出粒子至粒子落在屏幕上的时间间隔,只要时间足够长,即射出的粒子数足够多,屏幕上就会呈现出干涉条纹来,这就说明,干涉是粒子本身的干涉,而非粒子间的干涉.

三、简谐振动方程的解

在讲授弹簧振子、小角度摆动下的单摆和物理摆时,都可得到如下方程:

$$\frac{\mathrm{d}^2 x}{\mathrm{d}t^2}+\omega^2 x=0 \tag{74-1}$$

上式是一个二阶线性齐次微分方程.由于我们在讲授此方程时,学生在数学课上还尚未学习过,不可能在课堂上详述求解方程,所以常常将方程的解

$$x=A\cos(\omega t+\varphi)$$

直接给予学生.几乎所有国内外物理教材也是这样处理的,这样的讲授,多少有些给人强行灌输的印象.那么怎样的讲授方法,使学生有一种主动求方程解的感觉呢?这可以采用如下的方法.

将方程(74-1)移项得

$$\frac{\mathrm{d}^2 x}{\mathrm{d}t^2}=-\omega^2 x \tag{74-2}$$

我们在课堂上可以向学生提出如下启发式的问题:怎样的一个函数经对时间的二阶导数后正比于该函数的负值呢?几乎所有的学生都可以回答你,这个函数为正弦函数,或余弦函数,或带虚数的指数函数,即

$$x=A\sin(\omega t+\varphi)$$

或

$$x=A\cos(\omega t+\varphi)$$

或

$$x=A\mathrm{e}^{\mathrm{i}(\omega t+\varphi)}$$

由于是二阶微分方程,所以解中应含有谐振动初始条件决定的常数 A 和 φ.

四、关于瞬时速度与平均速度的问题

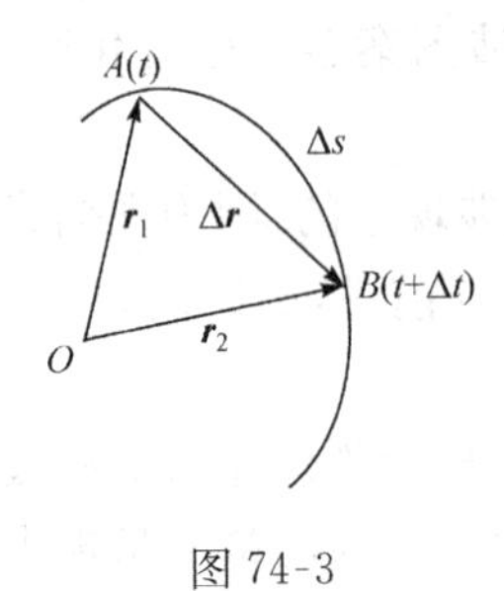

图 74-3

在定义瞬时速度的过程中,许多教材(例如,清华大学张三慧的教材、东南大学马文蔚的教材、西安交通大学吴百诗的教材、美国哈里德的教材以及金仲辉的教材)都采用了先定义平均速度矢量的方法.如图 74-3 所示,一个质点在平面上做曲线运动,质点在某时刻 t 位于点 A,它的位置矢量为 $\boldsymbol{r}_1$,在时刻 $t+\Delta t$ 位于点 B,位置矢量为 $\boldsymbol{r}_2$.于是,在 Δt 内,质点的位移为 $\Delta\boldsymbol{r}=\boldsymbol{r}_2-\boldsymbol{r}_1$.定义在 Δt 时间间隔内

的平均速度矢量为

$$\boldsymbol{v}=\frac{\boldsymbol{r}_2-\boldsymbol{r}_1}{\Delta t}=\frac{\Delta \boldsymbol{r}}{\Delta t} \tag{74-3}$$

定义在极限情况下的平均速度为瞬时速度 $\boldsymbol{v}$(简称速度),即在 $\Delta t\to 0$ 时,有

$$\boldsymbol{v}=\lim_{\Delta t\to 0}\frac{\Delta \boldsymbol{r}}{\Delta t}=\frac{\mathrm{d}\boldsymbol{r}}{\mathrm{d}t} \tag{74-4}$$

我们要指出的是,在质点做曲线运动时,用式(74-3)来定义平均速度(矢量)是有些欠妥的.这可以用下面的例子来说明,如果质点在 Δt 时间内做一个闭合曲线运动,此时的 $\Delta \boldsymbol{r}=0$,那么根据式(74-3)可得出,平均速度(矢量)为零,但是质点的平均速率不为零!因为闭合曲线的路程并不等于零,是一个有限的数值,这显然是矛盾的.由此可见,对于质点做曲线运动,通过平均速度来定义速度是不可取的.其实,在定义速度时,我们完全可以绕开平均速度的概念,直接利用位移矢量,就可以定义速度.由图 74-3 可知,在 Δt 时间间隔内质点由点 A 运动到点 B,它的实际路程是 Δs 弧线,如果 Δt 是实际宏观观测的时间间隔,一般情况下 $|\Delta \boldsymbol{r}|=\Delta s$,只有当 $\Delta t\to 0$ 极限时,方有 $|\mathrm{d}\boldsymbol{r}|=\mathrm{d}s$,两个数值相等,于是,我们将速度定义为位移矢量的时间变化率的极限,即

$$\boldsymbol{v}=\lim_{\Delta t\to 0}\frac{\Delta \boldsymbol{r}}{\Delta t}=\frac{\mathrm{d}\boldsymbol{r}}{\mathrm{d}t} \tag{74-5}$$

总之,在曲线运动中没有必要引入平均速度(矢量)的概念,而由先定义平均速度(矢量),再来定义速度笔者认为似乎有些画蛇添足了.

由以上讨论可知,即使对一个较为简单的物理问题,不同的讲授方法往往会有不同的效果.在课堂上如何阐述一个物理问题,使学生容易听懂,主动接受和便于记忆,这需要我们教师在备课过程中多加思考,不断琢磨,尤其要站在学生的角度来思考,这样才能取得良好的教学效果.

突出文化特色的大学物理教学模式*

朱世秋　李春燕　祁　铮　贾贵儒

科学史的发展证实,物理学是自然科学的核心,是新技术的源泉.物理学是一门集哲学的概括性和抽象性,数学的严密性和逻辑性,实验的实践性和操作性于一身的科学.物理学中充满了哲学,是素质教育中不可或缺的内容.学好物理学不仅对学生在校的专业学习十分有益,而且对学生毕业后的工作和进一步学习、知识更新、创新能力都会产生深远的影响.

正如葛墨林院士在《物理教学的思考》一文中说,21世纪的物理教学要有新的思维,老师的任务之一就是如何把原有的物理思想翻新,并在教学中体现出来.对非物理专业的大学生学习“大学物理学”来说,这一点尤其重要.教师的任务之一,就是找到物理思想的精髓,在课堂教学中传达给学生,带领学生一起思考,一起探究,让物理知识在其他学科中找到交叉点,与其他学科相容相生,形成新的思想.教师的作用就是引发学生的悟性,让学生在学习物理中悟出新东西,能发现物理原理、定理,甚至常数潜在的文化意义.

作者多年在中国农业大学对农学、生物学及食品科学等专业的学生讲授大学物理学,发现开始时大多数学生对物理学有畏难情绪,对大学物理学的认识仍停留在高中对物理的印象,认为物理难学枯燥,难理解,求解物理题很难.非物理专业的大学生大多认为,物理与自己的专业没多大联系,选课是因为学校要求的.很多学生上课很被动,没兴趣.这是我们作为大学物理教师所不愿看到的.为此,老师的主要任务之一就是激发学生学习物理学的兴趣,兴趣是最好的老师,学生对学习有了兴趣,才能谈其他学习的益处.作者努力让学生通过大学物理学的系统学习,养成客观地、辩证地分析问题,解决问题的习惯,让物理科学的精髓以文化的形式,在学生的成长中帮助培养学生良好的科学素质和文化修养.

为了激发非物理专业的学生对学习大学物理学的兴趣,作者在教学中,在传授物理知识的同时,尝试从物理知识联想其隐含的人文思想和文化含义,把物理原理、定理或公式能赋予的人文科学思想揭示出来,在教学中赋予物理知识跨学科的含义,突出物理学的文化特色和跨学科包容性.让学生体会到,物理学是自然科学,也是艺术,是文化,甚至是人生.另外,在教学中,强调物理学中的辩证思维,突出物

---

* 本文刊自《物理与工程》2014年第7期,收录本书时略加修订.

理学中的哲学思想.学生的成长过程,也是世界观人生观不断发展形成的过程,作为大学基础课程之一的物理学,在帮助学生形成科学的辩证思维,正确的哲学理念中起着重要的作用.

教学实践证明,这样的教学模式确实能激发学生的学习兴趣,活跃课堂教学气氛,启发学生跨学科思考,取得了较好的教学效果.通过学习,很多学生甚至改变了对大学物理学的看法,给老师发来感谢信,告诉老师,他们在大学物理学的课堂上学到了很多东西,甚至被美妙的物理世界深深吸引,表达了对大学物理学课程的热爱.

下面举几个例子,介绍作者突出物理学中的人文思想与文化的教学模式.

一、圆周率"π"与人生的无限可能

我在讲到圆周运动时,想起了美剧"*Person of Interest*"中关于π的一段话,这段话深深打动了我,也启发了我的教学创新,我在课堂上与学生们分享了这段话.剧中的男主角给中学生讲数学课,走进教室,看到学生们无精打采,有的在玩手机,有的打瞌睡,有的在互相讲话,正如我们在大学物理课堂上常见的一样.他走进教室后开始讲π,在黑板上写下:π=3.141592……,然后不紧不慢却充满感情地说,"π是圆的周长与其直径之比,而这些数字只是开始,后面无穷无尽,这意味着,在这串数字中,包含着各种可能的组合,你的生日,你的社保号,你的储蓄密码,都在其中某处."这时,学生们抬起头,睁大了眼睛,惊奇地注视着老师,我看到,学生们的兴趣被激发了.当他继续说道,"如果你把π中的这些数字转换成相应的字母,就会得到所有曾存在的词语,以每种可能的方式组合:你幼时发出的第一个音节,你心上人的名字,你一生的故事,我们说过与做过的每件事……,宇宙中所有无限的可能,都在这简单的π之中."讲到这儿,学生们以敬畏专注的神情注视着老师,有的学生甚至双眼含泪,注意力再也没有离开老师,离开课堂.作为一名老师,能看到学生如此专注的兴趣,是激动人心的.我相信他们一生都不会忘记"π"了.我在讲到圆周运动时,和学生们分享了这段话,我的大学生们也发出了赞叹,他们也是第一次听到一个简单的习以为常的圆周率,却富含了如此动情的人文精神,像精彩的剧本,印在了他们的心里,此生很难再忘记.我深深感到,当科学思想被翻新,赋予了人文的魅力,变成文化,就焕发了生动的活力.物理科学不再只是平铺直叙的原理、生硬的字母和数字,不再是枯燥的、远离生活的难解之题,让学生感到陌生遥远,本能地避让,而是充满人文光辉和文化魅力的诗、散文或者剧本,像一股深奥的、神秘的、富有魅力的文化之泉,滋润了学生的思想,抚慰了他们急需滋养的心灵.

二、坐标变换与换位思考

在牛顿力学中,讲到质点运动学.肯定会介绍参考系(reference frame).同一个运动,选取不同的物体做参照,对其描述就不同.观察者在不同参考系中所观测到的物体运动是不同的,轨迹不同,速度也不同.

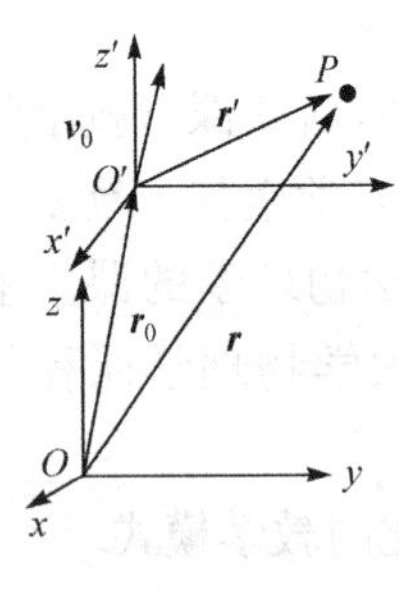

图 75-1

如图 75-1 所示,$Oxyz$ 是相对于观察者不动的参考系中的笛卡儿坐标系,坐标系 $O'x'y'z'$ 的参考系相对于不动参考系以速度 $\boldsymbol{v}_0$ 作匀速运动.物体在两个坐标系中的位移和速度,可用伽利略变换联系起来:$\boldsymbol{r}=\boldsymbol{r}'+\boldsymbol{r}_0$,$\boldsymbol{v}=\boldsymbol{v}'+\boldsymbol{v}_0$,$\boldsymbol{a}=\boldsymbol{a}'$.

相对运动的伽利略变换告诉我们:同一个运动物体,在不同的参考系中观察,其轨迹和速度都是不同的,但加速度相同,即牛顿第二定律是不变的,即物理实质不变."参考系"这一重要的物理思想启发我们,在现实生活中,每个人所处的成长环境不同,其成长经历、教育、文化背景均不相同.对同一个事件,每个人就是一个不同的参考系,肯定会有不同的看法.一百个读者心中,会有一百个哈姆雷特,这是很正常的.在面对不同意见的人时,要学会将心比心,换位思考,站在对方的角度去感受世界,就能做到宽容谅解.伽利略变化还告诉我们,不同参考系中的运动描述可以通过"矢量合成"联系起来,而且,最终的牛顿定律是一样的,动力学实质是相同的.这可以启发学生,不同坐标系中的位移矢量和速度矢量,通过两参考系间的位移矢量 $\boldsymbol{r}_0$ 和牵连速度 $\boldsymbol{v}_0$,通过伽利略变换相互关联起来,通达对方的位置.在现实生活中,不同的人面对同一事物的认识不同,就像两个坐标系中的分矢量,在自己的参考系中都是合理的存在,我们只要找到二者联系的平台,通过变通,就可以到达彼此,达成一致,和谐相处.伽利略变换还启发我们,对同一事物,同一现象,我们从不同的角度看待,结论可以不同,但只要找到它们实质性的联系,就能发现实质,真理只有一个.

在经典力学中,我们所讲的参考系是惯性系,即牛顿定律在其中成立的参考系或相对于它作匀速运动的参考系.当两参考系相互间不是作匀速运动,而是作加速运动,只要考虑因加速度引起的惯性力,两坐标系间一样可以用牛顿运动定律建立联系.当物体运动速度很大,接近光速的情况下,伽利略变换不再适用,洛伦兹变换取而代之,但坐标变换的哲学思想的实质是不变的.它启发我们,世上没有绝对独立的事件,没有不可逾越的鸿沟.在这样的启发下,学生对后面学到的惯性力及高速下的洛伦兹变换充满了期待,会主动去查阅,主动思考其哲学层次的含义.

三、振动与波的生命不息

简谐振动和简谐波是大学物理学的教学内容之一.机械振动和机械波在中学物理中介绍过,很多同学学习时会漫不经心,注意力不集中.作者在讲授此部分内容时,尝试了如下的教学模式,吸引了同学们的注意力,激发了学生的兴趣和思考.

振动和波动是自然界中常见的运动现象.振动是物体围绕平衡位置的往复周

期运动，广义地，振动是围绕某一个值的周期性起伏变化，是时间的周期函数，可用$f(t)$表示，通过傅里叶变换，可表示为余弦函数的叠加

$$f(t)=a_0+\sum_{k=1}^{\infty}a'_k\cos(k\omega t+\varphi)$$

所以，任何振动都可以看成为简谐振动 $y=A\cos(\omega t+\varphi_0)$的叠加.

从几何上看，简谐振动是匀速圆周运动的质点在沿直径的轴上的投影，是最基本、最和谐的运动形式. 直线运动总有尽头，而振动是周期性往复的运动，是可持续发展的运动形式. 简谐振动在介质中会以简谐波的形式传播，代表振动信息的一组参数(A,ω,φ_0)就会通过波动传播下去，当传到介质中距振源距离为 x 处，该处质点的振动又包含了距离的信息，可用时间延迟法或相位落后法，推出为 $y=A\cos\left[\omega\left(t\pm\frac{x}{u}\right)+\varphi_0\right]$，这就是波函数. 波动中代表质点运动信息的参数变为 4 个(A,ω,φ_0,x)，其物理含义在教学中已有详细介绍.

我们启发学生联想到，组成生命的细胞，是由分子原子组成的，这些微观粒子无时无刻不在振动着，这些振动以波动的形式互相关联着，波动性是微观粒子的基本属性之一，生命中的不同分子或原子的振动信息，通过波动传递着，而波的传播满足惠更斯原理，传到介质中任意点，都会形成新的子波源，生命中的信息和奥秘就是这样，通过振动波动一层一层传递下去，互相影响着，决定了生命的繁衍、发育，生长和衰老，周而复始，生生不息. 由于波动受初始条件，边界条件及介质特性的影响，其振幅、频率、相位、波速等都会发生变化，正说明了生命的复杂多变，多姿多彩. 在量子力学中，我们会学到，自然界的一切微观粒子，其基本的属性就是波动，波动影响着自然界的历史演变和现实的千奇百态.

上面圆周率的例子启发我们，圆周率中包含了宇宙中一切的可能，那么，我们是否可以说，在简谐波方程：$y=A\cos\left[\omega\left(t\pm\frac{x}{u}\right)+\varphi_0\right]$中蕴含了一切生命的姿态，包含了自然的演化及存在.

在电磁学、热力学、量子力学和相对论的内容中，都很容易发现其文化的含义. 例如，热力学第一定律是能量转换和守恒在热力学系统中的应用：$Q_1=W+Q_2$，其中，Q_1 是热源提供系统的热量，W 是系统做功，Q_2 是系统向低温热源放出的热量. 这个公式用于不同的系统，可以有不同的含义. 如，将热力学第一定律应用于社会系统的经济发展时，Q_1 可以是资源消耗，W 是国民生产总值(GDP)，Q_2 就是社会经济发展对环境的影响. 制约国民生产总值(GDP)的既有资源问题又有对环境影响的问题. 启发学生思考社会经济发展、能源和环境间的可持续和谐发展的制约关系，不能单纯追求效益而忽视对环境的破坏，这也是文化的一个部分. 更多的例子，不一一列举.

其实，在教学中，我们不难发现，所有物理学的内容，都包含了人文科学，都可以找到其文化的内涵，只要稍微展开，物理学中的原理、公式、常数就不再是单调乏味的数学函数和数字，而是生动的音符，活的剧本，它们从人性的角度，拨动学生的心弦，激发学生的兴趣，调动学生的联想，让学生在学习物理的过程中悟出许多新的东西.大学物理教学的过程，变成了一种科学文化传播的过程，潜移默化地培养了学生良好的科学素质和文化修养.

正如王正行老师在《物理和做物理的文化》一文中所说，如何做物理是一种文化，物理本身也是一种文化.如果把文化理解为文明的栽培、养育与教化，物理恰恰是在培养和教育我们，如何文明理性地观察和看待我们周围的一切.物理学与文学、艺术、思想、哲学一起，共同构成一种完整的文化，甚至是“当代真正文化的主体”.作者认为，如何教物理也是一种文化，在教学中把物理概念、原理、定理、公式甚至常数等隐含的人文意义及文化思想挖掘出来，和学生一起分享，是作者尝试的创新教学模式之一.这对非物理专业的学生来说，比单纯强调物理学本身的学科特点，更能激发学生的学习兴趣.突出文化特色的教学模式，启发学生从物理学科本身的框架搭桥，从科学延伸到文化，多角度思考自然科学和社会科学，拓宽了学生的思维空间，帮助学生从学习物理中感受文化精神，培养了学生丰富的科学文化气质.从学生的反馈来看，取得了较好的教学效果.

参考文献

葛墨林，2013.物理教学的思考[J].中国大学教育，(5)：4-10.

贾贵儒，左淑华，戴允玢，1999.对大学物理教学改革的几点认识[J].教学研究与实践，(3～4)：14-16.

王正行，2014.物理和做物理的文化[J].物理，(43)5：345-349.

大学物理课程中引入小论文撰写环节的教学实践*

何坤娜　金仲辉

大学物理是高等院校各专业学生在低年级开设的一门重要的基础课，承担着培养学生科学素养和创新能力的重要任务.在传统的大学物理授课过程中，通常以理论讲解、公式推导为主要教学模式，繁杂的公式推导容易使教师授课陷入单调、空洞的照本宣科，学生学习起来也会感到单调而枯燥.尤其在农林院校，由于所授的物理知识与许多院系的专业知识的直接相关性不大，更使得学生对物理学习的兴趣下降，畏惧加重，而这也将严重限制学生今后的发展.因此，如何增强教学效果，提高学生学习兴趣，进而培养学生的思维水平和创新能力，成为目前物理课程教学面临的一个现实挑战[1~3].

笔者所在的物理教研组在近年来进行了将小论文撰写引入物理教学中的改革尝试.通过若干年的实践，形成了较完善的小论文教学组织管理模式，并通过此模式激发了学生对物理学科的兴趣，开拓了学生思维能力和科研能力，取得了较好的教学效果.

一、小论文撰写的目的与意义

所谓小论文撰写，是指在消化课堂所授理论知识的基础上，学生针对确定的选题，自主查阅相关文献资料，结合必要的实验和计算推导，大胆提出自己的见解，并形成规范的学术论文的过程.

在物理教学中引入小论文撰写环节，可使学生变被动接收为主动思考，通过对选题的深入研究加深对课堂理论知识的理解，并在论证过程中融会贯通，达到举一反三的效果.由此可以破除原有一言堂式的教学模式，提升学生主动求知的兴趣，并使他们得到初步的科研能力训练，为创新人才培养打下基础.

二、小论文撰写的组织管理

1. 选题

小论文的选题需贴近课程大纲的知识范围，以引导学生思考和理解课程内容.

---

* 本文刊自《物理通报》2017年第4期，收录本书时略加修订.

题目多侧重于物理现象解释、实验数据分析等，鼓励学生将物理规律应用于解决实际问题.同时结合本校(中国农业大学)的学科特色，重点考虑物理在农业相关产业中的应用，使之更贴近学生的专业需求.典型的小论文题目包括“激光在育种方面的应用”和“电磁涡流在农业中的运用”等等.

教研组给出了包含40多套题目的小论文题库，在学期之初公布供学生选择，使学生能够及早安排相关课题的学习研究.在学期末学生需提交完成的论文.

同时也鼓励学生自主选题完成论文.但为保证论文的质量，所有自主命题需由任课教师审核通过.

2. 分工协作

当前的科学研究以团队为主，较少个人单打独斗的情况.为培养学生的团队协作能力，鼓励学生分组(4人以下)参加小论文撰写，通过协作过程中思想的碰撞来提升沟通交流能力，开阔每个成员的视野，最终提升论文的质量.

学生自愿分成3～5人的小组(例如以宿舍为单位，学生之间相处时间长，方便沟通和交流)，小组内协商决定选择感兴趣的小论文题目，然后分工协作，针对论文各项问题分头查找资料、做实验和处理数据等，最后协同撰写出完整的小论文.每个小组成员的分工需明确，可以按工作内容区分，如数据处理、文献分析、计算推导等，也可以将大的论文主题分解为若干个小的研究子课题，由小组成员分别负责.在提交论文成果的时候，会参考小组成员的工作量来评定个人成绩.论文是一个有机整体，为此，团队成员需密切沟通和协作以保证论文按既定计划完成.鼓励学生建立例会、考核等制度来保障工作计划的实施，使学生适应团队协作的工作方式.

通过这样的形式，使得小论文的压力分解到每个组员身上，个人承担的压力相应减少，从而减少了学生对写论文所增加的学习负担的抵触情绪.每个学生都参与到论文撰写过程中，学会了如何查找资料，做实验以及撰写规则，都得到了完整的论文撰写训练.而学生在撰写过程中分工协作，互相取长补短，也很好地培养了创新意识和团队精神.最后，分组的写作形式也使得学生互相监督，抄袭的现象大为减少.

3. 格式

小论文的撰写严格按照学术论文的规范要求，内容包括问题提出、研究现状与相关文献、解决方案与实施、结果分析、展望等部分，行文格式也鼓励学生采用期刊的论文模板来撰写.通过实战训练，为学生将来进行科学研究打下坚实基础.

4. 辅导与保障

为顺利在教学过程中引入小论文撰写环节，需要多方铺垫和引导，提升学生的积极性和参与热情.任课教师在平时的教学过程中,从教学内容、手段和方法上下工夫,激发学生学习兴趣,提高课上和课下的学习效率,通过课堂上有意识地引导学生进行探究、研讨,就某些学习难点布置自学查找资料环节,并组织课堂讨论,使得学生主动去获取知识,为他们突破书本和老师的框框提供了客观条件.同时在开展撰写小论文活动前,要积极做好动员工作,例如请高年级学生介绍自己撰写优秀小论文的过程来鼓励和增强大家的信心,并形成以往优秀论文的范文库供学生参考.在学生分组开展撰写工作后,教师定期与不同的小组交流,检查工作进度并及时解决遇到的问题.

在有些选题中,学生需要进行相关物理实验以获得科学数据,为此,需协调物理实验室向学生开放,提供相关实验条件便于学生做相关测试实验.

5. 成果与考核

学生在学期末提交所完成的小论文,并按照学术会议的会议报告形式,制作论文 PPT 向教师和同学做论文宣讲,并接受质询.通过此环节,学生的内容组织和表达能力可以得到极大锻炼.

教师根据论文的完成质量进行评分,成绩占课程最终成绩的 30%.此分数比重可以提高学生对小论文撰写环节的重视.

学生为了写论文花费了不少精力和时间,教师须密切跟踪,仔细批阅,认真讲评,充分调动学生的学习积极性.更重要的,需要有合理的量化评分标准,使得学生感觉有公平的机制保证付出与回报的平衡.为此对选题、论文格式、内容与组织、实验充分性、参考文献等各个环节进行合理的分数分配,并公布给学生,使论文评分有充分依据,同时,由于对论文评价不可避免的主观性因素存在,给论文的评分不可区分过细(例如不能采用百分制),以减少成绩的争议,最终我们在教学实践中将论文分为 4 个档次:A 类为优秀;B 类为良;C 类为合格;D 类为较差.

三、实施效果分析

大学物理教学除了传授具体的物理知识之外,还承担着培养学生科学素养和创新能力的重要任务.而引入小论文撰写的教学环节,是完成这一任务的有效手段.通过教研组近几年的教学实践,我们深切体会到这一教学环节对于学生创新能力培养所起到的重要作用.

(1) 通过小论文撰写,学生普遍掌握了观察物理现象→提出问题→分析问题→实验验证物理学科领域的研究方法,培养了学生的创新能力和科研能力.

(2) 通过对研究课题的深入分析,使得学生能够深入思考,理解了学科概念和学科规律的本质,并且将离散的知识点融汇贯通,加深了学生对学科知识体系的全面认知,也提升了理论知识的教学效果.

(3) 在论文撰写中通过组员的分工协作,初步锻炼了学生的团队协作精神,为将来进一步参加科研活动打下良好的基础.

参考文献

[1] 张晓春,李富全,赵志洲,等. 大学物理教学现代化的研究与实践. 大学物理,1998,17(12):37-39.

[2] 徐小华. 教学交融,培养素质,激发创新——大学物理教学现状调查及教改探索总结报告,东华理工学院学报(社会科学版),2007,26(1):84-87.

[3] 郭守月,穆姝慧,袁兴红,等. 浅析农科大学生厌学物理的主要原因,大学教育,2012,1(9):99-100.

农业院校“大学物理”多层次国际化教育教学模式*

刘玉颖　吕洪凤　焦群英　桑红毅

培养具有国际视野和国际学术交流能力的高素质人才，是经济全球化和高等教育国际化背景下对高校教师提出的新课题.推动高等教育的国际化进程，加快提升中国高等教育质量和水平，教育要与国际接轨.本科教育是学校教育事业的基础，在中国农业大学，“大学物理学”是对除文科专业外的全校12个学院各专业本科生开设的重要基础课程，作为“万物之理”的物理学包罗万象，内容丰富多彩，是研究自然界基本规律、探索自然界最基本问题的学科[1].通过物理学的学习可以使人们以客观的、崭新的眼光去欣赏大自然，探索大自然的奥秘！

结合非物理专业学生的实际情况，理工科年学时120学时，农学科年学时96学时，文科年学时64学时，在有限的学时内，要让学生真正理解掌握大量抽象的物理概念及物理原理；同时，物理教学与国际接轨，物理教学国际化，我们在农学、工学、理学等多个专业以及对外国留学生开展了多年的双语教学及其教学研究；在国际学院开展了多年的全英语教学.我们已初步建立起适合农林院校的具有我校特色的多层次的大学物理国际化教育教学模式.

本文就我们开展的多层次的双语教学活动进行详细介绍，希望能够对涉农本科院校如何进行大学物理双语和全英语教学提供一些有益的参考.

一、以高素质的教学团队为依托

迄今为止，中国农业大学已基本形成一支高素质、数量稳定的全英语和双语教学团队.我们拥有一批具有博士学位和海外留学经历、具有较高英语和专业知识水平的教师.

为了把学生们培养成为具有国际视野、独立思考能力、科学文化素养的创新型人才，我们选择了双语教学.对学生的高度责任感，是实行双语教学的有力保障.在教学过程中，共同进行教学研究，实行教学成果共享，互通有无，相互探讨，整体提高团队的双语教学水平.在“青年教师成长工程”的资助下，大部分青年教师派出海外留学，提高了自身的专业及英语水平，学成归来后为我校本科教育奉献力量.

在以后的工作中，采取多种渠道加强国内外教师间的交流和学习.建设一支数

---

* 本文刊自《物理通报》2015年第7期，收录本书时略加修订.

量适度、结构合理、稳定且可持续发展的高水平教育国际化教学团队.

二、多层次的双语教学及其教材使用

正如杨振宁先生所说:“我觉得教书要有一个现成的东西在那儿,使得同学有个地方依靠”.利用双语教学将国外先进的教学方法、教学理念引进大学物理教学中.创新教学内容,引进国外原版先进教材,尝试“大学物理学”教学内容的国际化和现代化,主教材选择原版或原版影印的美国教材.

1. 理工科学生:中西合璧 创新教学内容 扩增知识量

我们先后选用优秀原版美国 Douglas C. 主编的 *Physics for Scientists and Engineers with Modern Physics*、Serway 主编的 *Physics for Scientists and Engineers with Modern Physics* 作为主讲教材,中文教材我们继续沿用马文蔚《物理学》第五版,将中英文教材的内容有机地结合在一起,与其他未实行双语教学的普通班相比,在相等的学时内(年 120 学时),讲授内容涵盖力学(质点、刚体)、振动和波、光学、热学、电磁学、狭义相对论、量子力学基础等内容,但同时讲授中英文两本教材的精华内容,传授的知识量、信息量加倍,讲授内容的难度和广度都要高于普通班,整个学习过程内容充实,紧张有序、有条不紊地进行.中西合璧,展现物理学的美和魅力!

2. 文科学生:选用英文原版教材 全英文授课

中国农业大学一直在探索和发展多种形式和层次的国际化教育,我校国际学院中美项目经济学、传播学等专业的本科学生,年学时 64 学时,鉴于有限学时及其专业特点,同时教学要严格与国际接轨,我们先后选用一系列英文原版优秀教材,例如 Paul G. Hewitt 主编的 *Conceptual Physics*、Serway 主编的 *College Physics*,Douglas C 主编的 *Physics* 等.在有限的学时内向学生讲授经典物理的主要内容,力学(质点、刚体)、声学、电磁学、光学等;近代物理留做选学内容,授课内容严格依照英文原版教材进行,采用全英文授课.整个教学过程及课程考试、成绩评定等均与国外著名大学的设置相类似,以便学生在国内接受相关的英文大学物理教育,体验国外的教育模式,为其将来留学深造提前做好准备.

3. 外国留学生:中文教材为主 英文教材为辅二者兼顾

中国农业大学是进入国家“211 工程”和“985 工程”建设的全国重点大学,与国外众多知名高等学府开展了多途径、多层次的国际教育合作与交流.同时,随着来华学习的留学生日益增多,针对某些来华外国学生科学基础差、中文基础薄弱等特点;为了方便留学生的学习,中国农业大学专门增加开设了“大学物理基础”,年学时 32 学时,针对学时少、留学生汉语基础、英语以及专业水平等具体情况,我们采用了中英文双语教学,使用教材分别为中国政府奖学金生专用教材肖立峰主编的《物理》和 Serway 主编的 *College Physics*,讲授其中的重点内容:力学(质点、刚体)、声学、热学、电磁学、光学等.

总之,选用国外优秀原版教材,教学内容和教学手段与国际接轨,使学生在国内享受相关的英文大学物理教育,培养学生的科学文化素养.

三、学生主动参与学习式教学模式

由于物理学教育对于大学生素质教育的作用是任何其他学科无法替代的. 我们在多年的大学物理教学实践中,充分体会到教学模式改革的重要性和急迫性. 借鉴美国著名大学的教学方法,对我们所有双语教学和全英文教学班,课堂上,提高学生参与课堂教学的程度;课下自主式探究学习等. 我们采取了一些措施,包括以下几个方面.

1. 增强课堂学生主动性

大量提问式教学、学生可自由提出问题,教师随时解答. 课堂上会不定期地安排学生就某些重要概念和原理临时分组讨论,即兴演讲,增加学生间课堂交流与互动,激发学生学习的主动性、能动性和合作精神,让大班物理课堂教学真正动起来.

2. 学生每次课一演讲活动

自选与课本内容相关的题目、自选语言,1~3 人一组,根据自身的英语口语水平可以使用中文、中英文、全英语来进行演讲,演讲时间 5~7min;学生们对此活动兴趣盎然,反响很大,令人惊奇的是:大多数同学采用了全英文进行演讲,演讲的题目很多涉及科学前沿进展,所有学生均能参与该活动,此活动大大地激发了学生学习的主动性和能动性,同时学生的文献阅读能力、独立思考能力以及文字和语言表达能力各方面都得到了锻炼和提高. 有的学生将演讲的内容整理成文,已在国内核心期刊上发表.

3. 课下培养学生阅读英文原版教材和科研论文的能力

对于英语和专业水平较高的本科学生,进行"学研结合"的训练,以英文教材为载体、学生仔细认真研读英文原版教材;经过一段时间的积累,当学生的英语水平和专业水平达到一定高度时,鼓励学生阅读相关的科研论文以及国际上最新科学研究进展,扩展学生的知识视野,增加学生的专业知识和英语的知识储备,不拘泥于课本,高于课本;为以后学生进行科学研究提前做好准备;也为出国深造的学生提前做好充足的准备.

四、建立完善的“大学物理学”考核方案及评价体系

对课程内容、课程组织、教学要求、考核方法及评价体系等环节进行规范. 借鉴国内外“大学物理学”考核方案及教学效果评估规范，建立起科学合理的考核方式，允许多种考核方式，科学合理地考察学生的知识和能力，并对考核方式规范化. 通过学生、教师对教学效果的反馈信息，不断完善教学内容和方法，优化教学效果评价体系，对课程内容、课程组织、教学要求、课程管理及课程评价等环节进行规范化建设.

对于期末考试，双语班的同学与普通班学生使用同一张试卷，在试卷中增加一定比例的同难度的英语试题(试卷满分为 100 分:英语试题分值:15～30 分). 普通班的同学可以不做英语试题，双语教学班的同学可以选做英语试题、不做一定比例的中文试题；试卷分析表明:双语班大多数同学选择了英语试题，并能很好地解答，得分率较高. 每学期末进行试卷分析，找出不足之处，商讨更合理的考核方式和考核内容. 课程考核模式不断改革，采用过程性评价方式，将课堂互动的平时成绩、课后自主学习的成绩与考核成绩按比例加以计算. 增加平时成绩(课堂互动、作业)所占比重，更加注重学生参与教学和进行自主式探究学习的成果.

五、教学主要特色

1. 教学方法 教学理念的创新——引进国外优秀物理课堂教学模式和先进的物理教学理念

大学物理教学国际化，中西合璧，将物理学的美及其独特的魅力展现给学生. 积极引进国外目前先进的教学方法、教学理念，提高教师的科学素质，传承经典，引进精粹. 增强课上学生参与度、课下主动学习等. 提升了大学物理学课程的国际化水平.

2. 教学内容的创新——“大学物理学”教学内容的国际化和现代化

在保留“大学物理学”教学中的经典内容外，结合中国农业大学本科生专业特点，引进英文原版教材中的内容精粹，引入学科交叉内容和现代物理知识、及诞生于物理现代知识基础上的科学技术在各专业中的应用，教学中适当引入当今科学前沿，扩展学生的知识面，把学生的视野从国内引向国际，从经典引向现代，为基础课的教学注入清新气息. 让大学物理学的教学真正能为学生的后续课程及专业内容的学习提供帮助.

3. 教学相长

教学相长，教师的英语、专业水平科学素质都得到了提升，为更好地从事科学

和教学研究起到了很大的促进作用.“大学物理”的“双语教学”和“全英语教学”,率先走在了本科生基础课程与国际接轨的前列,积累了丰富的经验.全英语和双语教学客观上提升了大学物理学课程的国际化水平.

六、结论

在已有全英语和双语教学的实践基础之上,继续深化和完善“大学物理学”全英语和双语教学课程改革.借鉴国外大学的先进教学经验,探寻“大学物理学”全英语和双语教学的最佳模式.进一步改进和完善教学内容、教学方法、教学手段、考核方式和评估体系,积极学习世界一流大学的教学方法,为我所用,建设具有高水平的全英语大学物理系列课程,实现优势互补,促进中、西方教学内容和方法的融合和创新.博采众长,建立创新的国际化课程体系.我们大学物理学教学国际化可归纳为传承经典、展现前沿、引进精粹、走向世界.

参考文献

[1] Douglas C. Giancoli. Physics for Scientists and Engineers with Modern Physics. 3rd Edition. 滕小瑛改编,北京:高等教育出版社,2005:1-3.

大学物理双语教学实践与研究*

刘玉颖　贾贵儒　朱世秋　吕洪凤　祁　铮　张葳葳

大学物理是本科生基础课中非常重要的一门课程. 作为“万物之理”的物理学包罗万象,内容丰富多彩,是研究自然界基本规律、探索自然界最基本问题的学科[1]. 通过物理学的学习可以使人们以客观的、崭新的眼光去欣赏大自然,探索大自然的奥秘! 纵观科学史,物理学对科学技术的发展、人类文明的进步都起到了决定性的作用,这也是物理课被选择为几乎所有理工科专业基础课的原因之一.

结合非物理专业学生的实际情况,要在有限的学时内,让学生真正掌握大量抽象的物理概念及物理原理,同时,物理教学要与国际接轨,从学科、专业层面扩大学生的视野,为以后的学习和科研做好准备,为此,从 2006 年至今,我校工学院、理学院、食品学院、水利学院等多个专业开展了多年的双语教学活动,其中理科实验班双语教学已十几年,双语教学获得两项校级教育教学改革项目的支持. 双语教学得到了学生们的积极响应,取得了非常好的教学效果. 学生们普遍反映物理变得简单易懂,在轻松愉悦中掌握了新知识,且兴趣盎然. 本文结合我们多年来的双语教学实践活动,介绍双语教学目的、研究方法和具体措施以及客观教学效果,以飨读者.

一、大学物理双语教学的目的

1. 进行大学物理双语教学是人才培养的要求

新时期的教育任务是“培养数以亿计高素质的劳动者,数以千万计专门人才和一大批拔尖创新人才”. 对大学低年级学生“及早”培养有阅读英文参考资料的能力与兴趣,“及早”培养其有从事研究性工作的能力与兴趣,努力适应研究型大学的学习和生活环境;激励学生积极地接受面对“主动学习”的现实,使学生从进校门起就步入“主动学习”的轨道.

2. 进行大学物理双语教学是办学国际化的要求

中国农业大学一直在探索和发展多种形式和层次的国际化教育,培养具有国际视野和国际学术交流能力的高素质人才,是教师们在教学中的不可推卸的重要

---

* 本文刊自《物理与工程》2015 年第 2 期,收录本书时略加修订.

责任，多年的教学实践中，我们发现，要走出国门的学生苦于英文的词汇量大；随着我国经济的发展，来我国的留学生也在逐年增多. 开展和推进双语教学工作是一所优秀大学发展的必然趋势，也是高等教育国际化的重要内容之一.

3. 英语是“物理学”的母语，是当代的国际语

物理学是一门自然科学，研究自然界物质的运动形式和运动规律，有一套完整的研究认识规律，和使用的语言无关，语言只是研究物理和描述自然的工具，不能替代科学的思维，但是由于社会和历史的原因，不论是科学技术专业杂志，还是各种国际学术会议，大都将英语作为交流语言. 从这个意义上可以说“现代科学技术的研究主要是用英语思考”.

4. 培养学生阅读英文教材和科技文献的能力，为以后学习和科研做好准备

通过双语教学，从学科、专业层面扩大学生的视野，使本科生从大学一年级开始培养阅读英文原版教材和科技文献的能力，培养学生早日参与课题研究的能力，为后续的学习和科研做好准备.

二、研究方法与具体措施

1. 开展双语教学师资是关键

开展双语教学师资是关键. 优秀的英语教师不少，各方面的专业人才也很多，但是既有流利的英文口语表达，又在专业方面有一定造诣的教师就少之又少了，我们拥有一批具有博士学位和海外留学经历、英语具有较高的水平，在听、说、读、写等方面都能很好地驾驭的教师. 我们的教师对教学高度的责任感以及学生对双语教学的浓厚兴趣，是开展双语教学的保障. 在教学过程中，实行集体备课，互通有无，相互探讨，共同进步，采取多种渠道加强校内及校间教师的合作交流，整体提高双语教学水平.

进行双语教学，在教师备课过程中要研读大量的中英文教材，对教材内容的把握要准确到位，口语流畅，表达正确简洁；授课语言不同于一般的日常用语，也不同于教材文献上专业的文字表达；讲解时涉及的专业词汇要准确无误，非专业词汇要运用恰当，表达句式要力求简单，用词要通俗易懂，合理搭配运用中英两种语言. 双语教学中两种语言互相促进，互相补充，利用两种语言的优势，描述同一个概念原理，使学生从多角度理解同一个问题，使理解更为透彻深刻.

2. 教材的选择

物理学的特征是：简洁、和谐、对称、统一、生动、活泼. 中西方在编写物理教材

上的差异实质是中西方在文化差异的体现. 利用双语教学将国外先进的教学方法、教学理念引进大学物理教学中. 创新教学内容,引进国外原版先进教材,尝试大学物理教学内容的国际化和现代化. 主教材选择原版或原版影印的英美教材,原版改编但基本内容不变的教材也可以,如果学生的英语水平较低,用翻译成中文的优秀英美教材也可以. 因为我们双语教学的重要目的之一是让学生学到如何用原汁原味的英语表述物理概念与物理定律.

(1) 难度较大的教材,如 *The Feynman Lectures on Physics*(费曼物理学讲义);Berkley Physics Course(伯克利物理学教程).

(2) 难度适中的教材,如 *Physics for Scientists and Engineers a strategic approach With Modern Physics*(现代理工科物理学)第 3 版;*Sears and Zemanskys University Physics*(希尔斯大学物理);*Halliday Physics*(哈里德物理)第 5 版,哈里德物理有中文全译版,有中文简缩译版.

(3) 相对简单的教材,如 Serway 的 *Principles of Physics*(物理原理);Hecht 的 *Physics*;Paul G. Hewitt 的 *Conceptual Physics*(概念物理).

多年来,针对我校学生实际情况,我们选用难度不等的几种英文原版教材,充分体现学科特色,确保清晰、系统的知识体系,并且传递前沿知识,例如,对于我校理工科学生,先后选用美国 Douglas C. 原著 *Physics for Scientists and Engineers with Modern Physics*、Serway 主编的 *Physics for Scientists and Engineers with Modern Physics* 等作为教材,中文教材选用马文蔚主编的《大学物理学》. 针对我校国际学院等不同学院,先后选用难度不等的英文原版教材,例如 Serway 主编的 *College physics*、Douglas C 主编的 *Physics*、以及 Paul G. Hewitt 主编的 *Conceptual Physics* 等.

国外英文原版教材的优点:通俗易懂、讲解透彻、图文并茂、联系实际、趣味性强等. 我们授课内容覆盖中英文教材,扩增知识量. 利用中英两种语言的优势将物理学的美及其独特的魅力展现给学生,给学生创造宽松愉悦的学习环境,鼓励独立思考,发展自主学习能力和解决问题能力,培养严谨、积极科学的思维习惯和创新意识,促使低年级学生转变学习方式,沟通物理、英语学科间的渗透,架设物理、英语间的桥梁,培养学生对物理英语的听、阅、译、写能力.

习题集选用与中文《大学物理》教材难度相当、内容类似的教材;针对我校学生不同专业的实际情况,我们还自行编写了与教材配套的双语习题集,已正式使用,提高了学习效率.

3. 大学物理学双语教学资源的建设

在两项校级教学改革立项的资助下,经过几年的努力,已经完成大学物理学多门课程英汉对照课件的制作,课件符合大纲、重点突出,且融入前沿知识,图文并茂,在此基础上,继续完善和修订教学大纲,编写双语参考资料库、网上学习与答疑等;利用国外优秀教学网站,实行网上作业提交和测试等,增加了学生学习的主动性和能动性,逐步实现双语教学精美化.

充分利用大学物理探索演示实验室,面向全校本科生开放物理演示实验室,应用探索演示实验,培养学生探究未知能力、实践能力和创新能力.探索演示实验室还向每个学生提供实践基地,营造探索环境,帮助学生探究和创新,物理演示实验室包括力学、振动与波、电磁学、光学、热学、近代物理等.为满足教学和学生学习的需求,不断开发新的演示实验.用双语讲解演示实验,让学生在直观接受物理知识的同时,提高了科技英语的反应能力,培养了学生对英语和物理的兴趣,增强了学生自主学习的能力,培养学生科学素养.

4. 教学方法的创新

充分利用中文教材博大精深、英文教材生动形象的特点,展现物理学的美和魅力! 消除学生们对物理学的畏难情绪,培养浓厚的兴趣,营造充满趣味性和实践性的双语课堂教学氛围,培养学生独立解决全英文的题目.同时,灵活运用双语进行新颖的物理教学,板书内容采用全英文,辅之以精美的中英文课件;有助于学生深刻理解物理概念.授课语言为双语或全英文(视具体专业要求而定),板书、课件互为补充,相辅相成,已探寻出较佳的双语教学模式.教学实践表明,双语教学运用得当,会大大激发学生的学习兴趣,化繁为简.一些抽象的概念原理理解得更为透彻,知识脉络更为清晰,例如,在电磁学部分,讲解"磁链"这个概念时,中文讲述,它表示穿过线圈(N 匝)的总磁通量 $N\Phi$,中文称它为磁通链数,简称磁链[2].学生们普遍对"为什么总磁通量可以简称为磁链"感到迷惑不解.然后教师用英文解释"磁链"为 The windings of the inductor(N turns) are said to be linked by the shared flux, and the product $N\Phi$ is called the magnetic flux linkage[3],英文解释更形象,生动,有豁然开朗之感.在授课的过程中播放一些英语原版音像材料.

学生是教学的中心,学生的专业词汇量不足是影响双语课顺利进行的主要因素.学生的词汇量偏少的主要原因是接触太少,教师可在开双语课之前将重要的专业词汇(中英文表达)整理出来,让学生对一些专业概念的英文表达有个初步的印象,这样在今后的双语课的学习中会减轻不少压力,教学实践表明,学生在接触双语教学一个月左右听说读写等方面就能很好的适应,让学生多多阅读、翻译有关的英文文章,无疑是一个提高英文词汇量的好方法,为了不占用学生大量的时间,可将英语原版教材拆分成若干部分让学生翻译,鼓励有能力的同学多翻译一些,让学生翻译英语原版教材实质是在学生中培养一批互教互学的小老师,播下了双语教学的种子.

关于考试:双语班的同学与普通班学生使用同一张试卷,在试卷中增加一定比例的同难度的英语试题(试卷满分 100 分:英语试题分值:15～30 分). 普通班的同学可以不做英语试题,双语教学班的同学可以选做英语试题、不做一定比例的中文试题;试卷分析表明:双语班大多数同学选择了英语试题,并能很好地解答,得分率较高.

三、双语教学取得的效果

经过多年的教学改革,树立了先进的教学理念,创建了一个先进的教学体系. 通过教学体系的发展完善,创建了一个有鲜明特色的大学物理学双语课程. 年轻教师队伍素质的持续提升,以及科学严谨的质量保障环节指导教学体系的优化发展,确保了大学物理学教学的持续创新.

开展双语教学,提高学生学习效率和英语实践能力,大学物理课程将专业英语学习贯穿于教学过程中,提高学生英语听力、英语口语交流能力以及阅读英语论文的能力,拓宽学生的知识面,改变思维方式,提供学生获取新知识的手段和能力,学生参加北京市物理学会主办的全国部分地区非物理专业大学生物理竞赛成绩优异,我们所教的班级在 2006—2013 年间均有多名学生分别获市级一、二、三等奖.

双语教学,促进了教师的英语水平和物理专业水平的巧妙结合,融会贯通,极大地提高了课堂教学的效果. 学生们反映:"不一样的课堂,不一样的收获!"学生对双语教学的模式接受度高,效果非常令人满意. 在教务处每学期进行的学生网上课程评估中也发现,学生对应用该成果的大学物理课程的满意程度很高,并对教学方法和教学努力给予高度评价(表 78-1).

表 78-1　2009—2012 学年网上课程评价分数

	2009—2010 秋	2010—2011 春	2010—2011 秋	2011—2012 秋
总评分数	95.91	94.58	97.55	96.28
教学方法分数	14.47	14.44	14.57	14.66

注:教学方法部分的满分为 15 分,总评分数满分为 100 分.

双语教学大大激发了学生的积极性,学生们普遍反映物理变得简单易懂,在轻松愉悦中掌握了新知识,消除了对物理学习的畏难情绪,对课堂学习充满热情和期待. 由于本科生已有一定的英语基础,能很快适应双语教学. 双语教学不但促进了学生们对物理的学习,同时还让他们体会到了英语在科学中的应用,双语教学的实施得到了学生们的认可和好评.

我们在大学物理教学实践中,充分体会到教学模式改革的重要性,长期坚持实践和探索,不断研究,总结经验,推陈出新. 希望大学物理双语课程,随着教学改革的不断深入而更加趋于完善,在培养国家所需要的卓越创新人才中,发挥重要作用.

参考文献

[1] Douglas C. Giancoli. Physics for Scientists and Engineers, with Modern Physics. 3rd Edition. 滕小瑛改编. 北京:高等教育出版社,2005:1-3.

[2] 吴百诗. 大学物理. 西安:西安交通大学出版社,2010:194.

[3] David Halliday,Robert Resnick,Jearl Walker. Fundamentals of Physics. 7 版. 李学潜,方哲宇改编. 北京:高等教育出版社,2008:540.

对接国际一流，大学物理双语课程建设与实践*

刘玉颖　朱世秋　贾贵儒　宋　敏

培养具有国际视野和国际学术交流能力的高素质人才，是经济全球化和高等教育国际化背景下对高校教师提出的新课题．教育要与国际接轨，本科教育是高校教育事业的基础．作为“万物之理”的物理学包罗万象，内容丰富多彩，是研究自然界基本规律、探索自然界最基本问题的学科[1]．“大学物理学”是对本科生开设的一门重要基础课程．物理学是一门令人激动的、有活力的学科，它持续向人们关注的方向发展：生物物理、纳米物理学、实验宇宙学．人类所面临的巨大挑战：例如如何对待日益减少的能源、如何控制和减缓全球变暖，都需要对物理学有很深的理解．通过物理学的学习可以使人们以客观的、崭新的眼光去欣赏大自然，探索大自然的奥秘！物理学的发展是许多新兴学科、交叉学科和新技术学科产生、成长和发展的基础和前导．大学物理课程涉及的学科专业多，与后续对接的课程面宽，在学习物理理论的过程中可使学生逐步养成科学的思维方法和思维模式，从而对拓展学生思路、激发其探索和创新精神、对培养学生科技创新能力，提高其科学素养均有着重要的作用．

“物理如何教”以及“物理如何学”是世界各国教育界普遍关注的问题．随着教育国际化的发展，对物理学教学的要求越来越高．国外大学物理课程设置及大学物理教材具有显著的特色和优点．国外一流大学物理课程设置的共同显著优点：开设的物理课程门类繁多，不仅涉及物理学的各个领域，还涉及数学、天文学、生物学、工程学等领域课程，针对学生专业特点设置相应内容和要求的物理课程，物理课程内容丰富，由浅入深，循序渐进、本科生参加科学研究和训练，有专门培养学生实验研究、数据分析等能力的课程．例如美国加利福尼亚大学戴维斯分校开设本科生物理课程 61 门，其中物理学课程 57 门；天文学课程 4 门[2]．康奈尔大学开设本科物理课程共 82 门[3]．国外著名大学开设几十门甚至上百门本科物理课程，给我们强大的震撼力，对比国外著名大学，我们涉农本科院校开设物理课程少之又少，与国外相比，内容单一，有较大的局限性．

在此现状和背景下，如何构建基础课大学物理新的教学内容和教学模式？对这些课程如何进行改革才能有效改善学生学习效率，促使国内教育与国际接轨，培

* 本文刊自《物理与工程》，2017 年(增刊)，收录本书时略加修订．

养具有全球视野和国际竞争力的拔尖人才,大大提升本科教育质量?都是目前教学中亟待解决的问题.本文就十二年来进行的大学物理教学国际化及其采取的一系列教学措施和改革研究作详细介绍,以飨读者.

一、教学内容的创新——教学内容的国际化和现代化,建立与世界一流大学国际接轨的大学物理教学内容

对理、工科学生:中西合璧,创新教学内容,扩增知识量. 中文教材我们使用马文蔚老师主编的《物理学》第五、六版,英文教材我们先后选用优秀原版美国 Douglas C. 主编的 *Physics for Scientists and Engineers with Modern Physics*、Serway 主编的 *Physics for Scientists and Engineers with Modern Physics*,以及 Paul A. Tipler 主编的《Physics for Scientists and Engineers》等作为主讲教材,将中英文教材的内容有机的结合在一起,与其他未实行教学国际化的普通班相比,在相等的学时内(年 120 学时),讲授内容涵盖力学(质点、刚体)、振动和波、光学、热学、电磁学、狭义相对论、量子力学基础等内容.2016 年以来,基于我校工学院对靶美国普渡大学,与普渡大学合作办学,联合培养本科学生,我们大学物理教学相应地对接普渡大学物理课程设置,同时讲授马文蔚老师主编的《物理学》、普渡教材 *Modern Mechanics*、*Physics for Scientists and Engineers* 的精华内容,国内教材和普渡英文教材存在着较大的差异,例如,*Modern Mechanics* 注重强调利用微粒间的基本相互作用来描述牛顿力学,守恒定律,能量量子化,熵,气体的动力学理论等力学和热力学的相关内容;利用基本原理描述从原子核到银河系里天体运行的物理现象等,以上内容在中文教材中是没有的.教学内容中西合璧,互相促进、互为补充;传授的知识量、信息量加倍,讲授内容的难度和广度都高于普通班,扩展了学生的视野,提升了物理学的高度.同时传授的知识与时俱进,将科技最新前沿进展随时渗透到教学内容中;引入学科交叉内容和现代物理知识、及诞生于物理现代知识基础上的科学技术在各专业中的应用,扩展学生的知识面,把学生的视野从国内引领到国际.整个学习过程内容充实,紧张有序、有条不紊地进行.实现了教学内容的创新,教学内容的国际化和现代化.展现物理学的美和魅力!

二、教学方法、教学理念的创新——引进国外优秀物理课堂教学模式和先进的教学理念,建立研究型大学物理教学模式

1. 推广雨课堂、同伴教学法等互动式教学模式,注重抓课堂教学质量

借鉴美国哈佛大学等优秀的教学方法,课堂上,使用同伴教学法,提高学生参与课堂教学的程度;课下自主式探究学习、参与科学研究等.我们采取了以下措施:

建立学生主动参与学习式教学模式,使得所有学生均能参与课堂学习,启发学生深入思考,及时反馈所学内容,培养学生独立解决问题的能力.在课堂教学过程

中,利用 2016 年 4 月清华大学对外开放的雨课堂,结合同伴教学法,调动学生积极性、激发学生学习热情、启发主动思考;尝试了课前预习、扫码签到、实时答题、课上课下数据统计、微信推送等功能(图 79-1).

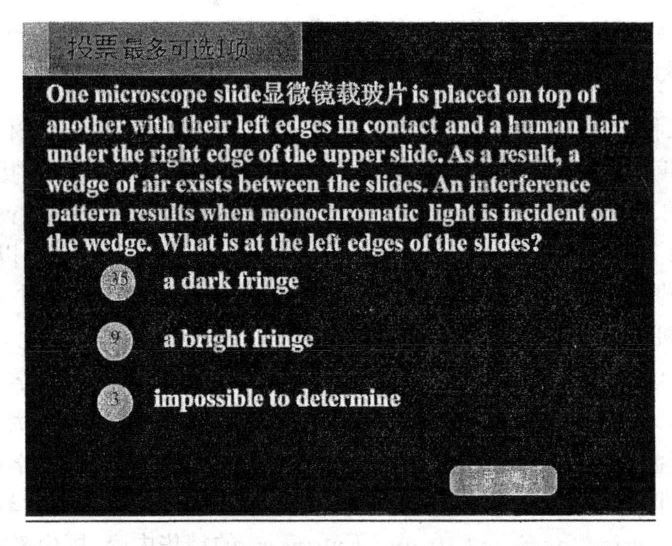

图 79-1 利用雨课堂学生课上实时答题及数据统计

互动式教学——同伴教学法使用专门设计的用于揭示学生概念错误和引导学生深入探究的概念测试题,借助计算机应答交互系统或选项卡片,每个学生均可以在课堂上及时反馈回答,加强课堂互动;引导学生参与教学过程,变传统单一的讲授为自主学习和合作探究,在课堂教学中构建了一种学生自主学习、合作学习、生生互动、师生互动的创新教学模式.

同伴教学法的有效实施基于大量高质量的概念测试题. 针对所讲的内容要点,每次课均精心设置一些概念测试选择题,检验学生掌握概念原理情况,在课堂上利用概念题协助学生澄清物理概念,让学生及时消化吸收所学内容.

增加学生课堂交流、课堂讨论和课堂实物演示实验等环节. 课堂上不定期地安排学生就某些重要概念原理和习题分组讨论,即兴演讲,增强学生间课堂交流与互动,激发学生学习的主动性、能动性和合作精神,让大班物理课堂教学真正动起来.

总之,教学方法、教学理念持续创新,引进国外优秀物理课堂教学模式和先进的物理教学理念;传统课堂与雨课堂等多种教学方式相结合,进一步提高大学物理双语课程的课堂教学质量. 教学过程以素质教育和创新能力培养为中心,融合创新;激发学生学习兴趣,墙养学生跨学科思考的能力,提高学生科学素养. 通过大学物理基础课程的教与学,帮助学生养成良好的文化修养和创新精神. 培养学生自主学习、终生学习的教育理念. 注重提高课堂教学质量,充分调动学生学习的主动性,同时注重延伸课堂教学,引导学生自主学习,培养创新意识.

2. 精心设计教学的每一个环节,精选教学内容和中英文教学语言,每次课都充满浓厚的兴趣

在教学中如何引导学生学习物理概念和原理?如何提高课堂教学质量?教学中如何调动学生学习的主动性?如何让学生全身心地投入到大学物理课程?要取得最好的教学效果,就要做好教学的每一个环节,从课程内容设计到课堂讨论.每一次课堂教学均需精心设计,就像一件精美的艺术品不断雕琢着,教无止境.

大学物理学教学可以是有声有色的,也可能是平淡乏味的,教学内容的选取和教学语言的运用很重要."大学物理学"中许多概念抽象、难懂,我们利用英文原版教材表达简单明了、生动易懂的特点,在物理教学中适当地使用英文,将原汁原味的物理概念和原理呈现给学生,从不同侧面透彻理解物理概念,同时引用英文原版教材中的具体事例,增加学习的趣味性.例如:讲解保守力做功时,同学们对"保守力"和"非保守力"两个抽象概念理解有些困难,为了更好地理解"保守力"和"非保守力"以及这些力做功的特点,笔者分别用英文原文及其中文含义进行补充讲解保守力和非保守力.原文如下:"The term conservative force comes from a time before the general law of conservation of energy was understood and when no forms of energy other than mechanical energy were recognized. Back then, it was thought that certain forces conserved energy and others did not. ""Now we believe that total energy is always conserved. Nonconservative forces do not conserve mechanical energy,but they do conserve total energy".[4]讲解完后学生们对保守力和非保守力的命名及其含义豁然开朗,学生们露出了愉悦的笑容.消除学生对物理学习的畏难情绪,在轻松愉快中接受物理知识.结合风趣的英文描述,激发学生们对物理知识的浓厚兴趣,达到更好的教学效果."兴趣"是最好的老师,例如,黏滞阻力的教学过程中,在讲解物体的速度较大时,其所受黏滞阻力与速度的平方成正比,笔者精心选用了几个相关实例:跳伞者(skydiver)的运动、载人神舟十号飞船回归安全着陆的问题等,激发了学生课上和课下自主学习和对知识的探索,将"要我学"转变为"我要学".

3. 培养低年级本科学生科研探究能力

注重学生科研创新能力的培养.通过大学物理教学国际化,使大学低年级学生尽早培养阅读英文教材和科技文献的能力,培养学生早日参加课题研究的能力,为学生后续的学习和科研作好准备.

我们在大学物理教学活动中,积极为学生进行研究性学习和从事研究活动创造条件,从本科一年级开始接受早期科研训练,注重创新意识和创新能力的培养.

理论与实验相结合,培养学生探究未知能力,实践能力和科研创新能力.

培养学生科研能力.对于英语和专业水平较高的本科学生,进行“学研结合”的训练,以英文教材为载体、学生仔细认真研读英文原版教材;经过一段时间的积累,当学生的英语水平和专业水平达到一定高度时,鼓励学生阅读相关的科研论文以及国际上最新科学研究进展,扩展学生的知识视野,增加学生的专业知识和英语的知识储备;同时对学生进行科学研究训练,自行选课题、自行设计实验,做实验,撰写论文;为以后学生进行科学研究提前作好准备.

建立研究课题,这些课题来自某些物理问题、与实际生活或科技前沿相联系,能激发学生的兴趣,能挑战学生进行深层次的思维,能促使学生将多学科知识融会贯通.学生根据自己的兴趣自由选题,通过选题培养学生发现问题、提出问题.学生学习如何查阅国内外与课题相关的资料,研究型大学物理教学效果显著,2014 至 2016 年,笔者所教班级的本科生为第一作者的多篇教学研究论文分别在国内核心期刊《物理与工程》《大学物理》《物理通报》等期刊上发表;培养学生物理与工程相结合,物理与日常生活相结合,例如 2015 年《大学物理》期刊发表的《普通激光笔的辐射对人的眼睛有害吗?》,2016 年《物理与工程》期刊发表的《杨氏双缝干涉实验与飞机安全着陆系统》《登陆火星飞船推进系统的遴选及其物理学性能》等,学生们在撰写论文和论文修改等一系列的过程中得到了很好的锻炼和提高.

三、物理与诗词同行,突出物理学文化特色的教学模式

在课堂教学中,注重科学寓于艺术,物理与诗词同行.在中国古代丰富的文化典籍中,诗词歌赋占有相当份量,其中一些唐诗宋词精彩地描述了物理现象[5].在物理教学过程中适当地引入一些相关唐诗宋词,科学与文学艺术融合,格物致理,讲述唐诗宋词中所蕴含的物理知识,使学生热爱自然、以崭新的视角认识世界;例如讲物体的运动时,引用唐代著名诗人李白的“早发白帝城”:朝辞白帝彩云间,千里江陵一日还.两岸猿声啼不住,轻舟已过万重山.唐代著名诗人杜甫“登高”:风急天高猿啸哀,渚清沙白鸟飞回.无边落木萧萧下,不尽长江滚滚来.使学生感受诗词之美,从古人的智慧和情怀中汲取营养,涵养心灵.

兴趣是最好的老师.老师的主要任务之一就是激发学生学习物理学的兴趣;为了激发非物理专业的学生对大学物理学的兴趣,在我校农学、生物及食品科学等专业大学物理教学除了与国际接轨外,还尝试突出物理学文化特色的教学模式,在传授物理知识的同时,尝试从物理知识联想其隐含的人文思想和文化含义,把物理原理、定理或公式所赋予的人文科学的思想揭示出来.在教学中赋予物理知识跨学科的含义,突出物理学的文化特色和跨学科包容性[6].让学生体会到,物理学是自然科学,也是艺术,是文化,甚至是人生.

物理是一条闪光的思想的河流,让学生们细细品味物理知识及其在人类发展

过程中的重要作用. 结合科学家的研究经历和知识规律来培养学生崇尚科学的精神. 物理学有着丰富的人文底蕴，在它的一个个定理、公式、概念里蕴藏千百年来人类通过各种手段来认识自然、改造自然，丰富和发展人类精神文明宝库的各种经历. 物理教学结合人文素质教育，向学生介绍历史上著名物理学家的高尚品德和情操，培养学生的爱国热情和社会责任感；从而使学生全面、和谐、健康地发展. 培养科学素质，创新精神和科学美感.

四、大学物理双语教学取得的效果

大学物理教学国际化，中西合璧，突出物理学科的特点及其文化特色，将物理学的美及其独特的魅力展现给学生. 积极引进国外目前先进的教学方法、教学理念，传承经典，引进精粹. 增强课上学生参与度、课下主动学习及其科学研究探索等. 提升了大学物理学课程的国际化水平. 教学内容与国际接轨，与时俱进，不断更新. 教学过程以素质教育和创新能力培养为中心，融合创新，力创自我之特色；激发学生学习兴趣，培养学生跨学科思考的能力，提高学生科学素养. 通过大学物理学的教与学，帮助学生养成良好的文化修养和创新精神.

经过十二年持续的教学改革和研究，树立了先进的教学理念，构建了一个先进的大学物理双语课程，并且该课程发展日趋完善. 物理与英语的巧妙结合，融会贯通，拓宽了学生的知识面，改变思维方式，极大提高了课堂教学的效果；学生们反映，“不一样的课堂，不一样的收获！”.

总之，教学中不断地积极探索，怀着对教学的深深挚爱之情，通过我们自身不懈地努力，将出色创新的物理教育提供给才华横溢的学生.

参考文献

[1] Giancoli D C. Physics for Scientists and Engineers with Modern Physics. 3rd Edition. 滕小瑛改编. 北京：高等教育出版社，2005：1-3.

[2] http://www. physics. ucdavis. edu.

[3] http://www. physics. cornell. edu.

[4] Giambattista A, McCarthy Richardson B, Richardson R C. College Physics. Volume. 4th Edition. 刘兆龙改编. 北京：机械工业出版社，2013：144-145.

[5] 戴念祖，物理与诗歌同行. 物理，2014，43卷(10)期：693-697.

[6] 朱世秋，李春燕，祁铮，等. 突出文化特色的大学物理教学模式. 物理与工程，2014 (7)：92-95.

普通激光笔的辐射对人的眼睛有害吗*

田　野　刘玉颖　吕洪凤　朱世秋　祁　铮

20世纪60年代激光的出现为人们提供了一种崭新的光源. 激光具有其独特的性质:相干性好——激光束中的光线间具有固定的相位关系;单色性好——激光束的光具有非常小的波长范围;方向性好——激光具有很小的分散角,即使传播很长距离,光束扩展非常小[1]. 由于其特有的性质使其在科学技术领域具有很重要的应用,例如激光加工、激光精密测量与定位、光通信等[2].

激光波长可以是红外、可见光和紫外光等波段. 随着科技的进步和社会的发展,人们手里的高科技的用品越来越多,许多人在演讲时为了吸引听众的注意力,经常利用激光笔指示屏幕上的内容;尽管所用激光笔的功率一般很小,只有1~5mW,但是由于激光具有高亮度、方向性强的特点,激光照射的部位会产生非常强的光的能量,普通的小功率激光笔在屏幕上产生的辐射对人的眼睛会产生伤害吗?本文利用电磁波重要的物理量——能流密度(坡印亭矢量),具体计算分析激光笔电磁辐射所产生的压强,从而证明该辐射对人的眼睛是否有害.

一、电磁能的能流密度矢量——坡印亭矢量

电磁辐射是一个系统实现能量传递的方法. 电磁波能量传递的快慢,可用坡印亭矢量 $\boldsymbol{S}$ 来描述,其表达式为

$$\boldsymbol{S}=\frac{1}{\mu_0}\boldsymbol{E}\times\boldsymbol{B} \tag{80-1}$$

坡印亭矢量的大小代表单位时间内流过垂直于光传播方向单位面积的电磁能量. 根据电磁波 $\boldsymbol{E}$(电场强度)、$\boldsymbol{B}$(磁感应强度)、$\boldsymbol{k}$(传播方向的单位矢量)构成右旋系的性质可知,在各向同性介质中,电磁波的能流密度矢量 $\boldsymbol{S}$ 总是沿电磁波的传播方向 $\boldsymbol{k}$ 的,坡印亭矢量 $\boldsymbol{S}$ 的方向代表电磁能传递的方向,μ_0 为真空磁导率.

电磁波中 $\boldsymbol{E}$、$\boldsymbol{B}$ 都随时间迅速变化,方程(80-1)所示为电磁波的瞬时能流密度. 在实际中重要的是它在一个周期内的平均值,即平均能流密度. 对于简谐波其平均能流密度为[3]

$$\overline{S}=\frac{E_0B_0}{2\mu_0}=\frac{E_0^2}{2\mu_0c}=\frac{cB_0^2}{2\mu_0} \tag{80-2}$$

---

* 本文刊自《大学物理》2015年第12期,收录本书时略加修订.

式中，E_0 和 B_0 为 $\boldsymbol{E}$ 和 $\boldsymbol{B}$ 的振幅.

电磁波的瞬时磁场能量密度与瞬时电场能量密度相等[1].

$$\mu_B=\mu_E=\frac{B^2}{2\mu_0}=\frac{1}{2}\varepsilon_0 E^2 \tag{80-3}$$

总的能量密度 μ 等于电场能量密度和磁场能量密度之和，可得方程为[1]

$$\mu=\mu_E+\mu_B=\frac{B^2}{\mu_0}=\varepsilon_0 E^2 \tag{80-4}$$

二、光的动量和辐射压强

光是一种电磁波，电磁波的运动像拥有能量一样拥有动量；所以光照射在物体上时，动量被某些表面吸收，它对物体也会产生压力，这就是光压[3]，一列平面电磁波垂直入射在某平面上，一部分电磁波被反射，反射多少与平面的反射率有关；假定电磁波垂直照射在物体表面，麦克斯韦电磁理论计算表明，在电磁场中，单位体积中的动量为动量密度，用 $\boldsymbol{G}$ 表示，可以证明动量密度与能流密度有如下关系[4]：

$$\boldsymbol{G}=\frac{1}{c^2}\boldsymbol{S} \tag{80-5}$$

$\boldsymbol{G}$ 是单位体积中的动量，而 $h\boldsymbol{G}$ 则是底面积为一个单位，高为 h 的柱体中的动量，若电磁波传播速度为 c，则单位时间内通过单位面积的动量为 $c\boldsymbol{G}$，单位时间内单位面积物体表面受到的冲量为

$$\boldsymbol{I}=c\boldsymbol{G} \tag{80-6}$$

则电磁辐射压强为

$$p=cG=\frac{S}{c} \tag{80-7}$$

如果入射电磁波和反射电磁波的坡印亭矢量分别为 $\boldsymbol{S}_{入}$ 和 $\boldsymbol{S}_{反}$，则电磁辐射压强

$$p=\frac{1}{c}|\boldsymbol{S}_{入}-\boldsymbol{S}_{反}| \tag{80-8}$$

若该表面在这段时间内吸收了所有电磁辐射能量，向该表面传递动量，产生的压强为[3]

$$p_1=\frac{1}{c}|\boldsymbol{S}_{入}|=\frac{S}{c} \tag{80-9}$$

如果这个表面又反射了一部分光波，设反射率为 a，反射所产生的压强

$$p_2=a\frac{S}{c} \tag{80-10}$$

综上所述，得到总的辐射压强公式为

$$p=p_1+p_2=\frac{S}{c}+a\frac{S}{c}=(1+a)\frac{S}{c} \tag{80-11}$$

三、激光笔产生的电磁辐射的压强

在我们讲课的时候，很多人会用激光笔(功率 1～5mW)将屏幕上的信息指给观众(图 80-1). 如果有一个功率为 3.0mW 的激光笔产生一个直径为 2.0mm 的亮点，投射到屏幕上若有 70%的光被反射. 反射光的坡印亭矢量的大小决定了辐射压强的大小. 在我们的想象中，也许小小的激光笔的辐射不会产生很大的辐射压强，那么我们首先分析一下激光笔产生的激光的能流密度，也就是坡印亭矢量的大小.

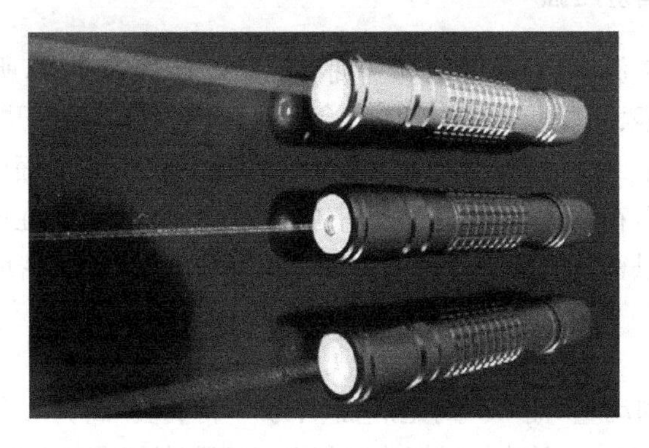

图 80-1　激光笔所发激光，波长在可见光范围内

坡印亭矢量的大小代表单位时间内流过垂直于光传播方向单位面积的电磁能量，坡印亭矢量的大小与光功率有如下关系(Q 为激光笔的功率)：

$$S=\frac{Q}{\pi r^2}=\frac{3\times10^{-3}\,\mathrm{W}}{\pi(1\times10^{-3})^2\,\mathrm{m}^2}=955\,\mathrm{W/m^2} \tag{80-12}$$

假设屏幕表面吸收这些光波，由式(80-9)可得，产生的压强为 $p_1=\frac{S}{c}$. 然后这个表面又反射出部分光波，得到了另一份辐射压强，由式(80-11)可得总的辐射压强为

$$p=(1+a)\frac{S}{c}=(1+0.7)\times\frac{955\,\mathrm{W/m^2}}{3\times10^8\,\mathrm{m/s}}=5.4\times10^{-6}\,\mathrm{N/m^2}$$

计算结果表明，屏幕表面受到的这个压强如同开始预期的一样是一个非常小的值，然而正午来自太阳光的辐射压强大约 $5\times10^{-6}\,\mathrm{N/m^2}$，上述坡印亭矢量的大小接近于太阳光直射地面的坡印亭矢量大小. 如果该激光辐射直入射眼睛，对眼睛产生的效果大约相当于眼睛在没有保护措施的情况下直视太阳，是一件很危险的事情.

人的眼睛是一个复杂的光学系统(见图 80-2). 它可以用来传导、聚焦、和检测光. 人的眼睛对不同波段的光吸收程度不同. 其中可见光和红外波段的辐射大部分透过眼睛且被吸收，对人眼危害最大. 这些光波透过眼睛最终到达视网膜上，且会

聚、成像在只有微米量级的视觉细胞上，同时大部分光波辐射被视网膜色素上皮细胞等吸收[5]，相对于紫外等波段而言，可见光波段的激光对人的眼睛损伤最大、危害最强.

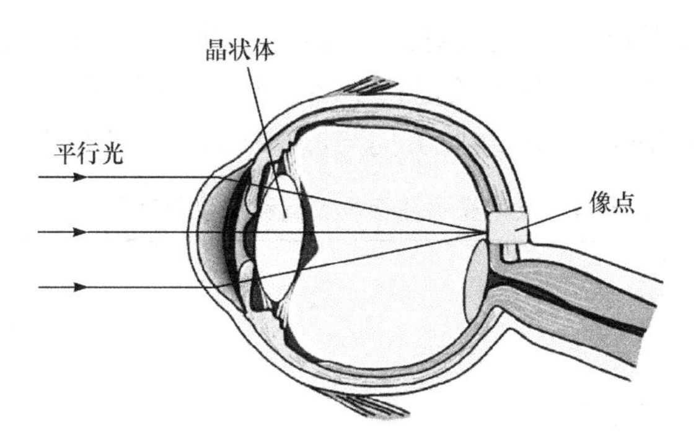

图 80-2 平行光会聚在视网膜上形成像点

若功率为 3mW 的激光笔，在进入眼睛之前，形成半径为 1mm 的圆斑，由式(80-12)可得此时的坡印亭矢量大小和辐射压强分别为

$$S=\frac{Q}{\pi r^2}=\frac{3\times10^{-3}\,\mathrm{W}}{\pi\times10^{-6}\,\mathrm{m}^2}=955\,\mathrm{W/m^2}$$

$$p_1=\frac{S}{c}=3.18\times10^{-6}\,\mathrm{N/m^2}$$

若此功率为 3mW 的激光笔经过晶状体折射会聚后在视网膜上形成一个半径为 8μm 的光斑，光斑处坡印亭矢量的大小以及光压的大小为

$$S=\frac{Q}{\pi r^2}=\frac{3\times10^{-3}\,\mathrm{W}}{\pi(8\times10^{-6})^2\,\mathrm{m}^2}=1.5\times10^{7}\,\mathrm{W/m^2}$$

$$p_2=\frac{S}{c}=\frac{1.5\times10^{7}\,\mathrm{W/m^2}}{3\times10^{8}\,\mathrm{m/s}}=5\times10^{-2}\,\mathrm{N/m^2}$$

由以上计算可知，坡印亭矢量大小增长为原来的 15700 倍. 由于高度会聚，经过晶状体聚焦后，视网膜上成像细胞承受的光辐射压强大概是进入眼睛之前光辐射压强的 15700 倍，激光束传播过程高度集中，基于此，不小心直视激光会对眼睛尤其视网膜造成很大伤害.

如果将激光笔与屏幕的距离加倍，在一定程度上会使光压减弱[1]. 通常认为，激光是一束方向性很强的光，激光的辐射强度和距离无关，实际上，激光束在传播过程中会有一很小的发散角，随着距离增大，投射在屏幕上的圆点直径变大，面积增加，光强度降低，则产生的辐射压强也会相应降低，另外，在激光传播路径中，由于空气分子以及一些尘埃颗粒的影响而产生散射，激光会由于散射而损失一些能量从而使得在屏幕上产生的光压进一步减小一些；但以上两种因素影响不大.

四、激光笔在屏幕上的反射对人的眼睛的辐射压强

为了准确验证激光笔在屏幕上反射光对人眼的辐射压强，我们做了如下实验：激光器(功率为 2mW)所发激光入射到屏幕上，利用光功率计接收其反射光光功率的大小，改变接收角度和接收距离进行了多次测量数据(见表 80-1). 激光入射角度为 45°，接收角度是光功率计接收方向与屏幕法线所成的角度.

表 80-1　反射光强随接收距离和接收角度而变化

接收角度 \ 功率 \ 接收距离	2cm	6cm	10cm
0°	0.039mW	0.022mW	0.007mW
45°	0.044mW	0.035mW	0.019mW
60°	0.035mW	0.027mW	0.002mW

当人的眼睛距离屏幕 2cm，接收角度为 45°时，瞳孔的平均直径为 3mm(正常人眼瞳孔直径 1.5～5mm)，在眼睛表面处，坡印亭矢量大小为

$$S=\frac{Q}{\pi r^2}=\frac{4.4\times10^{-5}\,\mathrm{W}}{7.1\times10^{-6}\,\mathrm{m}^2}=6.1\,\mathrm{W/m^2}$$

对眼睛表面产生的辐射压强为

$$p=\frac{S}{c}=\frac{6.1\,\mathrm{W/m^2}}{3\times10^8\,\mathrm{m/s}}=2.0\times10^{-8}\,\mathrm{N/m^2}$$

反射辐射光与入射激光相对比，坡印亭矢量大小和辐射压强都明显减小.

通常用“最大允许辐射量”来定量描述激光辐射的安全程度，其物理意义为对人眼睛安全的激光辐射的最大平均能流密度，即坡印亭矢量，单位为 $\mathrm{W/m^2}$. 研究表明，眼睛最大允许辐射量与入射光波长，以及入射时间有很大的关系. 随着入射时间的增长，最大允许辐射量值也随之降低. 例如，He-Ne 激光器所发波长为 633nm 的红色激光，当照射眼睛时间为 0.25s 时，该激光的“最大允许辐射量”不能超过 $25\mathrm{W/m^2}$；当照射眼睛时间增加到 600s(10min)时，该激光的“最大允许辐射量”不能超过为 $2.93\mathrm{W/m^2}$；照射眼睛时间是 3×10^4s(8.3h)时，最大允许辐射量值为 $0.176\mathrm{W/m^2}$[5]. 由以上分析可得，即使人的眼睛暴露在很弱的反射激光辐射下(例如，$S=6.1\mathrm{W/m^2}$)，短时间内对人的眼睛是安全的，但长时间的注视也会对人的眼睛造成伤害.

人眼对于辐射的波长的响应是不一样的，对波长约为 550nm 的黄绿色光最为敏感，例如，5mW 的绿色激光的看起来比 5mW 的红色激光明亮很多，又因为眼睛

的瞳孔可以看做一个黑体,所有进入的光基本上被眼睛吸收,对人眼的损伤程度主要取决于激光笔辐射功率的大小,与颜色关系不大. 例如研究表明,当照射眼睛时间 0.25s 时,He-Ne 激光器所发波长为 633nm 的红色激光和氪激光器所发波长为 568nm 的绿色激光,最大允许辐射量相同,均为不能超过 $25\mathrm{W/m^2}$;当照射眼睛时间增加到 600s 时,氪激光器波长为 568nm 的绿色激光的最大允许辐射量不能超过为 $0.31\mathrm{W/m^2}$;照射眼睛时间是 3×10^4 s 时,波长为 568nm 的绿色激光的最大允许辐射量值为 $0.186\mathrm{W/m^2}$[5]. 红色激光与绿色激光的最大允许辐射量基本相同,差别不大.

更大功率的激光能直接灼伤晶状体等眼睛结构. 因为不同波长的激光致盲效果不同,每个人的眼睛结构也有差异,具体准确的致盲数据目前无法得知,仅仅能够提供大致的范围. 激光致盲的影响因素不仅仅是光压的影响,还有激光产生的高温,和促使眼睛内部发生化学反应导致的眼睛损伤.

综合以上分析,笔者认为功率为 3mW 的普通激光笔,它的辐射对人的眼睛可能造成伤害;眼睛的晶状体将入射激光会聚在焦点处,而这个焦点就在视网膜上;不能让激光笔的辐射直接进入眼睛,减少人们被这些激光用品所伤害的概率. 人的眼睛不易长时间注视投影屏幕反射的激光辐射,短时间内反射激光辐射对人的眼睛是安全的,但长时间的注视也可能会对人的眼睛造成伤害.

五、结论

本文利用电磁波理论中的坡印亭矢量和光压等概念,对普通的小功率激光笔产生的电磁辐射的坡印亭矢量和辐射压强进行了计算和分析. 计算结果表明,即使是功率为 3mW 的激光笔,它的直入射辐射对人眼产生的压强超过了人眼理论承受安全值,对人的眼睛可造成伤害.

参 考 文 献

[1] Serway R A, Jewett J W. Physics for Scientists and Engineers with modern Physics. 6th Edition. Belmont: Thomson Brooks Cole, 2004: 1385, 1075-1078.
[2] 叶玉堂,饶建珍,肖峻. 光学教程. 北京:清华大学出版社,2005:122.
[3] 赵凯华,陈熙谋. 电磁学. 北京:高等教育出版社,2003:416-424.
[4] 贾起民,郑永令,陈暨耀. 电磁学. 2 版. 北京:高等教育出版社,2001:262-267.
[5] Fred Seeber. Fundamentals of Photonics. Storrs: University of Connecticut, 2008: 48-58.

杨氏双缝干涉实验与飞机安全着陆系统*

张晨光　刘玉颖　朱世秋　宋　敏

一、杨氏双缝干涉实验

1801 年，托马斯·杨首次用实验证明了光的波动性. 杨氏双缝实验装置如图 81-1 所示，平行光照射两个相距为 d 的狭缝 S_1 和 S_2 上，透过两狭缝 S_1 和 S_2 后可得到两束振动方向相同、频率相同、相位差恒定的光，满足相干条件[1]. 由于衍射，光波离开两狭缝时向空间扩展，像两列声波发生的干涉现象一样[2]，两束光在空间相遇，产生稳定的干涉现象. 在双缝前放置一屏幕，当屏幕距双缝的距离远远大于双缝间距时，透过双缝的两束光到达屏幕上某处的光程差为

$$\delta=r_2-r_1=d\sin\theta \tag{81-1}$$

当光程差为波长的整数倍时，干涉加强，屏幕出现明条纹；当光程差为半个波长的奇数倍时，干涉减弱，屏幕出现暗条纹；在两个相干光源连线的中垂线上各点距两相干光源的光程相等，这些位置始终干涉加强，即为中央明条纹. 在屏幕上可以得到一系列明暗相间的条纹，相邻条纹间距离相等且与波长成正比，如图 81-1(a) 所示. 杨氏双缝干涉实验为光的波动性提供了强有力的证据. 干涉过程把光的空间周期转化为稳定的、放大的具有周期性的干涉条纹，由此可测定可见光的波长[3]. 杨氏双缝实验不仅是一些光的干涉装置的原型，理论上还可从中提取许多重要的概念和启发，无论从经典光学还是从现代光学的角度来看，该实验都具有十分重要的意义[4].

二、杨氏双缝干涉实验与飞机安全着陆系统

1. 飞机安全着陆系统

飞机安全降落要尽可能在多种复杂的天气条件下得以实现，尤其在当前雾霾等天气带来的能见度很低时，飞行员很难凭借光学信号来准确地实现飞机安全着陆，这时则需要借助其他安全着陆系统的帮助. 飞机安全着陆系统十分复杂，它同时包含着光学系统、雷达系统、全球定位系统(GPS)等.

光学助降系统适用于引导舰载机的着陆，当舰载机在舰船上着陆的终端阶段

---

* 本文刊自《物理与工程》2016 年第 6 期，收录本书时略加修订.

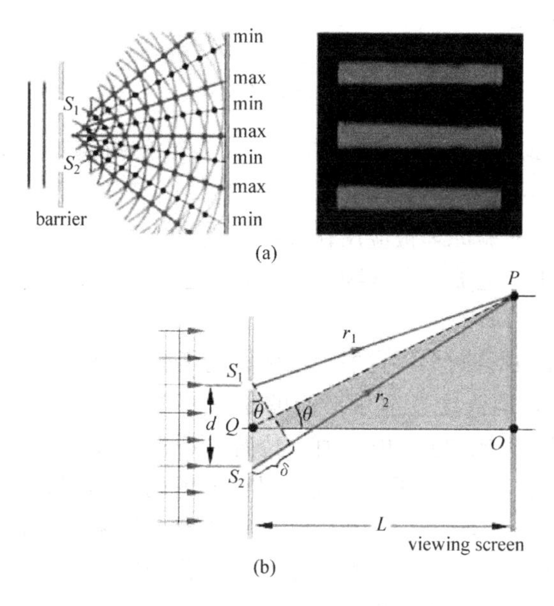

图 81-1 杨氏双缝干涉实验

(a) 实验装置图，狭缝 S_1 和 S_2 作为相干光源，在观察屏上产生干涉条纹(装置图未按实际比例画出)，观察屏上部分区域放大了的干涉条纹；(b)杨氏双缝干涉实验装置几何关系图[1]

时，该系统在空中提供一个光的下滑坡面，提供给飞行员下滑道信息，飞行员通过观察灯光引导系统发出的不同颜色的光来调整飞机的姿态从而安全操纵飞机降落[5].

雷达着陆系统可以精确地测量飞机的位置，通过话音电台把地面领航员的引导口令传给飞行员，飞行员按口令操纵飞机引进和着陆.

仪表着陆系统由航向台、下滑台、指点标台和机载接收机组成. 微波着陆系统由方位台、仰角台、精密测距器和机载接收机组成. 微波着陆系统与仪表着陆系统二者为并列等同的两种系统，都属于“空中导出数据”系统，基本工作原理是由机载设备接收来自地面设备发射的引导信号，经过处理获得飞机相对于跑道的位置信息(方位、仰角、距离等)，飞行员根据飞机仪表的指示，自主地操纵飞机安全着陆[6]. 相对于仪表着陆系统，微波着陆系统有很多优点，比如引导信号的覆盖空间大，精度高，所提供的进近方式也更为灵活. 飞机进近是指飞机下降时对准跑道飞行的过程，在进近阶段，要使飞机调整高度，对准跑道，从而避开地面障碍物.

卫星导航着陆系统是基于全球卫星导航系统的飞机进近着陆引导系统；相对于传统的仪表着陆系统和微波着陆系统有本质的区别，卫星导航着陆系统是在卫星导航信号的基础上通过数据传递和数据处理实现精密定位和导航的[7]. 全球卫星定位系统是一种新的无线电导航系统，它能在全球范围内，全天候地、连续实时地为用户提供高精度的三维位置、三维速度和时间信息，精度远远大于仪表着陆系统和微波着陆系统[8].

2. 杨氏双缝干涉实验与飞机安全着陆系统

不仅在光学领域，在通信领域，杨氏双缝干涉实验也得到了重要的应用，该实验原理构成了飞机安全着陆系统的理论基础之一[1]. 当天空能见度不高时，在一些机场，杨氏双缝干涉实验原理被应用在飞机安全着陆系统中，用以指导飞机安全着陆[1]，本文通过赏析一道美国大学物理教材光学题目，简要介绍杨氏双缝干涉实验原理在导航系统中的应用.

题目主要内容如下：两个可发射无线电波的天线相距 40m 固定在飞机跑道两侧（如图 81-2 所示），两天线发射未调制的相干的频率为 30.0MHz 的无线电波，图 81-2 中辐射线代表干涉强度极大值的位置，(1)求无线电波波长；(2)若飞机装备有双通道信号接收器，通过两个天线同时各发射两个不同频率的无线电波可以提醒飞行员可能处于错误的位置处；注意两列无线电波频率之比不能是小的整数比（例如 2/3、3/4 等），解释该双频接收系统的工作原理以及两列无线电波频率之比不能为整数比（尤其是小的整数比）的原因.

飞行员如何使飞机沿着跑道方向准确降落滑行呢？在机场跑道两侧对称地放置两个相同的发射相同频率无线电波的天线（如图 81-2 所示），两个天线装置类似于两个可发出相干光的狭缝. 天线发出的两列无线电波在空间发生干涉现象；在空间某些区域内干涉加强（如图 81-2 中辐射线所在位置），某些区域内干涉减弱；类似于杨氏双缝干涉实验中的亮条纹和暗条纹.

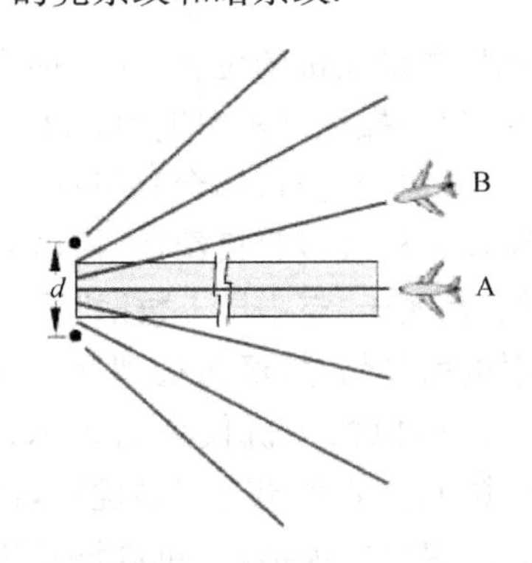

图 81-2 飞机跑道（阴影部分）两侧对称放置两个发射相同频率无线电波的天线，相距为 d，类似于两个可发出相干光的狭缝

由对称性可知，沿着跑道的方向为中央零级最大值所在位置（图中飞机 A 所在位置），空间信号加强，飞机上安装有相应的无线电波强度接收装置. 在实际应用的无线电导航系统中，飞机在距离机场远程一次监视雷达 370km 处即可开始被导航；在距离天线 30～40km 空域内，精密进近雷达可测定和显示飞机的方位、距离

和仰角以及距离信息[9]. 飞机经过干涉加强区域时，接收装置显示信号加强，计算机锁定程序预先设定一个干涉信号强度门限，一旦信号强度超过这个门限值，程序将自动锁定该信号. 飞行员按照干涉信号强的区域驾驶并使飞机始终接收到该加强的信号. 如果他发现的是中央零级最大值区域，飞机将准确地定位在正确的降落跑道上，如图 81-2 中飞机 A 所示[1].

如果飞行员处在第一级干涉极大值位置处，如图 81-2 中飞机 B 所示，通过何种办法来判断它处在非准确的位置和方向上呢？两个天线同时各发射两个不同频率(f_1、f_2)的无线电波，两个相干电磁波(频率为 f_1、f_2)各自在空间中同时发生干涉现象，出现一系列信号加强区域和减弱区域；飞机上安装一个双通道接收机同时分别接收两个频率的无线电波的干涉信号强度. 如果两个频率的无线电波除了中央信号加强区以外没有其他信号加强区域重合，飞机处于零级最大值区域，接收到的信号最强超过预先设定的门限值，飞机便找到了信号最强位置，从而准确定位在跑道位置处(即中央零级最大位置). 如果飞机处于频率为 f_1 的第一级极大位置，但此位置对应频率为 f_2 的非极大位置处，飞机双通道接收器同时观测到这两个信号，可以判断此方向不是跑道(零级最大值)的方向. 为了便于快速找到准确着陆方向和位置，两个电磁波的频率之比不能是两整数之比，尤其是小的整数比，例如 3/4、2/3 等，下面具体分析其原因.

设两天线间距离为 d，满足 $d\sin\theta=k\lambda, k=0,1,2,3,\cdots$ 时发生干涉极大，θ 为物体所在位置与中央连线的夹角，由 $\lambda=\frac{c}{f}$ 得

$$\sin\theta=\frac{kc}{fd} \tag{81-2}$$

对于频率为 f_1 的无线电波，$\sin\theta=\frac{k_1 c}{f_1 d}$；对于频率为 f_2 的无线电波，$\sin\theta=\frac{k_2 c}{f_2 d}$.

如果两列波的频率比为整数比，即$\frac{f_1}{f_2}=\frac{k_1}{k_2}$($k_1$ 和 k_2 为整数)，则频率为 f_1 的无线电波在空间的第 k_1 级加强区域和频率为 f_2 的无线电波的第 k_2 级加强区域重合，在空间中会同时出现多个相互重合的两列波共同干涉加强区域，不利于找到中央极大值及跑道所在的位置和方向.

当两个无线电波的频率之比为非整数比，假设电磁波波长分别为 $\lambda_1=10.0\text{m}$、$\lambda_2=10.9\text{m}$ 时，此时由方程式(81-2)通过计算可得，波长为 10.0m 的无线电波信号各级加强区域与中央连线夹角分别为 0°、14.5°、30.0°，波长为 10.9m 的无线电波信号加强区与中央连线夹角分别为 0、15.8°、33.0°，两个不同频率的电磁波的信号加强区域仅在角度为零的区域(即中央加强区)重合，中央加强区由于两组电磁波干涉加强，干涉信号强度最强. 在空间其他方向上，出现一系列不重合的信号加强

区域，其各自的强度明显弱于中央加强区.

我们还可定量估算出飞机与跑道间的横向距离. 假设两个天线相距 40m，飞机处于第一级极大方向，飞机到天线距离为 5km；波长为 10m 时，此时飞机与跑道的横向线距 1250m；波长为 10. 9m 时，此时飞机与跑道的横向线距离 1362. 5m；双频同时存在时，两第一级极大横向线距离差值为 112. 5m.

对于飞机双通道接收机，计算机程序首先分别判定频率 f_1 上的中央信号加强区和频率 f_2 上的中央信号加强区，然后比较这两个中央信号加强区的重合度；如果飞机位于两个中央信号加强区的方向上，干涉信号强度最强；如果飞机处于夹角非零的某一频率的极大值处，另一频率的非极大值处，此时信号接收机仍可通过接收到的强度值判断飞机所在方向. 飞机飞行运动的横向和径向分量都会引起机载信号接收装置接收电磁波强度的变化，例如，在径向上，随着飞机距波源的距离减少，接收电磁波的强度会增大，双天线双频引导系统设定的门限值亦随之增大. 总之，飞机可在降落飞行过程中通过调整其位置找到信号最强的中央加强区(即飞机跑道)进而实现安全降落，满足降落要求.

实际的飞机安全着陆系统比本文描述的复杂得多，各种导航方法同时被用于着陆过程的不同阶段. 例如，空管远程一次监视雷达，可在 360°方位和半径大于 370km 范围内测定和显示飞机的方位和距离信息，监视并引导航空器沿航线正确飞行. 空管近程二次雷达，可在 360°方位和半径 160km(近程)或 370km(远程)范围内测定和显示飞机的方位、距离、高度等信息. 通常它与一次监视雷达配合使用，也可单独使用，监视并引导航空器沿航线飞行或着陆飞行. 航向信标、下滑信标、全向信标与机载导航接收机，引导航空器沿预定航线飞行、下滑道的垂直引导信息、归航和进场着陆. 全向信标能全方向、不间断地向航空器提供方位信息，用于引导航空器沿着预定航路飞行、归航和进场着陆. 测距仪，与机载测距询问器配合工作，不间断地向航空器提供距离信息，用于引导航空器沿着预定航路飞行、归航和进场着陆[9].

三、结语

本文通过对一道光学题目的赏析，介绍杨氏双缝干涉实验在飞机安全着陆系统中的应用，给出了基础物理理论在科学技术上的一个应用实例；说明了基础物理理论在高科技中起着重要的支撑作用.

参考文献

[1] Serway R A, Jewett J W. Physics for Scientists and Engineers with modern Physics[M]. 6th Edition, United States of America, Thomson, 2004:1179-1181,1198.

[2] Douglas C. Giancoli. Physics [M]. 6th Edition, United States of America, Pearson,

2014:766.
[3] 叶玉堂,饶建珍,肖峻. 光学教程[M]. 北京:清华大学出版社,2005:191.
[4] 赵凯华,钟锡华. 光学[M]. 北京:北京大学出版社,2008:172.
[5] 于谦益. 灯光引导系统动力学模型及补偿规律研究[D]. 哈尔滨:哈尔滨工程大学,2009.
[6] 韩露. 仪表着陆系统的发展应用[J]. 科学中国人,2015(15):327.
[7] 王党卫,李斌,原彬. 卫星导航着陆系统现状及发展趋势[J]. 现代导航,2012(10):317-323.
[8] 王新民,王晓燕,冯江. 差分 GPS 方法及在飞机自动着陆控制系统中的应用研究[J]. 西北工业大学学报,2002(20):528-531.
[9]《航空无线电导航台和空中交通管制雷达站设置场地规范(MH//T4003. 1—2014)》[S]. 北京:中国民用航空总局,2014.

登陆火星飞船“推进系统”的遴选及其物理学性能*

宋知沆　刘玉颖

“火星登陆”计划影响到天文学、物理学等众多学科的发展，甚至关乎人类的长久生存及文明的延续，“火星之旅”的关键环节是将人类顺利送抵火星. 为了提高效率、降低事故发生的可能性，NASA(National Aeronautics and Space Administration)等机构一直仔细审视着此项计划中的每一细节，载人飞船上的推进系统需要经过精挑细选和精心调试，保证能在最大效率下以最快最安全的方式完成任务.

一、飞船推进系统的选择

对于火星探测载人飞船，整个飞行过程中需要关键性技术突破的有两部分：飞船推进系统和自主导航系统，本文只讨论飞船推进过程中的细节.

1. 发射时机与轨道选择相关问题

大众对登陆火星的理解停留在“我们只需要向数亿千米外的火星发射一支火箭即可，只要技术成熟了，随时都可以出发”的状态，事实上，火星和地球到达某一相对位置时才能发射火箭，要保证运载火箭在太空中航行距离最短、使用燃料最少. 航行距离每增加一点，就意味着火箭要携带更多的燃料和供给宇航员生活的物资，飞行距离与飞行时间成正相关关系，距离增大意味着飞船、宇航员会更长时间地暴露在高能、危险、未知的宇宙射线之下，发生意外事故的可能性大大增加，威胁到宇航员的生命安全.

基于上述原因，飞船发射时机、发射窗口的选择尤为重要. 目前公认的“最佳航道”是奥地利科学家霍曼于 1925 年提出的一条既与地球轨道外切又与火星轨道内切的“霍曼轨道”(图 82-1). 该轨道以太阳为一个焦点，近日点和远日点分别位于地球轨道和火星轨道上，轨道的长轴等于地球轨道半径与火星轨道半径之和. 地球与火星距离最近的时刻为太阳、地球、火星三者一线，称为“相冲”，每两次相冲的时间间隔叫会合周期，约为 780 天[1]. 每一个会合周期内，只有一次机会按照“霍曼轨道”发射火箭，由于飞行器速度的限制，当飞船航行到火星附近时，火星与地球之间已经发生较大的相对位移，所以轨道允许进行小幅度的调整，发射时机需有一个确

* 本文刊自《物理与工程》2016 年第 1 期，收录本书时略加修订.

定的时间范围,若错过了这个发射时间范围,只能等待下一个会合周期.

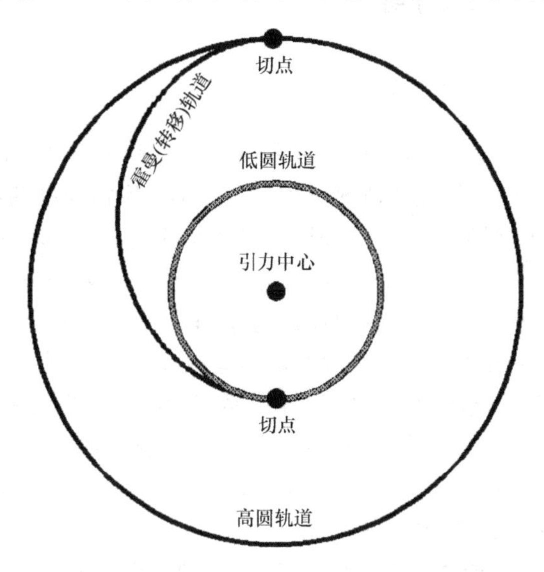

图 82-1 霍曼轨道

2. 对候选推进器的要求

发射窗口和轨道确定后,进一步分析飞船所需的推进器,以经典“霍曼轨道”为例,它形似一个巨大的椭圆,火箭发射时,要克服地球引力并在短时间内达到至少第二宇宙速度,火箭上需要推力较大的液态燃料,并采用多级火箭推进技术及时将火箭空壳弃置太空,“霍曼轨道”除两端之外,中间部分的航道曲率很小,但又并非直线,航天器需要推力不必太大但必须能够在一定范围内对推进功率进行调整的推进器,用来对航行轨道进行精确微调;同时,要尽量加快飞行速度,它的最大推力和功率不能过小;极有可能的候选者是现代新兴的电推进技术.在靠近火星时需要及时减速并调整轨道来准确捕获火星或其卫星,此时大功率推进器会派上用场,候选者中会包含较为节约燃料并有可能在火星上继续生产燃料的核动力推进器,还要根据后续的具体性能与参数分析来判断其是否为最佳选择.

综上,航行过程中所需要解决的轨道规划与发射窗口问题已经基本明确,对飞船推进系统的要求也有了定性的认识:即飞船推进系统具有动力持久、推力可控且足够大、燃料获取方便、质量尽量小且比冲(specific impulse)尽量大等特点,下文根据实际情况分析各种推进系统的物理性能并进行综合对比.

二、具有潜力的推进系统候选者

1. 液态/固态燃料化学火箭

液态/固态燃料化学火箭，是目前世界各国在火箭发射过程中别无他选的推进器，也是目前核动力火箭欠发达情况下用于达到第二宇宙速度的最佳选择. 各国研制的燃料化学火箭的相关性能指标和形态参数都相差不大，除宇宙神-5 运载火箭之外，还有欧洲太空局(European Space Agency)研制的阿里安-5 系列运载火箭；日本研制的 H-2A 运载火箭；美国研制的德尔塔-4 运载火箭；以及经 NASA 研制且在 2015 年 3 月 11 日才进行了试验的新型运载火箭——“太空发射系统”(Space Launch System)等，本文将以美国宇宙神-5 系列运载火箭为代表进行介绍.

重型运载火箭——宇宙神-5(Atlas V)是较为理想的候选者. 该运载火箭系统目前由美国洛克希德马丁公司(Lockheed Martin Corporation)和波音公司(Boeing Company)共同研制，航空喷气公司(Aerojet Corporation)负责对其固态辅助火箭的研发和制造[2]. 宇宙神-5 系列火箭包含 400 系列和 500 系列，这个三位数中，左数第一位表示整流罩的直径(单位：m)，例如“4”表示此款火箭的整流罩的直径为 4m；第二位数表示公用芯级捆绑的固体推进器的数量[3]；第三位表示半人马座上面级发动机的数量[3]. 此外，宇宙神-5 系列中还含有新研发的宇宙神 5H 重型运载火箭.

宇宙神-5 第一级由液态氧和煤油组成燃料，发动机为俄罗斯生产的 RD-180 火箭发动机，无节流状态下的真空推力可以达到约 4.14×10^6N(注：无节流状态下的真空推力，主要指在真空环境下，火箭发动机喷口处或燃料输送管道等装置中的节流阀几乎不产生节流效应时，发动机所能提供的推力，近似等同于“真空下最大推力”，节流(效应)指流体在管道中流动突然遇到较窄截面时导致的压力下降的现象. 工程上常常利用节流效应控制流体工质的压强、流速等参数以达到相应的技术要求，火箭推进器中，节流效应多被用于实现推力可调功能，主要以提高系统稳定性、灵活性和经济性为目的，例如调节燃料各组分的混合比或调节推力室中燃料的流量以实现火箭推力在不同航段和不同环境下的调整)，真空比冲约为 $3300\text{m}\cdot\text{s}^{-1}$(注：比冲，单位质量的推进剂所能带来的冲量，单位：$\text{m}\cdot\text{s}^{-1}$ 或 $\text{N}\cdot\text{s}\cdot\text{kg}^{-1}$. 真空比冲即为在真空下测得的发动机比冲)；第二级是以液态氧和液态氢为燃料的半人马座火箭，其上面级使用 1～2 台普拉特·惠特尼公司负责研制的 RL10A-4-2 液氢液氧发动机[3]，平均每台发动机的推力达到约 10^5N，真空比冲超过 $4000\text{m}\cdot\text{s}^{-1}$. 宇宙神系列运载火箭的部分衍生型加装有捆绑式固态辅助火箭来提高有效载荷和起飞推力[2]，随着捆绑固体助推器数量的增加，火箭最大动压①和 GTO②有效载荷都随之大幅提高(注：①动压(dynamic pressure)，物体在流体中运动时，在正对流体运动的方向的表面流体完全受阻，此处的流体速度为零，其动能转变为压力能，压力增大，其压力称为全受阻压力简称全压或总压，用 p 表示，它与未受扰动处的压力即静压，用 $p_{静}$ 表示之差，称为动压用 $p_{动}$ 表示. 现有火箭推进器常采用 RBCC 系统(rocket-based combined cycle，火箭基组合循环推进系统). 该推进系统是火箭发动机与吸气式发动机的集成，是这两类发动机组合成的一体化推进系统，为保证吸气系统的稳定工作，常常需要进行等动压爬升，此时需要火箭进行一定的姿态调整，因此火箭的流体力学性能指标中的动压相关参数显得尤为重要. 而根据动压的定义和计算公式，火箭的最大动压这一参数体现了火箭的最大速度和克服阻力的能力. ②地球同步转移轨道(geostationary transfer orbit，GTO)，是霍曼转移轨道的运用之一，为椭圆形轨道，飞船在远地点经过加速后可达地球静止轨道(geostationary earth orbit，GEO). 近地点多在 1000km 以下，远地点则为地球静止轨道高度 36000km. 这种轨道常常用于发射地球同步卫星. 捆绑固体助推器的数量由 1 增加到 5 时，GTO 有效载荷能力由约 5.4×10^4N 增加到约 8.7×10^4N[4]，宇宙神-5HLV 的 GTO 有效载荷达到约 1.32×10^5N[5]. 宇宙神-5 各常见系列的各级推进器的外在特性见表 82-1[5]. 可见，宇宙神-5 运载火箭系统有着推力大、加挂辅助固体推进器方便灵活、比冲较大、系统可靠性高、燃料常见且易于制备的关键性优点，但同时也有着推进总时间较短、推进功率几乎不可调、质量及体积庞大的缺点.

表 82-1 “宇宙神-5”各级段外形及质量参数

级段	“半人马座”上面级	“半人马座”级间段		“宇宙神”级间段		“宇宙神”级(公共助推器)	捆绑助推器	
系列	400 系列/500 系列/HLV	400 系列	500 系列/HLV	400 系列	HLV	400/500 系列/HLV	500 系列(0～5 个捆绑)	HLV(2 个液体助推器)
直径/m	3.05	3.0	3.83	3.05(顶)；3.83(底)	3.83	3.81	1.55	3.81
长度/m	12.68	3.1	3.81	1.65	0.32	32.46	17.7	36.34
质量/kg	2026(惯性质量)/20799(推进剂)	374	1297	420	272	284453(推进剂)	40824	284453(仅推进剂)

2. VASIMR(可变比冲磁等离子体火箭)

VASIMR 在当前并非家喻户晓，但在航天学界被认为是奔向火星的必选推进器之一. 它的原初构想由其设计师——前 NASA 航天员张福林(Franklin Chang

Díaz)提出，张福林曾断言，在 VASIMR 的帮助下，前往火星的航行用时可以缩短至 39 天.

VASIMR 全称 variable specific impulse magnetoplasma rocket——可变比冲磁等离子火箭. 与传统化学火箭不同，其原理是将氢、氦等“燃料”加热至上千万摄氏度的高温而形成等离子体，之后被特定磁场约束并加速后由发动机喷出而产生推力，理论上喷出的离子线速度可达 $3\times10^5 m\cdot s^{-1}$[6]，几乎是化学燃料火箭的近 60 倍，而且可以改变该推进器比冲的大小，这样方便对航行轨道进行更精确的微调，缩短航行时间的同时更加节省燃料. VASIMR 的核心推进部件可大致分为 3 部分：①螺旋波等离子体源；②离子回旋共振加热级(ICRH，ion cyclotron resonance heating)；③磁镜约束下的磁喷嘴. 其中，第一部分利用导线绕制成的天线与磁化等离子体中的右旋极化螺旋波共振[6]，共振过程中由于朗道阻尼的存在，螺旋波中的能量被等离子体吸收，因而能够产生高温、高能量、高密度的等离子体源(注：朗道阻尼，由苏联物理学家列夫·达维多维奇·朗道提出. 指一种粒子和波相互作用使波的振幅减小的现象，在应用中，科学家经常利用这样的特性通过特定的波给粒子传递能量). 第二部分的离子回旋共振加热级在接收到第一部分的等离子体后通过射频的方法进一步大幅加热等离子体并使之按照特定磁力线的约束加速螺旋行进；高温高速的等离子体到达第三部分的磁喷嘴后被磁场改变速度方向，使之沿着喷口反方向加速，并最终喷出而离开火箭，根据动量守恒原理，火箭将获得与喷出物质等大反向的动量，于是飞船得以加速.

使用性能方面，VASIMR 的相关参数已列于表 82-2[6]中. 可以看出，VASIMR 的主要优点包含：①效率高，“功率推力比”较高，这点在深空航行时至关重要——高效率意味着更少量的能源浪费、更高的成功率；②质量相对较小，航天器可以同时携带多个推进器，可以进行多方位、多角度推进，轨道控制更加精确；如果某一个推进器出现故障，还有进行替换并继续工作的机会；③比冲可调范围相当大，在高推力、低比冲模式下，飞船可以产生最大加速度，有利于姿态和航道的调整，而在低推力、高比冲模式下，飞船可以长时间持续工作并加速，以达到缩短航时的目的.

表 82-2　VASIMR 性能参数

	推力可变范围 /mN	比冲 /$m\cdot s^{-1}$	功率推力比 /$W\cdot mN^{-1}$	货运飞船质量 /kg	载人飞船质量 /kg	推力器效率 /%
参数(约)	$10\sim1\times10^6$	$5\times10^4\sim3\times10^5$	50～150	4×10^5	1×10^5	50～80

VASIMR 的缺点：①推力较小，其推力与化学火箭相比已不在同一数量级，一艘飞船上决不能只装载这一种推进器，要摆脱地球引力达到第二宇宙速度，仅靠 VASIMR 是无法完成的；②耗电量巨大，一台现有 VASIMR 在满负荷工作时的功率可达到 10^7 W 数量级，而一座国际空间站的耗电量仅为数百千瓦，现有的空间太

阳能电池技术很难具有此产能效率,在前往火星的过程中太阳的照射强度逐渐减弱,供电量更是无法满足要求,面对如此大的耗能水平,几乎只能把希望寄托于核能.

3. 核动力推进器

飞往火星的旅途中,太空供给人类可利用的能量微乎其微,飞船若携带供应半年能量的电池,体积和质量未免过于庞大,在此需要一种能量密度足够大的储能技术或产能技术,核能——这是爱因斯坦质能方程 $E=mc^2$ 给人们带来的启示.

现在空间推进技术中,离不开动量守恒定律. 例如推进器工作分为两步:①将特定工质"抬升"到高能状态,此过程耗能最大;②经过特定的通道喷出,实现"动量交换". 核动力推进器包含两种能量转换方式:核—电、核—热,能量来源包括核裂变和核聚变,目前人们可控制的主要是核裂变过程.

核动力航天器的研究始于 20 世纪 50 年代,美国于 1955 年启动 ROVER 计划,以大型洲际弹道导弹为应用背景,研制大型核热火箭发动机. 在此计划期间,共进行了 14 种不同系列的反应堆和发动机部件的实验,核热功率范围为 500W 至 5000MW. 相当于推力范围为 10^2N 至 10^6N[7],为后续的研究奠定了数据和经验基础. NASA 曾编制的载人火星探索设计参考架构(human exploration of mars design reference architecture, HEMDRA)5.0 中,核动力火箭发动机被推荐为地球火星转移飞船主动力方案[8]. 本世纪初,兆瓦功率级的核反应电源构想应运而生. "普罗米修斯"工程的核心——JIMO,它原本用于探索木星的卫星,该卫星的能源来源于一个 550kW 的核反应堆和一个 2kW 的太阳能电池板[9]. 亦可将本文上述 VASIMR 与核反应能源配合使用,3～5 个 VASIMR 发动机的运行功率大致为 10^6W 数量级,根据 NASA 的估算,飞船搭载 5 个 VASIMR,自重 600 吨的情况下,若核反应堆能保证 VASIMR 全程的能量供给,飞船到达火星只需要 39 天[9].

核电池技术具有广阔的发展空间,美国"好奇号"火星探测器装载了理论上可供能 14 年的核电池. 核电池又叫"放射性同位素电池",它通过半导体换能器将同位素衰变过程中不断放出的射线产生的热能转变为电能,现已被成功地用作航天器的电源、心脏起搏器电源和一些特殊军事用途. 此外,人们发射过一些核动力卫星,包括美国的"海盗"号探测器、"先驱者"10 号、"旅行者"1 号和"旅行者"2 号等探测器,其动力和电源设备中都使用了同位素温差发电器. 卫星中的核能装置不同于核电池和核热发动机,它主要分为两类:放射性同位素温差发电机及核反应堆电源,前者功率范围为几十至上百瓦;后者功率较大,可达数千瓦至数十千瓦. 核电设备由于其长寿命和几乎不受外界温度、压力甚至电磁场干扰的稳定的工作性能,在该火星计划中将会是必须包含的部件之一,飞船核燃料可以采用地球上储量更丰富、更轻质的元素参与核反应,并提供更加持久、功率更高的电能来供给更多的电推进器的使用.

4. 无工质微波推力器

无工质推进器常常出现在科幻小说或电影里面，例如吉恩·罗登贝瑞(Gene Roddenberry)导演的电影《星际迷航(Star Trek)》和刘慈欣的科幻小说《三体》，这种推进器在艺术家笔下展现出了惊人的工作性能和发展潜力. 而在现实的空间科技发展中，英国卫星推进研究公司(Satellite Propulsion Research Ltd)的研究员 Roger Shawyer 根据普朗克量子假说及爱因斯坦光量子理论率先提出了无工质微波推力器的初步设计、理论分析和实验研究.

无工质微波推力器，是在 21 世纪航天工业水准空前发展背景下产生的一种新型推进器概念，现处于实验和研究阶段. 其主要工作原理：被导入特定形状封闭腔体内的高能微波与腔体表面发生作用而在推力器轴线方向上产生净推力[10]，该推进器拥有以下显著优点：①没有燃料燃烧产生的高温，机组零件不必再面临被超高温腐蚀的危险；②几乎完全只消耗电能，而现有的空间能源技术几乎都在针对电能的产生和储存的方向来发展，前景广阔；③可在较大范围内调整推力与功率，空间中推进更加灵活.

依据 Roger Shawyer 团队的实验数据及其拟合的实验曲线，当微波的输出功率为 1kW 时，推进器可获得 0.1～330mN 的推力输出范围[11]. 对于这样一个全新思路、全新概念的推进器，目前仅处于试验阶段就取得了瞩目的进步，如同利用太阳辐射和光压来推进的太阳帆推进器，无工质微波推力器的设计相当于自带辐射源，其可控性和可靠性都大大提高，随着核电技术的发展，更大功率的电源将会陆续出现，搭配上太阳能电池板的使用，从地球飞往火星的旅途中就不必再携带大量的燃料，仅靠电能就足以将航天器送至火星.

三、结论与分析

本文对火星登陆计划中空间技术的要求进行了简明的阐述，又对当代常用的几种空间推进系统进行了较为详尽的说明和初级的分析. 4 种上述推进系统的总体比较见表 82-3.

表 82-3　推进系统总体比较

推进器名称	相关参数					
	可支撑时间	比冲	(推进过程中)推力是否可控	推力范围/N	适用航段	备注
液态/固态燃料化学火箭	约 30min[5]	3304～4415 /m·s^{-1}[3]	否	1.3×10^5	脱离行星引力的发射阶段	仅限一次性启动且点火后只能连续工作，不可暂停后重启

续表

推进器名称	相关参数					
	可支撑时间	比冲	（推进过程中）推力是否可控	推力范围/N	适用航段	备注
VASIMR（可变比冲磁等离子体火箭）	100 小时以上（每个）[12]	（最大值）5×10^4 ～3×10^5 /$m\cdot s^{-1}$	是	$10\sim1\times10^6$	脱离行星引力后的太空航行	可断续工作及多次重复启动，且发动机数量可在 1～10 范围内变化
核动力推进器	取决于能量来源是核聚变还是核裂变	$10^2\sim10^4$(s)（取决于推进器数量、工质及其推进原理）	否	1×10^6	1. 太空长时间运行 2. 脱离行星引力	无
无工质微波推力器	与能源供给系统寿命相当	（无工质，遂不存在比冲参数）	是	1×10^{-4} ～0.33	脱离行星引力后的太空航行	尚处于研究和实验阶段

火星之旅，第一步需要从地球发射，脱离行星引力并达到至少第二宇宙速度，首先是大推力火箭，可以利用现有的、较为成熟的固态/液态化学火箭，配合核热技术，提高比冲的同时增加最大载荷和连续运行时间，这样就能携带更多有利资源来供给宇航员的生活和准备将来火星“移民”的必需物资，其后，在前往火星的空间航行过程中，需要空间电推进器在途中进行多次轨道调整并进行长时间的加速和减速，在此环节中可利用无工质微波推力器或以 VASIMR 为代表的一类电动火箭，它们拥有比冲大而且可调度较高的优势，二者中选择谁或二者如何搭配取决于两类火箭的技术发展水平，该两种推进系统能否高效工作还取决于核能的发展和利用.

火星登陆计划中需要考虑的参数相当复杂而且指标繁琐，需要找到各个部分之间的联系和区别，兼顾大局和细节，整个计划才有可能成功并拥有其真正的价值和意义. 相信火星登陆计划能像预期的那样，真正让人类向火星进发，“走”向深空.

参考文献

[1] 尹怀勤. 火星航天器的发射窗口和最佳轨道[J]. 太空探索，2003(10)：43-46.

[2] 刘兴武. 国外大型运载火箭的发展趋势[J]. 导弹与航天运载技术，2000(2)：54-61.

[3] 张蔌. 宇宙神-5 系列运载火箭的现状及其未来的发展[J]. 导弹与航天运载技术，2008(2)：56-60.

[4] 张娅，刘增光，郑庆. 国外固体捆绑运载火箭技术与方案综述[J]. 上海航天，2013，30(3)：39-44.

[5] 刘兴武. 新型运载火箭宇宙神-5[J]. 国际太空，2002(6)：11-16.

[6] 任军学，刘宇，王一白. 可变比冲磁等离子体火箭原理与研究进展[J]. 火箭推进，2007，33(3)：36-42.

[7] 廖宏图,核热推进技术综述[J]. 火箭推进,2011,37(4):1-11.

[8] 高云逸. 星际载人航行的动力之源——核火箭发动机研制“起伏”史[J]. 宇航员,2013:64-67.

[9] 马世俊,杜辉,周继时,等. 核动力航天器发展历程(下)[J]. 中国航天,2014(5):32-35.

[10] 杨涓,杨乐,朱雨,等. 无工质微波推进的推力转换机理与性能计算分析[C]. 西北工业大学学报. 2010, 28(6):807-813.

[11] Roger S C. Eng MIET, A theory of microwave propulsion for spacecraft [OL], http://www.emdrive.com/, 2007. 7.

[12] 吴汉基,蒋远大,张志远. 电推进技术的应用与发展趋势[J]. 推进技术,2003, 24(5):385-392.

巴西坚果效应之谜*

申兵辉　韩　萍

巴西坚果是产于巴西、委内瑞拉和圭亚那的一种果树的种子，含有丰富的油和蛋白质，是一种极具商用价值的坚果. 20 世纪 30 年代，巴西人在长途运输坚果时，发现装有不同大小的坚果的容器经过长途颠簸，总是大的果子浮在上层而细碎的小果则留在下面. 根据常识，大而重的坚果在振动过程中受重力影响应当沉在下面，但事实却与人们想象的截然相反，所以这种现象被称为巴西坚果效应. 巴西坚果效应很容易用一些简单的实验来验证，例如将图 83-1(a)中一定数量的 5 种大小不同的果粒装入容器中，颠簸数次后，最大的 5 个果粒就会浮于容器的上面，如图 83-1(b)所示.

图 83-1

一、对巴西坚果效应的解释

法国科学家 De gennes 在 1991 年的诺贝尔物理学奖颁奖会上提出了颗粒物质的概念. 颗粒物质是指尺度范围在 $1\mu m\sim10^4 m$ 之间的颗粒的集合体. 尺度小于微米量级时，布朗运动就比较明显，通常不属于颗粒物质的研究范围. 颗粒物质在日常生活中司空见惯，如沙石、泥土、盐、糖、谷物等. 从能量角度看，颗粒物质重力势能远大于其他形式的势能，温度对它的影响很小，热运动可忽略. 从相互作用的角度看，颗粒可看做刚体，彼此间相互作用主要是摩擦力. 由于颗粒物质体系能量的耗散相当强烈，所以它可以具有无穷多的亚稳态，可以随意堆积保持稳定. 自从上世纪 30 年代以来，巴西坚果效应一直使人们困惑不已. 迄今为止，还没有成熟的理论完备地解释颗粒物质的这些行为. 困难之处在于，尽管颗粒物质与传统的固、液、气三态都有某种联系，但是我们不能简单地将颗粒物质归到固、液、气三态中的任一种，因此也不能用现有的物理定律对它进行定量地描述. 首先，虽然单一颗粒可看做固体，但它们以很大的数量累积时，就整体而言，使颗粒物质凝聚到一起的作用力比固体内部原子或分子间的作用力小得多，所以颗粒物质不是固体；其次，尽管颗粒物质具有某种流动性，并且可以适应容器的形状，但它不是真正

---

* 本文刊自《现代物理知识》2007 年第 2 期，收录本书时略加修订.

的液体，因为它们可以堆积成金字塔的形状并可以支撑物体的重量；最后，如果把颗粒物质看成气体，它又不受温度的影响，按气体分子运动理论，当温度升高时，分子的无规热运动加剧，而加热一堆颗粒物质却不能使每个颗粒改变其运动状态，所以颗粒物质显然也不是气体. 颗粒物质有其独特的基本共性，可以归结为四个方面：①颗粒物质内部相互作用以碰撞和摩擦为主；②小的涨落会对其性质带来重要的影响；③颗粒物质中的布朗运动可以忽略不计；④整个体系是强耗散体系.

自从颗粒物质的概念提出以后，巴西坚果效应泛指颗粒物质受到竖直方向的振动时，大颗粒位于混合物的顶部，而小颗粒位于底部的现象.

人们对巴西坚果效应进行了大量的研究，但其机理至今还没有完全弄清楚，仍是一个谜. 一个较为直观的解释为，固体的混合物中存有一定的空隙. 受重力的作用，颗粒倾向于向下运动，最终能否移动取决于有没有空间容纳它. 容器内的空隙大小不一，较小的颗粒既可以挤入小空隙，也可以挤入较大的空隙，而大颗粒则只能挤入较大的空隙，因此小颗粒更容易挤入这些空隙. 经过几个周期的振动，所有颗粒都上下反复运动，小颗粒占据了大颗粒下面的空隙，阻止它往回运动，最终使大颗粒浮现在上表面. 最初的解释可以归纳为下面几种机制：第一种是筛子效应，小颗粒从大颗粒之间的空隙中过滤下来；第二种机制为成拱效应，根据拓扑学理论，振动过程中小颗粒在大颗粒下面的空隙中进行几何重构从而楔住了大颗粒，阻止其下降；第三种为对流机制，大颗粒被向上的对流流动带到顶部，但是在向下的对流流动过程中，它们不能跟随小颗粒沿器壁向下运动，从而搁浅在那里.

上面的解释只是定性的. 2002 年，美国芝加哥大学的一个研究小组在实验室中测量了大颗粒上升到表面的时间，并分析了影响这个时间的几个因素. 他们的工作发表以后，巴西坚果效应成了 21 世纪初的一个研究热点. 实验采用直径为 0.5～1.0mm 的玻璃珠作为小颗粒，用直径为 2.54cm 的钢球或圆盘作为大颗粒，在其上钻有不同尺寸的孔，以改变其密度，振动器由一个频率为 13Hz 的正弦信号驱动. 球体用于模拟三维的大颗粒；圆盘用于模拟二维大颗粒，但由于实验中小颗粒及容器仍是三维的，故称为赝二维系统. 实验结果显示，大颗粒的上升时间与大小颗粒的密度比之间有密切的关系，在赝二维系统中，大颗粒的上升时间随密度比的增大非线性单调地减小，而在三维系统中，大颗粒的上升时间在某个密度比时出现了一个峰值. 前面的几种解释用不同方法从不同角度解释了巴西坚果效应的某些方面，根据这些理论，大颗粒上升到表面的时间要么与大小颗粒的密度比无关，要么单调地依赖于大小颗粒的密度比，因此不能解释这个实验结果. 就在研究人员百思不得其解之时，一个被忽略的因素引起了人们的关注——颗粒间空气的作用. 该研究小组在低压下重新进行了测量，为了避免颗粒之间的气压小于外界大气压力时，器壁受力造成颗粒之间产生黏附作用，他们在容器外侧又套上了一个直径 19.7cm、高度 21.8cm 的柱状容器，使大气压力作用在外部容器上，内部容器内的颗粒就可以在低压下自由运动. 结果显示,无论是赝二维系统(图 83-2)还是三维系统(图 83-3),低压下大颗粒的上升时间与颗粒密度比的依赖性大大降低,并且密度比越小,气压变化的影响越明显. 对于较重的大颗粒,可以忽略空气的作用,而对于较轻的大颗粒,密度依赖性几乎完全取决于颗粒间的空气.

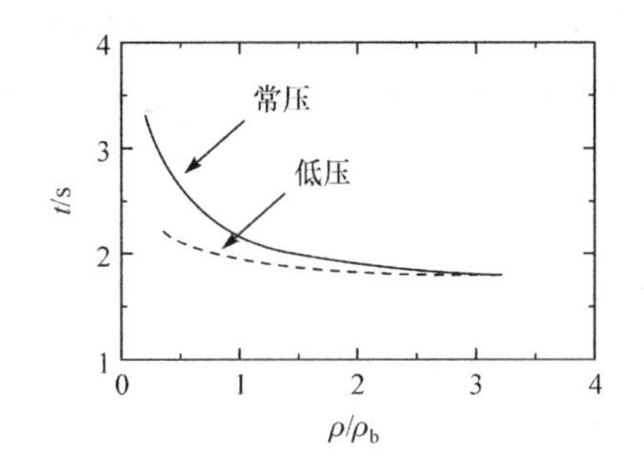

图 83-2 赝二维系统大颗粒上升时间与密度比的关系

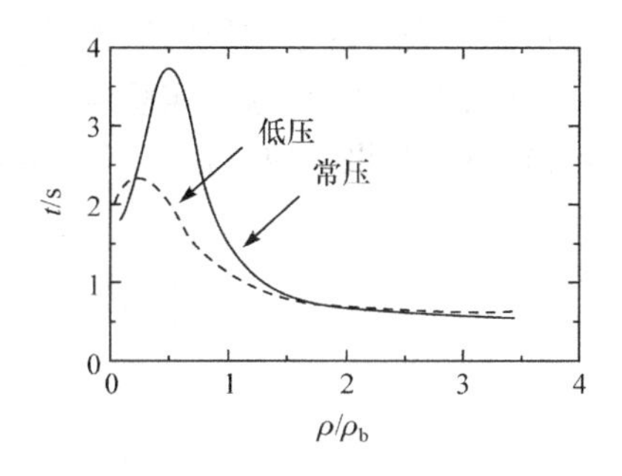

图 83-3 三维系统大颗粒上升时间与密度比的关系

低压实验证实了空气的作用是产生密度依赖性的重要原因. 但是,是什么原因使赝二维系统与三维系统中,大颗粒的上升时间随密度比的变化曲线出现明显差异的呢? 研究人员最初猜想这与颗粒与器壁之间的摩擦力有关. 因为在三维系统中,大颗粒是用钢球做成的,它们与器壁的摩擦力很小,可以忽略不计;在赝二维系统中,大颗粒是一个个钢制的圆盘,在盘中心钻有大小不等的孔使它们具有不同的质量,与圆球相比,圆盘与器壁的摩擦力要大些. 为了证实这个结论,研究人员用三种不同材料制成的圆盘替代原来的颗粒重新进行实验,其中两种由塑料制成,另一种用聚四氟乙烯制成. 这些材料与器壁之间具有不同的摩擦因数,如果摩擦力是导致密度依赖性的主要因素,那么对于这三种材料将得出不同的结果. 但是,实验曲线显示这三种结果与前面用钢制材料所做的实验曲线并无明显差异. 因此,与空气的影响相比,摩擦力的影响很小,可以排除.

为了弄清楚产生这种差异的原因,研究人员借助高速摄像机对振动期间颗粒的运动细节进行了观测,虽然没能揭开谜底,却有了意外的重大收获. 他们将高速摄像机分别固结在实验室中的固定位置以及振动平台上,记录下大颗粒在两个参考系中的运动情况. 将大颗粒埋入直径为 1mm 的玻璃珠以下 6.4cm 处,拍摄大颗粒的位移随时间的变化. 结果显示,无论在哪个参考系,质量较大的颗粒都具有较大的位移,因此它们可以更快地达到表层. 录像显示,在碰到容器之前,大的颗粒具有恒定不变的加速度,这意味着它们在此过程中受到一个恒定的作用力,这个力大于重力,因为其加速度的大小约为 $15\mathrm{m/s^2}$,大约为重力加速度的 1.5 倍. 那么,是什么因素产生了额外(重力以外)的力 F_{ex} 呢? 仔细分析发现,额外的力有两个来源:一是颗粒周围空气的压力梯度,二是大小颗粒之间的摩擦力. 图 83-4 显示了常

压和低压下 F_{ex} 随大颗粒质量的实验曲线，从图中可以看出，当大气压力减小时，F_{ex} 也随之减小，这为压力梯度产生附加力的解释提供了间接证据. 研究人员把大颗粒埋入玻璃珠内较浅的表面附近，重新进行了测量，结果与前面的结果基本相同，只是玻璃珠的行为更接近流体，并且振动过程中空气在更短的时间内到达表面附近，从而使表面附近空气的压力梯度也相应变小. 所以这种情况下，作用于颗粒上的额外的力也较小. 这个实验虽然不能精确描述空气的作用，但它肯定了颗粒间的空气在巴西坚果效应中扮演了重要的角色.

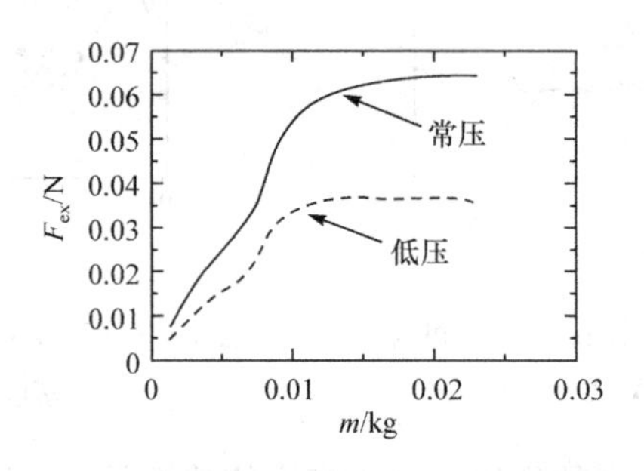

图 83-4 常压和低压条件下 F_{ex} 随大颗粒质量的变化曲线

2003 年，中国科学院物理所和北京技术物理研究所的研究人员对颗粒周围气压的影响进行了新的实验研究，他们将大颗粒混入振动着的小颗粒基底中，观测小颗粒尺寸、大颗粒密度以及周围气压对大颗粒运动的影响. 结果发现，没有空气时，大颗粒总是上升，而存在空气时，大颗粒不仅可获得向上的正浮力，还有一个向下的负浮力. 不过，只有大颗粒密度及小颗粒尺度足够小时，才产生负浮力. 这个负浮力可以由小颗粒基底上的反常气压分布来解释.

搞清楚气流、介质对流以及大颗粒间复杂的相互作用是理解巴西坚果效应的关键，很有可能是这些不同的相互作用模式造成了不同的密度依赖行为以及其他相关的现象，要完全揭开巴西坚果效应之谜，仍需大量的理论工作和实验研究.

二、反常巴西坚果效应和水平巴西坚果效应

早期的研究都集中于少量的大颗粒与大量的小颗粒的混合物的情形. 2001 年，美国与德国的物理学家与计算机专家们用等量的大小颗粒物质混合在一起，进行了实验与计算机模拟研究. 他们发现，在不同的振动条件下，这些颗粒的行为有时像流体，有时像固体. 当振动足够轻柔时，这些颗粒受引力的影响而“凝固”，振动剧烈时，这些颗粒表现得像流体. 这种现象可与温度作类比，容器中两种不同尺度的颗粒具有不同的凝固点，一种颗粒凝固成紧密的壳层而另一种颗粒仍保持“流动”状态，从而导致了它们的分离. 计算机模拟显示，大颗粒首先凝固. 当大颗粒相对较小时，它们将形成多孔筛状，小颗粒便从缝隙中过滤到底部. 这种情形对应于

正常巴西坚果效应. 而当大颗粒足够多时,或大小颗粒的尺度相对接近的情况下,却表现出相反的行为,即大小不等的颗粒物质受到竖直方向的振动时大颗粒下沉到容器底部,而小颗粒仍在上面随容器振动. 这种现象称为反常巴西坚果效应(reverse Brazil-nuteffect). 他们认为,从正常巴西坚果效应向反常巴西坚果效应的转变,是由颗粒之间的筛子效应与凝聚效应共同竞争导致的,并从理论上找出了临界点. 基于分子动力学的二维与三维系统的计算机模拟基本证实了他们的理论.

2003 年,美国德州大学奥斯汀分校的教授及其同事在实验和模拟两个方面取得了新的研究成果,他们发现利用扭结可以在水平方向上出现巴西坚果效应. 当搅拌速度非常高时,容器内会出现扭结,它将容器内的谷物分成两个区域(或者说两个相),扭结一边的谷物向上运动,另一边的谷物向下运动;大颗粒谷物从两个振荡区内流动出来向扭结处集中. 科学家们可以通过调节驱动力信号来控制扭结在容器内的位置,这样就能利用移动扭结的位置来达到将容器一侧的大颗粒谷物进行集中收集. 这类水平方向的巴西坚果效应实际上是在扭结处产生了一个非线性的雪崩现象,这类不稳定的雪崩在容器内引起对流滚动,并裹挟着大颗粒向扭结处集中,显然这类水平巴西坚果效应具有极大的商用价值,它将广泛地应用于对不同大小的颗粒混合物进行有效分离方面.

三、巴西坚果效应的应用

颗粒物质的研究和人类的生产、生活有着密切的联系. 从人类认识自然和改造自然的角度来说,对许多自然现象和灾害(沙尘暴、泥石流、雪崩、地震)的研究就显得十分重要;从节约能源角度来说,当今世界上颗粒的传输和积累要消耗全球总能源的 10%,因此,对它的研究具有重要的实际意义.

巴西坚果效应最直接的应用就是对颗粒物质的分离. 目前科学家们已经发明了根据大小和密度分离微粒的设备. 这种设备在工农业生产中有着广泛的用途,预计市场价值高达 10 亿美元.

然而,由于巴西坚果效应,混合均匀的大小不等的颗粒物受到竖直方向的振动而出现空间非均匀分布(称为偏析),使某些行业的生产受到困扰. 例如,在药品和食品生产中,人们总是希望各种原材料尽可能混合均匀,但是在生产过程中,不可避免的振动会导致大小颗粒的分离,或流动物质堆积成团,这大大影响了生产的速度. 据不完全估计,单单这一项就会浪费掉一半以上的生产能力. 因此,弄清巴西坚果效应的机理,有可能找到一种人为控制颗粒物质运动模式的方法,使其不受巴西坚果效应的影响.

据观察,小行星表面的结构、纹理甚至形状等,就是受反复火山喷发或热流引起的机械波动的影响,小行星的风化层出现按大小排序的结果. 科学家在实验室中将水平的沙子层放到沿竖直方向振动的床上,发现沙子变成锥形,大的沙粒从锥形中心上升到顶部并在那里堆积，然后沿锥形的边向各个方向下落，这就是沙粒的对流运动.也许正是这种对流运动，使山脉和河流具有特定的形状.所以，对巴西坚果效应的研究有助于人们揭开小行星的风化层或火山堆的成因.

对颗粒物质的研究，尤其是其动力学行为，有着重要的理论意义.颗粒物质既不是流体，也不是简单的固体，有其独特的性质.它的运动形式极其复杂，再加上颗粒物质之间的相互碰撞，可能导致混沌运动，现有的理论无法作出全面的描述.相信随着研究的不断深入，会出现一个新的科学分支——颗粒动力学，它融分子动力学、流体力学和非线性科学于一体，造福于人类.

人是怎样定位声音的*

申兵辉

人能利用双耳定位声源并能从听觉世界中不和谐音调中辨别出个别的声音.早在120年前,瑞利就了解部分定位过程.他发现,如果声源位于听者的右方,则听者的左耳就被头部所遮挡.因此,右耳得到的声强大于左耳得到的声强,这种差异是判断声源方位的重要线索.如今人们用图84-1所示的声音定位设备进行了有趣的物理学、心理学和生理学研究.研究表明,根据声音的多种信息,包括强度、时序和频谱,人的大脑能从听到的声音再现声学景观的三维图像.

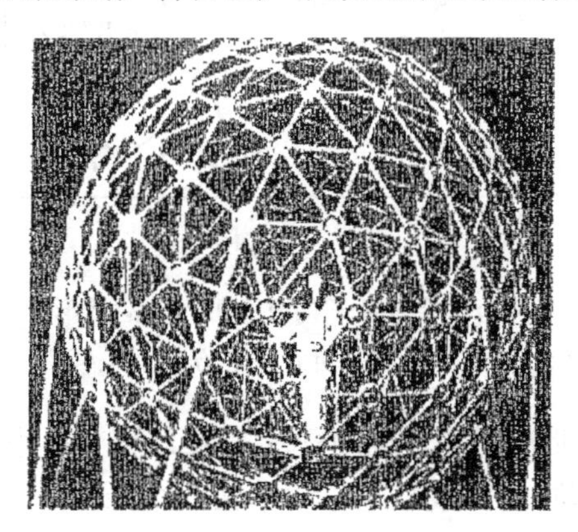

图84-1　位于俄亥俄州代顿市的声音定位设备.球体直径5m,装有277个喇叭,封装在$6m^3$的消音室内,墙壁对频率大于70Hz的声波有强吸收作用

一、耳间级差

耳间级差(ILD)是指两耳处声强级的差值,用分贝表示.这种效应的大小可以通过计算球面两个相对的极点间的声强来估算.如图84-2所示,在听觉频谱范围内(通常为20～20000Hz),ILD是频率的强相关函数.这是因为声波的波长比头部直径大时,存在明显的衍射.在500Hz的频率下,波长为0.69m,约为人类头部直径的4倍.因此,只要波源在1m以外,当频率低于500Hz时,ILD较小.除此之外,头部的散射随频率的增大而迅速增强,在4000Hz下,头部的阴影将不可忽略.

---

* 本文刊自《现代物理知识》2001年第3期,收录本书时略加修订.

ILD的利用或多或少地依赖于中心神经系统对这种差异的敏感程度.用进化论的术语来说,可以认为中心神经系统的灵敏度在一定程度上反映了ILD值的大小,但事实上并非如此.心理声学实验表明,中心神经系统对所有的频率具有相同的灵敏度.不管频率如何变化,最小可测到的ILD的变化约为0.5dB.因此,ILD大于1dB时,它是定位声音的强有力的武器.球形脑模型显然过于简化了些,人类的头部包含有各种各样的二次散射物质,这些物质有可能形成ILD的高频依赖性的结构.不容置疑,这种结构能够为定位声音提供额外的线索.事实的确如此,不过,这是本文的另外一个话题,将在后面讨论.

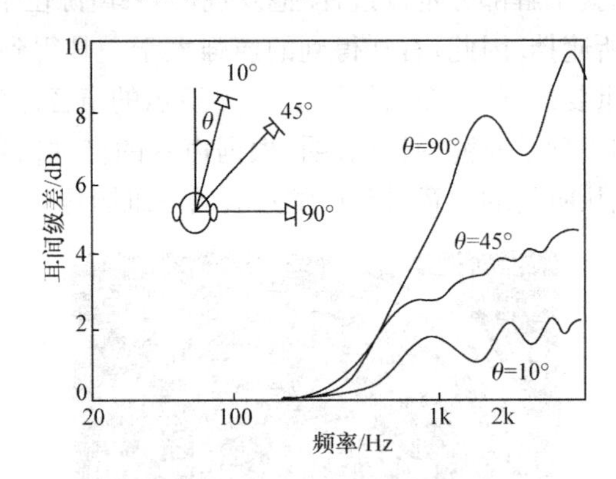

图84-2　对于声源位于两个耳朵及鼻子构成的平面内的情形,计算所得的耳间级差.图中三条曲线分别对应于与聆听者正前方成10°、45°和90°的方位角

在长波极限下,球形脑模型正确地预示了ILD将变得小到可以忽略.所以,如果声音只由ILD来定位,这将很难定位频率在500Hz以下的声音.如果是这样的话,将无法解释瑞利的发现:他可以很容易地定位单色稳态低频声波,例如256Hz或128 Hz.因为他知道,声音的定位不能完全依赖于ILD,最终他于1907年得出结论,耳朵一定能够觉察到两耳处波的相位差.

二、耳间时差

对于单色波,相位差等效于到达两耳的波形特征(如波峰和由正到零的交叉点)的时间差.对于频率为f的单色波,相位差$\Delta\phi$对应于耳间时差(ITD)$\Delta t=\Delta\phi/(2\pi f)$.在长波极限下,由球体对声波的衍射公式可以得到,耳间时差Δt表示成方位角(左-右)θ的函数

$$\Delta t=\frac{3a}{c}\sin\theta \qquad (84\text{-}1)$$

其中a为头部半径(约为0.0875m),c是声速(340m/s).因此,$3a/c=763\mu s$.

心理声学实验表明,人类对于500Hz的正弦声调可以定位到很高的精度.听

者对前方(θ 接近于 0)的声源,甚至可以觉察到只有 $1°\sim2°$ 的 $\Delta\theta$ 的差异. 这种情况无法由 ITD 来解释,因为 $1°$方位角的差异只相当于 ITD 的 $13\mu s$. 一个神经中枢系统,其联合突触时间延迟为毫秒量级,对如此短的时间差成功地进行编码似乎是不可能的. 但是,听觉系统却以某种方式提前进行编码了. 耳机实验可以证明这种能力,实验中 ITD 可以在 ILD 之外独立进行. 在此情形下,大脑成功的关键是并行处理,处理中心是位于中脑的上位橄榄体,它能够对两耳中的信号完成互相关操作. 显然,双耳系统是利用多个神经元传递信息的.

耳机 ITD 实验给聆听者一个奇特的体验:映像的位置处于左侧或右侧依赖于 ITD 的符号,但映像似乎位于聆听者的头内. 这样的映像被称为"侧向的"及不定域的.

利用耳机,可以测量可感觉的最小 ITD 的变化对 ITD 自身的函数关系. 对于实际声源,用这些 ITD 数据及式(84-1),可以预测最小可探测到的方位角的变化 $\Delta\theta$ 与 θ 的函数关系. 实验发现,结果与预测值吻合,从而证实了大脑依赖于 ITD 来定位声音.

与其他相敏系统一样,当波长与两个探测器间距可比拟时,双耳相位探测器使用 ITD 受到相位模糊的影响,见图 84-3. 与之等价的时域观点是,为了避免相位模糊,波的半周期必须大于两耳间的时间延迟. 当此延时正好为半周期时,到达两个耳朵的信号正好反相,为完全模糊. 如果周期再短些,处于延时与双倍延时之间时,ITD 将导致一个明显的错误,这就是在头部一侧的真实的声源被定位到与之相反的另一侧. 与其得到这样一个错误的结果,倒不如对 ITD 没有任何反应. 事实上,双耳系统正是用此方法解决了这个问题:双耳系统对 1000～1500Hz 频率的声波彻底失去其对 ITD 的灵敏性,而这个频段正好是使耳间相差变得模糊的频段.

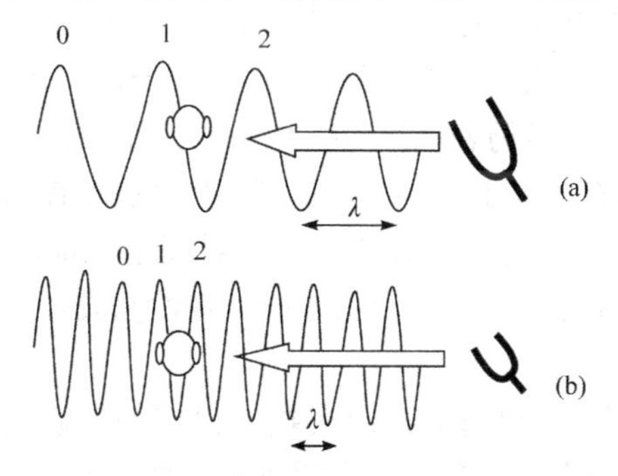

图 84-3 耳间时差,只在长波段给出有用的定位信息. (a)信号来自右方,波形特征如第一号波峰先到达右耳. 由于波长大于头部直径的 2 倍,不会与其他峰混淆. (b)信号仍然来自右方,但其波长小于头部直径的 2 倍,结果,到达右耳的周期 2 的每个特征紧跟到达左耳的周期 1 的相应特征. 聆听者自然会断定声源位于左边,这与实际情况正好相反

两耳差异可以概括为,双耳生理系统对任何频率的ILD的幅度敏感,当频率高于3000Hz时,ILD变得更大更可靠.所以,对高频段,它是最有效的.与之相反,双耳生理系统仅在低于1500Hz的低频波段才有能力从ITD获得相位信息.对处于中频段(例如2000Hz)的正弦声波,两种线索都不好.因此,人类对于这个频率范围的声波定位能力是极其有限的.

三、两耳差异信息的不精确性

两耳间的时间和强度差异是定位声源的有用的线索,但它们都有很大的局限.在球形脑近似下,这种不精确性是显而易见的.这是因为对于在中分面(两耳间连线的中垂面)上运动的声源来说,到达两耳的信号相同,耳间差异为零.具有假想的球形脑的聆听者不能辨别声源是在前、在后还是在头顶上部.聆听者可以探测到左右运动的声源相对于他只有1°的位移,却不能判断声源的前后!这类定位困难与我们平常的经验不符.这个模型还有另外一个问题:如果某一声调或宽带噪声通过耳机被听到,并具有ITD或ILD或二者兼有,结果就像预期的那样,聆听者就会有偏侧的印象——或左或右,根据前面所提到的,声音映像出现在头内部,而且还有弥散与失真.这种感觉,同样与真实的经验(感觉声音在外部)不相符.解决这些问题需要用到另外的声音定位信息,那就是解剖学传递函数.

四、解剖学传递函数

来自空间不同方向的声波会被聆听者的外耳、头部、肩部以及上驱干所散射.这种散射将会引起对两耳处信号的声学滤波.这种滤波可用一个复响应函数——解剖学传递函数(ATF)来描述.ATF使从后面来的声波在1000Hz附近被放大,而前方来的波在接近3000Hz时被放大.频率高于4000Hz时,波长小于0.10m,头部的细节,尤其是外耳,成为重要的散射体.在6000Hz以上的区域,头上不同的细节呈现明显不同的ATF,但仍表现出一些相同的特征.大多数情况下,随着声源从低于头部向高于头部移动,在高频方向有一个明显的峰-谷结构.图84-4显示了波源位于前方、后方及头的正上方时的ATF谱.对高于头部的声源,7000Hz附近的峰是定位的重要信息.这样,聆听者使用方向依赖性滤波,解决了诸如前-后混淆及高度的确定等方面的问题.

更进一步的实验表明,利用虚拟现实技术得到的精确的ATF可使声源映像位于头外.但在ATF的应用中存在一个明显的问题,聆听者无从知道某个特征谱是来自方向依赖性滤波还是原来声源本身的一部分.例如,一个信号在7000Hz附近有一个峰,并不一定来自头顶上部的声源——它可能来自刚好在此频率附近有较强功率的信号源.

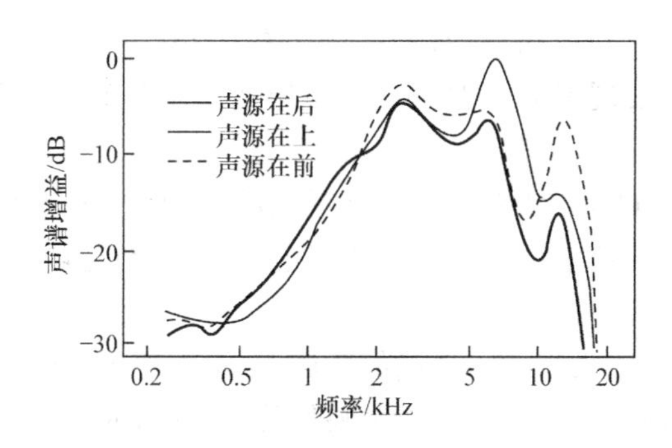

图 84-4　解剖学传递函数. 显示了一个人体模型的左耳听到的小型喇叭的声谱

这类在声源谱与 ATF 之间出现的混淆直接出现在窄带声源上，例如带宽为几个半音程的纯色音调或噪声带就是如此. 要解决这个问题，聆听者只能通过调整头部使声源脱离中分面来实现. 幸运的是，日常生活中绝大多数的声音都是宽带的，因此，根据频谱的成分，聆听者可以同时对声音进行辨别和定位. 目前对于这种定位过程是怎样工作的仍然不是十分清楚.

五、实验技巧

通过一些耳机实验，我们已经了解了有关声音定位方面的知识. 因为实验者用耳机能够精确地控制声源，所以即使用猫、鸟和啮齿动物所做的实验，也都是让这些动物戴上微型耳机进行的. 对于各种频率的声调和各种成分的噪声，利用 ILD 和 ITD，通过耳机实验了解了大量有关两耳系统基本接受能力的知识. 但是，由于目前技术条件的限制，还不能对每个耳朵的 ATF 进行精确的描述，因此，大量声音定位方面的问题尚未解决. 例如，声学测量需要将微型探针型麦克风插入聆听者的耳道内距离鼓膜只有几毫米的地方. 一旦麦克风和耳机本身的传递函数通过反转滤波得到补偿，用这些麦克风测得的传递函数就可对真实情况进行精确的模拟.

精确的滤波要求快速的、专门的数字信号处理器与实验用计算机相连接. 通过一个电磁头部追踪系统可将聆听者头部的运动计入在内. 头部追踪系统包含一个固定的发射机，它的三个线圈产生低频磁场，同时，接收机中也有三个线圈，固定在聆听者的头部. 追踪系统记录头部 6 个自由度的运动，每秒 60 次. 根据头的运动，用来控制的计算机向快速数字处理器发送指令，使它再次滤波以保证听觉场景的稳定和真实. 这种虚拟现实技术能够合成一个令人信服的声学环境，并且为受控实验开辟了广阔的领域.

六、制造误差

耳机实验能够人为产生自然界不存在的条件，使我们可以理解不同定位机制的作用.例如,引入一个向左的 ILD 及一个向右的 ITD,可以研究对两种定位机制进行对比研究.实验发现 ILD 在高频段占主导地位而 ITD 在低频段起主要作用.

宽带声音的精确合成可使实验更逼真.在合成中制造误差,例如维持 ATF 幅度不变而不断减小 ITD,会使映像不断靠近脸部,同时形成一个模糊点,一直延伸到耳道最后进入头部.这个过程还可以逆向进行,即不断地增大 ITD 值,则映像也沿原来的路线返回.

对声音进行偶然或人为的不精确的合成,会出现很多不同的效应.有几个一般性规律:错误将导致映像尺寸变大,或将映像移到头内,或产生映像在后面的感觉.避免前-后混淆需要声音合成的极高的精度.降低精度常常会使听者感觉声源在脑后,如果进一步降低精度,则会使听者感觉声源位于头的内部.

七、场所及反射

实验通常是在消声的房间进行的,其中所有的声音从声源直线传到聆听者.但是日常生活中,都存在墙壁、天花板、地板以及其他巨大物体对声音的反射,这些反射会使波形发生畸变.因此,房间的反射和回声不可避免地对声音定位造成不利的影响,对 ITD 尤其如此.

ITD 特别容易受到干扰,因为它依赖于两耳间信号的干涉,而回声不包含任何有用的相干信息.如果在一个大房间中,反射波很强,那么 ITD 这信息就变得不可靠了.

相反地,ILD 要好一些.首先,就像耳机实验中显示的那样,两耳强度的比较不依赖于两耳间信号是否相关,这样,当计算 ILD 时,不用考虑神经中枢系统时间选择的细节.当然,ILD 的精度受到室内驻波的不良影响,但这时 ILD 的第二个优势又表现出来:几乎每个反射面都有一种特性,这就是随着频率的增高,声学吸收越来越强;结果,与直射波相比反射波的能量就变得很小了.在存在强回声的环境下进行的实验,并使用 8000Hz 以上频率时,发现聆听者都能正确地响应.对人体模型应用 ILD 和 ITD 进行的测试,经统计决策理论分析表明,如果聆听者完全依赖 ILD 而不用 ITD 进行判断,就可以理解实验中观察到的定位错误模式.这种对定位信息重新加权的策略是完全无意识的.

八、优先效应

还有另一个聆听者无意识使用的策略,就是处理室内的失真的定位信息.他们根据最早到达的声波做出定位判断,这称为优先效应.因为最早到达的声波是直射波,超前于随后到达的传递错误信息的反射波,从而具有正确的定位信息.如果没有对最先到达的直射波产生优先效应,定位是不可能的,此时没有任何可用的 ITD 信息,又由于驻波的缘故,声音的强弱不再依赖于声源的远近了.

优先效应的作用常常被看作一扇神经中枢门,起始声波到达时开启,积累定位信息约 1ms,然后关闭,切断后面的定位信息. 这种作用似乎颇具戏剧性,尽管一些实验有利于聆听者关注后来的信息,但会被优先效应阻止. 另外一个模型将优先效应看做是对支持早期声音的信息进行强加权,因为后来的声音也不能被彻底排除在定位计算之外.

利用一个标准的家用立体声系统再现单声道声源,同样的信号被送到两个扬声器,可以很容易演示优先效应. 站在两个扬声器中间,聆听者听到来自前方的声音. 向左边的扬声器移动半米会感觉到声音完全来自那个扬声器. 对此结果的分析是,每个扬声器向两个耳朵发送信号,每个扬声器产生一个 ILD 和一个 ITD,如图 84-5 所示. 由于优先效应,先来的声音(来自左边的扬声器)占了优势,聆听者感觉声音来自左边. 不过,尽管声音似乎单独来自左边的扬声器,但右边的扬声器继续对音量和空间广度感产生影响. 通过突然断开右边的扬声器可以验证这种感觉,差别立刻会出现. 看来,优先效应并不单纯依赖于两耳差异,它对位于中分面内声源的结构滤波引起的谱差异也有作用.

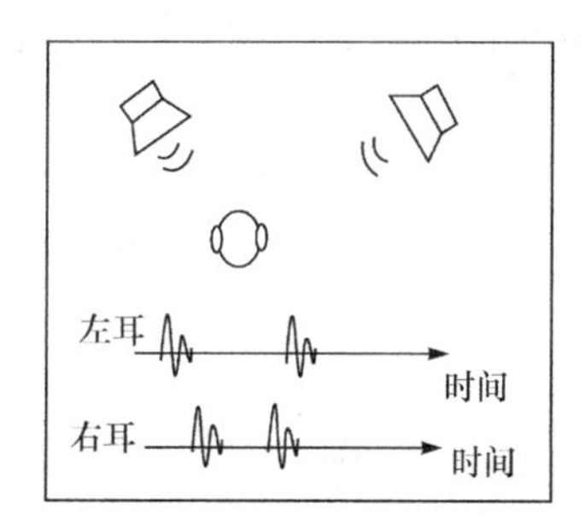

图 84-5 优先效应. 聆听者感觉声源位于左边

一个多世纪的工作之后,仍有许多有关声音定位方面的问题没有弄清楚,从而为心理声学和听觉心理学保留了一个活跃的研究领域. 近年来,有关感性的观测报告、两耳处理系统的生理学数据、神经中枢模型的文章呈逐渐增多的趋势. 有理由相信,我们会不断深入地了解声音定位的机理. 应用有关神经信号处理的新思想建立起的神经中枢模型,将会从根本上改变我们的认识. 10 年前普遍认为,一般大量的声音定位和个别的优先效应可能是两耳系统早期阶段相互作用的直接结果,与上位橄榄体中的情形一样. 近年的研究认为,这个过程分布得更广,利用上位橄榄体这样的大脑外围中心将有关 ILD 谱、ITD 谱、到达的次序等信息发送到更高一级的中心,在那里对接收到的信息进行自恰性和真实性鉴定,或许还会将它们与视觉上得到的信息相比较. 因此,声音定位并不简单,需要大量计算. 然而,问题变得越复杂,我们研究它的手段就越多越完善. 灵活合成真实声源的物理技术,同时探查不同神经区域的心理学实验,大脑成像的更快更精确的方法,以及更实用的计算模型,对人是怎样定位声音的问题,总有一天会给出一个圆满的答案.

野外地物反射光谱的测试原理及其在农业上的应用*

金仲辉

本文讨论了双向反射率分布函数、双向反射率、双向反射率因子等光谱反射率之间的关系，并指出在一定条件下，遥感技术中野外测量地物反射光谱所得的双向反射率因子和物理学中惯用的半球反射率是一致的；还讨论了野外地物反射光谱测试中的几个具体问题及其在农业上的一些应用例子.

一、镜面反射和漫反射

当一束平行光投射到两介质平的界面上时，反射光具有确定的方向，入射角 θ_1 等于反射角 θ_1'，如图 85-1 所示；反射光强度和两介质的折射率 n_1 和 n_2 及入射角 θ_1 有关.

当光投射到一粗糙界面上时，反射光分布在各方向，单位面积、单位立体角内反射光功率正比于 $\cos\theta$（θ 为界面的法线与反射光方向间夹角，如图 85-2 所示），即

$$\frac{\mathrm{d}\Phi}{\mathrm{d}A\mathrm{d}\omega}\propto\cos\theta$$

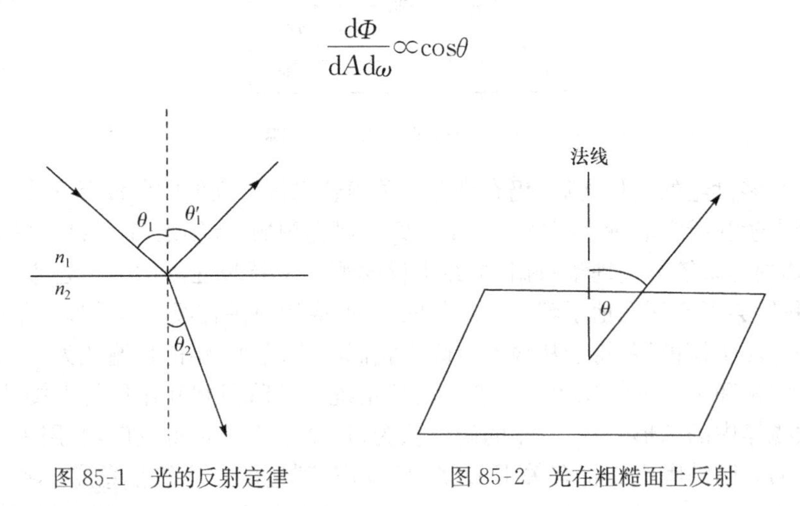

图 85-1　光的反射定律　　图 85-2　光在粗糙面上反射

这种现象称漫反射，此粗糙界面称漫反射面（或朗伯反射面），将上述规律写成的等式即为朗伯余弦定律的数学表示式

---

* 本文刊自《物理》1992 年第 4 期，收录本书时略加修订.

$$\frac{\mathrm{d}\Phi}{\mathrm{d}A\mathrm{d}\omega}=B\cos\theta \tag{85-1}$$

其中常数 B 称漫反射面的反射辐射亮度,单位为 $\mathrm{ws_r^{-1}m^{-2}}$,可将式(85-1)绘成图的形式,如图 85-3 所示,说明反射光功率呈球状空间分布.

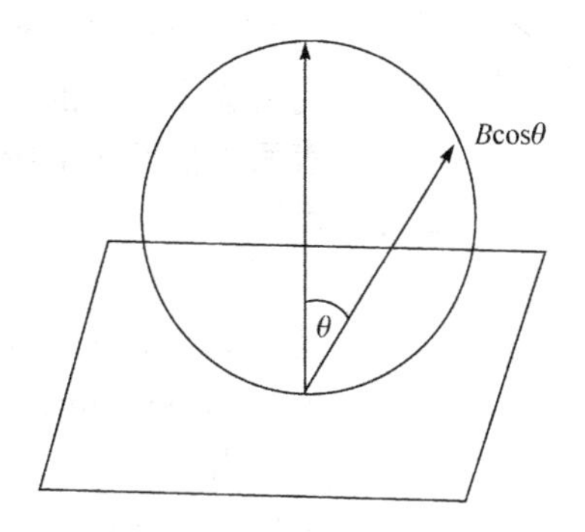

图 85-3 朗伯余弦定律

若将 M 定义为漫反射面单位面积上向上半球空间反射总的光功率,则由式(85-1)得

$$\begin{aligned}M&=\iint\frac{\mathrm{d}\Phi}{\mathrm{d}A}=\iint B\cos\theta\mathrm{d}\omega\\&=B\int_0^{\pi/2}\cos\theta\sin\theta\mathrm{d}\theta\int_0^{2\pi}\mathrm{d}\varphi\end{aligned} \tag{85-2}$$

$$M=\pi B$$

若入射至漫反射面上单位面积的光功率为 E(即照度),并把 ρ 定义为半球反射率,则显然有

$$M=\rho E \tag{85-3}$$

由式(85-2)和式(85-3),得

$$B=\frac{E}{\pi}\rho \tag{85-4}$$

式(85-4)告诉我们,漫反射面的亮度 B 和半球反射率 ρ 之间存在着一个简单的关系.

二、实际界面反射

实际地物的表面既非镜面又非漫反射面,因而反射光无确定的方向,反射面的辐射亮度 B 也不是常数,它往往与光源方向和接收反射光的仪器方位有关.这也就是在有关遥感的书刊中描述反射率定义[1]常带有“双向”二字的缘故.

1. 双向反射率分布函数 $f(\theta,\varphi;\theta',\varphi')$

它定义为在仪器的接收方向 (θ',φ') 上,地物反射辐射亮度 $\mathrm{d}B'(\theta,\varphi;\theta',\varphi')$ 与光源在 (θ,φ) 方向上时的入射辐射照度 $\mathrm{d}E(\theta,\varphi)$ 的比值,即

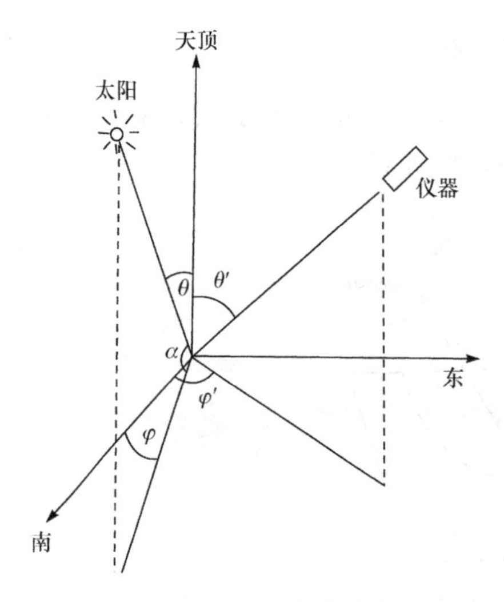

图 85-4 反射光谱测试

$$f(\theta,\varphi;\theta',\varphi')=\frac{\mathrm{d}B'(\theta,\varphi;\theta',\varphi')}{\mathrm{d}E(\theta,\varphi)} \tag{85-5}$$

单位为 1/sr；θ，θ'，φ' 和 φ 的定义如图 85-4 所示；$\mathrm{d}E(\theta,\varphi)$ 实际上是扩展光源（如太阳）辐射出来的光功率中落在所研究的地物表面上的一部分，简言之，就是地物表面单位面积上所得到的光功率. $\mathrm{d}E(\theta,\varphi)$ 可以写成

$$\mathrm{d}E(\theta,\varphi)=B(\theta,\varphi)\cos\theta\mathrm{d}\omega \tag{85-6}$$

其中 $B(\theta,\varphi)$ 称为扩展光源的辐射亮度，单位为 $\mathrm{W/sr\cdot m^2}$.

由以上双向反射率分布函数的定义可看出，它比较符合实际的情况，即全面地描述了地物的反射方向特性. 但是，由于 $\mathrm{d}E(\theta,\varphi)$ 值在实际测量中很难测量，再加上实际测量工作量也极大，所以在工作中难于直接使用它.

2. 双向反射率 $\rho(\theta,\varphi;\theta',\varphi')$

ρ 的定义如下：

$$\begin{aligned}\rho(\theta,\varphi;\theta',\varphi')&=\frac{\mathrm{d}B(\theta,\varphi;\theta',\varphi')\cos\theta'\mathrm{d}\omega'}{\mathrm{d}E(\theta,\varphi)}\\&=\frac{\mathrm{d}B(\theta,\varphi;\theta',\varphi')\cos\theta'\mathrm{d}\omega'}{\mathrm{d}B(\theta,\varphi)\cos\theta\mathrm{d}\omega}\\&=f(\theta,\varphi;\theta',\varphi')\cos\theta'\mathrm{d}\omega'\end{aligned} \tag{85-7}$$

由式(85-7)看来，$\rho(\theta,\varphi;\theta',\varphi')$ 的定义似乎很容易被接受，因为它具有某种形式上的“对称性”. 但是，正是这种对称性带来了麻烦，因为 $\rho(\theta,\varphi;\theta',\varphi')$ 还和光源、地物以及仪器之间的相对位置有关，即和 $\mathrm{d}\omega$ 和 $\mathrm{d}\omega'$ 有关（如仪器和地物之间距离的变化，将引起 $\mathrm{d}\omega'$ 的变化），所以它不能直接反映地物的特征，正是由于上述原因，不同条件下测得的双向反射率往往难于比较.

3. 双向反射率因子 $R(\theta,\varphi;\theta',\varphi')$

R 定义为：在一定的光照射和观测条件下，目标（地物）的反射光功率与处于同一光照射和观测条件下的标准参考面的反射光功率之比，即

$$\begin{aligned}R(\theta,\varphi;\theta',\varphi')&=\frac{\mathrm{d}B'_{\mathrm{t}}(\theta,\varphi;\theta',\varphi')\cos\theta'\mathrm{d}\omega'}{\mathrm{d}B'_{\mathrm{p}}(\theta,\varphi;\theta',\varphi')\cos\theta'\mathrm{d}\omega'}\\&=\frac{\mathrm{d}B'_{\mathrm{t}}}{\mathrm{d}B'_{\mathrm{p}}}\end{aligned} \tag{85-8}$$

其中 $\mathrm{d}B'_\mathrm{t}$ 和 $\mathrm{d}B'_\mathrm{p}$ 分别为目标和标准参考面的亮度. 这里标准参考面指的是半球反射率 $\rho=1$ 的漫反射面. 根据式(85-5), 有

$$\mathrm{d}B'_\mathrm{t}=f_\mathrm{t}\mathrm{d}E,\quad \mathrm{d}B'_\mathrm{p}=f_\mathrm{p}\mathrm{d}E$$

将上两式代入式(85-8), 得

$$R(\theta,\varphi;\theta',\varphi')=f_\mathrm{t}/f_\mathrm{p} \tag{85-9}$$

式(85-9)说明, 双向反射率因子等于目标的双向反射率分布函数与标准参考面的双向反射率分布函数的比值, 对于 $\rho=1$ 的漫反射面, 有

$$f_\mathrm{p}=B/E=B/M=1/\pi \tag{85-10}$$

由式(85-9)和式(85-10)得

$$R(\theta,\varphi;\theta',\varphi')=\pi f_\mathrm{t}(\theta,\varphi;\theta',\varphi') \tag{85-11}$$

由式(85-11)可看出, 在使用标准参考面的情况下, 把实际测量中较容易测定的 $R(\theta,\varphi;\theta',\varphi')$ 和能反映地物特征恰又难于测定的 $f_\mathrm{t}(\theta,\varphi;\theta',\varphi')$ 联系起来了, 这就使 $R(\theta,\varphi;\theta',\varphi')$ 成为重要的物理量.

由式(85-7)和式(85-11)得

$$\begin{aligned}\rho(\theta,\varphi;\theta',\varphi')&=f(\theta,\varphi;\theta',\varphi')\cos\theta'\mathrm{d}\omega'\\&=\frac{\cos\theta'\mathrm{d}\omega'}{\pi}R(\theta,\varphi;\theta',\varphi')\end{aligned} \tag{85-12}$$

式(85-12)将双向反射率和双向反射率因子联系起来了.

由以上讨论可清楚地看出, $f(\theta,\varphi;\theta',\varphi')$, $\rho(\theta,\varphi;\theta',\varphi')$ 和 $R(\theta,\varphi;\theta',\varphi')$ 三者并不是相互独立的, 而存在着紧密的联系, 在三者中易于实际测量而又能反映地物反射光谱特征的是双向反射率因子 $R(\theta,\varphi;\theta',\varphi')$.

4. $R(\theta,\varphi;\theta',\varphi')$ 的测量

需要指出的是, 上述双向反射率因子定义中的标准参考面是一个全反射的漫反射面, 但考虑到实用的参考板(漫反射面)的光谱反射率 ρ_s, 则目标的双向反射率因子可写为

$$R(\theta,\varphi;\theta',\varphi')=\rho_\mathrm{s}R'(\theta,\varphi;\theta',\varphi') \tag{85-13}$$

其中 $R'(\theta,\varphi;\theta',\varphi')$ 为使用标准参考面时目标的双向反射率因子. 在以下推导中要用到式(85-13)所表明的概念.

在野外测量 $R(\theta,\varphi;\theta',\varphi')$ 时, 所用的模式如图 85-4 所示, 地物经反射进入接收仪器的光功率为

$$\Phi_\mathrm{t}=\tau_\mathrm{t}B_\mathrm{t}\omega A\Delta\lambda \tag{85-14}$$

参考板经反射进入仪器的光功率为

$$\Phi_\mathrm{s}=\tau_\mathrm{s}B_\mathrm{s}\omega A\Delta\lambda \tag{85-15}$$

其中, τ_t 和 τ_s 分别为地物和参考板至仪器的太阳辐射透过率, 可认为 $\tau_\mathrm{t}=\tau_\mathrm{s}$; B_t 和

B_s 分别为地物和参考板的反射辐射亮度；ω, A 和 $\Delta\lambda$ 分别为接收仪器的视场立体角. 有效接牧面积和接收光谱的通道.

由于接收仪器输出电流 I 正比于入射光功率，设其比例系数为 κ，故有

$$\Phi_t = \kappa I_t, \quad \Phi_s = \kappa I_s \tag{85-16}$$

由式(85-14)，式(85-15)和式(85-16)三式，得

$$I_t / I_s = \Phi_t / \Phi_s = B_t / B_s \tag{85-17}$$

由式(85-2)和式(85-3)得

$$B_s = M_s / \pi = \rho_s \frac{E}{\pi} = \rho_s B_p \tag{85-18}$$

式(85-17)中的 B_t 为 $\rho=1$ 的标准参考面在照度 E 作用下产生的辐射亮度. 由双向反射率因子的定义和式(85-18)得

$$\begin{aligned} R(\theta,\varphi;\theta',\varphi') &= B_t(\theta,\varphi;\theta',\varphi')/B_p \\ &= \rho_s I_t / I_s \end{aligned} \tag{85-19}$$

式(85-19)告诉我们，只要知道参考板的光谱反射率 ρ_s 以及测量出光电流 I_t 及 I_s，就可求得地物的双向反射率因子.

讨论：

(1) 若地物是一个漫反射面，这时有

$$B_t = M/\pi = \rho_s E/\pi = \rho_t B_p$$

所以

$$R(\theta,\varphi;\theta',\varphi') = B_t / B_p = \rho_s \tag{85-20}$$

式(85-20)告诉我们，在地物和参考板都是漫反射面情况下，测得的双向反射率因子就等于地物的半球反射率，而且它与光源和仪器的方位无关. 这个结论很重要，因为只有半球反射率才真正反映了光和物质相互作用的总效果，并使测量大为简化而易于实行.

(2) 若地物不是漫反射面，那就没有 $R=\rho_t$ 的结论，此时测得

$$R(\theta,\varphi;\theta',\varphi') = B_t(\theta,\varphi;\theta',\varphi')/B_p \tag{85-21}$$

式(85-21)的 R 是$(\theta,\varphi;\theta',\varphi')$的函数，而且由于地物不是漫反射面(可能有较强的镜面反射效果)，在某些方向上它的反射辐射亮度 B_t 值有可能大于标准参考面的辐射亮度 B_p 值，在这种情况下测得的 $R(\theta,\varphi;\theta',\varphi')$值就可能大于 1. 显然，采用大于 1 的反射率值来表征地物反射光谱的特征是不可取的.

三、测量中的几个具体问题

我们始终要明了式(85-20)是测量的出发点，这包含两方面的意思：其一是入射光在确定的方向，其二是参考板和地物都是漫反射面. 另外，在野外的测量中，为了便于与卫星测量结果对比，常使光谱仪的光轴与天顶方向(见图 85-4)一致，即

$\theta'=0, \varphi'=0$.

1. 天空光和云的影响

野外测量时，除了太阳光还有大气散射阳光产生的天空光和云，这两个因素对测量结果有否影响？

如果假定天空光是一个余弦辐射体，经理论分析和模拟测量得出在 0.5～2.3μm 波长范围内，可见度为 8km 情况下，即使考虑天空光，最多也只带来 3%的系统误差，所以在测量中常不考虑天空光的影响. 至于云，尤其在太阳近旁的云对测量结果的影响很大，且没有一定的规律，所以在测量时一定要选择晴朗无云的天气.

2. 参考板的影响

实际的参考板往往不是理想的漫反射面，它的反射光强度偏离图 85-3 所示的余弦分布规律，而且入射光的方向不同，反射光的强度分布也不同，图 85-5 示出了入射光垂直入射下，反射光强度分布呈椭球面分布，图 85-6 示出了入射光斜入射时的反射光强度分布，它的特点是在入射光方向上的反射强度小，而在与镜面反射所对应的出射方向强度大. 由此可看出，实用的参考板严格说来不是漫反射面，那么在什么条件下它可以被认为是一个近似漫反射面呢？这可以用“漫射角”的概念来解释，所谓漫射角是当照度一定的条件下，入射角 θ 在某一个范围内，法线上的反射辐射亮度 B 不变(或在一定的误差要求下)，此角称为参考板的漫射角. 由以上分析可知，在测量之前应对参考板的物理性能及有关参数有所了解.

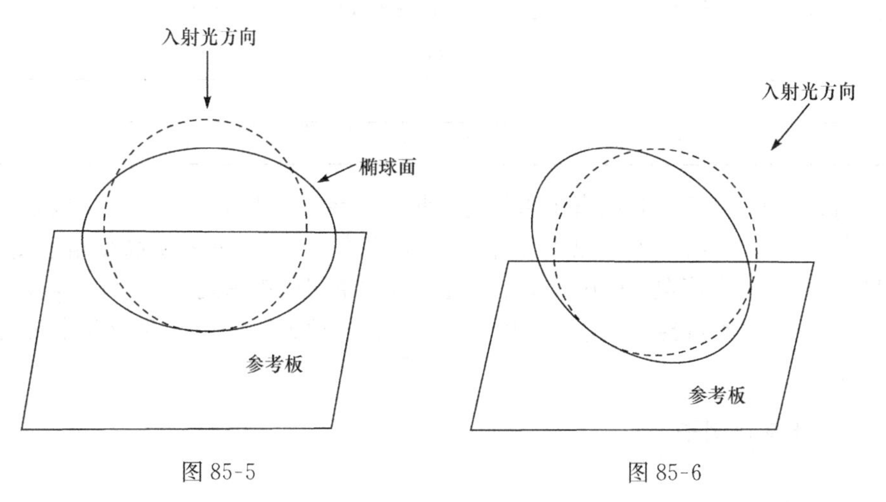

图 85-5　　　　图 85-6

3. 测量时要使地物表面尽可能是漫反射面

(1) 测量高度的选择[2].

测量高度选择随地物种类不同而不同. 但是,考虑的原则是相同的,那就是测量时应有一定的高度,使有足够大的视场以保证地物表面的起伏度较之于视场要小,即保证地物表面近似是一个漫反射面,这样测得的数据有较好的重复性. 吕斯骅和笔者等曾测量正在灌浆的水稻的反射光谱,取了高出水稻顶部 1.5m、3m、6m、12m. 四个不同的高度(仪器视场角 3.4°),发现测量结果无显著差异,但高度越高,方差越小,1.5m 高度下的方差要比 12m 的大. 一般说来,在野外测量条件允许情况下,高度高些是有利的.

(2) 测量时间的选择[3].

测量时间的选择主要取决于太阳高度角 α(图 85-4). 云南腾冲的遥感试验资料表明,仅在太阳高度小于 35°的时候,测得的光谱反射率数据略有增高,那就是说,在太阳高度角大于 35°情况下,测量数据是稳定的,可以认为地物表面是一个近似漫反射面;美国的普渡大学遥感试验资料表明,他们测量时太阳高度角处于 65°～35°范围内. 由于地球的运动,太阳高度角是随时、随地变化的,这就是为什么在遥感书刊中提及的测量时间往往是各不相同的原因.

某地某时太阳高度角 α 值由下式决定:

$$\sin\alpha = \sin\varphi\sin\delta + \cos\varphi\cos\delta\cos t \tag{85-22}$$

其中 φ 为地理纬度,δ 为太阳赤纬,t 为太阳时角,赤纬是指太阳光与地球赤道平面的夹角,一年内赤纬在 $\pm 23°27'$ 之间变动;δ 值可查有关的表得知,太阳时角的定义是:以地方时 12 点的时角 t 为零,6 点 t 为 $-\pi/2$,18 点 t 为 $\pi/2$.

表 85-1

地方时	8:00	9:00	10:00	11:00	12:00	13:00	14:00	15:00	16:00
α	26.5°	37.6°	47.4°	54.5°	57.2°	54.5°	47.4°	37.6°	26.5°

例如,9 月 10 日在陕西省米脂县进行测量,$\varphi = 37°46'$,$\delta = 5°$,米脂县地方时和太阳高度角列于表 85-1. 由以上计算可知,若要在大于 45°的太阳高度角下测量,测量时间宜在(米脂县)地方时 10:00 至 14:00 范围. 考虑到北京时间是以东经 120°定义的,而米脂县位于东经 110°,所以米脂县地方时 10:00 对应北京时间为 10:40.

四、农业上应用例子

1. 农业地物的分类[4]

北京农业大学遥感研究所于 1987 年 6 月和 9 月在米脂县黄土高原不同地点

测量 30 个农业地物(例如玉米、小米、白薯、花生、苜蓿、荒地、裸土壤等)的野外反射光谱。光谱测量用了 TM1(0.45～0.52μm),TM2(0.52～0.60μm),TM3(0.63～0.69μm)和 TM4(0.76～0.90μm)共四个波段。数据处理采用主成分分析.它是一种多元统计方法,主要是将一组相关的多变量数据变换成由这组变量的线性组合所构成的互不相关(即正交)的一组新变量,这组新变量称为主成分.在本例中,通过主成分分析,表示每个地物的 TM1 至 TM4 四个波段的反射光谱数据变换成二个正交的主成分(Y_1 和 Y_2),这样我们可用直角坐标中的一个点来代表一个地物.由图 85-7 和图 85-8 分别标出了 1987 年 6 月和 9 月测量的农业地物,图中的每个数字和字母各自代表一个地物,图 85-7 和图 85-8 可以看出,所测的农业地物可分别分为六大类和七大类,例如图 85-8 中的“6”(大豆)和“d”(苜蓿)归入同一类,但在图 85-7 中“6”和“d”不属于同一类.这说明我们采用二个时相的地物分类图可将“6”和“d”区分开来.总之,采用多时相地物分类图可将地物一一区分开来.

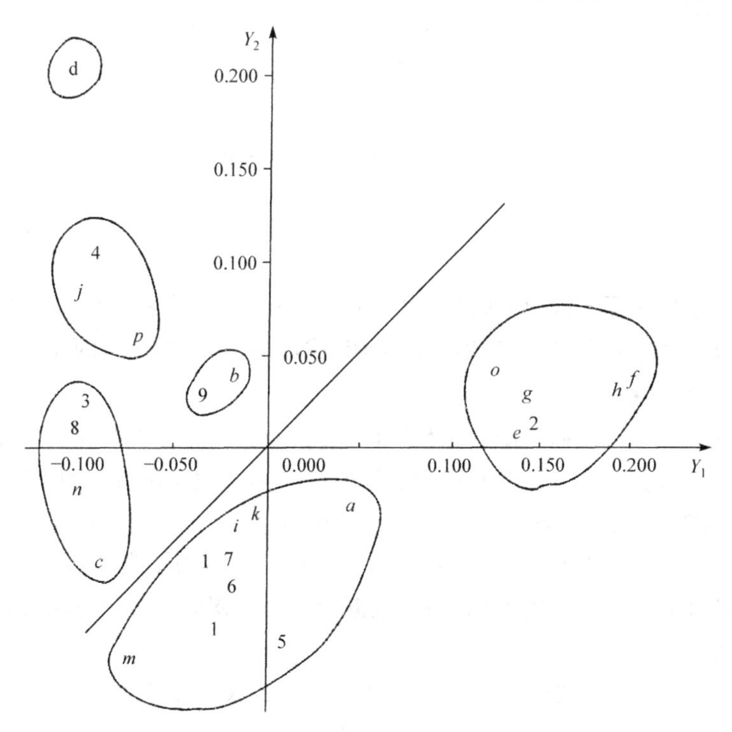

图 85-7 6 月农业地物分类图

野外地物光谱测试属于遥感应用的基础研究工作,上述地物分类图是遥感图像的解译和判读的重要依据.

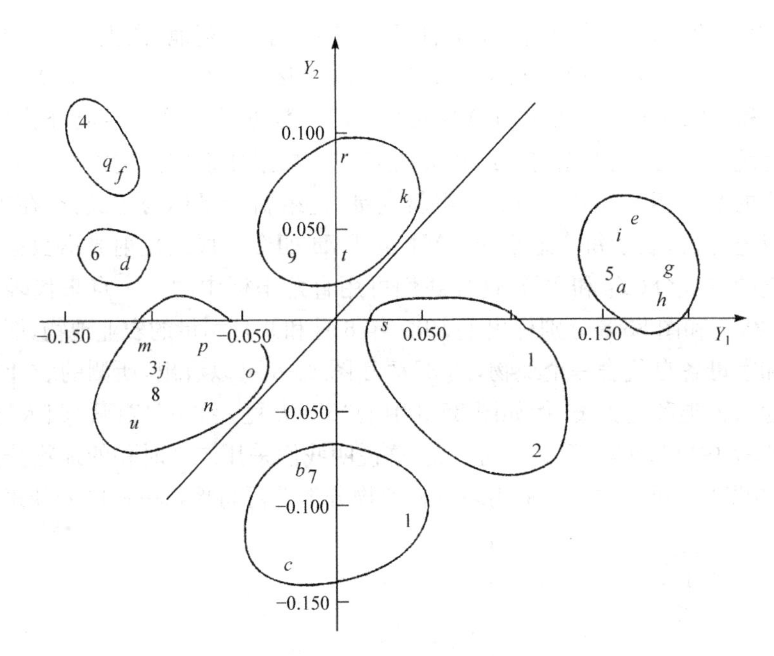

图 85-8 9 月农业地物分类图

2. 作物估产[5]

农作物生长状况不同,反射光谱也不同,最终的产量也就不同. 通过野外的实验,可以找出作物不同波段的反射光谱数值(或比值)和作物产量的相关关系式,用来对作物估计产量.

北京农业大学遥感研究所曾在校内试验区,通县和河北省曲周县三处 12 个样区 29 个样点上,在冬小麦的起身期、拔节期、抽穗期和面团期野外测试它们的反射光谱。光谱测量用了 MSS4 (0.50～0.60μm) ,MSS5 (0.60～0.70μm), MSS6 (0.70～0.80μm)和 MSS7(0.80～1.1μm)共四个波段,为了表达冬小麦不同生育阶段光谱特性对产量反映的不同贡献,数据处理采用积分回归的方法,最后得到冬小麦产量光谱模式为

$$Y=192+1.39X_1-4.99X_2-2.27X_3-1.70X_4$$

$$R=0.825$$

其中 Y 为产量(斤/亩);R 为相关系数;$X_1=\frac{1}{2}(\rho_5+\rho_7)_{\text{起身期}}$,$X_2=(\rho_7-\rho_4)_{\text{拔节期}}$,

$X_3=\left(\frac{\rho_6+\rho_7}{\rho_4+\rho_7}\right)_{\text{抽穗期}}$,$X_4=(\rho_4)_{\text{面团期}}$;$\rho_4$,$\rho_5$,$\rho_6$ 和 ρ_7,分别为 MSS4, MSS5, MSS6 和 MSS7 波段的反射率.

我们对上述产量光谱模式曾进行抽样检验，例如某取样点冬小麦的估产为498升/亩，而该样点的买产为514斤/亩，可以看出估产的精度是相当高的.

国内外利用野外地物反射光谱，对小麦、水稻等作物估产方面的工作做得是不少的，提出的产量光谱模式也不尽相同，但都取得较好的效果.

3. 植物病害的监测

受病虫害侵袭的植物，在初期往往并不表现出明显的征状，例如植物叶子可见的绿色没有什么变化，但它在红外波段的反射能力与健康植物已有很大的差异，例如图85-9绘出了北京农业大学遥感研究所测得的正常小麦和受蚜虫害小麦的MSS4至MSS7四个波段的光谱反射率，上述这种反射光谱差异可用来对植物病害进行早期探测，总之，利用健康植物与受病虫害侵袭的植物在可见和红外波段的反射光谱有较大的差异，可用来对植物的病毒病害、细菌性病害、真菌性病害、昆虫性病害等进行监测. 有关植物病害的遥感监测研究工作，我国尚处于初始阶段，有待于深入发展.

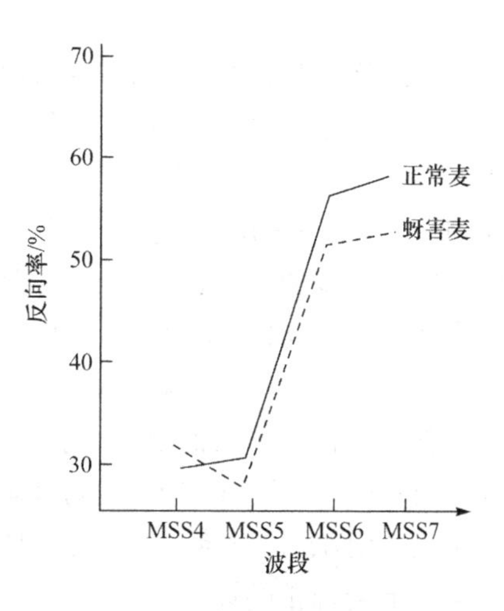

图85-9 正常小麦与受蚜虫害小麦反射光谱特性

参考文献

[1] P. H. Swain, S. M. Davis, Remote Seasing. The Quantive Approach. McGraw-Hill Inc., 1978:42.

[2] 吕斯骅，等. 遥感技术研究与应用资料汇编. 北京：科学技术文献出版社，1984:35.

[3] 吕斯骅. 遥感物理基础. 北京：商务印书馆，1981:226.

[4] 林培. 黄土高原专题研究论文集. 北京：北京大学出版社，1990:74.

[5] 张宏名，王家圣. 农作物遥感监测与估产. 北京：中国农业大学出版社，1989:134.

网球拍中的几个物理问题*

金仲辉

网球运动员都梦想拥有一把理想的网球拍，使他们成为赛场中的胜利者，甚至夺冠于温布尔顿网球赛，那么怎样的一把网球拍才是理想的呢？一把较完美的球拍，它的重量较轻并具有最小的空气阻力，以致运动员能以较小的力挥动它几小时；且当球拍击中球时，运动员的手或手臂没有不愉快的振动感觉；球拍是"有力的"，即以适度的球拍速度能给予网球很高的速率．为了设计一把理想的网球拍和更有效使用它，必须了解网球拍中的一些物理问题．在讨论这些问题之前，还需对网球本身有所了解，在网球运动的规则中，对网球的大小、重量、色彩、负载下形变和回弹有着比较严格的规定．例如，为了得到正式比赛的认可，要求网球从 100 英寸（每英寸等于 2.54 厘米）的高度垂直落到混凝土表面上时，它的回弹高度不超过 58 英寸和不低于 53 英寸，显见，网球在回弹中几乎失去它的 1/2 能量，这种要求无疑影响着球拍的设计．

一、球拍头部的网状弦

网球拍头部都用拉紧了的网状弦构成，而不用弹性膜，这是为了大大减小空气的阻力．用一张纸覆盖在弦平面上或不盖纸，你在这两种情况下分别挥动一下球拍就可明了这个道理．

球拍的网状弦作为一种介质，吸收了入射网球动能的大部分，然后将该能量的一部分再返回给网球，我们可以做这样一个试验，将一个木质球（它比网球吸收更少的形变能）垂直落至一球拍头部固定的、水平放置的网状弦平面上，测得木质球的回弹高度比为 0.93～0.95．这说明网状弦所耗散能量比吸收能量小得多，从而，绷得较紧的网状弦（较小的弦平面形变）拍球时产生较低的球速率．我们可以想像网状弦平面是一根弹簧，于是施加一负荷，由平面形变可确定这根弹簧的倔强系数 k，如果 k 和网球的质量 m（58g）是已知的，我们可估计出球在弦上停留时间为 $\pi\sqrt{m/k}$（对应于简谐振动半个周期）．实验说明，停留时间的估计值（例如 5ms）与实际的测量值是一致的．

网状弦在储存和返回能量的能力上，它的弹性性质是很重要的，因为比较细的

---

* 本文刊自《现代物理知识》1997 年第 1 期，收录本书时略加修订．

弦更富于弹性,所以厂家已采用较细的弦来改进球拍的性能,肠线(由牛的肠制成)是弦的好材料,它在绷紧下有良好的弹性,也有些球拍的网状弦是用合成材料做成的,总之,做成的网状弦应具有最佳的抗拉强度、弹性和抗磨力.

二、打击中心

在你用网球拍击球时,一般情况下球拍可能有两种运动,即由于满足动量守恒球拍反冲形成的平动和满足角动量守恒球拍将围绕质量中心而转动,球拍的大部分在网球入射方向上运动,但球拍把手端将在网球回弹方向上运动.如何使手握住的把手处上述两种运动相互抵消,从而使手感觉到的振动最小(手受到球拍的作用力最小)和减少回弹网球能量的损失呢?由刚体转动定理可知,用球拍击球时,击球点在打击中心处就可达到上述目的,通过下面的讨论,可以求得球拍把手端至打击中心的距离.

球拍可看作是一物理摆,使它绕穿过把手端的轴、并且平行于网状弦平面摆动来测定这个摆的谐振周期 T,从而推得球拍绕上述的轴的转动惯量 I 为

$$I=\left(\frac{T}{2\pi}\right)^2 m_0 g a$$

其中 m_0 为球拍质量,a 为把手端至质量中心的距离,g 为重力加速度,如果入射的网球击中球拍后,动量改变为 Δp,那么质量为 m_0 的球拍反冲速度 $v=\Delta p/m_0$.如果球击点与质量中心间距为 b,球拍将以角速度 $\omega=b\Delta p/I_0$ 转动,其中 I_0 为球拍绕穿过质量中心的轴的转动惯量.由于 a 为质量中心至把手端的距离,所以在把手端处,平动和转动相互抵消的条件是 $v=\omega a$.于是有

$$I_0=\frac{b\Delta p}{\omega}=\frac{bvm_0}{\frac{v}{a}}=abm_0$$

由转动惯量的平行轴定理,有

$$I=I_0+m_0a^2$$

将 I 和 I_0 值代入上式有

$$\left(\frac{T}{2\pi}\right)^2 m_0 g a=abm_0+m_0a^2$$

最后得球拍把手端与打击中心之间的距离为

$$a+b=\frac{T^2}{2\pi}g$$

近年来网球拍的设计,使打击中心接近球拍头部网状弦区的中心.

三、球拍振动

网球击中球拍时,可引起球拍框架的振动,图 86-1 绘出了两种情况下球拍框

架的振动方式,图 86-1(a)表示球拍把手被固定在一台钳上的振动方式,图 86-1(b)表示球拍自由悬挂下的振动方式.为了测定上述两种振动方式的频率,将一小片薄的压电薄膜贴在球拍的喉部.当球击在球拍各个位置时测量它的振动输出,测量结果说明,前者基频为 20～50Hz,后者最小频率范围为 100～200Hz.还测量了手持球拍情况下球拍的振动频率,发现当球拍被击中喉部附近或远端,甚至在手握得非常紧的情况下,没有低频成分,于是得出的结论是,一个自由悬挂的球拍是比球场上的球拍更好的实验室近似,框架振动的振幅取决于球拍和球之间的相对速度、框架的倔强系数和球击点至球拍头部节点(球击在此点,球拍框架振动的振幅最小)之间的距离.我们可以用简易方法测定节点的位置,用二个手指夹住框架顶点,沿着球拍纵轴打击网状弦的不同位置,当击中节点时,手感到的振动最小.图 86-2 说明振动振幅对打击点的依赖关系,仔细看振动信号的起始部分,会发现节点以上和以下的振动相位差 π.

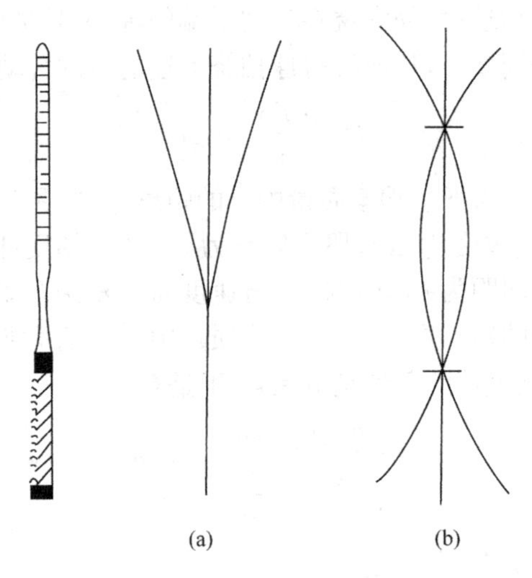

图 86-1　网球拍振动模式

(a) 球拍把手被台钳固定，(b) 球拍自由悬挂

许多厂家为他们的球拍框架能迅速抑制振动而大做广告,用了他们的产品会使你感觉良好、不伤害手臂等,也有人在球拍喉部弦上放置一些小橡皮豆、弹性螺杆或其他物体来减少框架的振动.这些做法纯粹是心理上的作用,实际上并不能迅速减小框架的振动,对于迅速减小振动振幅的最好方法是人的手,而不是用某些特殊材料做成的球拍框架.图 86-3 显示一个手握球拍的振动情况(a)和自由悬挂同一球拍的振动情况(b).由以上讨论可知,球击点落在球拍头部的节点处是理想的情况.

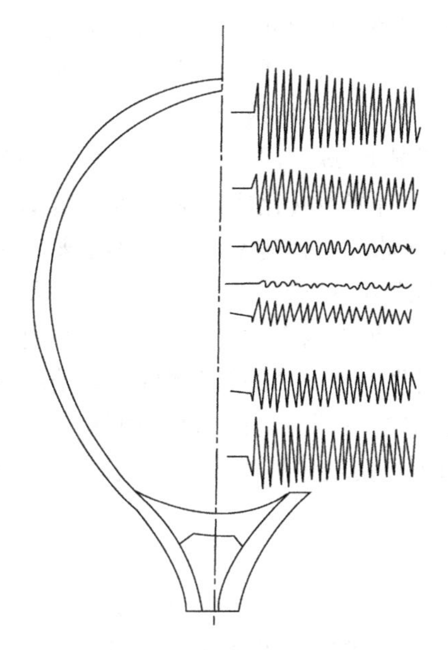

图 86-2　沿着一个自由悬挂球拍的纵轴不同点把击下，框架振动的情况，在节点处二侧振动相位差 π

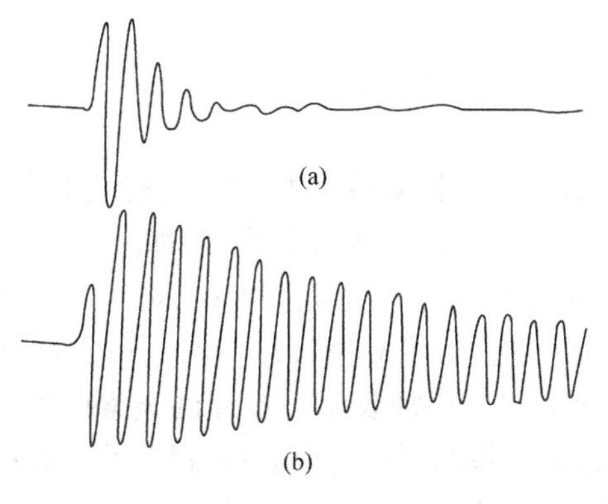

图 86-3　不同状态下球拍振动衰减的比较

(a) 手握球拍；(b) 自由悬挂同一球拍

四、球拍质量

运动员都希望寻找这样的球拍，用最小的力，得到最大的球速度. 两体运动学告诉我们，球拍质量越大，施于球的速度越大. 但是球拍质量过大，显然不适合于网球运动. 一个垒球运动员，在一次完全的比赛中挥动球棒次数可能是 10～15 次，而一个网球运动员却要挥动球拍几百次. 近年来的趋势是采用质量较小的球拍，20

余年以前传统的木质球拍质量为420g左右，近年来市场上最新产品的球拍质量仅为280g左右，它们多半用合成材料(通常是碳纤维)制成，使用结果表明，质量显著减少的球拍和传统木质球拍有相同的效力.

在同样挥动球拍的情况下，球的回弹速率取决于球击点的位置，如果球精确地击在球拍的质量中心，将没有能量转化成球拍振动.球拍设计者尽量将质量中心移向球拍头部的中心，以增加球的回弹速率.但是，有时球击在球拍中心之外，甚至在球拍框架平面上两个主轴之外，在这种情况下为了减小球拍转动，从而减少球拍转动能，增加球的回弹速率，可加大两个主轴的转动惯量.通常增加框架周边的重量或使得球拍头部宽度更宽些来增加轴的转动惯量.球拍制造者将网球发射至一静止的、自由悬挂的球拍头部的不同点，并测量球回弹速率与入射速率的比值 e，它的典型值范围为0.5(球击点接近球拍质量中心)至0.2(球击点远离轴).

五、网球的回弹速率

实验室中的网球拍是静止的，而在网球场中球拍是以可与网球入射速率相比较的速率运动的，若以 v 和 v' 分别表示网球的入射速率和回弹速率，以 v_0 表示击球点处球拍的速率，则由 e 值的定义，有

$$e=\frac{v'-v_0}{v_0-v}$$

其中 v 相对于 v' 和 v_0 来说为负值，由上式得

$$v'=-ev+(1+e)v_0$$

显见，e 值越大，v' 也就越大；另外，对确定的 e 值(即确定的击球点)来说，v 和 v_0 的绝对值越大，则 v' 越大.而 $v_0=\omega r$，r 为挥动半径，即挥动球拍时，球拍支点至击球点间的距离，ω 为挥动球拍的角速度.由此可见；在 ω 一定条件下，加长球拍的长度可使击出的球更有力量.据德国《世界报》1995年4月24日报道，世界著名网球运动员张德培两年前在比赛中使用加长了1英寸的碳素球拍(使球拍长度达71厘米)后，使他的比赛成绩大为提高，例如他的发球得分的次数从1993年的256次增加到1994年的366次，1995年又增加到522次，他的世界排名也从第8位上升到第4位，当然 e 值大小还取决于击球的方式，例如双手朝后，一般支点非常靠近球拍把手端部，而一个手向前就有比较长的挥动半径.

综上所述，一把理想的网球拍将是重量较轻、把柄较长；在网球拍一定重量下，框架边缘占有较大重量；球拍头部较宽，且头部网状弦应采用有最佳抗拉强度、弹性和抗磨力的较细的弦线制成.在设计球拍时，尽量使球拍质量中心、打击中心和节点三者挨近在一起.运动员使用网球拍时，尽量使击球点落在上述区域，以使在同样条件下，击出的球更有力.

物理学在促进农业发展中的作用*

金仲辉　毛炎麟　严衍绿　严泰来

当前学科发展的特点是多种学科的交叉，农学也逐渐走出传统发展的模式，有更多、更广泛的物理学技术应用于农业，促进了农业的发展. 核技术在农业上的应用在我国有近50年的历史，可以说取得了很大的成果，在国际上处于先进的行列；近20年来，电磁学、光学、声学、离子束等技术开始在农业上得到了应用，虽说某些方面也取得了一些成果，但在种植业方面基本上还处于实验摸索的阶段，尚未达到广泛推广的地步. 还有，许多机理方面的研究很不充分，有待于农学家和物理学家紧密地结合在一起来完善这方面的工作. 以物理学等高科技为依托的精确农业在我国刚处在起步研究的阶段，由于物理学技术在农业上应用涉及的面非常广泛，所以，本文主要介绍某些应用，以此说明物理学可以大大促进农业的发展. 由于物理学技术较之于传统的化学技术在农业上的应用，在达到同样的经济效益情况下，有成本低、省时、省工、不损害土壤、不污染环境等诸多优点，所以物理学技术在农业上的应用应该引起我们物理学工作者、农学工作者和政府有关部门的重视和关心，使它得到有序的发展，获取更多的经济效益和生态效益. 我们深信，随着物理学技术在农业上日趋广泛的应用，物理学内将建立起一门新的分支学科，即农业物理学.

一、核技术

近半个世纪以来，核技术在农业上得到了广泛的应用，形成了一套成熟的技术和方法，并建立了相应的基础理论，在此基础上，核技术与农学之间逐步形成了具有独特学科体系的分支学科——核农学.

核农学的研究内容主要包括核素示踪技术和核工业辐射技术，它们是利用放射性核素衰变和稳定性核质量差异作为信息表达，通过核化学分析和核物理仪器的探测获取信息，从而提示农学和农业生产中的奥秘，核辐射技术是利用核辐射与物质相互作用产生的物理学、化学和生物学效应，对生命物质进行改造，创造生物新种质，刺激生物增产、杀虫灭菌、利用和保持自然资源等.

通过近半个世纪的努力，中国核农学研究已成为促进农业生产发展的重要科

* 本文刊自《物理》2002年第6期，收录本书时略加修订.

技手段,取得了显著的成就,主要表现在以下方面.

1. 植物辐射诱变育种

这是利用核辐射诱导植物体产生突变,并从中选择有用突变体,直接或间接地育成新品种的一种育种方法.与其他育种方法相比较,植物辐射诱变育种具有突变频率高和突变谱广、可有效地改良品种的某个单一性状、易于打破基因连锁促进基因重排、可缩短育种年限等诸多优点,辐射诱变育种的植物种类已相当广泛,几乎遍及所有具有经济价值和观赏价值的已被人们利用的植物.据FAO/IAEA(联合国粮农组织/国际原子能机构)联合处1995年的统计结果显示,全世界在158种植物上,利用辐射育成和推广了1932个品种,其中我国育成的品种有459个,约占24%,辐射诱变育成品种的全国种植面积,1985年以来基本稳定在9.0×10^6公顷左右,如大豆突变品种“铁丰18号”的种植面积约1.2×10^6公顷,占我国大豆产区之一的辽宁省大豆种植面积的70%,有9个辐射诱变品种获国家级发明奖[1].辐射诱变还提供了大量优异的植物种质资源可供育种利用,辐射诱变育种在农业增产中作出了重要贡献.

2. 核素示踪技术

它是利用放射性稳定性核素作为示踪剂而建立的一种示踪方法.目前,农业上常用的核素约有20余种,核素示踪技术在农业上的应用非常广泛,其目的是阐明农业生物生命活动的奥秘,以及农业科学研究和农业生产过程中各因素的作用机理,为农业生产技术的实施、环境评价和宏观管理提供科学依据.具体应用范围为:改良土壤和合理施肥;动植物对各种养分的吸收、运转、同化和代谢等过程以及环境相互作用的机理;农业生态环境的监测和环境保护;提高家畜繁殖率与疾病防治;植物病虫害的预测预报和防治;等等,示踪技术对农业生产的贡献是巨大的,例如应用^{15}N示踪技术试验表明,水稻采用一次全层基施氮肥可使氮肥利用率提高10%~20%,平均增产5%~12%,累计推广面积已达4.7×10^5公顷,其效益是极其显著的[1].

3. 食品辐照贮藏保鲜

利用放射性核素^{60}Co和^{137}Cs的γ射线,以及加速器产生的电子束辐照食品,使之抑制发芽、延迟成熟、杀虫杀菌、防止霉变,从而达到保鲜或贮存的目的.由于辐射贮藏具有节能、方法简便、效率高和安全可靠等优点,在国内外已广泛应用,形成了一项新兴的辐射加工产业,据1995年国际原子能机构统计,全世界已有38个国家批准了539种辐照食品上市销售,我国已对200余种食品进行了辐照保鲜、改善品质等方面的研究,并已成立了中国农产品辐照加工联合开发集团,以推进商品化进程.国家卫生部先后批准了一些辐照食品的卫生标准,以推动辐照食品产业规范化地发展.

4. 昆虫辐射不育技术的应用

利用高能辐射使大量害虫个体不育,然后把它们释放到未经处理的野生种群的环境中去,在那里让处理过的不育成虫与野生的成虫交配,造成其后代不育,这样在连续世代中重复这一做法,野生种群会逐渐减少,最后导致消灭.这是现代生物防治技术中一项唯一有可能灭绝一种害虫的有效手段,也是一项无公害的防治害虫的一种新技术.1954年,美国在库拉马克岛上,首次利用辐射不育技术成功地消灭了螺旋蝇,到目前为止,全世界已对200余种害虫进行了昆虫不育技术防治的研究,大面积防治螺旋蝇、地中海果实蝇和棉红铃虫等重要害虫取得了成功.我国于20世纪60年代初开始了这项研究,到20世纪80年代,不育亚洲玉米螟的释放试验取得初步成功,首次为我国利用这项技术防治害虫提供了一整套完整的技术资料,以后在野蚕、柑桔大实蝇、桃小实心虫等害虫上进行了不育技术的防治试验,取得了满意的结果[2].

二、电磁学、光学和声学技术

1. 电场技术

用一定强度的静电场和照射时间作用于作物种子,使种子某些生物酶的活性、种子的发芽势、发芽率和幼苗百株重等农学参数均有明显的提高,从而提高了作物的产量.例如内蒙古大学物理系梁运章等从1984年开始用静电场处理甜菜种子,并比较系统地进行静电场生物效应的研究,研究发现,经静电场处理后,种子的呼吸强度比对照组提高0.220mg/(g·h),电导率降低,酯酶同工酶活性明显提高,过氧化酶同工酶增加一条酶带,还进行X射线衍射和顺磁共振仪对自由基的测定,与对照组相比有明显的差异.经过10年实验,目前已在大面积农田上进行推广,平均提高甜菜糖分0.6度,亩产量提高7%,创经济效益超过1.8亿元.他们还对油葵、玉米、小麦等作物种子进行系统试验,都取得明显的效果[3].

鞍山静电技术设计院用静电场(100~250kV/m,照射时间为0.08~0.17h)处理作物种子(玉米、水稻、高粱、大豆、花生)和蔬菜种子(蕃茄、青椒、黄瓜、茄子、芸豆、白菜),促进了种子萌发,提高了抗逆境能力,作物增产量达5%~20%,吉林工业大学用静电场处理胡萝卜种子、沈阳农业大学用静电场处理桑蚕和食用菌都取得了显著增产效果.

也有单位在大田作物和蔬菜植株上方施加一定强度的高压静电场(用绝缘支架架设一副金属丝构成的屏网,其高度可以调节,高压静电电源的输出端与金属丝屏网联接，零线输出端接地），促进了植株的生长，获得增产. 例如在对芹菜、生菜、油菜、韭菜、西红柿进行试验时，所用的电场强度值为 65kV/m，在每天植物光合作用最旺盛时间开机 4 小时下，它们的产量分别提高 36%，53%，31%，98%，21%，而且它们的生长期都有所缩短. 他们对食用菌和花卉也作了试验，都取得了很好的效果，高压静电场所以能促进植物生长，主要是加快其新陈代谢，对有叶植物加快其光合作用，经过静电场促进生长的植物枝叶和果实的成分均未改变，食用口感也没有变化.

上述这种方法虽然可以在小面积试验田里取得良好效果，但在大面积农田里推广有一定的困难，所以在农田里对植株施加静电场的方法不如对种子施加静电场的方法来得简便易行.

静电场还可用于干燥处理水果、蔬菜，其效果优于日晒干燥处理. 用静电干燥处理水果，其维生素 C 保存率可达 99.6%，而日晒干燥仅有 70%，而且维生素 B_1 和 B_2 含量也较高. 还有报道，苹果、甜瓜经静电场（15kV 直流高压、球状电极）处理 5min 后能保鲜，说明电场有抑制霉菌生长的作用[4]. 国内有些酒厂将静电场用于酒的催陈，将刚酿造出的酒（连同容器）置于电压为 10～200kV 的静电场中处理 60～600min，即可得到色、香、味与自然陈化半年至一年的陈酿酒基本相同的酒，用气相色谱和近红外光谱分析，证实酒中成分确实发生了变化，这种方法给酒厂带来良好的经济效益，酒厂减少酒库和贮酒容器，资金周转加快.

华东师范大学叶士等自制 ACHV-Ⅱ型电刺激仪，在上海望新鱼苗场对异育银鲫和团代鲂胚脱用 10^4 V/cm 左右的低频电场作 3～5min 的辐射，通过这种电刺激，胚胎孵化率高，鱼苗放养成活率和成功率高，生长速度相对加快 25%以上. 若未经电刺激，从上海运往北京、东北等地的鱼苗大批死亡，成活率很低，电刺激后就解决了这个难题，获得了明显的经济效益. 他们认为淡水鱼胚胎受电场处理后之所以能促使其生长发育速率加快的可能原因是胚胎内含有大量的细胞水，胚胎外的包囊也充满着水，当它们受到电场作用时，会生成一定浓度的超氧负离子自由基、过氧化氢和自由质子，这些物质提高了细胞代贮能、转化排废及防御消毒的功能，促进了代谢作用，于是提高了胚胎孵化率和成活率，叶士等还对家蚕卵作了电刺激，发现孵化整齐，进行对比饲养，经电刺激可增加丝的产量，他们还对甜椒、黄壳椒、条茄、牛茄等种子进行电刺激试验，结果表明，适当剂量的刺激能提高种子的发芽势、幼苗的株高和增大开展度，得到了增产的效果.

山西农业科学院萧复兴等用高频电场（50MHz，200W）处理玉米种子（时间 120s）、高粱种子（时间 30～90s）、谷子种子（40～90s）. 在三个县进行布点试验，玉米有 47 个试验点，其中 39 个点增产，幅度为 7%～15%，其余 8 个点与对照组无差异；高粱有 27 个试验点，其中 21 个试验点增产，幅产为 8%～13%，其余 6 个点与对照组无差异；谷子有 27 个试验点，其中 22 个点增产，幅度为 9%～16%，其余

5个点与对照组无差异.他们在研究中发现,用高频电场处理种子时,温度高低与处理效果有较大关系.温度过低没有效应,过高种子被烫伤,甚至烫死.一般温度应控制在45~70℃范围内.

2. *磁场技术*

磁场的生物效应已有不少研究.20世纪60年代初,Pittman[5]和Jacob[6]等曾报道磁场能促进植物生长,20世纪70年代中期至80年代初,苏联在几十种农作物上开展了磁处理的研究,获得不同程度的增产效果,取得了显著的经济效益[7].我国在20世纪80年代初开始了这方面的工作,中国农业大学林廷安等人在1990年至1991年用梯度磁场装置(由六对12块永久磁铁,南北极相间排列为N-S-N-S……组成,磁铁表面的磁感应强度为40mT左右,这套装置是苏联农业物理研究所赠给的)[8]处理冬小麦(品种87E20)、春小麦(中凡61号)、玉米(农大60、掖单2号)种子和马铃薯(克新4号),在北京近郊和延庆县山区进行小面积播种试验.种子经磁场处理后,出苗率有明显增加,冬小麦产量提高10.7%,春小麦产量提高10.4%,玉米产量提高12%,马铃薯对梯度磁场的反应更为敏感,其单株块茎总数增加62.7%~74.3%,单株块茎平均重量增加36.6%~48.2%,1990年测产结果,增产幅度在10.9%~45.0%.1991年增产为35%[9].

林廷安等测定了梯度磁场对冬小麦、春小麦和玉米三种农作物幼苗的淀粉酶、过氧化氢酶活性的影响.试验表明,处理的三种农作物幼苗的两种酶的活性均比对照组高,他们还利用电子顺磁共振仪探测梯度磁场处理后的小麦干种子内自由基的浓度,与对照组相比,自由基浓度增加13%,所得的ESR谱为不具有超精细结构的单峰波谱.林廷安等还对经梯度磁场处理后的马铃薯块茎芽眼内的赤霉素、生长素和脱落酸的含量进行了测定,与对照组相比,赤霉素和生长素的含量增加,而脱落酸含量降低,生物学研究指出,这些都有利于种子的发芽.

西北农业大学傅志东等用200~400mT的恒定磁场处理小麦种子(咸农683)和水稻种子(南京11),处理时间为4~8min.研究表明,种子内的淀粉酶和过氧化氢酶有明显的激活作用,而且还影响整个酶促反应过程,这主要是通过提高最大反应速率和改变米氏常数,即改变酶与底物间的视合势来实现的.

国内许多人的研究工作都肯定了用一定强度的磁场和一定时间处理作物(包括蔬菜)种子后,种子内某些生物酶和激素活性增强,促进种子发芽和生长,从而提高了产量.但是上述的研究似乎都局限于实验室和小面积农田上的试验,至今未见在国内有较大面积农田上推广的报告.

有人将钝顶螺旋藻在0.25T的磁场下培养,使螺旋藻内组氨酸、精氨酸(人体需要的两种氨基酸)和微量元素(Sr,Ni,Co,V等)的含量有了明显的提高[10],还有人用磁处理水(水在一定强度磁场下流过)喷浇蔬菜和食用菌,使其内的一些生物酶活性增强,从而提高了产量.国内的一些酒厂也有用施加一定强度和一定时间的磁场作用于酒,以达到催陈酒的目的[11].

3. 光技术

(1) 激光.

从20世纪60年代开始,美国、苏联、澳大利亚、加拿大等国将激光用于诱变育种;我国激光育种始于1972年,激光育种取得喜人的成绩,初期主要用于粮食作物,后来向经济作物扩展,单就作物方面来说,到1995年就已育成42个新品种,取得良好的经济效益[12].激光育种中最常用的是CO_2激光和He-Ne激光.

用激光辐照(一定强度和时间)作物种子可提高它的农学参数(发芽率、发芽势等)和改善叶绿素含量,增强光合作用强度和一些生物酶的活性,有利于作物的生长,达到增产的目的,内蒙古农牧学院郝丽珍等用737mW/cm^2 CO_2激光照射油菜干种子(含水量为5%).在激光分别照射10,30,50s后提高了出苗率、出苗势,获得了增产,增产幅度为4.3%~27.6%.他们还作了生化参数的测试,发现经激光照射后过氧化氢酶的活性比对照组高0.92%~1.83%,叶绿素a含量/叶绿素b含量比值降低,一般说来,该比值低,则光合作用效率高,且有利于在弱光下进行光合作用,湖南省原子能农业应用研究所万贤国等用不同激光(CO_2,He-Ne,钕玻璃,N_2,Ar^+,YAG)照射水稻种子.研究结果表明,激光同其他理化诱变因素一样,能引起水稻后代出现多种性状的变异.特别是早熟、矮杆、籽粒变大等有利变异出现的频率较高.这些变异通过三至五代的观察,多数能真实遗传.

研究证明,激光可导致DNA分子氢键的断裂,引起单链或双链的断裂.1979年,D. A. Angelor等首次用激光将DNA和RNA的一种碱基进行双光子光解,实现了对DNA氢键的断裂,当它们再接合时有可能发生差错,DNA分子将按新的模板进行复制,DNA分子链上核苷酸或碱基顺序将发生变化,造成基因突变,生物的遗传性状将发生变化,稳定后便完成了激光诱发突变.

有关激光辐照蔬菜种子和蚕卵、蚕蛹、鱼卵、鸡卵等都获得良好的结果,激光还用于酿酒酵母菌的诱变,得到良好变异菌种、酒和食醋的催陈等[12].

在生物工程中,激光微束(光斑直径可小于0.5μm)可用于细胞融合技术和外源基因转移,这就从根本上改变了过去盲目大量诱变然后再从中进行筛选的传统做法.美国对蕃茄的基因改造,得到了不易软化和擦伤的品种,因此可以在成熟后收获且保存较长时间,也避免过去在成熟前收获因而口味不好的缺点,植物基因工程的应用,为农作物的大量增产和品种改造(例如固氮基因的转移等),提供了无法估量的发展前景.

(2) 生命物质的超弱发光.

20世纪20年代,Gurwitsch从实验中发现[13],洋葱根尖细胞在分裂时会发射微弱的紫外光，后来的研究证明，任何生命物质都会发射一种强度为 10^5 ～ 10^8 hv/s · m^2、量子产额为 10^{-14} ～ 10^{-9}、光谱范围为 180～800nm 的超弱光子流，这种超弱发光与生命体许多重要的生命过程，如氧化代谢、去毒作用、细胞分裂、光合作用甚至生长调节等有密切的关系.

利用附有光电倍增管的单光子计数探测系统可以测定作物种子的超弱发光强度. 研究表明，作物种子的超弱发光强度与作物抗旱性和抗寒性呈正相关的关系. 因此，测定作物种子超弱发光强度是一种鉴定和选育抗旱、抗寒品种的简便、准确和有效的方法，它优于化学的、生物学的方法，只需选择完整良好的种子即可直接测定，速度快，需样品量少，不损坏籽粒，特别适用于珍贵生物品种的鉴定[14].

同样，动物精子的超弱发光强度是精子代谢活动综合反应的动态指标，测定它可作为评定精子质量的方法[15].

(3) 光生态膜.

光生态膜用于植物生长中调节光的谱成分，使照射到作物上光的谱成分与作物的光合作用的作用光谱尽量趋于一致. 光生态膜是用浮染法将荧光助剂、着色剂分散进入低密度聚乙烯树酯中，通过挤出吹塑制成厚 0.12mm、宽 8m 的无滴长寿塑料薄膜. 孟继武等用光生态膜对蕃茄进行试验，产量提高 5%以上[16]. 美、日等国科学家用彩色塑料薄膜把不同波长的太阳光照射到农作物上，能够收到增产的效果. 例如用黄色塑料薄膜覆盖芹菜，能够使其长得叶大茎粗，在黄瓜幼苗生长期间用黑色薄膜覆盖几天，可以提前绽蕾开花，用紫色薄膜覆盖茄子，可以提高茄子产量，用绿色薄膜覆盖过的菠菜，只要 4 天可以长到 7cm 高[17].

沈阳农业大学王学恕等在辽宁省新宾县人参生产基地做了使用黄、绿、蓝无纺布代替无色塑料薄膜加苇帘搭成荫棚的试验工作. 实验表明用蓝色无纺布可取得最好的结果，它与无色塑料膜做荫棚对照，使用蓝色无纺布可对人参的叶绿素含量、光合速率及根重均有不同的促进作用，由于无纺布不易老化，使用方便，省工时，有推广价值. 上述各项工作说明，在植物生长中光的确是一个重要的调节因子.

4. 声技术

20 世纪 70 年代，澳大利亚的一位科学家在农田里做试验时，竟听到了作物发出的“咔嗒、咔嗒”的声音. 这一偶然的发现很快引起了科学家的极大兴趣，进而的研究证明，当植物受到致命的伤害时，它会发出一种凄厉的嘶鸣声；当它遇到突然的气候变化时，又会发出低沉、混乱的声音；当天气适宜或久旱逢雨露滋润后，植物发出的声音就极为轻快、动听，如果能破译这种“植物语言”，无疑将对植物栽培和农业生产具有重大的意义.

植物不仅发出声音，而且可对声波作出反应，人们在几十年前就发现，生长在音乐厅周围的瓜果蔬菜的产量，要比在同样条件下生长在其他地区的产量要高. 这说明声波可以促进植物生长. 美国科学家发现,某些农作物受到某种噪声刺激时,其根、茎、叶表面的孔会长得很大,从而增强了作物吸收肥料和养分的能力. 他们用汽笛向试验地里的西红柿苗发射 100dB 的噪声 30 多次,与一般田里相比,西红柿产量有了很大的提高. 还发现,不同的植物对噪声频率有不同的敏感度. 此外,噪声还能控制某些植物提前或滞后发芽. 利用这种差别制造成功的噪声除草器,可向地表发射特定波长的噪声,使杂草种子提前发芽,这样可在农作物生长前施放除草剂,除掉杂草,促进作物丰收[18].

20 世纪 80 年代,微电子技术的进展,并与声学技术相结合,开拓出昆虫声学学科,可以利用昆虫鸣声特征进行种类鉴别,通过探测隐匿于水果和谷物中的害虫的声信息对害虫侵害程度进行量化. 美国在储粮害虫声测报技术方面占领先地位,已建立了实仓多点监测储粮害虫声音的微机监控系统[18]. 根据联合国粮农组织的调查,作物收获后的损失约为 10%,即使在美国,每年储粮损失也在 10 亿美元以上,在发展中国家,这种损失更为惊人. 在储粮损失中,储粮害虫是一个重要原因. 声测害虫技术比其他方法(X 射线法、红外线法和检测害虫发出 CO_2 气体等法)轻便、简单、快速、价廉和灵敏度高.

三、离子束技术

离子注入是 20 世纪 80 年代兴起的一种材料表面处理技术,中国科学院等离子体研究所余增亮等首创将离子注入应用于农作物品种的改良,并与安徽省农业科学研究院合作,培育出两个水稻新品种 S_{9012} 和 S_{9055},米质比原品种提高 1～2 个等级,抗病虫害性能提高 1～3 级. 这两个新品种在 1996 年已在安徽、江西、湖北等省推广 620 万亩,平均亩产比当地主栽品种增加 30～50kg. 他们还从 1991 年开始利用离子束介导法,把玉米裸露 DNA 转入水稻,获得了俗称“玉米稻”的新品系. 根据育种目标筛选的三个玉米稻新品系,杆茎粗、抗倒伏、光合效率比原品系提高 13%,小区评比试验亩产在 650 kg 以上. 华中农业大学和华南植物研究所的科研人员利用中国科学院等离子体研究所提供的技术,改造特殊基因材料,获得了同样的结果. 离子注入烟草和甜菊也取得了增产和改善内在品质的效果.

10 余年来,中国科学院等离子体研究所与国内 40 多个单位合作,获得 256 个作物新品系,其中 21 个通过国家级或省部级 1～2 年的评比试验,通过审定的新品系有 2 个,投入生产的微生物菌种 3 个,累计经济效益达 13 亿元. 国内许多单位,如武汉大学、四川大学、安徽农业大学、北京师范大学、中国农业科学研究院、中国科学院近代物理研究所、兰州大学、甘肃省农业科学研究院等都开展了这方面的工作,中国科学家将离子注入技术用于作物品种改良引起国外科学家的关注,日本在 1991 年 11 月召开了“离子束辐照生物技术”国际论证会;美、英、日发达国家纷纷开发微束和单粒子技术,离子束照射已达到单细胞甚至亚细胞水平,虽然我国在离子束作物品种改良方面走在前面，但就物理技术发展而言，已明显地落后了[14].

离子束育种与通常辐射育种在诱变机制上是有区别的，离子注入作物种子不仅存在能量沉积（包括动量传递）过程，又存在质量沉积和电荷变换过程，即同时间向作物种子某个局部输入了能量、物质和电荷. 有关离子束诱变育种的机制目前还是十分不清楚的.

四、光谱技术

1. 近红外光谱

农业分析是对与农业有关的物质（谷物等农产品、土壤和肥料等农业物质）进行分析. 许多农业样品属于天然物，结构和成分极其复杂；农业样品分析的项目繁多，通常每种分析项目都需要开发一种分析方法，分析步骤繁杂，需要占用大量仪器设备、人员与资金；许多常规分析项目在分析过程中产生有害环境的三废，因此农业分析在分析界属于困难多、分析量巨大的一个分析领域. 20 世纪 60 年代后，由于电子、光学、计算机技术的发展和化学计量学的应用，使从复杂、重叠、变动的近红外光谱（波长范围约为 0.75～2.5μm）背景中提取弱信息成为可能[20]，形成近红外分析方法. 美国农业部的 Norris 首先将它应用于农业分析[21]. 1970 年，美国的一家公司首先研制出应用近红外技术的农产品品质分析仪器，主要用于分析农产品中水分、蛋白质等含量，由于这类仪器能迅速得到分析结果，且操作简单，大受粮库、进出港口、粮食加工、粮食储存等单位的欢迎. 到 20 世纪 80 年代中期，在美国已有上千台近红外分析仪进入使用单位. 随着进一步运用了化学计量学、现代光学、计算机数据处理等技术，近红外分析技术发展为现代近红外光谱分析技术[22]. 在国际上形成了研究近红外技术的高潮，方兴未艾，有关专家认为，近红外技术已经逐步成熟，不久将迎来快速发展的新阶段[23].

早在 20 世纪七八十年代，我国一些高等院校和科研机构利用世界银行长期低息贷款，进口了几批价值上千万美元的近红外仪，但由于缺乏适合我国国情的配套优秀软件，这批进口仪器大都没有发挥其应有的作用. 20 世纪 90 年代以来，我国的近红外应用技术有了极大发展，正在进入高潮.

与常规化学分析相比，近红外分析具有许多优点：近红外光谱分析应用的分析信息是分子内部原子间振动的倍频与合频，因此信息量极为丰富、近红外光谱几乎可以用于所有与含氢基团有关样品的化学性质和物理性质的测量. 农业领域可分析农产品的蛋白质、氨基酸、脂肪、淀粉、面筋、水分以及其他营养成分与某些有害成分（如油菜籽中的硫甙与芥酸）. 在食品、果品、中药、保健品、饲料、化妆品、纺织、石油化工、高聚物、能源、医学、生命科学、环境监测等领域，也都可以使用近红外技术作为产品与原料的检测、生产过程的监控以及研究开发的手段.

每种常规分析技术一般含有的有用信息少,因此每种分析项目都需要单独开发一种分析方法,近红外光谱中物质结构信息极为丰富,因此可以用一种近红外光谱完成多种常规分析方法才能完成的分析任务,适合于多项目的农业分析. 近红外分析样品不需任何化学处理,不需要消耗试剂,不产生任何污染,是一种绿色分析技术,特别适合于非破坏测定谷物等农业样品.

一般传统的化学分析主要依靠手工完成,分析速度慢,而近红外光谱分析依靠现代算法通过计算机提取信息,完成分析,分析速度极快. 一般传统的化学分析所有的操作步骤和数据处理通常由应用人员或用户完成,因此操作步骤比较复杂,而近红外光谱分析,其复杂的分析步骤(如建模)可由专业人员通过计算机技术及网络组成的技术支撑系统来完成,用户使用近红外技术极为简单. 对某些近红外技术的用户,不需要任何困难的操作,就可以像“傻瓜机”一样应用近红外技术分析样品,这特别适合于大量农业用品的快速分析.

总之,近红外分析技术具有快速、高效、低成本、无损、无污染等许多优点,适合于农业样品分析,尤其适用于现场分析与在线分析.

2. 紫外、可见光光谱

利用紫外、可见光谱可以有效地检测蔬菜、水果中的残留农药、药品和毒品,进行迅速、精确的检测,而且对动物、植物的药物残留和激素等有明显的辅助检测功效,今日的北京已在40余个蔬菜批发市场配备了“TU—1800系列紫外可见分光光度计”,抽检外地进京的蔬菜,让北京市民吃上放心的蔬菜.

五、精确农业

精确农业(precision agriculture)是以多种物理学科为基础,用诸多高新技术集成的现代化农业技术,所谓精确农业是指基于耕作农田的水、肥、土壤及农作环境局部区域的差异性,以遥感(RS)、全球定位系统(GPS)与地理信息系统(GIS)作为信息采集、信息处理以及辅助耕作决策的主要技术手段,定性、定量、定位、定时地自动采取相应合理的农作措施,以较小的投入而获取较高的收益,并将环境污染降低到最小程度的目的,精确农业又称“3S”农业[24].

精确农业的概念出现在20世纪80年代末期,1989年11月,在美国夏威夷召开了第一次精确农业国际研讨会. 此后,先后在德国、加拿大、日本、以色列等国每年都召开一次研讨会. 交流各种技术. 1998年1月,美国时任副总统戈尔在他著名的“数字地球(Digital Earth)”演说中也曾提到了精确农业. 在我国,精确农业作为国家级大型科研攻关课题研究始于1996年,国家投资5000万元在北京顺义县建立精确农业示范基地,对此项技术开始进行系统、深入的研究. 在即将开始的国家“十五”科研攻关项目中,也将精确农业列入“863”计划之中.

据报道，到1995年美国已有5%的农田在不同程度上应用了精确农业技术，近年来又有更为迅速的发展. 不仅西方发达国家对精确农业技术实践引起重视，而且韩国、巴西、马来西亚、泰国等也开始了实验示范研究[25].

遥感(remote sensing)是精确农业获取农田信息的主要技术手段. 遥感技术是基于物理学原理在现代信息技术支持下完成的一种远程宏观对地测试工作. 这项技术最大的特点是以扫描方式采集地面面状的光谱信息，这个特点正适合于对农田按逐个地块快速观测作物生长状态的要求. 遥感技术经30多年的发展，其几何分辨率最高可达0.3m(SAR雷达遥感卫星)，1m(可见光-多光谱遥感卫星). 辐射分辨率可达1024个灰阶，而光谱分辨率可达10nm. 正常农作物在红光700nm波长处有一个对阳光的吸收带，在近红外750～1400nm波长范围有一个反射峰值，而在1450nm波长处又有一个吸收带，这种由植物光合作用机理造成的光谱特性为人们利用遥感技术诊断作物生长状态带来了可能，经过大量的田间测试，不同作物、不同生长期、不同状态下的反射光谱数据库也已建成，这是精确农业一项基础性工作.

全球定位系统(global positioning system)是运用无线电技术结合天体学原理在计算机支持下进行全球空间空位信息采集的系统. 该系统利用了铷(Rb)、铯(Cs)、氢(H)原子振荡周期作为超高精度、超稳定度的测时单位，将测时转换成测距，又用测距数据计算出定位坐标. 全球定位技术始于20世纪80年代，90代成熟，首先用于军事，而后转为民用. 它是向地球外均匀布设24颗卫星，地球上的任何一点在任何时间都可以在各自天顶上与24颗中的4颗以上卫星直接联系，用无线电测距技术分别测量地面待测点与这4颗以上卫星的瞬时距离，建立包括待定点坐标的联立方程组，通过微机解算这个方程组，再经适当的误差处理，就可以得到地面待测点的坐标[26]. 全球定位技术经过多年的改进，现在定位精度达到米级，差分全球定位系统(DGPS)甚至可以达到厘米级，全球定位系统精确定位数据用来对遥感图像象元(pixel)坐标进行精确校正，其系统的仪器设备也可以安装在智能化的农机具上，实时测试农机具所在位置，精确农业控制系统按位置采取相应的农作措施.

地理信息系统(geographic information system)是一种计算机存贮、处理、分析地理时空数据的信息系统，它所包容的数据有两类：一类为时空坐标数据；另一类为相应于时空坐标的属性数据，这种属性数据可以是多门类的，包括地学的、人文的，甚至可以是经济的属性. 这些属性附着在时空数据框架之上. 遥感图像象元位置，全球定位系统提供的数据以及其他土地测量手段得到的坐标数据为空间数据，而遥感图像象元灰度值以及其他测试手段获取的土壤性状、农田地块单元作物性状数据属于属性数据. 地理信息系统将这些海量的数据融合于一体，按照一定的数据存贮模型生成数据库，对应不同应用要求快速完成各种逻辑推演与空间拓朴分析工作，为人们提供定量、定性、定位、可视化的强有力的空间数据处理工具，在这里，不但“3S”技术得到了良好的集成，而且根据光谱数据进行农学诊断的专家系统(ES)、农作决策支持系统(DSS)也可以集成在地理信息系统之内，计算机精确农业系统正是由这样一些技术加以集成、整合构建而成.

“3S”技术联同其他信息采集技术与传统的农业科学技术相结合，给传统的农业耕作方案带来深刻的变革，产生了精确农业的农业生产模式. 它用多时相高分辨率的遥感图像为数据源，使用特定的图像处理方法，结合诊断模型，将农田分区耕作环境对作物胁迫状况以及作物水分、营养亏缺状况定量解译出来，系统又进一步调用相应专家系统逐一对每个田块(可以为 1m×1m，10m×10m 甚至更大)应采取的耕作措施做出决策，生成耕作电子作业图，交付智能农机具实行定量定位灌溉、施肥、杀虫.

带有 GPS 的智能农机具在作业时，GPS 实时测报农机其当前所在位置，系统对照耕作电子作业图实施相应的耕作作业. 这里多种物理学原理不但在构建遥感设备等信息采集器件上发挥着支撑性作用. 而且数学物理思想方法在数据处理、农情诊断以及系统整合中也发挥重要作用. 比如场叠加原理、傅里叶分析、多元统计方法等等. 一些场合将多个离散点(如测试数值点)对于一个数值场的共同作用看作是单个点源分别作用并相互线性叠加的结果，这就是场叠加原理思想. 遥感图像处理中将图像象元灰度随位置变化看作是一个二维非周期振动波，根据傅里叶分析理论可以将它分解为一系列谐波的代数和，用函数卷积可以滤去其高频或低频分量，这就是遥感图像处理数字滤波原理[27]. 数字滤波后的图像可以突出某种信息，而削弱某些信息，为数据挖掘(data mining)创造条件. 物理学中一些经典概念也常被引入精确农业各种数据处理之中，如熵、能量、力矩等概念在特定条件下衍生演化[28]，赋予特定意义、为定性、定量表述并分析各种复杂农业信息的特征起着至关重要的作用.

我国农业发展的现状较之于发达国家还有很大的差距，从 20 世纪农业发展史可以知道，20 世纪中期以前，第一、第二世界国家要从第三世界国家进口粮食和农产品来维持，然而到 20 世纪后期情况有了逆转，发达国家的耕地面积并无明显增加，主要靠着科技的力量使农业达到了经济效益、生态效益同步增长的持续发展，可以出口大量的粮食和农产品到第三世界[29]. 由此可以看出，要使我国农业现代化，条件之一是必须依靠科技力量，其中也包括物理学各项技术在农业上的广泛应用. 要做好这项工作，一方面需要物理学工作者和农业科技人员相互了解对方学科的语言和必要的知识，更紧密地结合，做出更多的成绩；另一方面需要扭转当前农业院校物理教学普遍存在的滑坡现象，许多农业院校的物理课学时数仅为 70 学时(包括实验课)，有的院校仅为 50 学时(包括实验课)，不少院校的农学专业甚至取消了物理学课程，这种情况是令人堪忧的. 上述两方面的工作应该得到政府有关部门(如农业部、教育部)的引导和重视,因为在我国加入 WTO 后,要使农业在面临的激烈竞争中胜出,首先要注意人才的培养和有效的使用.

参考文献

[1] 温贤芳. 中国核农学. 郑州:河南科技出版社,1999:604,491.
[2] 徐冠仁. 核农学导论. 北京:原子能出版社,1997:190.
[3] 梁运章,白亚乡. 物理,1999(1):39.
[4] 梁运章,等. 物理,2000 (1):39.
[5] Pittman U T,et al. Plant Sci. , 1979(45):594.
[6] Jacob R E,et al. Prog. in NMR Spect. ,1981(14):113.
[7] ПируэянП A. Анссер Сервиol,1983(6):805.
[8] 彭运生,等. 中国水稻科学,1991(1):57.
[9] 林廷安,等. 北京农业大学学报,1992(18):357.
[10] 李志勇,等. 生物物理学报,2001(3):587.
[11] 仲伟纲,等. 物理,1993(6):359.
[12] 唐玄之,等,激光生物学报,1999(2):157.
[13] Carwitsch A G. Arch. EntwMech. Org. ,1923(100):11.
[14] 习岗. 物理,1994(9):548.
[15] 岳文斌,张建新. 激光生物学报,2001(2):146.
[16] 孟续武,等. 激光生物学报,2001(2):108.
[17] 柳涛,吴秀芳. 物理,1992(4):223.
[18] 郭敏,尚志远. 物理,2001(1):39.
[19] 余增亮. 物理. 1997(6):333.
[20] 严衍禄,等. 光谱学与光谱分析. 2000(6):777.
[21] Norris K H,Rowan J D. Food Technol,1957(11):374.
[22] Stark E,Luchter K. Appl. Spectroscopy Rev. ,1986(4): 335.
[23] Martin K A. Appl. Spectroscopy Rev. ,1992(4):323.
[24] 严泰来,朱德海,等. 计算机与农业,2000 (1):3.
[25] 汪懋华. 精确农业基础序言. 北京:中国农业大学出版社,1999.
[26] 刘基俞,李征行,王跃虎,等. 全球定位系统原理及其应用. 北京:测绘出版社,1993. 5: 202,211.
[27] 严泰来,韩铁涛,等. 土壤学报,1092(2):48.
[28] 容观澳. 计算机图像处理. 北京:清华大学出版社,2000:289,291.
[29] 邝朴生,等. 精确农业基础,北京:中国农业大学出版社,1999.